Gerhard Zieglgänsberger
Hans Röper

Die Harzer Schmalspurbahnen

Die Selketalbahn
Die Harzquer- und Brockenbahn
Die Südharzeisenbahn

transpress spezial

Einbandgestaltung: Andreas Pflaum

Titelbild: 99 7234-0 verläßt den Bahnhof Eisfelder Talmühle mit einem Personenzug in Richtung Nordhausen.
Foto: C.-J. Honzera

Unter dem Titel »Die Harzer Schmalspurbahnen« vereinen sich die beiden transpress-Bände »Die Selketalbahn« (4. Auflage 1991) und
»Die Harzquer- und Brockenbahn« (4. Auflage 1996), die für die vorliegende Spezialausgabe überarbeitet und aktualisiert wurden.

ISBN 3-613-71103-6

1. Auflage 1999

Druck: Maisch & Queck, 70839 Gerlingen
Bindung: Karl Dieringer, 70839 Gerlingen
Printed in Germany

Vorwort

Als Ende des 19. Jahrhunderts Projekte zur Überquerung und Erschließung des mittleren Harzgebietes durch regelspurige Eisenbahnstrecken nicht realisiert wurden, wachsender Fremdenverkehr und aufblühende Industrie aber moderne Verkehrsmittel brauchten, übernahmen drei meterspurige Schmalspurbahnen diese Aufgabe. Sie bildeten nach der vollendeten Verbindung ihrer Gleise ein zusammenhängendes Netz von 177,95 km Länge.
Als erste Bahn entstand 1887 im Selketal die »Gernrode-Harzgeroder Eisenbahngesellschaft« (GHE), die nach fast vollständiger Demontage durch die Sowjetunion und abschnittsweise erfolgtem Wiederaufbau noch heute auf ihren Strecken Touristen durch das Selketal und den unteren Harz befördert.
1889 gesellten sich dann die »Nordhausen-Wernigeroder Eisenbahn« (NWE) und die »Südharzeisenbahn« (SHE) dazu. Außer der ehemaligen GHE (»Selketalbahn«) ist noch die ehemalige NWE (»Harzquer- und Brockenbahn«) in Betrieb, die nach Jahrzehnten als Strecken der Deutschen Reichsbahn im Jahre 1993 zur »Harzer Schmalspurbahnen GmbH« vereinigt wurden.
Im vorliegenden Buch wird zunächst die älteste, die »Selketalbahn« (GHE) beschrieben. Um die Zeit der Eisenbahnromantik, in der man im Harz Erholung und Entspannung suchte und geruhsam durch die Wälder fuhr, zu vergegenwärtigen, unternehmen wir eine Fahrt mit der Selketalbahn, um anschließend die Geschichte der Bahn kennen zu lernen. Dem interessierten Eisenbahnfreund geben Gleispläne und Fahrdienstvorschriften einen Einblick in die Schmalspurtechnologie. Die aufgeführten Fahrzeugskizzen sollen den Modelleisenbahner zum Nachbau anregen.
Im März 1945 brannte das Verwaltungsgebäude der Anhaltischen Landes-Eisenbahngemeinschaft, zu der die GHE gehörte, nach einem Luftangriff völlig aus, so daß sich die Recherchen über die GHE auf viele Quellen, meist kommunale und staatliche Archive sowie Archive der Deutschen Reichsbahn richten mußten.
Im mittleren Harzgebiet verfolgten Ende des vorigen Jahrhunderts Interessenten mit Eifer die Projekte einer Harzüberquerung mittels einer Eisenbahn. Doch auch hier scheiterten die ersten Vorstellungen hauptsächlich an finanziellen und technischen Problemen, so daß man schließlich ebenfalls auf die anpassungsfähige Schmalspurbahn zurückgriff. Die NWE sollte auch die einzige Eisenbahn-Überquerung des Harzes bleiben. Mit ihrer vor allem für Touristen attraktiven Brockenbahn erwarb sich die NWE eine weit über die Grenzen hinaus wirkende Bekanntheit. Erst nach dem Zweiten Weltkrieg und die damit verbundene Teilung Deutschlands wurde es etwas ruhiger um die Bahn. Im ersten Kapitel über die »Harzquer- und Brockenbahn« soll deshalb an diese Zeit erinnert werden. Eine in der Literatur sonst kaum zu findende Beschreibung einer Wanderung in die Sperrzone um den Bahnhof Brocken schildert unter anderem auch anschaulich die

Auswirkungen des damaligen Grenzregimes. Der Weg des Harzwanderers entlang dem Schienenstrang, den man noch heute mit dampfbetriebenen Zügen nacherleben kann, führt durch dichte Harzwälder, Wiesen und Täler, jeder Haltepunkt und Bahnhof wird besucht. Seit Mitte der neunziger Jahre gewinnen der Triebwagen und bei Güterzügen die Diesellokomotive einen zunehmenden Anteil am Verkehr. Der Wegfall eines großen Teils des Güterverkehrs und der Abriß von Anschlußstellen haben die frühere Vielfalt des Bahnbetriebes jedoch erheblich eingeschränkt.
Vor dem Haltepunkt Sorge kann man noch den Bahndamm und Reste eines Brückenlagers der ehemaligen »Südharzeisenbahn« entdecken. Durch die Grenzziehung wurde die Strecke nach Tanne hier unterbrochen. Die Stammstrecke in Niedersachsen erlag bereits 1962/1963 der Konkurrenz des Kraftverkehrs. Auch die Südharzeisenbahn nahm für sich in Anspruch die »Schönste« zu sein. Um sie nicht der Vergessenheit anheimfallen zu lassen, haben wir ihre Historie noch einmal aufgerollt.
Der Dampfbetrieb auf der Brockenbahn, Fahrten mit historischen Zügen und Triebwagen sowie weitere touristische Attraktionen bilden besondere Höhepunkte des Eisenbahnbetriebs auf den Harzer Schmalspurbahnen. Zwei Vereine, die »Interessengemeinschaft Harzer Schmalspurbahnen e.V.« und der »Freundeskreis Selketalbahn e.V.« wirken aktiv an der Pflege historischen Erbes und an der Gestaltung von Sonderfahrten mit.
Die vorliegende Spezialausgabe, in der die beiden aktuell überarbeiteten Bände »Die Selketalbahn« und »Die Harzquer- und Brockenbahn«, einschließlich »Südharzeisenbahn«, vereint sind, widmen wir dem 100jährigen Jubiläum der »Harzquer- und Brockenbahn«, das im März 1999 stattfindet.

Gerhard Zieglgänsberger Hans Röper

Gerhard Zieglgänsberger
Hans Röper

Die Selketalbahn

trans press

Inhalt

1. »Einmal Gernrode–Harzgerode, bitte« 7
Von Alexisbad nach Hasselfelde 12
Zu Gast bei der Harzquerbahn 28

2. Die Gernrode-Harzgerode Eisenbahn 31
Vorgeschichte 31
Gründung der Gesellschaft 34
Bau- und Betriebsbeginn 34
Die Verbindung Stiege–Eisfelder Talmühle 43
Die Entwicklung von 1910 bis 1946 50

3. Die Selketalbahn 58

4. Der Wiederaufbau des Abschnitts Straßberg–Stiege 66
Die Bauarbeiten 69
Die Inbetriebnahme 77
Das Bahnjubiläum 81

5. Die Triebfahrzeuge 82

6. Die Reisezugwagen 102

7. Die Gepäck- und Bahnpostwagen 109

8. Die Güterwagen 113

9. Die Bahndienstwagen 126

10. Die Betriebsverhältnisse 130
Kilometrierung und Höhenlage 130
Das Streckenprofil 131

11. Die Betriebs- und Anschlußstellen 136

12. Der Kraftverkehr der GHE 155

13. Die Werkstätten der Selketalbahn in Gernrode 159

Quellen 160

1. „Einmal Gernrode – Harzgerode, bitte!"

Gernrode, um 960 als Nonnenkloster von Markgraf Gero gegründet, zwischen 200 und 300 m über dem Meeresspiegel gelegen, besitzt vermutlich seit 1539 Stadtrecht. Der Luftkurort am Ostrand des Harzes mit seinem milden Klima lebt von der Holzwarenindustrie, ist bekannt durch Polsterwaren und Harzer Schmuckwaren. Die 5 000 Einwohner erhalten viel touristischen Besuch, dem es nicht nur um die Wälder und Höhen des Harzes geht, auch die Stiftskirche ist ein beliebtes Ziel. Sie ist der älteste als Ganzes erhaltene ottonische Kirchenbau Norddeutschlands und beherbergt in seinen Mauern „Das Heilige Grab", ein Meisterwerk spätottonischer Plastik.

Im Jahre 1885 wurde Gernrode über die Eisenbahnstrecke Quedlinburg—Frose mit der Welt verbunden, und seit 1887 hat Gernrode neben dem „Hauptbahnhof" noch einen „Nebenbahnhof", den Ausgangspunkt der 1000-mm-Schmalspurstrecke Gernrode—Harzgerode. Die ehemalige Gernrode-Harzgeroder Eisenbahn, bekannter unter dem Namen: Selketalbahn, zählt zu den Einrichtungen, die lt. Verfügung des Ministeriums für Verkehrswesen als Technisches Denkmal in der DDR erhalten bleiben. So haben wir heute das ausgesprochene Vergnügen, am Fahrkartenschalter des Empfangsgebäudes den Satz sprechen zu können, der diesem Kapitel die Überschrift gab.

Dabei hätte der Satz auch anders lauten können, denn ein Blick in den Fahrplan und auf die Übersichtskarte zeigt uns, daß die Bahn noch weiter in den Harz hinein führt, als es ihrem einstigen Namen entspricht. Folglich haben wir nach der 17,5 km langen Fahrt bis Harzgerode noch eine ansehnliche Harzreise vor uns, um die gesamte Strecke kennenzulernen.

Wenn es uns zunächst verwundert, daß nicht das Empfangsgebäude (Neubau 1928), sondern der Lokomotivschuppen mit Werkstatt und Triebwagenschuppen die repräsentativsten Gebäude im Bereich des Bahnhofs Gernrode sind, so umfängt uns beim Betreten des Bahnsteigs die Romantik der Schmalspurbahn und verdrängt bald alle anderen Überlegungen. Sorgsam aufgereiht stehen hier eine Dampflokomotive, ein zweiachsiger Gepäckwagen, zwei oder drei Reisezugwagen. Güterwagen sind seit Aufnahme des Güterverkehrs mit Rollwagen selten zu sehen. Der kleine Packwagen wird vollgestopft mit Reisegepäck und Expreßgut. Früher gab man auch noch die Post mit; das ist aber zu umständlich geworden. Und so erreichen heute Briefe, Zeitungen und Pakete den Empfänger über das Postauto.

Steigen wir ein. Die Personenwagen sind fast vollständig besetzt. Sie erscheinen uns wesentlich kleiner als die Wagen der Regelspurbahn, obwohl sie nur 40 cm schmaler sind. Wenn der „Mann mit der roten Mütze" das Abfahrsignal gibt, stehen schon die ersten Reisenden auf den Einsteigbühnen der Wagen, bewaffnet mit ihren Fotoapparaten. Stampfend und zischend zieht die Lokomotive den Zug aus dem Bahnhof, überquert die Ballenstedter Fernverkehrsstraße und fährt uns durch Obstplantagen und Gärten den Bergen entgegen.

Links vom Gleis sehen wir einen Höhenzug, die mit Kiefern bestandene Alteburg, auch die „Gernroder Alpen" genannt. Nach wenigen Minuten ist der Wald erreicht. Unser Blick streift den Osterteich, an dem sich der erste Bedarfshaltepunkt unserer Bahn befindet. Er ist erst 1984 wieder eingerichtet worden, damit Badelustige, Anwohner und Feriengäste der nahegelegenen Heime ihren Weg von Gernrode her verkürzen können. Oft ist auch der Ostergrund das Wanderziel der Aussteigenden. Hier hält der Zug nur, wenn sich die Reisenden zum Aussteigen vorher beim Zugschaffner gemeldet bzw. sich dem Personal des nahenden Zuges rechtzeitig bemerkbar gemacht haben.

Nach der Weiterfahrt spürt man bald, daß die

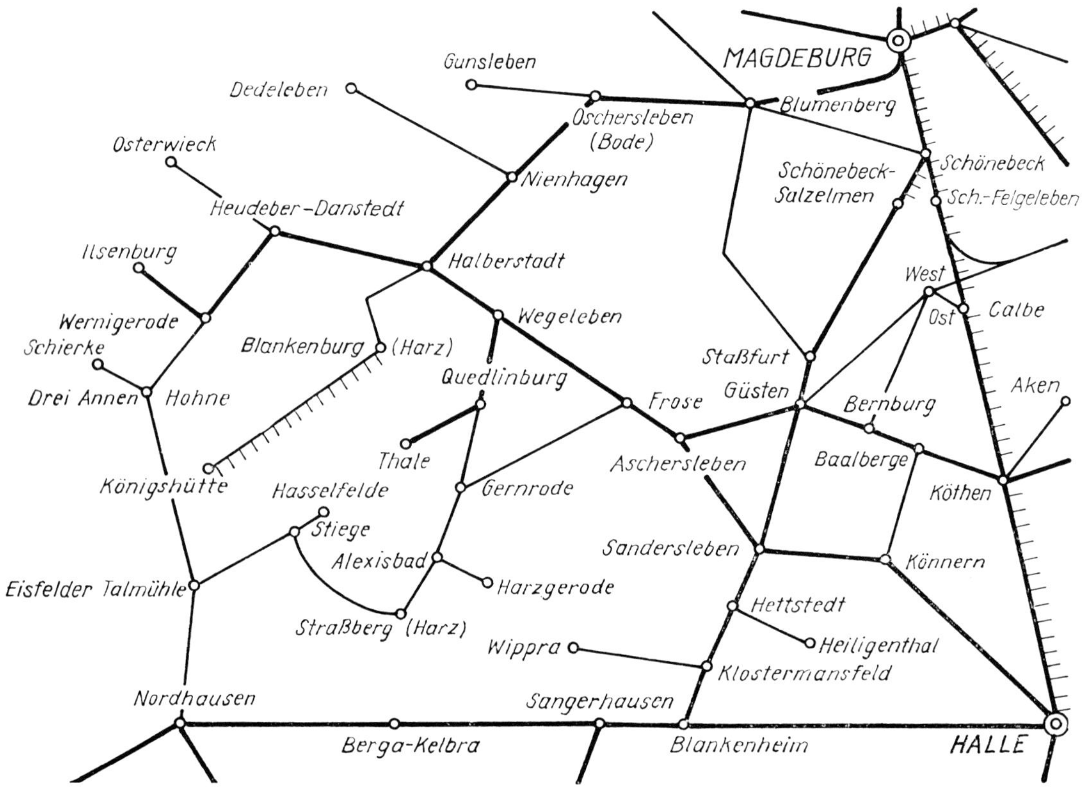

Bild 1.1. Streckenverlauf der Selketalbahn. *Quelle: Übersichtskarte zum Taschenfahrplan der Rbd Magdeburg*

Lokomotive den Zug ständig bergauf führt, denn links in Fahrtrichtung blickt man tief in das Tal des Ostergrundes mit dem Wellbach. Die Strecke verläuft nun am Berghang entlang, weil hier eine gleichmäßige Neigung geschaffen werden konnte, die der natürliche Talboden nicht bietet. Außerdem sind die Talsohlen zu feucht, sie neigen zu Wasserstürzen und können deshalb den Bahnkörper nicht aufnehmen. Die Streckenbauarbeiten am Berghang erforderten allerdings einen enormen Arbeitsaufwand: Teilweise mußte das Planum in die Felsen eingearbeitet werden. Die Neigung der Strecke beträgt maximal 40 ‰, das ist auf 1 000 m Länge eine Höhendifferenz von 40 m.

Inzwischen ist der Heiligen Teich (Teich der Heiligen Frau) erreicht. Die Bahn überquert auf einer kleinen Brücke einen Ausläufer des Teiches. Dieser Abschnitt hat besonders für Fotoliebhaber seine Reize; seit der Gründung der Bahn werden hier

Bild 1.2.
Die Fahrkarte für unseren ersten Reiseabschnitt.

für Prospekte, Postkarten und Kalender bis in unsere Zeit unzählige Aufnahmen geschossen.

Nur kurze Zeit später sind wir am Haltepunkt

674 Gernrode (Harz) – Alexisbad – Harzgerode / Hasselfelde und zurück

Alle Züge 2. Klasse (*Schmalspurbahn*)

km	*Rbd Magdeburg*	Zug Nr	14461	69711	69731	14451	14457	69723	69724	14465	69717	14459	14453		
0,0	**Gernrode** (Harz) 673	ab	6.13	7.40	10.05	10.40	...	...	...	13.49	14.25	...	16.35	...	...
1,5	Osterteich (u) x		6.19	7.46	10.11	10.46	...	...	...	13.55	14.30	...	16.41	...	...
5,7	Sternhaus-Haferfeld x		6.31	7.58	11.23	10.58	...	...	...	14.07	14.42	...	16.53	...	...
6,9	Sternhaus-Ramberg (*413 m*)(u)		6.36	8.03	10.28	11.03	...	...	...	14.12	14.47	...	x16.58	...	...
10,2	Mägdesprung (*295 m*)(u)		6.48	8.15	10.44	11.15	...	...	...	14.24	15.03	...	17.22	...	...
11,7	Drahtzug x (u)		6.55	8.21	10.53	11.22	...	...	...	14.31	15.10	...	17.29	...	...
14,6	**Alexisbad** (*325 m*)	an	7.04	8.30	11.02	11.31	...	12.55	...	14.40	15.19	...	17.38	...	...
14,6	**Alexisbad**	ab	⌇	8.31	⌇	11.40	12.25	⌇	14.10	⌇	15.22	16.23	⌇	...	...
17,5	**Harzgerode** (*400 m*)	an		8.41		11.50	12.35		14.20		15.32	16.33		...	...
14,6	**Alexisbad**	ab	7.15	...	11.10	...	...	13.03	...	14.56	...	...	17.39	...	...
17,8	Silberhütte (Anh) (u) (*336 m*)		7.26	...	11.25	...	...	13.14	...	15.06	...	...	17.49	...	...
21,0	**Straßberg** (Harz) *363 m* (u)	an	7.39	...	11.39	...	...	13.28	...	15.19	...	...	18.02	...	...
		ab	7.40	...	...	...	...	...	...	15.19	...	...	...	...	...
27,0	Güntersberge (*420 m*) (u)		7.50	...	...	...	...	...	...	15.28	...	...	...	...	...
30,6	Friedrichshöhe (*454 m*) (u)		7.58	...	...	...	...	...	...	15.35	...	...	...	...	...
31,3	Albrechtshaus (*467 m*) (u)		8.01	...	...	...	...	...	...	15.38	...	...	...	...	...
35,7	**Stiege** (*485 m*)	an	8.08	...	...	...	...	...	...	15.46	...	...	...	...	...
	Stiege 678	ab	...	...	...	...	...	...	...	*15.48*	...	...	...	...	...
	Nordhausen Nord 678	an	...	...	...	...	...	...	...	*17.16*	...	...	...	...	...
35,7	**Stiege** (*485 m*) s.a.	ab	8.12	...	...	...	...	...	...	15.50	...	...	...	...	...
40,3	**Hasselfelde** (*452 m*) 678	an	②	...	...	...	...	...	...	16.05	...	...	...	...	...

km	*Rbd Magdeburg*	Zug Nr	69712	14464	14452	69732	69723	69724	14448	69726	69716	14454	14466		
	Nordhausen Nord 678		...	...	...	...	...	...	...	...	...	...	...	...	...
	Stiege 678		...	...	...	...	...	...	...	...	...	...	...	...	...
0,0	**Hasselfelde** (*452 m*) s.a.		...	10.22	...	...	...	...	...	...	...	...	17.10	...	...
4,6	**Stiege** (*485 m*) 678		...	10.38	...	...	...	...	...	...	...	...	17.26	...	...
4,6	**Stiege** (*485 m*)	ab	...	10.38	...	...	...	...	...	...	...	...	18.07	...	...
9,0	Albrechtshaus (*467 m*) (u)		...	10.48	...	...	...	...	...	...	...	...	18.16	...	...
9,7	Friedrichshöhe (*454 m*) (u)		...	10.51	...	...	...	...	...	...	...	...	18.20	...	...
13,3	Güntersberge (*420 m*)		...	10.59	...	...	...	...	...	...	...	...	18.28	...	...
18,5	**Straßberg** (Harz) (*363 m*) (u)	an	...	11.10	...	...	...	...	...	...	...	...	18.38	...	...
		ab	...	11.11	...	11.57	...	13.38	...	...	...	18.12	18.39	...	...
22,5	Silberhütte (Anh) (u)		...	11.24	...	12.11	...	13.52	...	...	...	18.25	18.54	...	...
25,7	**Alexisbad** (*325 m*)	an	...	11.34	...	12.21	...	14.02	...	...	...	18.36	19.04	...	...
0,0	**Harzgerode** (*400 m*)	ab	8.50	⌇	11.59	⌇	12.45	❶	14.33	15.49	16.47	⌇	⌇	...	...
2,9	**Alexisbad**	an	9.00		12.09		12.55	...	14.43	15.59	16.57			...	...
25,7	**Alexisbad**	ab	9.06	11.49	...	12.31	13.03	...	14.44	...	17.04	18.37	19.18	...	...
28,6	Drahtzug x		9.15	11.58	...	12.40	...	...	14.53	...	17.13	18.46	19.27	...	...
30,1	Mägdesprung (u)		9.24	12.06	...	12.49	...	...	15.00	...	17.20	18.53	19.35	...	...
33,4	Sternhaus-Ramberg (u)		9.34	12.21	...	13.02	...	...	15.12	...	17.32	19.05	19.46	...	...
34,6	Sternhaus-Haferfeld x (u)		9.39	12.25	...	13.07	...	...	15.16	...	17.37	19.10	19.51	...	...
38,8	Osterteich (u) x		9.53	12.38	...	13.20	...	...	15.28	...	17.49	19.22	20.03	...	...
40,3	**Gernrode** (Harz) 673	an	9.57	12.44	...	13.26	...	...	15.34	...	17.55	19.28	20.09	...	...

❶ nach Harzgerode ② nach Eisfelder Talmühle

Bild 1.3. Nach fast vier Jahrzehnten wieder ein durchgehender Fahrplan für die Selketalbahn (Sommer 1984).

Bild 1.4. Beleg für die einstmalige Postbeförderung auf der Gernrode-Harzgeroder Eisenbahn. *Sammlung Frenzel*

Sternhaus-Haferfeld (381 m). Nur wenige Fahrgäste steigen aus, und rasch kann der Zugschaffner das Abfahrsignal erteilen. Ein Stationsschild und die Bahnsteigkante sind die einzigen bahntechnischen Anlagen; nicht einmal eine Wartehalle gibt es.

Gleich nach der Abfahrt kreuzt die Bahn die Straße Gernrode—Sternhaus. Das Tal weitet sich, aber das langgestreckte Rambergmassiv aus Granit ist noch nicht bezwungen. Deutlich ist zu hören, wie mühsam die Lokomotive den Zug dort hinaufbringt. Endlich ist die Höhe und damit der Bahnhof Sternhaus-Ramberg 413 m über NN erreicht. Nun kommt Bewegung in die Abteile. Eine größere Anzahl Reisender verläßt den Zug, neue Fahrgäste kommen hinzu. Hier, auf dem höchsten Punkt der Bahn im Unterharz, treffen sieben Wege und Straßen sternförmig aufeinander; sie führen unter anderem zum Campingplatz Bremer Teich, zur Viktorshöhe und zum ehemaligen Forsthaus Sternhaus mit Gaststätte. Der Bahnhof hat ein Kreuzungsgleis und eine Wartehalle.

Nach einigen Minuten Wartezeit, wird die Fahrt fortgesetzt. Jetzt geht es den Ramberg hinunter; wir befahren den steilsten Abschnitt der Strecke.

Bild 1.5. Schmalspurbahnhof Gernrode mit Zug in Richtung Harzgerode. Im Hintergrund rechts das Empfangsgebäude der KPEV/DR. *Foto: G. Zieglgänsberger, 1981*

Das Bremsgeräusch untermalt nachhaltig die Talfahrt. Von der Bühne des letzten Reisezugwagens kann man gut beobachten, wie die Trasse der natürlichen Geländeform angepaßt ist.
Am Ende der Talfahrt grüßt uns links hoch oben die Ruine der Heinrichsburg. Die Bahn umfährt den Berg im weiten Bogen. Nun nähern wir uns der Straße nach Mägdesprung. Zweimal kreuzen wir sie, bevor der Bahnhof Mägdesprung erreicht ist. Hierbei muß das Lokomotivpersonal besondere Vorsicht walten lassen, denn die durch Halbschranken gesicherten Übergänge erfordern trotzdem für das Triebfahrzeug eine Geschwindigkeit von 10 km/h.

Mägdesprung hat im Verhältnis zum kleinen Ort ein ziemlich großes, zweigeschossiges Empfangsgebäude; doch der Bahnhof ist heute nicht mehr besetzt. Die gesamte Abfertigung übernimmt der Zugschaffner. Selbstverständlich können auf dem Bahnhof Züge kreuzen und überholen. Bis hierher hat die Fahrt 40 Minuten gedauert. Einige Fahrgäste haben den Zug nun verlassen und sich auf den Weg zur Selkemühle, zum ehemaligen Jagdhaus Meiseberg oder in das Krebsbachtal gemacht. Unser Zug fährt indes im großen Bogen um den Ort und gelangt jetzt in das hier sehr enge Selketal. Unmittelbar links neben dem Gleis verläuft die Straße nach Alexisbad, und den Straßengraben bildet bereits die Selke. Schon weitet sich das Tal wieder ein wenig, der Zug fährt in einer scharfen Rechtskurve am Berghang entlang. Der Bau der Strecke durch das enge Selketal erforderte mehrere Felsdurchbrüche, um den kleinsten befahrbaren Kurvenradius einhalten zu können. Obwohl unser Reisezugwagen Drehgestelle hat und somit den Gleiskrümmungen gut zu folgen vermag, verspürt man deutlich die Kurvenfahrt.
Wir halten am Bedarfshaltepunkt Drahtzug. Zwei Wanderer haben durch Winken bekundet, daß sie einsteigen möchten.
Kurvenreich setzt sich die Fahrt fort. Felsdurchbrüche und Aufschüttungen kennzeichnen die Strecke. Links begleiten uns die Selke und die Straße, übertürmt von hohen und felsigen Berghängen. Schon tauchen die ersten Häuser von Alexisbad auf. Die Bahn zwängt sich förmlich in den Ort hinein und führt dicht am Flüßchen entlang zum Bahnhof, der am Ortsausgang nach

Bild 1.6. Der neu eingerichtete Haltepunkt Osterteich. *Foto: G. Zieglgänsberger, 1984*

Harzgerode liegt. Wir passieren noch einige Weichen und halten dann vor dem zweigeschossigen Empfangsgebäude. Viele Fahrgäste steigen aus; hier ist das Touristenzentrum des Selketales.
Da unsere Lokomotive Wasser nehmen muß, haben wir etwas Zeit, uns umzusehen.
Der Bahnhof ist verhältnismäßig groß. Allein drei Bahnsteiggleise sind vorhanden und werden auch, je nach Fahrplan, gleichzeitig von Zügen besetzt. Weitere Lade- und Abstellgleise ermöglichen einen regen Rangierbetrieb.
Freunde der Schmalspurbahn aus vielen Ländern reisen nach Alexisbad, um sich diese Anlage anzusehen, die im besten Sinne des Wortes ein eisenbahntechnisches Freilichtmuseum darstellt.
Allerdings gab es 1983 einen starken Einschnitt in die Technologie des Betriebsablaufes, als der Abschnitt Straßberg—Stiege wieder ein Gleis erhalten hatte und damit durchgehender Verkehr zur Harzquerbahn möglich geworden war. Der Güterverkehr lief seitdem fast ausschließlich von Nordhausen über Stiege bis Alexisbad mit regelspurigen Wagen auf meterspurigen Rollwagen. Ein Rollwagenverkehr von Gernrode ist wegen der vielen Felsdurchbrüche, die das Lichtraumprofil einschränken, nicht möglich.
Wir steigen zur Weiterfahrt ein. Die Selke wird auf einer kleinen Brücke überquert. Das Läuten und Pfeifen der Lokomotive kündigt an, daß die Fernverkehrsstraße nach Harzgerode passiert werden soll. Nun muß unser Zug wieder in einer größeren Steigung die Hochebene erklimmen. Abermals lehnt sich das Gleis eng an den Berghang. Hier mußte 1984 etwas „Luft" gemacht werden; der Einsatz von 1′E1′-Lokomotiven und Rollwagen verlangte mehr Platz und weniger enge Krümmungen.
Das Empfangsgebäude des Bahnhofs Harzgerode ist den anderen zweigeschossigen Bauten der Bahn ähnlich. Auf dem Bahnhof war früher ständig eine Lokomotive stationiert, man sieht noch die Reste des Lokschuppens; ferner fällt die verhältnismäßig große Ladestraße auf. Hier endete die erste Strecke der GHE. Das Gebiet weiter in Richtung Südharz war verkehrstechnisch damals nicht erschlossen. Eine Berliner Firma wollte des-

Bild 1.7. An der Heiligen Teich. *Foto: Fiebig †, 1973*

halb 1899 eine ebenfalls meterspurige Anschlußbahn von Harzgerode über Leimbach bis Wippra bauen. Auch in den 20er Jahren plante man, die Strecke bis nach Schielo zu verlängern, sogar eine regelspurige Bahn von Alsleben (Saale) über Sandersleben nach hier war 1928 im Gespräch. Alle Vorhaben blieben aber in der Planung stekken. Heute befindet sich in unmittelbarer Bahnhofsnähe ein Busbahnhof, zu dem noch die GHE den Grundstein legte.
Die Lokomotive setzt um. Es wird Zeit, eine neue Fahrkarte zu lösen, um von hier aus die wenigen Kilometer zurück bis Alexisbad und dann weiter nach Hasselfelde fahren zu können. Nach kurzer Talfahrt heißt es dann Umsteigen in Alexisbad. Hier bilden Landschaft, Ortschaft und Eisenbahn eine Einheit. Alles ist organisch ineinandergewachsen. Die Gegend ist uraltes Kulturgebiet und wurde vor 1 000 Jahren durch Mönche kolonisiert, kaiserliche Jagdhöfe wie Siptenfelde wurden angelegt, und Städte wie Harzgerode entstanden. Auch für Naturfreunde sind Seltenheiten in Flora und Fauna zu finden. Die seltene, geschützte Wildkatze lebt im unteren Selketal, man wird sie aber kaum zu sehen bekommen. Dagegen kann man mit etwas Glück von der Bahn aus einige Mufflons beobachten, Wildschafe aus Korsika, die um die Jahrhundertwende im Selketal ausgesetzt wurden und sich gut akklimatisiert haben.
Unmittelbar in Bahnhofsnähe, jenseits der Selke, erhebt sich ein hoher Felsen, auf dem ein alter Zeuge des Eisenkunstgusses aus dem Jahre 1845 bewundert werden kann: die „Verlobungsurne". Von diesem hohen Aussichtspunkt lassen sich die Strecken der Selketalbahn gut beobachten. Deutlich sind die beiden Gleise nach Harzgerode mit der Selkebrücke und die Gleisanlage, die nach Silberhütte führt, zu erkennen. Klein und filigran wie eine Modellbahnanlage wirkt die Bahn aus dieser Höhe.

Von Alexisbad nach Hasselfelde

Der Zug in Richtung Hasselfelde steht auf dem Gleis 2. Die Fahrt geht im Selketal weiter. Zur linken Seite erstreckt sich ein langer Berghang, das Badeholz, an dem sich früher ein Steinbruch befand. Zu diesem verlegte einst die Gernrode-Harzgeroder Eisenbahn ein Anschlußgleis.
Alsbald erreichen wir die ersten Gebäude des VEB Pyrotechnik in Silberhütte. Wenn zu Sylvester oder anderen festlichen Anlässen Raketen und Prachtfeuerwerke emporsteigen oder Schiffe Signalraketen abschießen, dann dürften diese Leuchtkörper wohl hier im Selketal angefertigt worden sein.
Auch eisenbahntechnisch ist das Werk bereits einmal spektakulär hervorgetreten. Im Jahre 1928 führte Max Valier Versuche an Fahrzeugen mit Raketenantrieb aus. Da Valier selbst nicht über die erforderlichen Geldmittel verfügte, mußte er sich Interessenten in der Industrie suchen. Zunächst wandte er sich an Fritz von Opel, der mit raketengetriebenen Kraftwagen bei Rüsselsheim eine Geschwindigkeit von 100 km/h erreichte, die er bei Versuchen auf der Berliner Avus am 23. Mai 1928 auf 230 km/h steigern konnte.
Opel wollte die Versuche Valiers als Reklame für sein Werk verstanden wissen, woran dieser nicht sonderlich interessiert war. So suchte Valier einen anderen Interessenten, und fand ihn in Meyer-

Bild 1.8. Bahnhof Sternhaus-Ramberg. Das Wartehäuschen hat einen Güterwagen der Erstausstattung zum Ursprung.
Foto: G. Zieglgänsberger, 1981

Hellige, dem Inhaber der Eisfeld-Werke für Pyrotechnik in Silberhütte.
Unter strenger Geheimhaltung wurde in Silberhütte ein Schienenraketenwagen gebaut, der am 26. Juni 1928 als Eisfeld-Valier RAK I zwischen Stiege und Eisfelder Talmühle unter Teilnahme vieler Zuschauer und Filmleute der UFA zur Probefahrt startete.
Das „Quedlinburger Blatt“ beschreibt in einer Reportage über dieses Ereignis den Schienenraketenwagen als leichte Holzkonstruktion auf Eisenbahnrädern, der bei einer Länge von 2,80 m etwa 50 kg Masse hatte. Gegen 11 Uhr gab Ingenieur Valier das Startzeichen. Die erste Fahrt dauerte nur zwei Sekunden, dann folgte die zweite Fahrt, die ebenfalls gut verlief. Der Wagen raste unter Zischen mit einem Feuerstrahl am Heck auf den Schienen dahin.
Der dritte Start erfolgte mit dreifacher Ladung. Die Zündung verlief planmäßig in Stufen; aber dann wurde ein Schienenstoß dem Wagen zum Verhängnis, er entgleiste und ging in Trümmer. Die Zeitnehmer hatten eine Geschwindigkeit von 210 km/h gemessen! Die Versuche wurden dann auf der Halberstadt-Blankenburger Eisenbahn fortgesetzt. Der neue Wagen war regelspurig, wog 275 kg, war sechs Meter lang und hatte einen Radstand von fünf Metern. In ihm konnten 36 Raketen von je 3,8 kg mit etwa 2 000 N Schubkraft untergebracht werden. Die Fahrtstrecke betrug teilweise bis 800 m. Der neue Wagen erreichte eine Höchstgeschwindigkeit von 253 km/h. Er hatte Räder mit Aluminiumspeichen, die aber infolge Überlastung beim zweiten Versuch zersprangen. Valier kam 1930 bei der Explosion einer Flüssigkeitsrakete ums Leben.
Indes verdankt Silberhütte seinen Namen nicht silberfarbenen Raketentriebwerken, sondern den Erzvorkommen dieser Gegend. Heute nicht mehr abbauwürdig, verschafften sie bis zum ersten Weltkrieg vielen Menschen Arbeit und Brot. Solchen Blei-, Silber- und Eisenerzschächten im benachbarten Neudorf verdankt auch eine 5 km lange 750-mm-Stichbahn ihr Entstehen. Ursprünglich

Bild 1.9. Bahnhof Mägdesprung, Empfangsgebäude. *Foto: G. Zieglgänsberger, 1981*

Bild 1.10.
Mägdesprung. Jagdszene aus Eisenkunstguß, hergestellt am Ort.
Foto: Frenzel, 1979

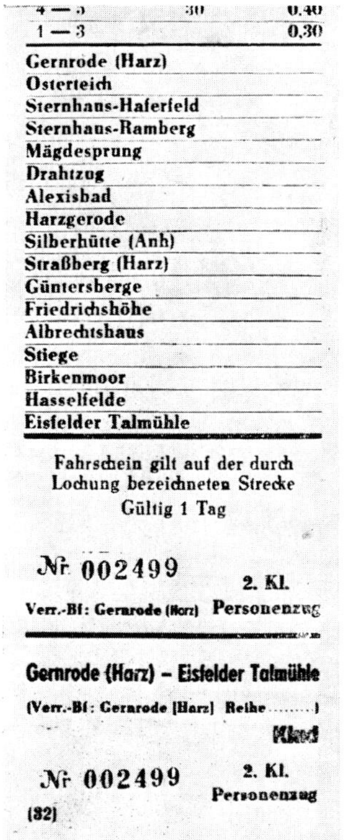

4 — 5 30 0.40
1 — 3 0.30
Gernrode (Harz)
Osterteich
Sternhaus-Haferfeld
Sternhaus-Ramberg
Mägdesprung
Drahtzug
Alexisbad
Harzgerode
Silberhütte (Anh)
Straßberg (Harz)
Güntersberge
Friedrichshöhe
Albrechtshaus
Stiege
Birkenmoor
Hasselfelde
Eisfelder Talmühle

Fahrschein gilt auf der durch Lochung bezeichneten Strecke
Gültig 1 Tag

№ 002499 2. Kl.
Verr.-Bf: Gernrode (Harz) Personenzug

Gernrode (Harz) – Eisfelder Talmühle
(Verr.-Bf: Gernrode (Harz) Reihe ....)
Kkwd
№ 002499 2. Kl.
Personenzug
(32)

Bild 1.11. Zettelfahrkarte (Abschnitt) mit allen Stationen der Selketalbahn, wie sie im Zug verkauft wird.

sollte nämlich die GHE über Neudorf geführt werden. Das zerschlug sich. So wurde die Industriebahn als Verbindung zwischen Neudorf und Silberhütte gebaut. Ihre ehemalige Trasse ist heute noch sichtbar, so z. B. am Sommerweg der Straße von Silberhütte nach Neudorf. Auch am Flurstück Biewende und in dem angrenzenden Wald ist die mit Grauwacke geschotterte Trasse noch gut auszumachen.

In dem kleinen Empfangsgebäude von Silberhütte befand sich eine Dienststelle der Deutschen Post. Auf der gegenüberliegenden Seite zweigt der Anschluß zum Sägewerk ab. Unmittelbar nach der Ausfahrt aus dem Bahnhof führt links eine Eisenbahnbrücke über die Selke hinweg. Dahinter stand das Heizkraftwerk Silberhütte. Hier, im Bahnhofsbereich, fällt uns eine neue Ausrüstung der Selketalbahn auf: die Rückfallweichen mit den orangefarbenen Weichenlaternen und Stellhebeln. Dazu gehören die Signale So 18 und So 17, die wir uns später noch genauer ansehen werden.

Unsere Reise setzt sich an Holzlagerplätzen und Sägemühlen vorbei fort. Am Ortsausgang ist ein Anschlußgleis zu einer Faßfabrik, der Rinkemühle, verlegt. Das Bild der mit Fässern beladenen Schmalspurgüterwagen gab den Zügen dieser Strecke jahrzehntelang ein charakteristisches Gepräge.
Das Tal wird nun breiter und flacher. Saftiggrüne Wiesen breiten sich aus. Die Neigungen der Strecke sind kleiner und die Krümmungen nicht mehr so häufig. Der Ort Straßberg auf einer Bergeshöhe an der gegenüberliegenden Talseite ist schon von weither zu sehen. Das Dorf Lindenberg, ehemals anhaltisch und nur etwa 100 Einwohner zählend, liegt auf dem diesseitigen Selkeufer. Da hier die Selke die Grenze zwischen Anhalt und Preußen bildete, erhielt der Bahnhof auf der anhaltischen Seite den Namen Lindenberg. Im Jahre 1952 wurde anläßlich einer Verwaltungsreform Lindenberg in Straßberg eingemeindet. Damit wechselte der Bahnhof seinen Namen.
Das kleine, im Harzer Stil gebaute Empfangsgebäude, fügt sich gut in die Landschaft ein. Die Bahnhofsanlagen bestehen aus Überhol- und Ladegleisen, Laderampe und Güterschuppen. Um die Jahrhundertwende beabsichtigte man, von hier aus über Rottleberode die Stadt Stolberg an das Netz der GHE anzuschließen. Doch davon ist nichts zu sehen. Das Projekt zerschlug sich.
Der Bahnhof Straßberg (Lindenberg) war von 1949 bis 1983/84 Endpunkt der Selketalbahn. Nur der Streckenabschnitt vom Bahnhof bis zur Selkebrücke (bei Kilometer 23) mit dem Anschlußgleis Spatgrube (früher Herzogsschacht), das der Abfuhr von Flußspat (Kalziumfluorid) diente, war in Richtung Stiege liegengeblieben. Den überwiegenden Teil der Bahn hatte man 1946 abgebaut. Im selben Jahr begann der Wiederaufbau in Richtung Gernrode, und seit dem 3. Juni 1984 fahren die Züge auch wieder bis Stiege/Eisfelder Talmühle.
Fast geradlinig geht es bis zur „großen S-Kurve“. Rechts stehen einige Gebäude, in denen aus Flußspat Flußsäure hergestellt wurde. Unmittelbar davor lag die Bahnverladestelle Fluor. Die „große S-Kurve“ führt uns über die neuerbaute Selkebrücke, und unser Blick schweift längs in das Selketal. Ab jetzt verläuft die weitere Streckenführung auf dem rechten Ufer der Selke. Das Selketal ist nun von sanfter ansteigenden Bergen, die mit dichten Wäldern bestanden sind, eingerahmt. Unser Zug hat an Geschwindigkeit zugelegt, bald sind wir in der Nähe der ehemaligen Holzver-

Bild 1.12. Felsdurchbruch zwischen Mägdesprung und Alexisbad. *Foto: Frenzel, 1982*

ladestelle Selkewiesen. Langholzwagen der GHE (Drehschemel) transportierten einst das im Walde eingeschlagene Holz per Schiene ab. Dabei soll sich in einem feuchten Frühjahr folgende Geschichte zugetragen haben: Ein mit Langholz beladener Lkw hatte sich in der Nähe eines Überwegs festgefahren. Alle Fahrmanöver waren umsonst. „Was soll nun werden?" fragten neugierige Spaziergänger den Fahrer. Der winkte ab: „Wir warten, bis der Zug kommt". Der kam und nun geschah das, was die Episode fast unglaubwürdig erscheinen läßt: eine Kette wurde am Lastkraftwagen und an der Lokomotive befestigt — die Lokomotive zog kurz an — der Fahrer des Lastkraftwagens gab Gas — und beide fuhren davon.

Nach kurzer Fahrzeit haben wir Güntersberge erreicht. Der jetzige Haltepunkt war einst ein Bahnhof mit Lokomotivschuppen und Wasserkran. Das Empfangsgebäude — das übrigens einmal etwas größer werden sollte, Güntersberge ist schließlich eine Stadt — gleicht dem von Straßberg. Es wird aber nicht mehr als solches genutzt. Die Fahrgäste halten sich in einer kleinen Wartehalle, die im ehemaligen Güterschuppen eingerichtet ist, auf. Hier ist auch das Stationsschild befestigt. Das andere, am alten Empfangsgebäude angebrachte, ist das historische.

Die Fahrt geht rasch weiter. Alsbald ist die Stadt Güntersberge auf der rechten Seite zu erblicken, und am Ortsrande wird eine 7 ha große Wasserfläche, der Mühlteich, auch Waldsee genannt, sichtbar. 1752 ist dieser größte Stauteich der Selke angelegt worden.

Unterdessen haben wir auf einer neuen Brücke den Katzsohlbach, einen Zufluß der Selke, überquert und konnten einen kurzen Blick in das an

Bild 1.13. Bahnhof Alexisbad. *Foto: G. Zieglgänsberger, 1982*

Naturschönheiten reiche Tal werfen. Auf der anderen Seite des Tales ist die Fernverkehrsstraße 242 nach Stiege zu sehen.
Wir fahren am Waldrand, dem rechten Ufer der Selke, weiter bis zum Bahnhof Friedrichshöhe. Der Ort, von hier aus nicht sichtbar, liegt in den Bergen. Das alte zweigeschossige Empfangsgebäude ist 1983 wegen größerer Schäden abgerissen worden. Ein kleines Wartehäuschen aus Betonteilen, hellocker gestrichen, steht an der Stelle des alten Fachwerkbaues. Da der Bahnhof Friedrichshöhe etwa in der Mitte des Abschnittes Straßberg—Stiege liegt und genügend Gelände für Gleisanlagen bietet, hat sich die Deutsche Reichsbahn entschlossen, hier eine Zugkreuzungsstelle anzulegen.
Nach der Ausfahrt quert unser Zug die Straße nach Stolberg, die hier auf die F 242 trifft. Anfang Juni, um die Pfingstzeit, sind die Selkewiesen mit den gelben Blüten der geschützten Trollblume geschmückt, im Winter dagegen haben hohe Schnee-

Bild 1.14. Bahnhof Alexisbad. Bis 1984 gehörten die mit Fässern beladenen Schmalspurwagen zum täglichen Bild. Zweiter Wagen von links: ex SHE 274.
Foto: G. Zieglgänsberger, 1973

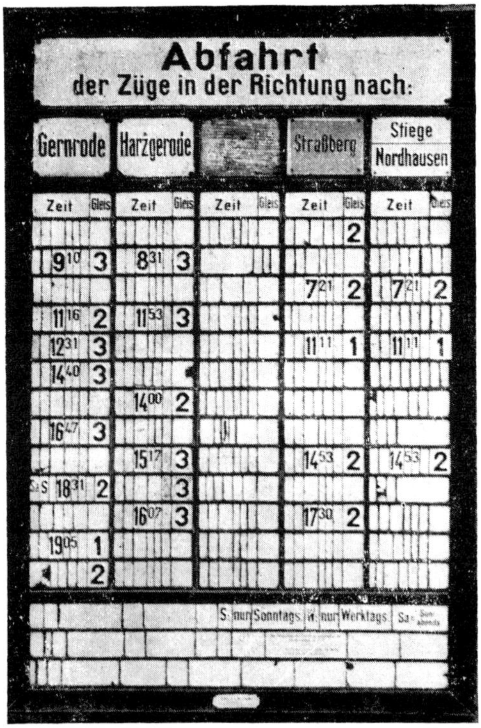

Bild 1.15. Angebot des Bahnhofs Alexisbad, Sommer 1986.
Foto: G. Zieglgänsberger

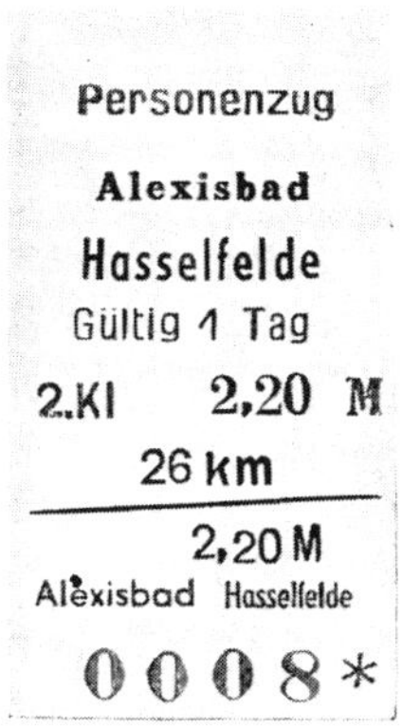

Bild 1.18.
Eine der ersten, wieder durchgehenden Fahrkarten vom 3. 6. 1984.

Bild 1.17. Bruchsteinmauerwerk und ausgemauertes Fachwerk, im Harz häufig zu finden – Empfangsgebäude Harzgerode.
Foto: G. Zieglgänsberger, 1984

Bild 1.16. Nach kurzer Anstrengung ist Harzgerode erreicht. *Foto: G. Zieglgänsberger, 1983*

wehen den Bahn- und Straßenverkehr manchmal schon zum Erliegen gebracht.

Das Schleifen der Bremsklötze kündigt an, daß die nächste Station, der Haltepunkt Albrechtshaus, erreicht ist. Der Name des Haltepunktes stammt von dem Sanatorium, dem jetzigen Spezialkrankenhaus, das links zwischen den Bäumen zu erkennen ist. Auch hier sind einige Fahrgäste ein- und ausgestiegen. Denn von hier aus kann man schöne Wanderungen nach dem Auersberg, nach Stolberg, Allrode und Birkenmoor unternehmen. Der Haltepunkt Albrechtshaus hat noch sein altes Wartehäuschen, es diente während der eisenbahnlosen Zeit als Bushaltestelle und blieb dadurch bis heute erhalten. Unweit von hier war früher das Dreiländereck, gebildet von Anhalt, Braunschweig und Preußen.

Die Fahrt geht weiter bergan. Rechter Hand liegt ein kleines Wäldchen, in dem sich die um 1900 ausgegrabene Ruine der romanischen Kirche Selkenfelde befindet. Etliche Legenden ranken sich um das dazugehörige, aber verschwundene Dorf, in dem damals sogar Eisen erschmolzen worden sein soll.

Bald fahren wir in einem großen Bogen über die neuerbaute Hasselbrücke, links naht die Strecke von Eisfelder Talmühle, und nur wenig später hält der Zug in Stiege. Bis 1946 gehörten die Abschnitte Stiege—Hasselfelde und Stiege—Eisfelder Talmühle zur Gernrode-Harzgeroder Eisenbahn. Nach dem Abbau der Verbindung Gernrode—Stiege wird seit dem 15. April 1946 dieses Streckenstück von der Harzquerbahn betrieben. Vor 1945 hatte die Gernrode-Harzgeroder Eisenbahn durchlaufende Züge bzw. Kurswagen von Gernrode über Alexisbad—Stiege—Eisfelder Talmühle nach Nordhausen im Fahrplan, um den Reisenden das Umsteigen zu ersparen. War der

Bild 1.19. Alexisbad. Blick von der Verlobungsurne auf eine Doppelausfahrt in Richtung Harzgerode (vorn) und Silberhütte (hinten). *Foto: Frenzel, 1979*

Bild 1.20. Der Raketentriebwagen Rak 2 auf der Halberstadt—Blankenburger Eisenbahn. Mit dem Vorgänger waren am 26. Juni 1928 zwischen Stiege und Eisfelder Talmühle 210 km/h erreicht worden. Die Triebwerke stammten aus Silberhütte. *Sammlung Frenzel*

Zug von Gernrode in Stiege angelangt, hätte die Lokomotive hier an das entgegengesetzte Zugende umsetzen müssen. Statt dessen hatte man sich eine elegantere Lösung ausgedacht. Der Fahrplan war so gestaltet, daß in Stiege zwei Züge zugleich ankamen: der aus Gernrode und — aus entgegengesetzter Richtung — der aus Hasselfelde. Beide Lokomotiven spannten ab und wechselten den Zug; dann übernahm die Gernroder Maschine den aus Hasselfelde gekommenen Zug, um ihn wieder dort hinzubringen, während die Hasselfelder Maschine mit dem durchgehenden Gernroder Zug bis Eisfelder Talmühle weiter fuhr. Dort hängte man den meist aus zwei Reisezug- und einem Gepäckwagen bestehenden Train an den nach Nordhausen fahrenden Zug der Harzquerbahn an. Solch ein durchlaufender Zug fuhr 9 Uhr 11 Minuten in Gernrode ab und war

Bild 1.21. Bahnhof Silberhütte. *Foto: K. Zieglgänsberger, 1985*

11 Uhr 53 Minuten in Nordhausen; die Fahrzeit betrug zwei dreiviertel Stunden. Für eine Gebirgs-Schmalspurbahn war dies bei dem langen Weg von 60 km eine beachtliche Leistung.
Diese Technologie war ab 1946 hinfällig geworden, und seitdem war Bahnhof Stiege in die Vergessenheit versunken, drei Reisezug- und zwei Güterzugpaare pro Tag sind nichts Beachtenswertes für den Durchgangsbahnhof einer Schmalspurbahn. 1983 änderte sich jedoch das Bild. Durch die Presse und durch Rundfunksendungen rückte er ins Licht der Öffentlichkeit, ging doch von hier aus der Wiederaufbau der Strecke nach Straßberg vonstatten. Doch damit nicht genug. Außer den Rückfallweichen, deren Ankündigungsbaken sogar vor dem Empfangsgebäude stehen, gibt es hier als Besonderheit die Wendeschleife zu sehen, die rechts an der Ausfahrt nach Hasselfelde liegt und mit deren Hilfe die umständliche Rangiertechnologie einer Spitzkehre zu umgehen ist. Sie stellt eine Einmaligkeit bei Schmalspurbahnen dar.
Da nur Züge von und nach Eisfelder Talmühle die Schleife passieren, geht unsere Fahrt sofort in Richtung Hasselfelde weiter. Wir erblicken nochmals den Ort Stiege mit seinem weithin sichtbaren Wahrzeichen, dem Wasserglobus. Die Fahrt führt nun über die Hochfläche des Oberharzes, die Wälder entfernen sich weiter von der Strecke, uns umgeben Wiesen und Weiden. Das Brockenmassiv bildet den Hintergrund für die vor uns liegende Stadt Hasselfelde. Auf der Fahrt haben wir die Sprachgrenze von Niederdeutsch zu Ober-

Bild 1.22. Zwischen Silberhütte und Straßberg. *Foto: G. Zieglgänsberger, 1985*

Bild 1.23. Bahnhof Straßberg, Empfangsgebäude. *Foto: G. Zieglgänsberger, 1984*

Bild 1.24. Bahnhof Güntersberge. Rechts das alte Empfangsgebäude, das inzwischen anderweitig genutzt wird; links die neue Wartehalle, umfunktioniert aus dem ehemaligen Güterboden. *Foto: G. Zieglgänsberger, 1984*

Bild 1.25. Von 1946 bis 1984 Seepromenade, nun wieder Schmalspurstrecke: Ausfahrt Güntersberge. *Foto: Sprang, 1984*

Bild 1.26.
Bahnhof Friedrichshöhe.
Foto:
G. Zieglgänsberger, 1984

Bild 1.27.
Das Wartehäuschen von Albrechtshaus diente während der eisenbahnlosen Zeit als Unterschlupf für Busreisende.
Foto:
G. Zieglgänsberger, 1984

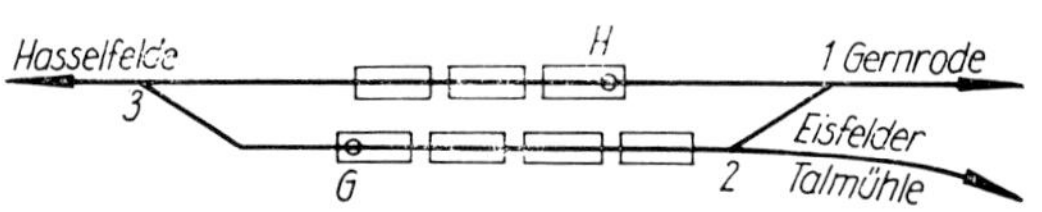

Bild 1.29. Prinzip des raschen Lokomotivwechsels in Stiege: Lok H vom Hasselfelder Zug setzt sich über die Weichen 1 und 2 vor den Zug von Gernrode nach Eisfelder Talmühle; zur selben Zeit setzt sich Lok G vom Gernroder Zug über Weiche 3 vor den Hasselfelder Train, um ihn wieder dorthin zu bringen. *Zeichnung: hajo*

deutsch passiert. Die Hasselfelder sprechen plattdeutsch, und der Dialekt der Stieger gehört zum Thüringischen.

Der Bahnhof Hasselfelde, der Endbahnhof der 40,3 km langen Strecke, ist bald erreicht. Er zeigt sich als typischer Bahnhof einer kleinen Stadt: Zweigeschossiges Empfangsgebäude, Abstellgleise, Ladestraße, ein Industrieanschluß zum Sägewerk und ein Anschluß zum Speicher der Bäuerlichen Handelsgenossenschaft. Als Endbahnhof

Bild 1.28.
Bahnhof Stiege.
Foto:
G. Zieglgänsberger, 1987

Bild 1.30. Wendeschleife Stiege. *Foto: G. Zieglgänsberger, 1985*

10.15	11.57	11.57	14.25	16.18	19.04	21.43	1.09	an Halle (S) 181 ....ab	5.10	...	5.10	8.01	...

…h Alexisbad ab 8.01 | 17.30♀
Harzgerode an 8.10 | 17.39

158 k Gernrode (Harz) - Eisfelder Talmühle

5	7.15	10.13	12.05	12.05	13.06	14.58	...	vS16.48	18.42	21.25		ab Aschersleben 158g an	w7.43	10.04	10.04	12.24	12.24	12.24	14.43
2	8.10	10.52	...	11.44	11.44	14.01	15.50	17.24	...	21.11		ab Halberstadt 182 158g an	9.00	9.00	10.05	13.17	13.17	13.17	14.46
6	8.46	11.20	...	13.29	13.29	14.28	16.30	17.58	19.17	21.43		ab Quedlinburg Rb an	7.27	S8.05	9.25	11.17	12.40	12.40	14.16

G	22	8	W104	10 bG	12	26	14 bG	28	18	S 106	km	Nr Privatnebenbahn Nr	Mo101	S21	W 21	5 bG	W103	S5bG	7
20	9.11	11.40	a13.05	c13.48	14.10	15.58	d16.50	a18.25	19.40	S22.35	0,0	ab Gernrode (Harz) 158g an	Bllst.	S7.46	w8.52	d11.02	a11.22	a11.31	13.39
24	|	×11.44	K	×51	×14	×16.03	×53	×29	×44	K	1,3	Osterteich	W. an	|	×48	×59	K	|	×34
35	×28	×11.58	13.22	×14.01	×27	×16.16	×17.03	×44	×57	×51	5,7	Sternhaus-Haferfeld	Mo6.51	7.31	8.35	×48	11.04	×18	×22
39	×31	×12.03	|	×05	×31	×16.20	×06	×48	20.02	|	7,0	Sternhaus-Ramberg	K	×25	×29	×45	|	×15	×17
47	9.40	12.14	13.34	14.14	14.41	16.30	17.15	19.04	20.12	23.04	10,2	Mägdesprung	6.26	7.15	8.19	10.36	10.51	11.08	13.09
51	|	×12.19	×38	×17	×45	×16.34	|	×08	×16	×09	11,7	Drahtzug	×22	×10	×14	×32	×49	×11.05	×13.04
58	9.52	12.28	13.47	14.23	14.54	16.42	17.24	19.18	20.25	S23.17	14,6	an Alexisbad ab	6.12	S7.00	w8.05	10.24	10.38	10.58	12.56

4	6	S 52	8	W104	S10bG	12	W54	26♀	S14	d16	18	S106		Zug Nr Zug Nr	Mo101	S1	W1	3	5 bG	W103	S5	7	S 9
00	10.00	a11.00	12.33	a13.48	c14.25	14.55	c15.22	16.48	18.20	18.55	20.30	23.18	0,0	ab Alexisbad an	6.11	6.54	7.59	9.44	d10.23	a10.37	a10.54	12.54	a13.4
08	10.09	11.09	12.42	14.00	14.33	15.03	15.31	16.57	18.29	19.03	20.39	23.30	2,9	an Harzgerode ab	6.00	6.45	7.50	9.35	10.15	10.25	10.45	12.45	13.3

bG	9.56	...	↙ Nach Neudorf (Harz)	w14.24	S15.00	S16.44	d17.25	a19.25	...	K	14,6	ab Alexisbad an	K	6.56	7.50	..	K Von Neudorf (Harz)	...	a10.56	...
..	10.04	...		14.31	15.08	16.52	17.32	19.35	...	...	17,8	Silberhütte (Anh)	...	6.48	7.42	..		...	10.49	...
..	10.15	...		14.40	15.18	17.03	17.41	19.47	...	...	21,9	Lindenberg (Harz)	...	6.38	7.27	..		...	10.40	...
..	10.28	...		c14.51	15.29	17.17	17.51	20.00	...	...	27,1	Güntersberge (Harz)	...	6.25	7.12	..		...	10.28	...
..	10.36	...		...	15.38	17.26	17.58	20.09	...	..	30,6	Friedrichshöhe	...	6.16	6.58	..		...	10.16	...
..	×38	...		...	×40	×28	×18.00	×11	...	...	31,3	Albrechtshaus	...	×13	×55	..		...	×14	...
..	10.48	...		...	a15.51	a17.39	18.08	20.22	...	...	35,7	an Stiege ab	...	6.03	6.44	..		...	10.03	...

32	34		-	36	S 64	38	S 40	28				Zug Nr Zug Nr	W31	S21	W21	S31	S33	35		
03	10.54	...	...	14.16	a16.00	18.12	a19.15	a20.25	...	...	0,0	ab Stiege an	5.29	S6.02	w6.41	7.30	9.03	10.45	..	...
20	11.11	...	...	14.33	16.17	18.29	19.32	20.42	...	...	4,9	an Hasselfelde ab	5.12	5.45	6.24	7.13	8.48	10.28	..	..

4	22				46	S48bG		Zug Nr Zug Nr					41	S 43	
5	10.51	...	...	...	15.55	a18.23	35,7	ab Stiege an	...	...	...	...	8.24	9.57	...
2	×11.00	...	...	...	×16.03	|	38,6	Birkenmoor	...	...	...	...	×8.17	×9.48	...
	|	...	...	...	|		43,0	Unterberg 182b	...	...	...	...		|	...
26	11.12	...	...	...	16.16	18.44	44,3	an Eisfelder Talmühle ab	...	...	...	...	8.03	9.35	...
12	11.53	...	...	...	16.58	19.30		an Nordhausen NWE 182b ab		...	...	...	7.20	S8.45	...
.	13.44	...	...	...	19.40	...		an Wernigerode NWE 182b ab		...	...	...	...	7.30	...

K = Eisenb-Kraftverkehr
a Vom 1. VII.—31. VIII.
b 15.V.—30.VI.u. ab 1.IX.
c Vom 1. VI.—31. VIII.
d tägl., im Juli-Aug. nur W

Bild 1.31. Fahrplan aus dem Jahre 1935 mit durchgehendem P 22 Gernrode—Stiege—Eisfelder Talmühle—Nordhausen.

Bild 1.32. Bahnhof Hasselfelde.

Foto: G. Zieglgänsberger, 1981

Bild 1.33. Einst auf der Selketalbahn: Rollwagenzüge – hier kurz vor Stiege. *Foto: G. Zieglgänsberger, 1984*

Bild 1.34.
Haltepunkt Birkenmoor.
Foto:
G. Zieglgänsberger, 1984

Bild 1.35.
Brücke über den Mosebach.
Foto:
K. Zieglgänsberger, 1979

besitzt er selbstverständlich einen Lokomotivschuppen, wo heute die 99 7232 (z) abgestellt ist.

Zu Gast bei der Harzquerbahn

Die Fahrt auf der heutigen Selketalbahn ist eigentlich schon in Stiege beendet. Doch wie bereits angedeutet, gehörte bis 1946 der Abschnitt Hasselfelde—Eisfelder Talmühle ebenfalls zur Gernrode-Harzgeroder Eisenbahn und schloß dort an die Harzquerbahn Nordhausen—Wernigerode an. Diese Verbindung war 1905 gebaut worden. Begeben wir uns also auf die historische Spur.

Bald haben wir Stiege wieder erreicht und fahren in Gleis 2 ein. Dieses Gleis muß von Zügen, die in Richtung Alexisbad—Gernrode oder Eisfelder Talmühle ausfahren, benutzt werden, da sonst die Funktion der Rückfallweichen nicht wirksam wird. — Andernfalls ist auch das Umsteigen mit Aufenthalt in Stiege nicht uninteressant. Wie auf einer Modellbahnanlage rollt der Zug, der die Wendeschleife durchfährt, vorbei. Ein Erlebnis ist es jedenfalls, wenn man den Zug Gernrode—Eisfelder Talmühle besteigt und die Runde mitfährt.

Nachdem der Zug die Bahnhofsanlagen verlassen hat und in die fast rechtwinklig abzweigende Strecke nach Eisfelder Talmühle eingebogen ist, befinden wir uns auf dem etwa 1,5 km fast geradlinig verlaufenden Streckenabschnitt, auf dem 1928 die Versuche mit dem raketengetriebenen Schienenfahrzeug stattfanden. Nicht nur der Geschwindigkeitsrekord der Selketalbahn wurde hier erreicht, sondern es ist mit 523 m über NN auch der höchste Punkt der Bahn und damit die Wasserscheide Bode/Helme. Einige Fahrgäste, die Gefäße zum Beerenpflücken bei sich tragen, möchten am Haltepunkt Birkenmoor aussteigen. Auch Wanderer verlassen den Zug, denn die Wege durch das Behretal nach Eisfelder Talmühle sind besonders den Naturfreunden zu empfehlen. Unmittelbar nach der Ausfahrt beginnt sich die Strecke stark zu neigen und führt nun etwa 4 km durch das geschlossene Waldgebiet des Behretales mit gleichmäßigem Gefälle von 37 Promille. Für diesen Abschnitt waren die 1905 beschafften schweren Mallet-Lokomotiven gedacht.

Weitab von allen größeren Straßen geht die Fahrt durch Mischwälder. Zwei Seitentäler müssen durch hohe, steinerne Brücken überwunden werden: es sind die 25 m weit spannende Brücke über den Bartschenkulk und das mit 11 m Spannweite errichtete Bauwerk über den Mosebach. Die Brücken sind aus Grauwacke gebaut, einem Material, das bei den Felsdurchbrüchen für den Bahnbau anfiel und in dieser Gegend auch in Steinbrüchen abgebaut wird. Grauwacke ist ein feinkörniges, festes Sedimentgestein. Die Ansichtsflächen der Gewölbebogen sind in rotem Ilfelder Stein ausgeführt.

Bild 1.36. Brücke über den Bartschenkulk. *Foto: K. Zieglgänsberger, 1979*

Bild 1.37. Bahnhof Eisfelder Talmühle. *Foto: G. Zieglgänsberger, 1959*

Diese Brücken waren früher ein beliebtes Motiv, die GHE bildlich als Gebirgsbahn darzustellen. Wenige Meter weiter abwärts befindet sich der Haltepunkt Unterberg. Zwei Anschlüsse führten zu den nahen Steinbruchanlagen gleichen Namens. Noch in den 60er Jahren standen auf den Anschlußgleisen die Steinkübelwagen der Harzquerbahn, in denen das gebrochene Material in Richtung Nordhausen abtransportiert wurde. Auch der Schotter für den Wiederaufbau des Abschnittes Straßberg–Stiege kam von hier. Noch heute wird hier Grauwacke abgebaut, womit der restliche Güterverkehr aufrecht erhalten wird.
Das Behretal ist nun von hohen Berghängen umgeben: Wir nähern uns dem Bahnhof Eisfelder Talmühle. Rechts ist die von Benneckenstein kommende Strecke der Harzquerbahn zu sehen. Nach wenigen hundert Metern hält der Zug im ehemaligen Gemeinschaftsbahnhof der Gernrode-Harzgeroder und der Nordhausen-Wernigeroder Eisenbahn. Das zweigeschossige Empfangsgebäude ist 1905 zur Eröffnung der Strecke gebaut worden. Von den Gleisanlagen her waren praktisch zwei Bahnhöfe entstanden, durch ein Übergabegleis miteinander verbunden. Die Gernrode-Harzgeroder Eisenbahn unterhielt sogar einen eigenen Lokomotivschuppen und eine eigene Wasserversorgungsanlage. Heute gibt es eine durchgehende Einfahrt von Nordhausen in Richtung Stiege.
Unsere Fahrt auf der Selketalbahn ist beendet. Die Fahrzeit, ohne Umsteigeaufenthalte, betrug etwa 200 Minuten. Nun müssen wir uns entscheiden: Wir können umsteigen nach Nordhausen, die einstige Freie Reichsstadt, oder nach Wernigerode, die Bunte Stadt am Harz. Wir können uns aber auch zurückbegeben auf die Selketalbahn und ihre Anlagen wie auch ihre Geschichte genauer unter die Lupe nehmen.

2. Die Gernrode-Harzgeroder Eisenbahn

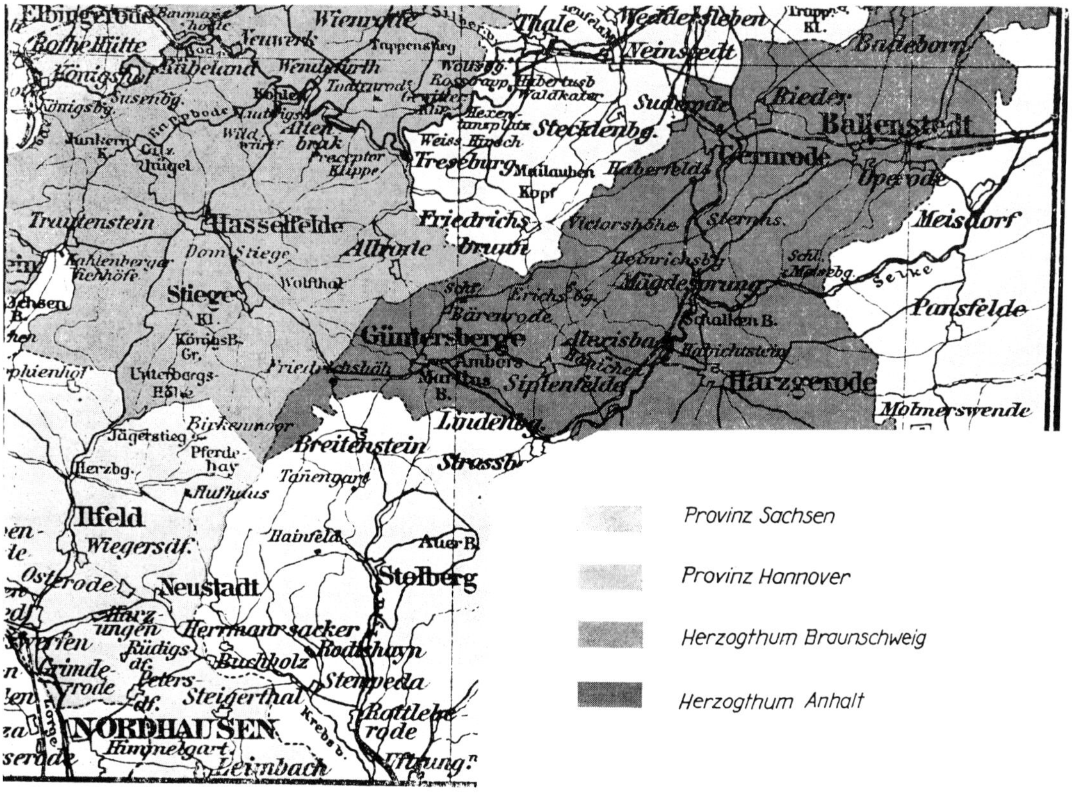

Bild 2.1. Die politischen Verhältnisse im Harz zur Zeit des Bahnbaus. *Quelle: Album vom Unterharz, Leipzig 1892*

Vorgeschichte

Der Harz, das nördlichste deutsche Mittelgebirge, erhebt sich steil aus der Norddeutschen Tiefebene. Im Nordwesten ragt die Gebirgsscholle stärker aus der Ebene heraus als im Südosten. Der östliche Teil des Harzes, der sich etwa bis 500 m hoch über NN erhebt, wird als Unterharz bezeichnet. Infolge seines Gebirgscharakters bildet der Harz für die Eisenbahnen ein verkehrstechnisch schwie-

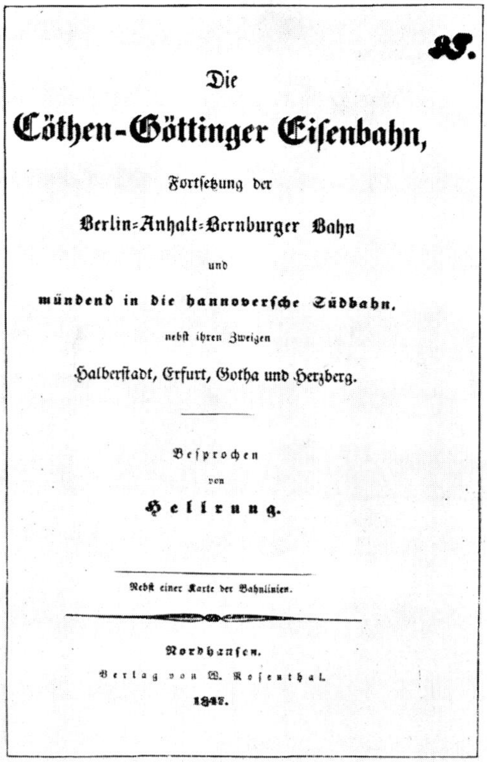
Die

Cöthen-Göttinger Eisenbahn,

Fortsetzung der

Berlin-Anhalt-Bernburger Bahn

und

mündend in die hannoversche Südbahn,

nebst ihren Zweigen

Halberstadt, Erfurt, Gotha und Herzberg.

Besprochen

von

Hellrung.

Nebst einer Karte der Bahnlinien.

Nordhausen.

Verlag von W. Rosenthal.

1847.

Bild 2.2. In dieser Schrift von 1847 ist der erste Plan für eine Eisenbahn durchs Selketal beschrieben.
Sammlung Zieglgänsberger

riges Gebiet. Man erkennt an den Eisenbahnkarten, die den Kursbüchern beiliegen, wie die Hauptbahnen den Harz am Rande umfahren. Eine Hauptstrecke durchquert den Harz nicht.

Die politische Einteilung des Unterharzes zeigte zur Zeit des Bahnbaues, in der zweiten Hälfte des 19. Jahrhunderts, noch die Nachwirkungen der deutschen Kleinstaaterei. Der hier beschriebene Teil gehörte zu drei Staaten: die Mitte des Unterharzes in der östlichen Hälfte zum Herzogtum Anhalt und in der westlichen Hälfte zum Herzogtum Braunschweig, die übrigen Teile gehörten zu preußischen Provinzen. So blieb es mit wenigen Änderungen bis 1945. Danach bildeten der seit 1918 bestehende Freistaat Anhalt und die braunschweigischen Ländereien östlich des Schlauches bei Sorge (Voigtsfelde) sowie der größte Teil der ehemaligen Provinz Sachsen das Land Sachsen-Anhalt (1945–1947 Provinz Sachsen). Die südwestlichsten Teile des Unterharzes kamen zum Land Thüringen. Seit der Verwaltungsreform im Jahre 1952 war in der DDR dieses Gebiet den Bezirken Magdeburg, Halle und Erfurt zugeordnet. Seit 1990 gilt wieder die alte Ländereinteilung.

Als in der Mitte des vorigen Jahrhunderts in Deutschland die industrielle Entwicklung begann, waren die Eisenbahnen für den Aufschwung der Industrie und des Handels eine unbedingte Voraussetzung. Es liegt auf der Hand, daß der holz- und erzreiche Harz schon früh das Interesse von Unternehmern fand und rasch die ersten Gedanken zur eisenbahntechnischen Erschließung entstanden. Doch die bereits erwähnten politischen Schwierigkeiten waren immens. So schloß sich westlich an die braunschweigischen Landesteile das Königreich Hannover an. Nach der Auflösung des Deutschen Bundes 1866 und während des preußisch-österreichischen Krieges annektierte Preußen das Königreich Hannover und machte es zur preußischen Provinz Hannover (Kapitulation von Langensalza, 29. Juni 1866). Hinzu kamen die technischen Probleme. Den Harz mit einer regelspurigen Bahn von 1 435 mm Spurweite zu überqueren, hätte einen enormen technischen Aufwand erfordert. Umfangreiche Erdbewegungen, Dammbauten, Tunnel und Viadukte wären erforderlich gewesen. Dennoch gab es schon frühzeitig solche Pläne.

Noch bevor die großen Eisenbahngesellschaften ihre Vorstellungen zur verkehrsmäßigen Erschließung des Harzes darlegten, erschien 1847 eine Denkschrift mit dem Titel: „Cöthen-Göttinger Eisenbahn, Fortsetzung der Berlin-Anhalt-Bernburger Bahn und mündend in die hannoversche Südbahn, nebst ihren Zweigen Halberstadt, Erfurt, Gotha und Herzberg". Der Verfasser war ein Dr. Hellrung, die Schrift wurde bei W. Rosenthal 1847 in Nordhausen verlegt. Bereits 1846 hatte Hellrung dieses Projekt dem herzoglichen Geheimkabinett in Bernburg vorgelegt. Anhalt war damals noch in kleinere Teilstaaten gegliedert, die Vereinigung erfolgte 1863. Das Selketal gehörte zur Anhalt-Bernburgischen Exklave Ballenstedt. Im Jahre 1840 war die Magdeburg-Cöthen-Halle-Leipziger Eisenbahn eröffnet worden und hatte in Cöthen 1840 Anschluß an die Berlin-Anhaltische Eisenbahn erhalten. 1846 wurde eine weitere Anschlußstrecke, die Cöthen-Bernburger Bahn, in Betrieb genommen. Im Bau bzw. in der Projektierung befand sich zu der Zeit die Strecke Hannover–Kassel über Göttingen (vollendet 1853), damals Hannoversche Südbahn genannt. Hellrung wollte die Verbindung Cöthen–Göttingen als Teil einer europäischen Postbahn von Petersburg (früher Leningrad) über Königsberg (heute Kaliningrad), Berlin, Kassel, Frankfurt a.M. und Paris bis an die Pyrenäen verstanden wissen. Die Cöthen-Göttinger Eisenbahn sollte in Bernburg an die schon von Cöthen her gebaute Strecke anschließen und über Güsten, Aschersleben und Ermsleben nach Meisdorf führen. Hier in Meisdorf verläßt die Selke in einem breiten Tal die Berge des Harzes. Über diesen Zugang sollte die Bahn den Weg durch das Selketal, an der Burg Falkenstein und der Ruine der Burg Anhalt vorbei, über Selkemühle nach Mägdesprung nehmen. An größeren Bauten wäre bis dahin die Überbrückung der Saale in Bernburg und ein Tunnel in der Nähe des ehemaligen III. Friedrichhammers im Selketal sowie ein weiterer Tunnel durch den Mägdesprungfelsen in Betracht gekommen. Die Strecke hätte den Ort Mägdesprung links umgangen (Selke aufwärts gesehen) und wäre kurz vor der Försterei Drahtzug etwa auf die Trasse gelangt, die heute von der Bahn eingenommen wird. Der Klosterkopf, der heute im Bogen umfahren wird, sollte ebenfalls durchbohrt werden. Dann wäre die Bahn, nicht so stark dem Gelände angepaßt wie heute, nach Alexisbad gelangt.

Hellrung widmete in seiner Schrift dem Selketal besondere Aufmerksamkeit: „Wenn erst der Schienenweg durch das reizende Selketal führt; wie wird es sich beleben, welche Wege werden noch erstehen, wieviele Eisenwerke und welche Betriebsamkeit werden es noch beglücken. Wieviele Tausend Harzreisende mehr werden, naturprächtiges Selketal, von fern her kommend, deine Naturschönheiten, deine Ritterburg Falkenstein, deinen schmucken Meiseberg, deinen ehrwürdigen Anhalt, deinen fabelhaften Mägdesprung mit dem mächtigen Kreuz, unter welchem der größte Tunnel hindurchführt, deine vielen Hammer und Hütten und – dich Gesundheit wiedergebendes und vergnügungsreiches Alexisbad besuchen, welche sonst den Weg hierher zu weit fanden!"

Die Bahn sollte von Straßberg weiter über Breitenstein, Ilfeld, Nordhausen und Duderstadt nach Göttingen führen. Zwischen Meißdorf und Straßberg, also im Selketal, wären 32 Brücken und 3 Tunnel von zusammen etwa 600 m Länge erforderlich gewesen, etwa 1 388 000 Taler waren für die knapp 20 km veranschlagt worden. Die sonstigen Notwendigkeiten des Bahnbaus in den Harzbergen schätzte Hellrung nicht als besonders schwierig ein.

Die herzoglich-bernburgische Regierung schien sich aber nicht für dieses Projekt interessiert zu haben, außerdem herrschte in den Jahren um 1847 eine wirtschaftliche Flaute. So blieb das Selketal zunächst noch fast vier Jahrzehnte ohne Eisenbahn.

1853 erwog die Magdeburg-Halberstädter Eisenbahngesellschaft eine Verlängerung ihrer Linie von Halberstadt über Thale—Gernrode—Josefshöhe—Rottleberode nach Nordhausen. Wegen zu hoher Baukosten kam es nur zur Fertigstellung bis Thale (1862). Übrigens sollte von hier aus später eine meterspurige Zahnradbahn nach Treseburg gebaut werden, 7 km lang, davon 3 km Zahnradstrecke. Auch dieses Vorhaben scheiterte an den Kosten.

1865 wollte Bismarck die „Kanonenbahn" von Berlin in Richtung Metz über Straßberg und Nordhausen führen. Da einerseits der Fürst von Stolberg um seine Jagdreviere besorgt und andererseits die Trassenführung zu aufwendig war, lief sie schließlich südöstlich am Harz vorbei. Auch Projekte, die Eisenbahnlinie Hamburg—München über den Harz hinwegzuleiten, blieben unausgeführt. Und als in der Weimarer Republik die Reichsregierung 1925 zur Belebung des Erzbergbaus eine regelspurige Linie Blankenburg—Allrode — Güntersberge — Breitenstein — Stolberg bauen wollte, unterblieb der Bau der Bahn wegen zu geringer Ergiebigkeit der Erzlagerstätten. Eine regelspurige Bahn zur Überquerung des Harzes wurde also niemals realisiert. So verblieben zur verkehrstechnischen Erschließung des Gebirges nur Stichbahnen. Hier boten Schmalspurbahnen eine Reihe von Vorteilen: das Planum (die natürliche Unterlage für die Gleisverlegung) weist geringere Dimensionen auf als für eine regelspurige Bahn, was bei Wegen durch den Fels besonders ins Gewicht fällt; die Halbmesser der Gleiskrümmungen können kleiner sein, dadurch entfallen größere Viadukte; die kleineren Fahrzeuge haben geringere Masse, dadurch können Brücken und Tunnel leichter und kleiner gebaut werden. Alle diese Vorteile verringern die Baukosten auf etwa ein Drittel gegenüber der Regelspur.

Interessierte Kreise von Industrie und Fiskus schlugen 1880 vor, eine schmalspurige Bahn mit 1 000 mm Spurweite von Quedlinburg über Gernrode, Harzgerode, Rottleberode, Stempeda und Neustadt nach Nordhausen mit einem Abzweig von Neudorf nach Straßberg zu bauen. Finanzielle Gründe und militärische Einsprüche Preußens verhinderten den Bau. Im Jahre 1868 hatte jedoch die Magdeburg-Halberstädter Eisenbahngesellschaft auf Wunsch der Herzoglich Anhaltischen Regierung über die verkehrstechnisch äußerst ungünstige Spitzkehre Frose die Stadt Ballenstedt an die Bahnlinie Halberstadt—Aschersleben angeschlossen. Der Bahnhof Ballenstedt Schloß (heute Ballenstedt West) diente dem herzoglichen Hof.

1884/85 wurde die Strecke über Rieder—Gernrode—Suderode nach Quedlinburg weitergebaut. So entstand der Gedanke, Gernrode als Ausgangspunkt für eine Schmalspurbahn durch das Selketal in den Unterharz zu wählen. Der Plan einer regelspurigen Verbindung Ballenstedt—Harzgerode bestand nur kurze Zeit.

Gründung der Gesellschaft

Am 10. Mai 1886 wurde die Bahngesellschaft unter der Firmenbezeichnung „Gernrode-Harzgeroder Eisenbahn-Gesellschaft", abgekürzt GHE, gegründet und am 8. Januar 1887 der Gesellschaftsvertrag angenommen. Die inoffizielle Bezeichnung der Bahn lautete „Selketalbahn" oder „Anhaltische Harzbahn", nicht jedoch Harzquerbahn, auch wenn man dies des öfteren liest; diese Bezeichnung gehört zur Bahn Nordhausen—Wernigerode.

Am 27. September 1886 begann die Firma Hostmann & Co. Hannover, die später in Vering & Wächter umgewandelt wurde, mit dem Bahnbau. Die Konzession zum Betrieb der Bahn wurde am 14. März 1887 veröffentlicht. Die GHE war eine Nebenbahn, keine Kleinbahn (Kleinbahn ist ein juristischer Begriff für Bahnen mit bestimmten Verkehrsaufgaben, unabhängig von der Spurweite, und galt nur in Preußen; die GHE lag in Anhalt, dort gab es keine Kleinbahnen). Sie war als Aktiengesellschaft gegründet. Über 60 Prozent des Aktienkapitals besaßen der anhaltische Staat, der Kreis Ballenstedt sowie die Städte Gernrode, Harzgerode und Güntersberge.

In der Konzession heißt es unter anderem:

- erhält Genehmigung zum Bau und Betrieb einer Schmalspurbahn von Gernrode über Mägdesprung und Alexisbad nach Harzgerode zur Beförderung von Gütern und Personen
- Anfangskapital 900 000 Mark
- Leitung der Bau- und Betriebsverwaltung wird einem Vorstand übertragen
- Die Spurweite der Bahn soll ein Meter betragen
- Für den Bau und Betrieb der Bahn gilt die Bahnordnung für deutsche Eisenbahnen untergeordneter Bedeutung vom 12. Juni des Jahres 1878
- Qualität der Oberbaumaterialien soll den Vorschriften der KPEV entsprechen.
- Zur Feststellung und Abänderung des festgesetzten Fahrplanes bedarf es der Zustimmung der Staatsaufsichtsbehörde. Solange die Bahn nur von lokaler Bedeutung ist, ist die Gesellschaft nicht verpflichtet, in der Zeit vom 1. Mai bis 30. September mehr als 3, in der Zeit vom 1. Oktober bis 30. April mehr als 2 Personenzüge, in jeder Richtung auf der ganzen Bahnlänge (pro Tag; d. A.) zu befördern
- Tarife unterliegen der Genehmigung des Staatsministeriums
- für regelmäßig wiederkehrende Erneuerung des Oberbaues und der Betriebsmittel ist ein Erneuerungsfonds vorzuhalten
- Leistungen für die Post sind nach dem Eisenbahnpostgesetz vom 20. Dezember 1875 zu erbringen
- Zu Leistungen für militärische Zwecke ist die Gesellschaft den gesetzlichen Bestimmungen unterworfen
- Verpflichtungen gegenüber der Telegraphenverwaltung entsprechen denen der preußischen Staatsbahnen

Der Bau- und Betriebsbeginn

In der überaus kurzen Bauzeit von 10 Monaten war der 10,2 km lange Abschnitt von Gernrode nach Mägdesprung fertig. Am Sonntag, dem 7. August 1887, morgens 6.20 Uhr, fuhr in Gernrode der Eröffnungszug mit 25 Personen in zwei Reisezugwagen ab. Die Lokomotive war mit Girlanden und Fahnen des Reiches und Anhalts (rot-grün-weiß) geschmückt. An den Wegübergängen hatte sich die Bevölkerung postiert, um den Zug zu begrüßen. Viele der Schaulustigen sahen erstmalig einen Eisenbahnzug.

Nach 42 Minuten Fahrzeit wurde der Zug in Mägdesprung mit Jubel empfangen. Der Bahnhof Mägdesprung besaß nur eine Wartehalle mit Büro; das heutige Empfangsgebäude stand noch nicht. Ebenso gab es am Haltepunkt Sternhaus-

Bild 2.3.
Die Selketalbahn 1905.
Quelle:
Blauer Harzführer, Bad Harzburg 1916

Haferfeld nur eine Wartehalle. Am ersten Tage wurden 1 300 Personen befördert, es mußten mehrere Extrazüge eingesetzt werden. Laut erstem Fahrplan verkehrten sieben Züge/Tag von Gernrode nach Mägdesprung. Zur Aufnahme des Betriebes standen drei Lokomotiven und 23 Wagen bereit. Die Betriebsführung übertrug die Gernrode-Harzgeroder Eisenbahn-Gesellschaft an die Deutsche Eisenbahn-Betriebsgesellschaft A. G. Berlin gegen 65 Prozent der jährlichen Bruttoeinnahmen.

Der Bau der Abschnitte nach Alexisbad und Harzgerode zog sich länger hin. Das war auf die schwierigen Geländeverhältnisse zurückzuführen, die in dem engsten Teil des Selketales herrschten. Für das Planum mußten zahlreiche Felsdurchbrüche geschaffen werden. In Richtung Güntersberge ging der Streckenbau wieder rascher voran.

Einige Kilometer hinter Güntersberge endete das anhaltische Hoheitsgebiet. Um den Bau über Stiege nach Hasselfelde weiterführen zu können,

Litt. B. Nro 780

AKTIE

der

Gernrode-Harzgeroder Eisenbahn-Gesellschaft

über

Eintausend Mark

Deutscher Reichswährung.

Inhaber dieser Aktie ist nach Verhältniss ihres Betrages in Gemässheit des Gesellschafts-Vertrages am gesammten Eigenthume der **Gernrode-Harzgeroder Eisenbahn-Gesellschaft** und an ihrem Gewinne und Verluste betheiligt.

Ballenstedt, den 1. Oktober 1887.

Der Vorstand

der

Gernrode-Harzgeroder Eisenbahn-Gesellschaft.

Eingetragen Blatt 31 des Aktienbuches.

Bild 2.4.
Aktie aus dem Jahre 1887.
Sammlung Frenzel

mußte mit der Regierung des Herzogtums Braunschweig, zu dem beide Orte gehörten, ein Staatsvertrag abgeschlossen werden. Am 10. Oktober 1891 wurde dieser Vertrag veröffentlicht. Auch hier gingen die Bauarbeiten bald zügig voran. Das lag nicht zuletzt auch daran, weil die Eisenbahngesellschaft laut Baukonzession verpflichtet war, innerhalb einer festgelegten Frist den Bahnbetrieb zu eröffnen oder bei Nichteinhalten des Termins eine Konventionalstrafe zu zahlen.
Der Eröffnungszug traf am 1. Mai 1892 bei schönstem Wetter in Hasselfelde ein und wurde mit Jubel, Musik und Ehrengästen empfangen.
Als die Selketalbahn 1897 ihr 10jähriges Bestehen

Bild 2.5.
Lokomotive „Günthersberge" der GHE 1890.
Sammlung Frenzel

Bild 2.6. An der Heiligen Teich 1890. Die Lokomotive ist die „Günthersberge", der letzte Wagen hat ein Salonabteil (drittes und viertes Fenster von hinten). *Sammlung Frenzel*

feierte, war der Laudatio zu entnehmen, daß es sich um ein aufsteigendes Bahnunternehmen handele, dessen Beförderungsleistungen von Jahr zu Jahr gestiegen wären. Es verkehrten z. Z. auf der Strecke sechs bis acht gemischte Züge pro Tag. Auf dem Abschnitt Gernrode—Alexisbad—Harzgerode/Silberhütte betrug die Geschwindigkeit 15 km/h und zwischen Silberhütte und Hasselfelde 20 km/h. Die Personenzüge führten Wagen der 2. und 3. Klasse; die Tarife waren pro Kilo-

Bild 2.7. Bahnhof Sternhaus-Haferfeld 1890. *Sammlung Frenzel*

Bild 2.8. Vor Mägdesprung, von Gernrode her, um 1912. Der Zug ist mit einer Mallet-Lokomotive bespannt. *Sammlung Frenzel*

Bild 2.9. Bahnhof Mägdesprung um 1905. *Sammlung G. Zieglgänsberger*

Bild 2.10. Bahnhof Alexisbad um 1898. Das rechts sichtbare „Schweizerhaus" ist ein Schinkel-Bau und wurde im zweiten Weltkrieg zerstört. *Sammlung Frenzel*

Bild 2.11. Fotohalt an einem Felsdurchbruch 1890. Der Wagen hat eine Heberlein-Bremse. *Sammlung Frenzel*

meter mit 7,5 bzw. 4 Pfennigen (bei der preußischen Staatsbahn: 6 bzw. 4 Pfennige) höher als gewöhnlich, aber durch den Gebirgscharakter der Selketalbahn bedingt.

Zu jener Zeit, also um die Jahrhundertwende, bestanden folgende Betriebsstellen und Einrichtungen:

Der Anschlußbahnhof Gernrode war von den Bahnhofsanlagen der KPVE getrennt, aber mit Verbindungs- und Umladegleisen versehen. Die Umladung von Gütern aus Staatsbahnwagen in Schmalspurwagen und umgekehrt geschah auf Kosten der GHE. Der Schmalspur-Bahnhof Gernrode konnte die volle Abfertigung von Personen-, Vieh- und Güterverkehr vornehmen. Auf dem Güterbahnhof befand sich auch das Verwaltungsgebäude. Zur Ausrüstung des Bahnhofs gehörten ferner ein Schuppen für vier Lokomotiven, ein Wasserkran, eine Gleiswaage bis zu 10 t, eine feste Laderampe und ein Ladekran mit der Tragfähigkeit von 10 t.

Der Haltepunkt Osterteich hatte keine bahntechnischen Anlagen.

Sternhaus (Haferfeld) hatte ein Überholungsgleis, eine offene Wartehalle und war unbesetzt.

Der heutige Bahnhof Sternhaus-Ramberg ist zu Beginn der dreißiger Jahre aus einer Ausweichstelle entstanden.

Bahnhof Mägdesprung war für Reise-, Vieh- und Güterverkehr eingerichtet. Er hatte eine feste Laderampe und einen Verladekran mit der Tragfähigkeit von 1,5 t. Hier versahen drei Eisenbahnangestellte den Dienst.

Der Haltepunkt Drahtzug besaß keine Anlagen.

Bahnhof Alexisbad als Abzweigebahnhof leistete vollen Abfertigungsdienst, d. h. Personen-, Vieh- und Güterabfertigung. Er besaß weiterhin eine Wasserstation mit zwei Wasserkränen sowie ein Kohle- und Materialdepot. Etwa 1890 ist dort ein Lokomotivschuppen erbaut worden. Man hatte einen weiteren Ausbau der Hüttenanlagen in Silberhütte erwartet und wollte, da dort kein Platz für weitere Bahnhofsanlagen zur Verfügung stand, die Lokomotive für den eventuellen größeren Güterverkehr in Alexisbad stationieren. Um 1905 scheint der Schuppen abgerissen worden zu sein.

Die erste Endstation, Harzgerode, führte ebenfalls volle Abfertigung durch und war Lokomotiv- und Wasserstation mit einem einständigen Schuppen nebst Drehscheibe sowie einem Kohle- und Materialdepot. Für den Güterumschlag gab es eine feste Laderampe. Silberhütte war ein Haltepunkt, besaß ein kleines festes Stationsgebäude und hatte Personen-, Gepäck- und Wagenladungsgüter(Stückgut)-abfertigung.

Bahnhof Lindenberg fertigte alle Verkehrsarten ab. Es gab eine feste Laderampe und einen Güterschuppen. Vom Bahnhof Lindenberg wurde die Ladestelle Fluorfabrik bedient.

Bahnhof Güntersberge wird als Haltestelle für Personen-, Vieh- und Güterverkehr genannt. Der Dienst sowie die Ausgabe von Fahrkarten oblagen dem Bahnhofswirt und dem Zugpersonal. Der Bahnhof verfügte über eine Rampe für die Viehverladung, ein Depot für Kohle und Bahnbaumaterial sowie über einen Lokomotivschuppen.

Friedrichshöhe war Haltestelle mit einer festen Laderampe und einer offenen Wartehalle (später zweigeschossiges Empfangsgebäude).

Bild 2.12. Ausfahrt Alexisbad in Richtung Harzgerode (oben) und Silberhütte 1890. Zwei Wagen des Güterzuges nach Silberhütte sind mit Bremsern besetzt. *Sammlung Frenzel*

Der Haltepunkt Albrechtshaus hatte ein Anschlußgleis für Ladegüter.
Bahnhof Stiege konnte volle Abfertigung vornehmen. Hier erfolgte auch die Verrechnung für Friedrichshöhe und Albrechtshaus. Der Endbahnhof Hasselfelde besaß einen Lokomotivschuppen mit Behandlungsanlagen für eine Maschine, ferner eine Seitenladerampe.
Ebenfalls zu dieser Zeit legte der Geheime Baurat Skalweit, Magdeburg, ein Gutachten vor. Es enthielt folgende wesentliche Fakten:
– die GHE wurde nach dem Vorbild anderer Bahnen, namentlich der Feldabahn (Thüringen), mit angemessener Sparsamkeit erbaut;
– die Metermasse der Schienen beträgt 21 kg/m;
– der größte zugelassene Raddruck beträgt 3 750 kg (= 7,5 t Achslast);
– die größte Neigung ist 1:25 (40 ‰);
– der kleinste Krümmungshalbmesser beträgt 60 m.
– die Linienführung wird als nicht günstig bewertet. Um Tiefbauarbeiten zu sparen, sind zu viele Krümmungen entstanden, so daß öfter ein Zug durch zwei oder drei entgegengesetzte Kurven gezogen werden muß, was sich besonders auf Fahrwiderstand und Verschleiß auswirkt;
– an den Bahnhofsgebäuden sind Erweiterungen unumgänglich
– der durchschnittliche Besatz mit Lokomotiven pro 10 Bahnkilometer bei Schmalspurbahnen beträgt 2,04 Stück, bei der GHE 1,38 Stück;
– die Anzahl der Wagen ist zu gering.

Im Gutachten werden folgende Maßnahmen empfohlen:
Verstärkung des Oberbaues, Entfernung bzw. Minderung der vorhandenen Gegenkrümmungen, wobei zur Ausführung der Arbeiten altbrauchbare Schienen der Staatsbahn ausreichend seien. In Mägdesprung müßte ein weiteres Abstellgleis gebaut werden, damit längere Güterzüge vor der Fahrt über die Steilstrecke zum Ramberg hinauf geteilt werden können. Auch der Bahnhof Alexisbad solle noch einige Abstellgleise erhalten so wie Friedrichshöhe, wo in letzter Zeit die Verladung von Holz merklich zugenommen habe. Die Wegübergänge von Mägdesprung und Harzgerode wären durch Schranken besser gesichert.

Tabelle 2.1. Der erste Fahrplan (1887)

A. Gernrode — Mägdesprung

km	Stationen		vorm.			nachm.			
Gemischter Zug Nr.			1	3	3*	5	7	9	11
0,0	Gernrode	ab	6.20	8.48	9.35	1.15	2.32	4.27	8.11
5,8	Sternhaus	ab	6.45	9.13	10.00	1.44	2.57	4.52	8.36
10,2	Mägdesprung	an	7.03	9.31	10.18	2.02	3.15	5.10	8.54

B. Mägdesprung — Gernrode

km	Stationen		vorm.			nachm.			
Gemischter Zug Nr.			2	4	6	8	10	10*	12
0,0	Mägdesprung	ab	7.45	12.12	1.17	3.24	6.19	7.08	9.00
4,4	Sternhaus		8.04	12.31	1.40	3.43	6.34	7.27	9.19
10,2	Gernrode		8.28	12.55	2.04	4.09	7.02	7.51	9.43

Züge Nr. 5 und 6 kreuzen um 1.35 Uhr nachm. in Sternhaus.
* Zug verkehrt nur sonntags.

Bild 2.13. Bahnhof Harzgerode um 1900. *Sammlung Zieglgänsberger*

Bild 2.14. Silberhütte um 1900. Zwischen den Schornsteinen ist das Empfangsgebäude des Bahnhofs zu sehen, rechts ein Sommerwagen. *Sammlung Frenzel*

Natürlich ist auch die Neuanschaffung von Reisezug- und Güterwagen gefordert. Die angeschafften und dann eingesetzten Reisezugwagen müssen jedoch von sehr leichter, wenn nicht gar recht unsolider Bauweise gewesen sein, denn nach 10jähriger Betriebszeit soll es bereits in die Fahrgasträume hinein geregnet und geschneit haben, weil sich die Verbindungselemente gelockert hätten.
Zehn Jahre später, 1909, berichtet ein Geheimer Regierungsrat Prof. Dolezalek aus Berlin ebenfalls in einem Gutachten, daß die Gleislage, die Radien und ungünstigen Neigungen durch Gleisrücken an 23 Stellen auf ein annehmbares Maß gebracht worden seien sowie schlechte und abgenutzte Schienen und Schwellen entfernt, Brükken und Hochbauten ausgebessert sind. Die Schienenbefestigung durch Nägel wurde bei den aufgearbeiteten Streckenteilen durch Schrauben ersetzt. Letztere Arbeiten waren Nachfolgearbeiten im Rahmen des Neubaus der Strecke Stiege—Eisfelder Talmühle, der im folgenden beschrieben wird.

Die Verbindung Stiege—Eisfelder Talmühle

Für Hasselfelde hatte der Bau der Selketalbahn noch nicht den erwünschten verkehrspolitischen Aufschwung gebracht. Wirtschaftsexperten fanden den Grund darin, daß Hasselfelde ökonomisch weitaus stärker auf das preußische Nordhausen als auf das anhaltische Einzugsgebiet der Selketalbahn ausgerichtet war. So lag der Vorschlag nahe, von Hasselfelde eine Bahnverbindung nach Nordhausen zu schaffen.
Im Jahre 1900 beschloß die Generalversammlung der GHE, mit Vorarbeiten für eine Verbindung vom Bahnhof Stiege zum Haltepunkt Tiefenbachmühle der Harzquerbahn (NWE) zu beginnen. Weiterhin plante man eine Verbindung von Hasselfelde zum Bahnhof Rübeland an der regelspurigen Halberstadt-Blankenburger Eisenbahn. Die Vorstudien ergaben jedoch als günstigste Verbindung nach Nordhausen eine Bahnlinie durch das Behretal, die bei der Eisfelder Talmühle auf preußischem Gebiet die Strecke der Harzquerbahn erreicht.

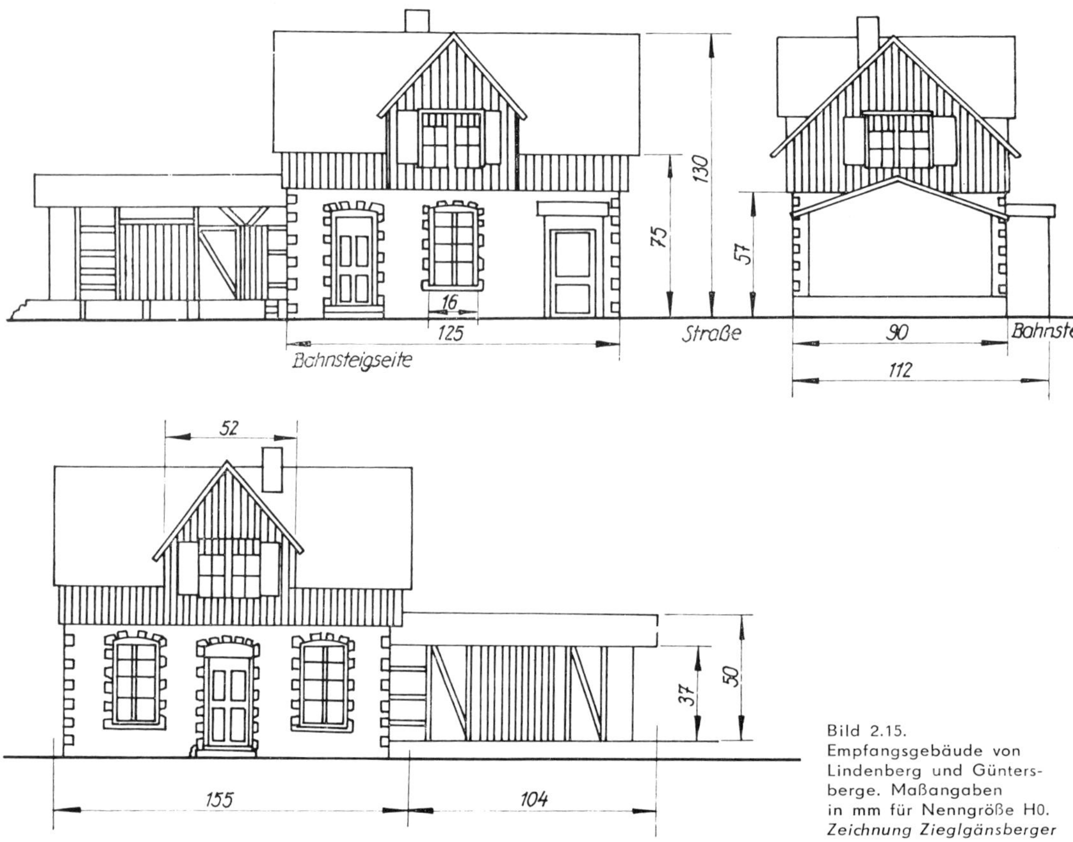

Bild 2.15.
Empfangsgebäude von Lindenberg und Güntersberge. Maßangaben in mm für Nenngröße H0.
Zeichnung Zieglgänsberger

Im Dezember 1900 waren die Vorbereitungen für dieses Projekt nahezu abgeschlossen. Die GHE sollte den neuen Abschnitt sofort in eigene Regie übernehmen, während zu dieser Zeit die übrigen Anlagen der Bahn noch an die Vereinigte Eisenbahnbau- und Betriebsgesellschaft verpachtet waren.

Doch waren die finanziellen Fragen nicht vollständig gelöst. Als die Baukommission am 11. Juni 1901 in der Eisfelder Talmühle unter Vorsitz des Bürgermeisters Hagedorn von Hasselfelde tagte, wurden die Baukosten ohne Grund- und Bodenanteile auf 720 000 Mark geschätzt. Die an der Bahn gelegenen Orte erwarben zwar Aktien oder stellten kostenlos Grund und Boden zur Verfügung, wie die Gemeinde Stiege, doch erst 1904 war die Finanzierung soweit abgesichert (auch die Harzquerbahn beteiligte sich mit 100 000 Mark), daß im April mit den Bauarbeiten begonnen werden konnte, die man zum 1. Mai 1905 abschließen wollte.

Der schneereiche Winter 1904/05 verhinderte den planmäßigen Verlauf der Arbeiten; 100 Arbeiter wurden entlassen, 280 Arbeiter verblieben auf der Baustelle. Dieser Winter bereitete der Bahn noch weitere Sorgen. Hoher Schnee war die Ursache dafür, daß am 11. sowie am 12. Januar in der Nähe der Haltepunkte Friedrichshöhe und Albrechtshaus zwei Personenzüge entgleisten. Glücklicherweise ging es dabei ohne Personen- und Materialschaden ab. Da auch noch strenge Kälte die Weiterführung der Arbeiten zusätzlich behinderte, verschob sich der Fertigstellungstermin der Strecke.

Am 7. Juni 1905 lag schließlich das Gleis bis zur Eisfelder Talmühle. Etwa 200 Arbeiter waren noch

Bild 2.16. Bahnhof Lindenberg (heute Straßberg) um 1914. *Sammlung Zieglgänsberger*

Bild 2.17. Bahnhof Güntersberge um 1920. *Sammlung Zieglgänsberger*

Bild 2.18. Bahnhof Güntersberge um 1920. Der Zug ist mit Natureis aus dem Mühlteich beladen. Es diente vornehmlich Brauereien und deren Niederlassungen. *Sammlung Zieglgänsberger*

Bild 2.19. Empfangsgebäude des Bahnhofs Friedrichshöhe, Zustand 1979. Das Gebäude wurde 1983 abgebrochen. *Foto: G. Zieglgänsberger*

mit Abschlußarbeiten beschäftigt, als die GHE am 26. Juni 1905 durch Anschlag bekanntgab, daß am 1. Juli 1905 der direkte Zugverkehr Gernrode—Nordhausen ohne Umsteigen mit täglich drei Zugpaaren aufgenommen werde. Insgesamt waren 11 Züge pro Tag für die Strecke vorgesehen. Doch erst am 3. Juli 1905 wurde die neue Strecke durch Mitglieder des Aufsichtsrates der GHE und NWE unter Benutzung beider Salonwagen befahren. Am 9. Juli 1905 erfolgte die landespolizeiliche Abnahme, die ohne Beanstandungen verlief.

Am 15. Juli fand die offizielle Eröffnung ohne weitere Einweihungsfeierlichkeiten statt. Der erste Zug bestand aus zwei Salonwagen, zwei Wagen der Harzquerbahn und einem Packwagen. Das Gleis war nach den neuesten Erkenntnissen der Technik erbaut worden. Die Krone des Bahnplanums war durchschnittlich 3,75 m breit, die Oberbaubettung bestand aus der Packlage und dem Kleinschlag (Schotter), worauf die je 9 m langen altbrauchbaren Schienen auf jeweils elf

Bild 2.20. Bahnhof Stiege um 1920. *Sammlung Zieglgänsberger*

Bild 2.21. Bahnhof Hasselfelde um 1920. *Sammlung Zieglgänsberger*

Gernrode-Harzgerode-Güntersberge-Hasselfelde.

7.45	Nur an Sonn- und Festtagen v. 24. Mai bis 30. August.	8.50	12.10	2.25	3.15	6.10	7.55	—	ab Gernrode an	—	7.19	Nur an Sonn- und Festtagen v. 24. Mai bis 30. August.	11.40	2.14	5.55	7.34	—	8.43
8.9		9.14	12.34	2.49	3.39	6.34	8.19	—	„ Sternhans ab	—	6.56		11.17	1.51	5.32	7.11	—	8.20
8.28		9.33	12.53	3.8	3.48	6.54	8.38	—	„ Mägdesprung „	—	6.37		10.58	1.32	5.13	6.52	—	7.59
*8.34		*9.39	*12.59	*3.14	*4.4	*7.0	*8.44	—	„ Drahtzug „	—	*6.30		*10.51	*1.25	*5.6	*6.44	—	*7.52
8.46		9.51	1.11	3.26	4.16	7.12	8.56	—	an Alexisbad ab	—	6.18		10.39	1.13	4.54	6.32	—	7.40
9.54		9.54	—	3.30	4.20	—	9.1	—	ab Alexisbad an	6.12	—	—	10.37	—	4.52	—	6.27	—
10.6		10.6	—	3.42	4.32	—	9.13	—	an Harzgerode ab	6.0	—	—	10.25	—	4.40	—	6.15	—
—	8.48	9.55	1.13	—	—	Vom 14. Juni bis einschliesslich 31. August 1896.	—	9.0	ab Alexisbad an	—	6.16	9.47	—	1.11	—	6.25	—	Vom 14. Juni bis einschliesslich 31. August 1896.
—	9.2	10.10	1.28	—	—		—	9.15	„ Silberhütte ab	—	6.3	9.34	—	12.58	—	6.12	—	
—	9.15	10.24	1.42	—	—		—	9.29	„ Lindenberg „	—	5.48	9.20	—	12.43	—	5.57	—	
—	—	10.41	1.59	—	—		—	9.46	„ Güntersberge „	—	5.31	—	—	12.26	—	5.40	—	
—	—	10.53	2.11	—	—		—	9.58	„ Friedrichshöhe „	—	5.19	—	—	12.14	—	5.28	—	
—	—	11.10	2.28	—	—		—	10.15	„ Stiege „	—	5.2	—	—	11.57	—	5.11	—	
—	—	11.25	2.48	—	—		—	10.30	an Hasselfelde ab	—	4.46	—	—	11.41	—	4.55	—	

Omnibus-Verbindung nach Josefshöhe-Stolberg-Rottleberode.

6.0	—	—	10.25	1.45	—	—	—	ab Lindenberg an		—	—	12.35	—	5.40	5.45	—
6.45	—	—	11.10	2.30	—	—	—	an Auerberg-Josefshöhe ab	vom 23. Mai bis einschl. 15. September.	—	—	11.55	—	5.0	5.5	—
7.30	—	—	11.55	2.40	—	—	—	ab „ „ an		—	—	11.0	—	4.0	5.0	—
8.25	—	—	12.50	3.35	—	—	—	an Stolberg ab		—	—	10.0	—	3.0	4.0	—
9.40	—	—	1.0	6.45	—	—	—	ab „ an		—	—	9.15	—	1.0	—	—
10.30	—	—	1.50	7.44	—	—	—	ab Rottleberode (n. Berga-Kelbra) ab		—	—	8.25	—	12.10	—	—

* bedeutet: der Zug hält nur im Bedarfsfalle.

Bild 2.22. Bis 1905 war Hasselfelde der Endbahnhof der Gernrode-Harzgeroder Eisenbahn. Sommerfahrplan 1896.
Sammlung Zieglgänsberger

Bild 2.23. Behretal zwischen Stiege und Eisfelder Talmühle um 1908. *Sammlung Röper*

Bild 2.24.
Bartschenkulkbrücke um 1908.
Sammlung Röper

Tabelle 2.2. Die Streckenentwicklung

Eröffnungsdatum	Streckenabschnitt		Streckenlänge in km
7. August 1887	Gernrode—Mägdesprung (GV 5. 1. 88)		10,2
1. Juli 1888	Mägdesprung—Alexisbad		4,4
	Alexisbad—Harzgerode		2,9
1. Juli 1889	Alexisbad—Silberhütte		3,2
1. Juni 1890	Silberhütte—Güntersberge		9,3
1. Dezember 1891	Güntersberge—Stiege		8,6
1. Mai 1892	Stiege—Hasselfelde		4,9
15. Juli 1905	Stiege—Eisfelder Talmühle		8,6
		Gesamt 1945	52,1
Abbau Sommer 1946			
Restbestand:	Hasselfelde—Eisfelder Talmühle		13,5
	Lindenberg—Flußspatschacht		2,0
		Gesamt 1946	15,5
Wiederaufbau			
15. Mai 1949	Gernrode—Alexisbad—Straßberg (Lindenberg)		21,8
Juli 1950	Alexisbad—Harzgerode		2,9
30. November 1983	Straßberg—Stiege		13,9
Mai 1984	**Wendeschleife Stiege (Neubau)**		0,4
Bestand	Hasselfelde—Eisfelder Talmühle		13,5
		Gesamt 1984	52,5

Schwellen gelegt waren. Um ein Wandern der Schwellen zu vermeiden, waren Wanderstützen eingebaut.
Die Fahrzeit zwischen Hasselfelde und Eisfelder Talmühle sollte bei 13,5 km Streckenlänge 20 Minuten betragen. Um das zu gewährleisten, waren drei neue, leistungsstarke Mallet-Lokomotiven bestellt worden. Damit wich die Höchstgeschwindigkeit auf dem neuen Abschnitt erheblich von der auf der Stammstrecke ab.
Im Jahre 1905 wurde die Betriebsführung der neuen und auch die der Stammstrecke Gernrode—Stiege von der GHE selbst übernommen. Das war Anlaß, die Gleisanlagen gründlich durchzuarbeiten, den Wagenpark durch größere und stabilere Fahrzeuge zu ergänzen, die Balancierkupplung einzuführen und die Heberlein-Seilzugbremse durch die Körting-Saugluftbremse abzulösen.
Eine Geschäftsanalyse der Gernrode-Harzgeroder Eisenbahn durch den Landtag von Anhalt im Jahre 1908 ergab, daß die GHE ein aufsteigendes Unternehmen sei; die Betriebsüberschüsse betrugen nach Abzug des Erneuerungsfonds 34 000 Mark. So beschloß der Landtag, ein Darlehen von 180 000 Mark zur Verfügung zu stellen:
18 000 Mark zur Ausstattung alter Güterwagen mit neuen Bremsen,
64 000 Mark zur Beschaffung neuer Güterwagen,
77 800 Mark zur Verbesserung der Bahnhofsanlagen,
20 000 Mark zur Deckung der Mehrkosten, die beim Bau des Streckenabschnitts Stiege—Eisfelder Talmühle entstanden waren.

Die Entwicklung von 1910 bis 1946

Der Ausbau der Bahn hat sich positiv für die Orte Stiege und Hasselfelde ausgewirkt. Schnellere Verkehrsverbindungen waren geschaffen worden, die eine Steigerung des Tourismus zur Folge hatten. Die geplante Verbindung Hasselfelde—Rübeland wurde zunächst zurückgestellt, doch der erste Weltkrieg und die nachfolgenden Wirtschaftskrisen verhinderten die Ausführung dieses Projektes schließlich für immer. Jedoch wurde am 1. Mai 1913 im Bahnhof Sorge (Nordhausen—Wernigeroder Eisenbahn) ein 230 m langes Verbindungsgleis von der Strecke Brunnenbachsmühle—Tanne (Südharzeisenbahn) dem Verkehr übergeben. Bis dahin war das Gleis der Südharzbahn auf einer Brücke über den Bahnhof Sorge hinweggeführt, ohne eine Verbindung mit der Harzquerbahn zu haben! Konkurrenzfurcht hatte zu diesem Schildbürgerstreich geführt.
Durch das neue Verbindungsgleis war ein zusammenhängendes 1 000-mm-Schmalspurnetz von 177,95 km entstanden, das technisch als einheitlich bezeichnet werden konnte, da die Fahrzeuge aller drei Bahnen (GHE, NWE und SHE) über ein gleiches Kupplungssystem und über miteinander funktionsfähige Bremsen verfügten.
Um den Reiseverkehr zu fördern, hatte die GHE ihre Fahrpläne weitestgehend denen der Staatsbahn angeglichen. Da auch Verkehrsvereine durchgehende Fahrkarten von Berlin über Gernrode nach Alexisbad durchsetzten und die Sonntagsrückfahrkarten nun von Sonnabendmittag an gültig wurden, konnte die GHE im Jahre 1910 bereits 220 000 Personen und 92 000 t Güter befördern. Für den Güterverkehr kaufte man von den Ruhr-Lippe-Kleinbahnen eine vierachsige Lokomotive, die GHE Nr. 20. Die Höchstgeschwindigkeit der Maschine betrug nur 20 km/h; aber sie besaß eine große Zugkraft, was ihr den respektvollen Namen „Bulle" einbrachte.
Überblickt man den Zeitabschnitt von der Gründung der Bahn bis zum Jahr 1914, so zeigt sich wirtschaftlich wie technisch eine positive Entwicklung. Die Bahn hatte nicht nur der Bevölkerung im Ostharz neue Arbeitsplätze geschaffen, sondern Angehörigen der unteren Einkommensstufen auch ein billiges und beliebtes Verkehrsmittel. Diese Entwicklung wurde jäh durch den ersten Weltkrieg unterbrochen. Die drei Mallet-Lokomotiven von Borsig, erst neun Jahre alt, mußten an die Heeresfeldbahnen abgegeben werden. Mit den Lokomotiven zogen auch die Personale in den Krieg. Die GHE-Lokomotive Nr. 20, der „Bulle", war schon verladen, durfte dann aber doch zurückbleiben. Auch 25 offene Wagen beschlagnahmte die Kommission der Heeresfeldbahnen.
Bald stellten sich Schwierigkeiten im Betriebsdienst ein. Die Beförderungsleistungen im Güterverkehr stiegen zwar infolge der Rüstungswirtschaft (Silberhütte, Harzgerode) an und erbrachten etwa 20 Prozent höhere Einnahmen. Diese Leistungen mußten aber mit verringerten Betriebsmitteln von weniger Personal erbracht werden, so daß Überlastungen bei Mensch und Maschine auftraten. 1916 konnten die meisten offenen Wagen von der Heeresfeldbahn wieder zurückgekauft werden. Weiterhin wurden zur Verstärkung Kriegsgefangene und Frauen eingesetzt.

Bild 2.25. Bahnhof Eisfelder Talmühle um 1914. *Sammlung Schmidt †*

Bild 2.26.
GHE-Lokomotive Nr. 20, genannt „Bulle", um 1927.
Sammlung Zieglgänsberger

Trotzdem lastete die Kriegswirtschaft schwer auf den Schultern der Eisenbahner. Neun Betriebsangehörige kehrten aus dem Krieg nicht zurück. 1918 ruhte tagelang der Verkehr, weil Kohle fehlte.

Die mit der Nachkriegswirtschaft verbundene Geldentwertung löste den nächsten Rückschlag aus. Die Betriebskosten stiegen an, Kohle und Öl wurden teurer, die Beförderungsleistungen sanken. Lokomotiven und einige Wagen, die zu Beginn des Krieges abgegeben worden waren, kamen nicht oder erst spät zurück. Die Bahnhofsanlagen waren inzwischen so überaltert, daß Ladestraßen und andere Einrichtungen dringend der Erneuerung bedurften. Der Rücklagefonds verlor durch die Inflation rasch an Wert. 1918/19 wurden 254 696 Personen und 91 047 t Güter befördert. 1924 waren es nur noch 118 860 Personen und 51 534 t Güter. Die Gewinne pro Personenkilometer fielen auf 0,09 Pfennig. In dieser Situation versuchten die privaten Aktieninhaber wie das Bankhaus Nußbaum & Rothschild in Magdeburg, GHE-Aktien abzuschieben. Die Generalversammlung sah sich schließlich gezwungen, den Wert der GHE-Aktien von 1 000 RM auf 500 RM herabzusetzen.

Die Stillegung wenig frequentierter Streckenteile sollte die wirtschaftlichen Einbrüche aufhalten. So stellte man die Strecke Stiege—Eisfelder Talmühle ein. Etwa ein Jahr lang, vom Herbst 1923 bis zum Jahresende 1924, ruhte dort jeglicher Verkehr, obwohl einst diese Strecke zur weiteren Entwicklung der Bahn beigetragen hatte. Eisenbahndirektor Koch (GHE) verteidigte die Stillegung mit der schlechten Auslastung aller Bahnanlagen. Anfang des Jahres 1923 hatte die Bahn auf dem oben genannten Abschnitt im Monat nur etwa 30 bis 40 Ladungen und ungefähr 300 Personen befördert. Außerdem handelte die GHE-Verwaltung in dieser Zwangslage wie jeder auf Gewinn angewiesene privatkapitalistische Betrieb: sie entließ 25 Prozent des Eisenbahnpersonals.

Damit war der Eisenbahnverkehrsweg der an der Südstrecke gelegenen Orte nach Nordhausen abgeschnitten. Besonders Wirtschaft und Handel bekamen diese Stillegung deutlich zu spüren. Aus diesem Grunde wurden deren Vertreter bei der Nordhausen-Wernigeroder Eisenbahn vorstellig, ob sie ihren alten Plan von 1914, eine Bahnverbindung von Hasselfelde über Trautenstein nach Benneckenstein zu bauen, verwirklichen könne. Dabei zog man in Betracht, die stillgelegte Strecke wieder mitzubenutzen und die Gleise dreischienig auszubauen, um regelspurige Wagen ohne Umladung befördern zu können.

Das war natürlich alles ein Wunschtraum. Allein der schmalspurige Ausbau von Benneckenstein nach Hasselfelde hätte mehr als 1 Million Goldmark gekostet. Diese Geldmenge war unter keinen Umständen zu beschaffen.

Da auch andere Bahnen unter den wirtschaftlichen Schwierigkeiten der Zeit litten, hatten die im Freistaat Anhalt und den angrenzenden Gebieten liegenden Bahnunternehmen bereits im Jahre 1920 die Anhaltische Landeseisenbahngemeinschaft (ALE) gebildet. Bei diesem am 22. September 1920 erfolgten wirtschaftlichen Zusammenschluß handelte es sich um eine Interessengemeinschaft, der diejenigen Bahnen beitreten sollten, die keinem privaten Eisenbahnkonzern angehörten.

Im § 2 der Satzung hieß es:

„Die ALE hat zum Zweck die Übernahme und Durchführung gemeinschaftlicher oder gleichartiger Aufgaben und Geschäfte beim Bau, dem Betrieb, der Verwaltung und der Verkehrsabwicklung von Eisenbahnen in Anhalt sowie die Wahrnehmung und Vertretung der Interessen dieser Eisenbahnen."

Jede Bahn hatte Vertreter im Verwaltungsrat, und zwar entsprechend der Größe des Unternehmens nach der Streckenlänge. Die ALE wurde durch finanzielle Beiträge der Mitgliedsbahnen erhalten und hatte keine eigenen Gewinne.

Zur ALE gehörten die

- Dessau-Wörlitzer Eisenbahn AG mit 18,7 km Streckenlänge in Regelspur,
- Gernrode-Harzgeroder Eisenbahn mit 52,1 km Streckenlänge in 1 000-mm-Spur,
- Zschornewitzer Kleinbahn-AG mit 16,8 km Streckenlänge in Regelspur,
- Staßfurt-Löderburger Kleinbahn-AG mit 6,7 km Streckenlänge in 1 000-mm-Spur.

Die beiden letztgenannten Bahnen befanden sich überwiegend auf preußischem Territorium, deshalb trugen sie auch die Bezeichnung Kleinbahn; die Staßfurt-Löderburger Kleinbahn-AG betrieb hauptsächlich die Straßenbahn in der Stadt Staßfurt, besaß aber auch zwei vierachsige elektrische Lokomotiven sowie Güterwagen zum Transport von Braunkohle. Die ALE konnte in der wirtschaftlich schweren Zeit der Inflation das Schlimmste verhindern, d. h. den drohenden Konkurs der Mitgliedsbahnen abwenden.

Obwohl sich im Jahre 1925 die allgemeine wirt-

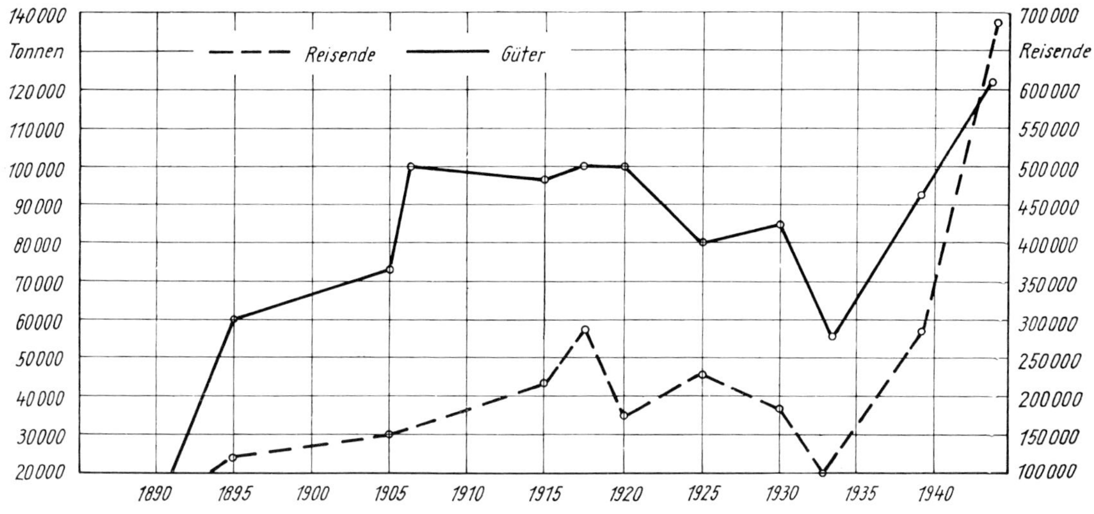

Bild 2.27. Verkehrsleistungen der GHE von 1887 bis 1943. *Quelle: Geschäftsberichte der GHE*

schaftliche Lage leicht zu erholen begann, erreichten bei der GHE die Beförderungsleistungen nur 40 Prozent des Vorkriegsstandes. Dennoch mußten die Strecken dringend durchgearbeitet werden. 1924/25 wurde der Oberbau des Abschnitts Mägdesprung—Sternhaus-Ramberg erneuert (Form 130:27 kg/m). Auch die Betriebsmittel, vor allem die sechs C-Lokomotiven, waren überaltert und konnten die Betriebsaufgaben nur schwer erfüllen. 1928 beschaffte deshalb die Gernrode-Harzgeroder Eisenbahn zwei fünfachsige Heißdampflokomotiven zu einem Gesamtpreis von 145 000 Mark. Diese Lokomotiven, gebaut von der Firma Orenstein & Koppel, erhielten die Nummern GHE 21 und 22. Ähnliche Lokomotiven kaufte zur gleichen Zeit auch die Südharzeisenbahn. Das war seit 1911 die erste Fahrzeugbeschaffung bei der GHE. Die jüngste Lokomotive, die GHE 20, war 18 Jahre alt und als einzige in der Lage, schwere Güterzüge zu transportieren.

Neben den allgemeinen Schwierigkeiten bedrängte die Konkurrenz die Bahn hart. Nicht nur im Personenverkehr, sondern auch im Gütertransport wechselten Bahnkunden zum Kraftverkehr. So entschied man sich 1925 bei der GHE, einen eigenen Kraftverkehr einzurichten. Dennoch fehlte es derart an Einnahmen, daß die GHE drohte, ihren hauptsächlich auf dem braunschweigischen Kreis Blankenburg liegenden Streckenteil von Anschluß Fluor bis Eisfelder Talmühle zu schließen. Der jährliche Zuschuß von 76 000 RM könne weiterhin nicht aufgebracht werden, hieß es in der Verlautbarung. Um Hasselfelde und Stiege nicht wieder vom Eisenbahnverkehr abschneiden zu lassen, subventionierte der Kreis Blankenburg diese Strecke. Auf Protest der GHE mußte schließlich auch die Deutsche Reichspost eine erst kürzlich eröffnete KOM Linie Blankenburg—Hasselfelde—Stiege wieder stillegen.

Die Wirtschaftskrise traf naturgemäß die Beschäftigten der Bahn am härtesten. Wie stark die Not gewesen sein muß, ist allein aus der Tatsache ersichtlich, daß Oberbahnmeister Thiele aus Stiege, Vorsitzender des Angestelltenrates, die Direktion „bat", für Beamte und Angestellte die Reichsbesoldung einzuführen. Das war angesichts der für ihre Genügsamkeit und Disziplin bekannten Eisenbahner der drei Schmalspur-Harzbahngesellschaften ein nahezu „revolutionärer" Schritt! Die Direktion lehnte dann auch prompt dieses „Ansinnen" mit folgender Begründung ab: Die Beamten der Halberstadt-Blankenburger Eisenbahn und auch der Harzquerbahn erhalten nur 83 Prozent der Reichsbesoldung, die Angestellten der GHE hingegen bereits 93 Prozent. Außerdem werde die Bahn im Reichsmaßstab als notleidendes Unternehmen eingeschätzt. Weiterhin wurde

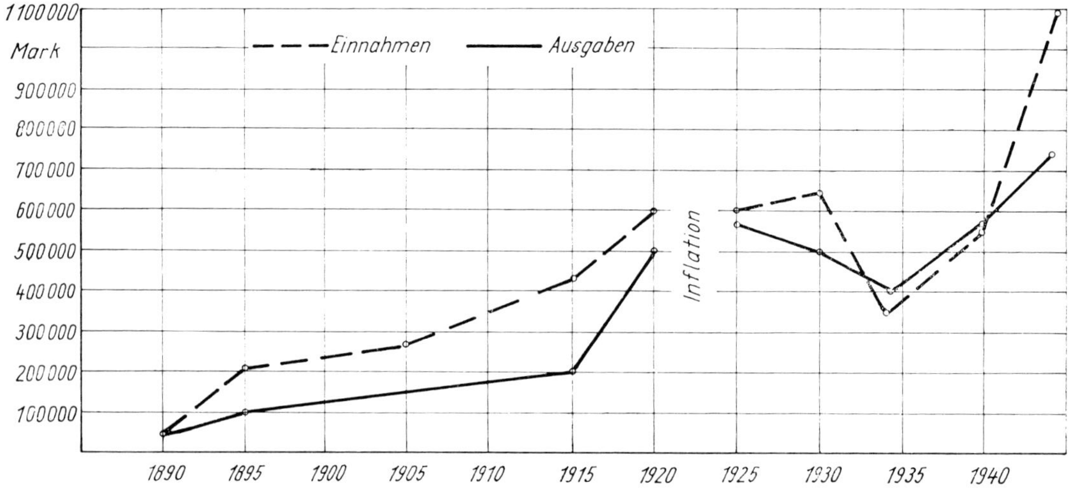

Bild 2.28. Einnahmen und Ausgaben der GHE von 1887 bis 1943. *Quelle: Geschäftsberichte der GHE*

angeführt, daß die Verdienste bei der GHE in Bezug auf das Lohnniveau des Ostharzes sehr gut seien.

Die Wirtschaftsmisere hielt an. Nach einer unumgänglichen Oberbauerneuerung zwischen Alexisbad und Harzgerode in den Jahren 1928/29 gab der Aufsichtsrat im Jahre 1931 folgenden Bericht zur Lage der Bahn:

Am Ende der Inflationszeit betrugen die Bahnanlagenwerte 33 Prozent des Betriebskapitals, die untere Grenze des noch möglichen. Die Bahnanlagen seien stark überaltert und abgenutzt. In den Jahren 1904 bis 1906 wären zwar die Strekken mit stärkerem Oberbau versehen worden, doch an Schienenmaterial hätte man verwenden müssen, was die Staatsbahn nach 25- bis 30jährigem Gebrauch abgegeben habe. (Es ist an dieser Stelle interessant zu erwähnen, daß diese Schienen aus den siebziger Jahren des 19. Jahrhunderts auf dem Streckenabschnitt Straßberg — Verladestelle Fluor 100 Jahre in Benutzung blieben. Erst dann wurden die letzten aus den Gleisanlagen des Bahnhofes Straßberg entfernt). Die Weichen auf den Hauptgleisen seien nach 25jähriger Benutzung vollständig ausgefahren gewesen. Deshalb mußten für den Einbau neuer Weichen in den Bahnhöfen Gernrode, Alexisbad, Mägdesprung und Harzgerode etwa 150 000 Mark aufgebracht werden. Zugleich habe die Anschaffung der beiden neuen Lokomotiven, der GHE 21 und 22, die gleiche Summe erfordert, so daß die Aufnahme einer Anleihe von 338 000 Mark notwendig gewesen wäre. Der Rücklagefonds und die Entschädigung für die drei im Kriege verbliebenen schweren Lokomotiven hingegen hätten durch die Inflation ihren Wert verloren. Die alten dreiachsigen Lokomotiven seien Kohlefresser und verursachten immer höhere Reparaturkosten: mit der gleichen Kohlemenge der alten würden die beiden neuen Lokomotiven das 2,5fache leisten. Trotz des eigenen Kraftverkehrsunternehmens sei die Konkurrenz dritter Kraftwagenunternehmer nicht auszuschließen. Die weitere allgemeine Verschlechterung der Wirtschaftslage senke ständig die Einnahmen.

Fazit: Radikale Sparmaßnahmen sollen eingeführt werden, darunter der weitere Abbau des Personals und die Kürzung der Lohnsumme um 20 000 bis 25 000 Mark. Es wurde auch vorgeschlagen, den schon bestätigten Sommerfahrplan um 15 Prozent zu kürzen.

Zur Zeit seien bei der Bahn beschäftigt: 43 Beamte, 79 Arbeiter, davon 30 Bahnunterhaltungsarbeiter und 14 Werkstattarbeiter.

An Betriebsmitteln seien vorhanden: 9 Lokomotiven, 24 vierachsige Personenwagen, 6 Packwagen, 101 Güterwagen; an Ausrüstungen: Wasserstationen, ein Umladekran, Gleiswagen, Lokkräne.

Von der Firma Kraftfahrzeuglinien der Ostharzbahn GmbH würde die GHE übernehmen: einen

Kraftomnibus, einen Lastkraftwagen mit Anhänger sowie ein Motorrad.
Das Rechnungsjahr 1931/32 brachte einen Rückgang der Beförderungsleistungen unter 45 Prozent des Durchschnittswertes. Die ökonomische Bilanz geriet tiefer in die roten Zahlen, es entstanden Verluste in Höhe von 27 000 Mark pro Jahr. Daran änderte auch die Einrichtung von zwei weiteren Kraftfahrzeuglinien nichts.
Als Konkurrenz der GHE wurde, wenn auch nur in geringem Maße, die Harzquerbahn betrachtet. So versuchte die GHE, Güterladungen auf das eigene Netz umzuleiten, um die Einnahmen daraus für sich buchen zu können. Güterwagen von Hasselfelde, die nach Süden adressiert waren und über Eisfelder Talmühle nach Nordhausen (NWE) geleitet werden sollten, fertigte man kurzerhand über Gernrode ab, um die Ladungen länger im eigenen Netz zu haben und Tarifkilometer zu gewinnen. Das brachte natürlich der NWE-Verwaltung Einbußen am Gewinn, und sie forderte Ersatzleistungen. Dadurch verschlechterte sich das Verhältnis zwischen den beiden Bahnen, so daß es auch zu Streitigkeiten um Bodenrechte im Bahnhof Eisfelder Talmühle kam, in deren Folge es kein Gemeinschaftsgleis mehr gab.
Inzwischen waren auf der Brohltalbahn im Rheinland Versuche mit Holzgastriebwagen angelaufen, für die sich die GHE interessierte. Es stellte sich aber heraus, daß Dieseltriebwagen im Betrieb billiger sind. Obwohl auf den Strecken der GHE Ende der zwanziger Jahre vierachsige Triebwagen für den Export nach Brasilien mit Erfolg getestet worden waren und die Südharzeisenbahn 1931 in eigener Werkstatt einen vierachsigen Dieseltriebwagen gebaut hatte, lagen in Deutschland noch wenig Erfahrungen mit diesen Fahrzeugen auf Gebirgsbahnen vor. Die GHE entschied sich daher für die Beschaffung eines kleinen, zweiachsigen Dieseltriebwagens mit 34 Sitzplätzen von der Waggonfabrik Dessau, der im Jahr 1933 geliefert wurde. Dieser Wagentyp wurde für verschiedene Bahnen gebaut.
Durch den Einsatz dieses Triebwagens, der sich bei den Reisenden großer Beliebtheit erfreute, konnten unwirtschaftliche Dampfreisezüge entfallen. Die Betriebskosten für einen Dampfzug betrugen 2,50 RM/km, die des Triebwagens 0,35 RM/km. Der GHE T1 genannte Wagen wurde deshalb häufig auf dem schwach frequentierten Abschnitt Alexisbad—Stiege eingesetzt. Zugleich erörterte man die Beschaffung eines zweiten Triebwagens. Doch Eisenbahndirektor Uflacker (ALE) entschied sich für einen weiteren Kraftomnibus, da dieser universeller einsetzbar war. Dennoch verbesserte bereits der eine Triebwagen die wirtschaftliche Bilanz. Die Personenbeförderungsleistungen stiegen wieder an.
Als der zweite Weltkrieg ausbrach, beschäftigte die GHE 124 Arbeiter, Angestellte und Beamte. Zehn Prozent der Belegschaft wurden sofort zum Militärdienst einberufen. Bis dahin hatte die GHE ihre Schulden von einer halben Million RM noch nicht tilgen können. Deshalb sollte 1940 der Streckenabschnitt Hasselfelde—Stiege—Eisfelder Talmühle an die Nordhausen-Wernigeroder Eisenbahn verpachtet oder für 400 000 RM verkauft werden. Bei dem Gegenangebot der NWE von 170 000 RM als Kaufsumme bzw. einem Aktientausch von vier GHE-Aktien gegen eine NWE-Aktie kam der Handel trotz langem Hin und Her nicht zustande.
Zu jener Zeit wurde letztmalig das Projekt ins Auge gefaßt, den Harz mit einer regelspurigen und noch dazu elektrifizierten Bahn zu überqueren. Man beabsichtigte, diese Bahn als Teil der Strecke Hamburg—München auf der Trasse der Halberstadt-Blankenburger Eisenbahn (Rübelandbahn) bis Hüttenrode und dann über die Mauer der Rappbodetalsperre hinweg nach Hasselfelde—Stiege zu führen, um dann den Harz durch das Behretal in Richtung Nordhausen zu verlassen. Während die NWE dieses Projekt scharf ablehnte, begrüßte es die GHE. Nun bestand nämlich die Möglichkeit, den unrentablen Streckenabschnitt Hasselfelde—Stiege—Eisfelder Talmühle günstig loszuwerden. Östlich Hasselfelde sollten der neue 800 m lange und südlich des Bahnhofs Stiege der 500 m lange regelspurige Bahnhof

Bild 2.29. Triebwagen T 1 der GHE im Bahnhof Gernrode. *Sammlung Fiebig †*

entstehen. Hier war eine Rollbockgrube geplant, und der Rollbockverkehr Stiege—Alexisbad—Harzgerode hätte damit aufgenommen werden können. Die Bahnkunden warteten schon längst auf eine unmittelbare Verladung in Regelspurwagen. Bis zur Realisierung dieses Wunsches vergingen aber noch 40 Jahre.

Ein anderer Versuch, die GHE wirtschaftlich aufzufrischen, war 1942 die Fusion mit der Dessau-Wörlitzer Eisenbahn, die ebenfalls der Anhaltischen Landeseisenbahngemeinschaft angehörte. Während des Krieges stiegen die Beförderungsleistungen wieder an. Das war erstrangig darauf zurückzuführen, daß viele Kraftfahrzeuge, auch einige der GHE, für Kriegszwecke abgeliefert werden mußten. Die Bahn rückte dadurch als Transportmittel für Personen und Güter zwangsläufig wieder in den Vordergrund.

Angesichts dieser neuen Konjunktur ging die GHE daran, die schon zehn Jahre zuvor notwendig gewordene Ausmusterung der alten, dreiachsigen Lokomotiven vorzubereiten. Als Ersatz bestellte man bei Krupp zwei neue Lokomotiven. Dabei handelte es sich um Maschinen aus der für Schmalspurbahnen entworfenen Serie der Achsfolge 1'C1', 1'D1', die den Einheitslokomotiven der Reichsbahn ähnlich waren. Die Harzquerbahn hatte 1939 eine einzige Lokomotive dieser Serie erhalten. Es handelte sich um eine 1'C1'-Maschine, die bei der NWE die Nummer 21 trug und später bei der DR die Betriebsnummer 99 6001 bekam. Nach der Beschaffung neuer Lokomotiven für die Harzquer- und Brockenbahn wurde sie zur Selketalbahn umgesetzt. Sie zeigte hier sehr gute Betriebseigenschaften und hat sich ausgezeichnet bewährt.

Während des Krieges konnte noch das 1,5 km lange Anschlußgleis zur Flußspatgrube (Herzogschacht) für 65 000 M gebaut werden. Kleineisen und gebrauchte Schienen stellte dabei das Reichsbahnzentralamt München zur Verfügung. Und so kam es, daß im Harz nun auch Schienen der bayrischen Form VIII zu finden waren. Vorher hatte man den Flußspat auf einer Feldbahn transportiert, deren Wagen durch Pferde zur Verladestelle der GHE gezogen wurden. In der Nacht vom 7. zum 8. März 1945 wurde bei einem angloamerikanischen Luftangriff auf die Stadt Dessau das Verwaltungsgebäude der ALE im Stadtzentrum vollständig zerstört. Die Verwaltung fand danach auf dem Bahnhof Oranienbaum der Dessau-Wörlitzer Eisenbahn einen neuen Sitz. Etwa vier Wochen später wurde das Gelände der GHE von amerikanischen Truppen besetzt. Kriegszerstörungen gab es nicht. Der Eisenbahnbetrieb wurde trotzdem stillgelegt.

Am 4. Mai 1945 soll jedoch teilweise der Verkehr wieder aufgenommen worden sein. Wie es damals üblich war, hatten die US-amerikanischen Besatzungstruppen ihre Eigentumszeichen an die Fahrzeuge angebracht. Indem im Juli 1945 die sowjetischen Truppen die in Jalta ausgehandelten Räume einnahmen, kam das Gebiet um die GHE zur sowjetischen Besatzungszone. Bald konnte der volle Bahnbetrieb wieder aufgenommen werden. Doch laut Potsdamer Abkommen hatte Deutschland Wiedergutmachungsleistungen zu erbringen, die auch fast alle Fahrzeuge und Anlagen der GHE betrafen. So endete am 6. April 1946 der Verkehr auf der GHE. Da der Abschnitt Hasselfelde—Eisfelder Talmühle nicht demontiert worden war, konnte die NWE diesen Abschnitt bereits ab 15. April in Betrieb nehmen.

Der Abbau der Gleisanlagen ging von Stiege her in Richtung Gernrode vonstatten. Das Streckenstück von Kilometer 23 an der Selkebrücke nahe der damaligen Verladestelle Fluor bis zum Bahnhof Lindenberg einschließlich des Anschlußgleises zum Herzogschacht (Spatgrube) blieb von der Demontage ausgenommen.

Im Sommer 1946 war die Demontage beendet. Der Kraftverkehr der GHE, der nur noch wenige Fahrzeuge besaß, wurde vom Bahnbetrieb getrennt. Die Lokomotive „Gernrode", die die Demontagezüge befördert hatte, wurde nach Beendigung dieser Arbeit mit einem Culemeyerfahrzeug der Reichsbahndirektion Halle nach Lindenberg gebracht und der GHE von der Wirtschafts-

Bild 2.30. Bahnhof Eisfelder Talmühle um 1940. Paketkarren vor dem kombinierten Post-/Gepäckwagen 63 der GHE.
Sammlung Frenzel

abteilung der SMAD leihweise zur Verfügung gestellt. Sie transportierte nun in einigen Güterwagen den Flußspat vom Schacht bis zum Bahnhof Lindenberg, wo Lastkraftwagen den Weitertransport übernahmen. Ein Lkw-Transport direkt ab Schacht war wegen des Mangels an ausgebauten Straßen nicht möglich. An Fahrzeugen besaß die Bahn außer der Lokomotive „Gernrode" zwei vierachsige Gedeckte Güterwagen und einige zweiachsige Offene Gütterwagen sowie den zweiachsigen Kesselwagen der Fluorfabrik. Auf dem Netz der NWE befanden sich noch der Triebwagen GHE T 1 (in Eisfelder Talmühle) und einige zweiachsige Gedeckte Güterwagen.

Bild 2.31. Der 1994 eröffnete Hp Straßberg-Hp, dann Straßberg Glasebach genannt, dient vor allem Besuchern des Bergbaumuseums Glasebach. *Foto: G. Zieglgänsberger 1995*

3. Die Selketalbahn

Im Oktober 1946 begannen die Vorarbeiten zum Wiederaufbau der Bahn. Die Hochbauten wie auch die Wasserdurchlässe waren größtenteils in Ordnung, auf der Trasse lagen noch die Schwellen. Obwohl „nur“ die Schienen und Weichen wieder gelegt werden mußten, war der Wiederaufbau unter den Bedingungen der unmittelbaren Nachkriegszeit sehr schwer und erforderte einen hohen Einsatz der Eisenbahner. Die Betriebsleitung in Alexisbad organisierte gemeinsam mit der Abteilung Wirtschaft und Verkehr des Rates des Kreises Ballenstedt die Arbeiten; die technische Leitung übernahmen die Provinzial-Sächsischen Kleinbahnen.

zur Verfügung gestellt worden. Aus der Vielzahl der Quellen ergaben sich die verschiedensten Schienenprofile mit den unterschiedlichsten Steghöhen und Kopfbreiten, was zusätzliche Anpaßschweißungen notwendig machte. Zum Teil mußten die Schienen mit Pferdefuhrwerken von Ballenstedt aus herangefahren werden. Die Eisenbahner der GHE haben hierbei großen Ideenreichtum entwickelt. So sind mit einfachen Mitteln aus Regelspurweichen Schmalspurweichen, ja sogar doppelte Kreuzungsweichen gefertigt worden.

Am 20. März 1946 forderte die Belegschaft der GHE auf einer Versammlung die restlose Über-

Bild 3.1. Verbindung unterschiedlicher Schienenformen. *Foto: G. Zieglgänsberger*

Bild 3.2. Provisorien halten lange: noch 1974 auf der Selketalbahn zu sehen gewesen. *Foto: G. Zieglgänsberger*

Ende 1947 lagen in Richtung Alexisbad bereits 7 km Gleis. Das Schienenmaterial stammte von den verschiedendsten Eisenbahnanlagen, darunter von Werksgleisen demontierter Rüstungsbetriebe wie den Junkers Flugzeugwerken, oder waren durch die Sowjetische Militäradministration

führung der Bahn in das Eigentum des Kreises bzw. der Provinz Sachsen. Bald hörte die Bahn auf, als Aktiengesellschaft zu existieren. Gemäß Volksentscheid war sie entschädigungslos in Volkseigentum übergegangen. Damit ist zugleich auch die Anhaltische Landeseisenbahngemeinschaft aufgelöst worden. Die GHE gehörte nun zu der Sächsischen Provinzialbahnen GmbH., die bald in die Landesbahnen Sachsen-Anhalt GmbH. umgewandelt wurde. Am 1. April 1949 übernahm die Deutsche Reichsbahn die Gernrode-Harzgeroder Eisenbahn, die damit als eigenständige Bahn aufhörte zu bestehen. Vorgesetzte Verwaltungsbehörde war fortan die Reichsbahndirektion Magdeburg.

Inzwischen ging der Wiederaufbau auch von Gernrode aus in Richtung Alexisbad voran. Anfang des Jahres 1949 trafen sich die Aufbaukolonnen beim Haltepunkt Drahtzug.

Am 8. März 1949 durchschnitten die von der Harzquerbahn umgesetzte Lokomotive Nr. 3 und die „Gernrode" das weiße Band und eröffneten damit den provisorischen Güterverkehr zwischen Gernrode und der Verladestelle Fluor. Als zulässige Höchstgeschwindigkeit wurden 10 km/h festgelegt. Der volle Personen-, Stückgut- und Güterwagenladeverkehr auf der Strecke Gernrode—Lindenberg (ab 1952 Straßberg) konnte am 16. Mai 1949 wieder aufgenommen werden. Der Wiederaufbau dieses Abschnittes hat 740 000 Mark gekostet. Noch im Jahre 1949 konnte auch der Abschnitt Alexisbad—Harzgerode in Angriff genommen und im Juli 1950 für den Verkehr freigegeben werden.

Für die beiden Abschnitte Gernrode—Lindenberg und Alexisbad—Harzgerode hatte die GHE einen Kredit von einer Million Mark erhalten. Der weitere Wiederaufbau des Abschnittes Lindenberg—Stiege war mit nochmals einer halben Million Mark veranschlagt. Obwohl die Vorteile der Verbindung zwischen Lindenberg und Stiege auf der Hand lagen, überstiegen die Kosten die Wirtschaftskraft. Auch Eisenbahndirektor Uflacker hatte Bedenken, diese einst unwirtschaftliche Strecke wieder aufzubauen. So bestand die Selketalbahn seit Juli 1950 als Inselbetrieb neben der Harzquer- und Brockenbahn. Beide Bahnen hatten 1 000 mm Spurweite, jedoch keine Gleisverbindung miteinander, arbeiteten aber als Betriebsteile der Deutschen Reichsbahn eng zusammen.

Unter den gegebenen Bedingungen gestaltete sich der Fahrzeugeinsatz schwierig. Wenn das bei den leichten Reisezug- und Güterwagen auch weniger ins Gewicht fiel, so war der Lokomotiveinsatz nicht immer problemlos. Heimatdienststelle für alle Lokomotiven wurde das Bahnbetriebswerk Wernigerode-Westerntor. So war es folgerichtig, daß infolge des extrem geringen Original-

Bild 3.3. Bahnhof Stiege 1947/48: Verladen der NWE-Lokomotive Nr. 7 zum Einsatz auf der Selketalbahn.
Sammlung Frenzel

Lokomotivbestandes auf der Selketalbahn auch Lokomotiven der Harzquer- und Brockenbahn auftauchten. Der Lokomotivaustausch zwischen beiden Bahnen geschah anfangs mit Tiefladern, die den Straßentransport zwischen Alexisbad und Stiege übernahmen. Da Lokomotiven auch unter Dampf transportiert wurden, geschah es mitunter, daß das Begleitpersonal in einem Harzdorf, wo nie eine Eisenbahn verkehrte, zum Gaudium aller Beteiligten und Zuschauer ausgiebig die Dampfpfeife betätigte.

Die Industrie im Selketal hatte durch die Kriegsereignisse kaum gelitten. Deshalb entwickelte sich hier von Anfang an ein sehr reger Güterverkehr. Im Gegensatz zur Harzquerbahn, bei der nachts Betriebsruhe herrschte, fuhren im Selketal die Züge rund um die Uhr. Der Personenverkehr spielte zunächst nur eine untergeordnete Rolle. Die hauptsächlichen Güter, die aus dem Harz abtransportiert wurden, waren Flußspat, Holz, Erzeugnisse der Metallindustrie und Produkte der Pyrotechnischen Fabrik in Silberhütte. In den Harz hinein mußten vor allem Kohle und Metallbarren für die Betriebe in Harzgerode gebracht werden.

Der steigende Güterverkehr erforderte natürlich mehr Fahrzeuge, in erster Linie Lokomotiven. Da auch die Harzquerbahn nur auf ihre alten Lokomotiven angewiesen war, befand man sich ständig auf der Suche nach Maschinen. So kamen 1952 zwei ehemalige französische C1'-Maschinen nach Gernrode, die in Hildburghausen auf den Gleisen der stillgelegten Strecke Hildburghausen—Heldburg gestanden hatten, im Ausbesserungswerk Blankenburg aufgearbeitet worden waren und auch neue Kessel erhalten hatten.

Bild 3.4. Umladeanlage auf Bahnhof Gernrode für Schmalspur- und Regelspurwagen. *Foto: G. Zieglgänsberger, 1985*

Diese Lokomotiven waren aber für den harten Gebirgseinsatz zu leistungsschwach. Sie wurden später zur ehemaligen Franzburger Kreisbahn nach Barth umgesetzt.

Der zu jener Zeit noch geringe Personenverkehr konnte größtenteils mit dem noch vorhandenen Triebwagen T 1 bewältigt werden.

Die Situation für den Güterverkehr entspannte sich, als 1956 die ersten leistungsstarken Neubaulokomotiven mit der Achsfolge 1'E1' und einer Leistung von 515 kW (700 PS) vom VEB Lokomotivbau „Karl Marx", Babelsberg, im Harz eintrafen. Sie waren zwar wegen des zu leichten Oberbaues und der Engstellen an den Felsdurchbrüchen für die Selketalbahn ungeeignet, bewährten sich aber hervorragend auf der Harzquer- und Brockenbahn, so daß von dort genügend Triebfahrzeuge zur Selketalbahn umgesetzt werden konnten.

Am 1. Oktober 1959 wurde auf der Selketalbahn der vereinfachte Nebenbahndienst eingeführt. Seitdem waren die Bahnhöfe Mägdesprung und Straßberg nur noch zeitweilig besetzt.

Im Jahre 1963 waren Pläne im Gespräch, von Meisdorf – an der Strecke Gernrode—Frose gelegen – eine Regelspurverbindung nach Harzgerode zu schaffen, da sich der Umschlag aller Güter zwischen Schmal- und Regelspurwagen mit der Zeit als zu aufwendig erwies, zumal mit der fortschreitenden Industrialisierung des Harzes der Warenstrom permanent zunahm. Diese Pläne lösten sich jedoch rasch wieder auf. Übrig blieb die Investition einer Krananlage in Gernrode, mit der Stück- und Massengüter von der einen auf die andere Spur gehoben werden konnten.

Der bis dahin als VT 133 522 noch immer fleißig Dienst tuende Triebwagen der Selketalbahn wurde 1963 aus der Fahrt genommen, um fortan nur noch als Gerätewagen und leichter Hilfszug zur Verfügung zu stehen. Sein Standort wurde wieder Gernrode, wo er nun seit 1983 als historisches Fahrzeug aufbewahrt wird.

Die Selketalbahn hatte die Folgen des Krieges überwunden und nahm wirtschaftlich eine gesunde Entwicklung, als im Jahre 1966 im Generalverkehrsplan die Festlegung getroffen wurde, sie

Bild 3.5. Als diese Aufnahme 1973 entstand, war der Fortbestand der Selketalbahn bereits gesichert. Güterzug mit Personenbeförderung (GmP) auf Bahnhof Alexisbad, die Reisezugwagen noch in alter Farbgebung. *Foto: Scheibe*

zum Beginn der siebziger Jahre stillzulegen und die Verkehrsleistungen dem Kraftverkehr zu übertragen. Die am Ort geäußerten starken Bedenken führten zu keiner Revision des Beschlusses.
Fortan wurde auf Verschleiß gefahren, d. h., es wurden nur noch die allernotwendigsten Reparaturen an Oberbau und Strecken, an Fahrzeugen und Gebäuden vorgenommen. Ab 1. Februar 1968 fand in Mägdesprung kein Verkauf von Fahrkarten, keine Abfertigung von Reisegepäck und Expreßgut mehr statt. Der Bahnhof blieb unbesetzt, Fahrkarten verkaufte das Begleitpersonal im Zug. Als 1971 die Lok 99 5905 beschädigt wurde, musterte sie das Reichsbahnausbesserungswerk Görlitz aus. Die 99 5902 blieb in Wernigerode „auf dem Rand" stehen. Den Lokomotivschuppen in Harzgerode übergab man dem Kraftverkehr; 1971 kam es zu seinem Abriß.
So schien das Ende der Bahn schon besiegelt zu sein, als am 5. September 1972 durch den Minister für Verkehrswesen im Einvernehmen mit den Räten der Bezirke entschieden wurde, die Selketalbahn, die Harzquer- und Brockenbahn sowie weitere sieben Schmalspurbahnen in der DDR

Bild 3.6. Modelleisenbahner helfen im August 1977 bei Mägdesprung den Oberbau zu erneuern. *Foto: Röper*

Bild 3.7. Heute schon Vergangenheit: Schmalspurgüterwagen mit Flußspat in Straßberg. *Foto: G. Zieglgänsberger, 1984*

Bild 3.8. Ein Güterzug mit Personenbeförderung (GmP) bei Silberhütte – bis 1985 die typische Zugformation auf der Selketalbahn. *Foto: G. Zieglgänsberger, 1984*

Bild 3.9. Reine Personenzüge auf der Selketalbahn – seit 1985 (hier in Friedrichshöhe) keine Seltenheit mehr.
Foto: G. Zieglgänsberger, 1985

nicht stillzulegen, sondern sie als technische Denkmäler und Touristenattraktionen funktionstüchtig zu erhalten. Im Zusammenhang damit wurde speziell für die beiden Harzbahnen festgelegt, den Streckenabschnitt Straßberg—Stiege wieder herzurichten, um so beide Inselbetriebe abermals zu einem Netz zu vereinigen. Für die Harzbahnen lagen diesem Beschluß natürlich nicht nur museale Überlegungen zugrunde, sondern auch handfeste wirtschaftliche Gegebenheiten.

Nach diesem Beschluß zum „Weiterleben" gingen die Beteiligten daran, die vernachlässigten Anlagen schnell wieder in Ordnung zu bringen. Dabei war zur allgemeinen Überraschung festzustellen, daß der Kreis der „Beteiligten" weit über die unmittelbar betroffenen Eisenbahner hinausging: In den Sommermonaten rückten Studentenbrigaden — sogar aus Polen — an, um persönliches Interesse an der Schmalspurbahn mit dem notwendigen staatlichen Praktikum zu verbinden. Zugleich trug diese Art von nützlicher Semesterferiengestaltung in einer landschaftlich reizvollen Umgebung zur Sanierung des Geldbeutels bei. Zu ihnen gesellten sich Scharen von Modelleisenbahnern, von Freunden der Eisenbahn, die aus reinem Enthusiasmus im Schweiße ihres Angesichts einen Teil ihres Urlaubs opferten.

Das Weichenwerk in Brandenburg lieferte Stahlschwellen. Schienen rollten an. So konnten denn auch die Eisenbahnzüge bald wieder rollen. Und da der Bedarf an Transportraum rasch anwuchs, wurden auch die schon abgestellten Lokomotiven erneut in den Reparaturplan aufgenommen. Die 99 5902 erhielt im Bahnbetriebswerk Wernigerode eine totale Aufarbeitung, die übrigen Mallet-Maschinen wurden im Ausbesserungswerk Görlitz instand gesetzt.

Trotz aller Bemühungen um eine rasche Oberbauerneuerung kam es am 4. Oktober 1974 bei

Bild 3.10. Regelspurwagen im Huckepack auf Rollwagen, gezogen von einer 1E1, hier in Silberhütte.
Foto: G. Zieglgänsberger, 1985

Drahtzug zu einem Unfall: Eine Spurerweiterung ließ vier Wagen eines Zuges entgleisen und umstürzen. Glücklicherweise gab es neben ein paar Verstauchungen und Hautabschürfungen bei den Reisenden nur Sachschaden. Doch der war erheblich: Nach schwieriger Bergung mußten ein Reisezugwagen und ein kombinierter Reisezug-Gepäckwagen verschrottet werden. Lediglich für einen weiteren Gepäckwagen und einen Güterwagen lohnte sich der Wiederaufbau.

Durch den Unfall mit der zeitaufwendigen Bergung mußte der Betrieb unterbrochen werden. Das war Anlaß, nunmehr Hilfe aus dem Direktionsbezirk zu organisieren: Bahnmeistereien aus Salzwedel, Stendal, Güsten, Quedlinburg und Wernigerode rückten an. Binnen kurzer Zeit bauten sie 10 000 Schwellen ein und erneuerten sie 7 000 m Gleis.

Mit der Wiederaufnahme des Zugverkehrs gab es auch eine farbliche Veränderung bei den Reisezugwagen. Das bisherige Grün wich in der unteren Wagenkastenpartie einer bordeaux-roten Lackierung; die Fensterpartie wurde crême gespritzt — analog den Reisezugwagen der Harzquer- und Brockenbahn.

Von stillgelegten Schmalspurbahnen wurden noch gute Weichen herangebracht und eingebaut, darunter von der Franzburger Kreisbahn (Barth—Stralsund) und aus Eisfeld in Thüringen. Auch die Bahnhofsgleise wurden erneuert und umgestaltet. Ziel all dieser Anstrengungen zur Sanierung des Oberbaues war es, auch im Selketal die großen 1'E1'-Neubaulokomotiven aus Babelsberg einsetzen zu können. Bei der Stillegung der thüringischen Schmalspurstrecke Eisfeld—Schönbrunn sind vier dieser Maschinen nach Wernigerode umgesetzt worden, so daß dort nun 18 schwere Gebirgsmaschinen stationiert sind. Aber weiterhin taten zunächst die alten, bewährten Mallet-Lokomotiven und auch die 1'C1'-Lokomotive 99 6001 sowie — zur Aushilfe — die C-Lokomotiven aus Wernigerode noch ihre Pflicht.

Bild 3.11. Bergung der verunglückten Lokomotive von Bild 10.5. über ein Hilfsgleis 1977. *Foto: Frenzel*

4. Der Wiederaufbau des Abschnitts Straßberg – Stiege

Nach dem Beschluß des Ministeriums für Verkehrswesen der DDR von 1973 über den Wiederaufbau der Verbindung zwischen Selketalbahn und Harzquerbahn warteten viele Eisenbahnfreunde auf den Beginn der Bauarbeiten. Obwohl schon in den siebziger Jahren Vermessungen und Bodenuntersuchungen auf der Trasse stattgefunden hatten, dauerte es doch noch bis 1981, ehe mit für die Öffentlichkeit sichtbaren, konkreten Arbeiten begonnen wurde, und zwar im Frühjahr 1981 mit forstwirtschaftlichen Maßnahmen. Auf der gleislosen Trasse waren durch Samenflug Bäume mit bis zu 400 mm Stammdurchmesser gewachsen. Nach Rodung dieses Bewuchses begannen im Jahre 1982 weitere vorbereitende Arbeiten. So wurde zum Beispiel auf dem Bahnhof Straßberg durch Entfernung der alten Laderampe

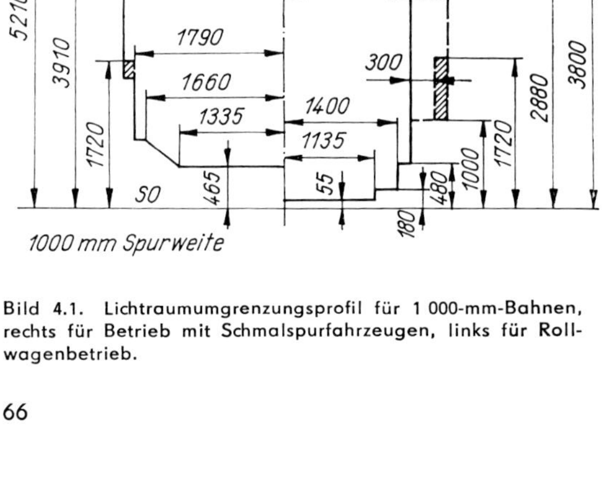

Bild 4.1. Lichtraumumgrenzungsprofil für 1 000-mm-Bahnen, rechts für Betrieb mit Schmalspurfahrzeugen, links für Rollwagenbetrieb.

und Abrücken der Zäune vom Bahnkörper die nötige Profilfreiheit geschaffen. Es war vorgesehen, die Gütertransporte mit Regelspurwagen auf Rollfahrzeugen vom Spurwechselbahnhof Nordhausen her auf die Selketalbahn auszudehnen. Damit verbunden war eine höhere Achslast, als bisher bei Schmalspurfahrzeugen üblich. Das bedeutete auch ein Überarbeiten der bestehenden Strecke Harzgerode—Straßberg, denn der Rollwagenverkehr sollte bis Harzgerode gehen, während der Abschnitt Alexisbad—Gernrode künftig nur noch für den Reisezugverkehr vorgesehen war.

Bis auf einen geringen Abschnitt beim Haltepunkt Albrechtshaus wurde die alte Trasse für den Aufbau der neuen Strecke wiederverwendet. Die Bahnhöfe dagegen mußten wegen des gestiegenen Güterverkehrs und der neuen Transporttechnologie modernisiert werden. Dazu lagen bereits Erfahrungen von der Harzquerbahn vor. Dort waren in den unbesetzten Kreuzungsbahnhöfen Niedersachswerfen und Steinerne Renne seit einiger Zeit sogenannte Rückfallweichen im Betrieb.

Rückfallweichen sind Weichen, die im regelmäßigen Zugverkehr aufgefahren werden und nach der Durchfahrt des Zuges selbsttätig ihre Grundstellung wieder über eine Rückstellvorrichtung einnehmen. Es handelt sich dabei um übliche Weichen, die zusätzlich u. a. mit Rückstell-, Verschließ- und Kontrolleinrichtung mit Anzeigevorrichtung ausgestattet sind.

Die Rückstelleinrichtung besteht aus einem mit speziellem Hydrauliköl gefüllten Zylinder, der einen Kolben mit Kolbenstange, eine Zug- oder Druckfeder als Rückstellfeder und die Steuerelemente umschließt. Der Öldurchfluß wird über Rückschlagventile reguliert. Mit einem Drosselventil kann die Rückstellzeit, die üblicherweise zwischen 10 und 30 Sekunden liegen soll, reguliert werden. Dazu müssen zuerst die Schutz-

Bild 4.2. Signal So 17. *Foto: G. Zieglgänsberger, 1984*

Bild 4.3. Signal So 18. *Foto: G. Zieglgänsberger, 1984*

kappe am Drosselventil entfernt und die Kontermutter gelöst werden. Nun kann mit einem Schraubendreher der Ventilbolzen herausgedreht und damit die Rückstellzeit verringert oder durch Hineindrehen vergrößert werden. Die gewünschte Rückstellzeit wird dann durch probeweises Auffahren ermittelt. Über Kreuzgelenk und Ausgleichsstück ist die Kolbenstange der Rückstelleinrichtung mit der Schieberstange der Weiche verbunden. Die Rückholfeder wird beim Einbau in den Zylinder auf eine Kraft von 1 800 N (etwa 180 kp) vorgespannt, um die Weichenzunge in der Grundstellung an der Backenschiene festzuhalten. Beim Auffahren bewegt sich zuerst die abliegende Zunge mit der Verschlußklammer, dann folgen Schieberstange und Kolben nach. Ist die Weiche vollständig aufgefahren, hat sich die Rückstellfeder bis auf eine Kraft zwischen 3 500 N und 3 800 N gespannt. Der Kolben der Rückstellvorrichtung hat sich dabei aufgrund der geöffne-

Bild 4.4. Rückfallweiche. 1 Feder- und Hydraulikzylinder mit aufgesetztem Ölgefäß, 2 Kolbenstange, 3 Kreuzgelenk, 4 Ausgleichsstück (verdeckt), 5 Verschließeinrichtung. Die Weichenheizleitung wird von der vorderen Schwelle verdeckt. *Foto: Zieglgänsberger, 1985*

ten Rückschlagventile ohne nennenswerte Behinderung durch die Ölfüllung bewegt. Bei beginnendem Rückstellvorgang schließen sich die Rückschlagventile, und der Kolben muß die Ölfüllung durch das Drosselventil drücken, bis die Weichenzunge von der gespannten Feder wieder in die Endlage gebracht worden ist. Da die Rückfallweichen unbedingt ortsbedienbar sein sollen, muß eine Handstellvorrichtung, ein sogenannter Weichenbock als Lager für den Hebel, angebaut werden. Mit Hilfe einer Verschließeinrichtung, die einen Verschließriegel um den Zugstangenhebel des Weichenbocks legt, kann die Weiche wahlweise als handbediente oder als Rückfallweiche benutzt werden. Die arretierte Verschließeinrichtung bildet dabei für die Rückstellvorrichtung einen Festpunkt.

Über dem Weichenbock ist der Signalkasten (Weichenlaterne) mit den Signalen Wn 1 und Wn 2 drehbar angebracht. Im Rückfallbetrieb wird lediglich die Grundstellung der Weiche angezeigt. Nur bei Handbetrieb folgt der Signalkasten der Stellung der Weiche. Die Farbgebung des Weichensignalkastens ist orange (Farbe 0408).

Die ordnungsgemäße Zungenendlage in der Weichengrundstellung wird durch das Überwachungssignal So 18 angezeigt, das vom Signal So 17, der Ankündigungsbake, angekündigt wird. Dieses Signal zeigt drei orangefarbene und zwei weiße Streifen auf einem Schild von 1,6 m Länge. Wenn die Grundstellung der Weiche erreicht ist, zeigt das Signalbild So 18a zwei waagerechte weiße Lichter. Ist das nicht der Fall, erscheint ein weißes Licht als Signalbild So 18b. Außer dieser elektrischen Anzeigevorrichtung, wie sie auf der Selketalbahn üblich ist, gibt es noch eine mechanische Überwachungs- und Anzeigeeinrichtung. Sie wird dann eingebaut, wenn ein Anschluß an das öffentliche Netz erst über größere Entfernung herangeführt werden muß. Hier wird die Stellung der Weichenzungen mit Zungenprüferstangen und Zungenprüferkasten auf den Signalmast mit dem Signalkasten übertragen. Das Signalbild So 18 wird von zwei reflektierenden Lichtpunkten gebildet. Auf der Harzquerbahn gibt es eine mechanische Variante, bei der die Lichtpunkte von einer Propangasflamme ausgeleuchtet werden.

Um ein Aufklettern des Spurkranzes beim Befahren der Weiche zu vermeiden, muß die Achslast von Fahrzeugen mit Achsständen unter 2 m mindestens 2 t und bei Achsständen über 2 m mindestens 4 t betragen.

Im Wiederaufbauprogramm sind zunächst auf den Bahnhöfen Stiege, Friedrichshöhe, Straßberg und Silberhütte Rückfallweichen installiert worden. Für den Betrieb auf diesen Bahnhöfen mußte natürlich ein bestimmter Richtungsverkehr eingehalten werden, um das Aufschneiden der Weiche ordnungsgemäß zu vollziehen. Die Gleisanlagen des Bahnhofs Stiege, der im Jahre 1905 die Aufgabe eines Trennungsbahnhofes übernommen hatte, waren mithin umfassend zu verändern, denn nach der damaligen Rangiertechnologie für die durchgehenden Züge von Gernrode nach Eisfelder Talmühle mußten diese kopfmachen, also die Lokomotive umsetzen oder wechseln. Nun war eine Variante gefunden worden, bei der das Kopfmachen entfiel und nach dem Passieren des Bahnhofs Stiege eine unmittelbar westlich der Gleisanlagen (Richtung Hasselfelde) liegende Wendeschleife durchfahren, der Bahnhof wieder passiert und je nach Weichenstellung in Richtung Eisfelder Talmühle oder zurück nach Alexisbad ausgefahren wird. Die Züge aus Richtung Alexisbad kommen, nachdem sie von der Zugleitstelle die Fahrerlaubnis bis Bahnhof Stiege erhalten haben, am Signal So 5 (Trapeztafel) vorbei über Gleis 1 bis zur Wendeschleife, wobei die Rückfallweiche, die sie vom Herzstück her befahren, aufgeschnitten wird. Vor dem Passieren der Wendeschleife muß Weiche 9 in Richtung Wendeschleife gestellt werden, da die Zugfahrt sonst in Richtung Hasselfelde ver-

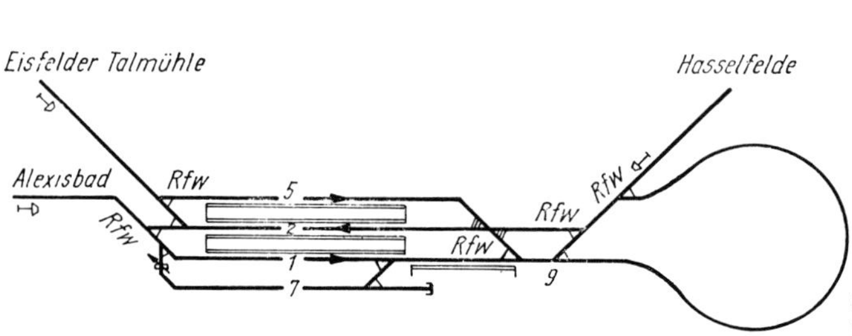

Bild 4.5. Gleisplan des Bahnhofs Stiege 1985, Rfw = Rückfallweiche.

läuft. Die in die Wendeschleife einfahrenden Züge aus Richtung Eisfelder Talmühle gelangen über Gleis 5 dorthin. Züge aus Hasselfelde fahren im Gleis 2 ein. Diese Fahrstraßen sind durch die Grundstellungen der Rückfallweichen bestimmt.
Die nach Eisfelder Talmühle oder Alexisbad ausfahrenden Züge stehen nach dem Durchfahren der Wendeschleife in Gleis 2. Die Weiche 4 entscheidet über die Ausfahrt: entweder nach Alexisbad oder Eisfelder Talmühle. Also sind z. B. für Züge, welche die Strecke Alexisbad—Eisfelder Talmühle fahren, nur die zwei Entscheidungsweichen 9 und 4 zu stellen, was eine große Vereinfachung gegenüber der alten Rangiertechnologie in der Spitzkehre Stiege bedeutet:
Die Rückfallweichen wie auch die Weichen 9 und 4 sind beheizbar. Gleis 7 dient als Ladegleis.
Für die Haltestelle Albrechtshaus ist ein Anschlußgleis vorgesehen.

Auf einer Stahlvollwandträgerbrücke wird die Selke überquert. Vorher ist eine Schutzweiche zu passieren, an die sich ein Gleisstück anschließt, das mit einem Prellbock als Gleisabschluß endet. Damit soll verhindert werden, daß eventuell aus dem Anschluß herausrollende Wagen (das Gleis weist Gefälle auf) in das Streckengleis geraten.
An der Entladestelle im Werk ist ein zweites Gleis, ähnlich wie im Bahnhof Friedrichshöhe, angelegt worden, um abzuholende Wagen getrennt aufstellen und größere Rangierbewegungen vermeiden zu können.

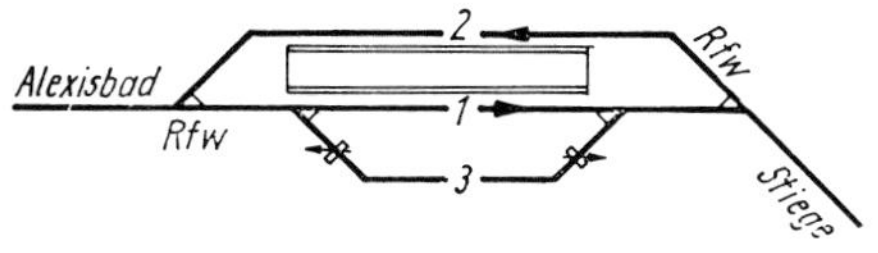

Bild 4.7. Gleisplan des Bahnhofs Straßberg 1985.

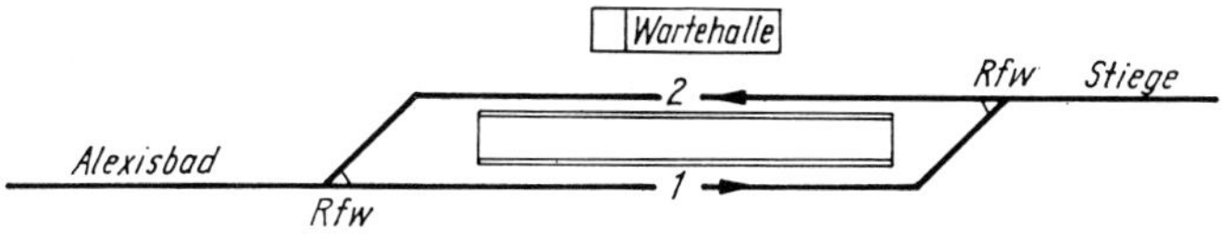

Bild 4.6.
Gleisplan des Bahnhofs Friedrichshöhe 1985.

Bahnhof Friedrichshöhe ist als Kreuzungsbahnhof ausgebaut worden. Dem Reiseverkehr dient eine neue Wartehalle. Das alte Empfangsgebäude mußte wegen Schwammbefall und steigender Nässe 1983 abgerissen werden. Die Einfahrt von Straßberg her erfolgt über eine Rückfallweiche in Gleis 1, die von Stiege in Gleis 2, wodurch bei der Ausfahrt die Weichen aufgeschnitten werden.
In Güntersberge ist am ehemaligen Bahnhof der neue Haltepunkt eröffnet und der alte Güterschuppen als Warteraum eingerichtet worden. Da sich im Gelände des alten Bahnhofs ein Betrieb angesiedelt hat, soll das neue Anschlußgleis für die örtlichen Wagenladungen außerhalb der Ortschaft, etwa bei Kilometer 26,5, abzweigen.
Die Gleisanlagen des Bahnhofs Straßberg sind denen von Friedrichshöhe ähnlich. Da hier Wagenladungsverkehr stattfindet, ist zusätzlich ein über Gleissperren gesichertes Ladegleis angelegt worden. In der Nähe des Bahnhofs Silberhütte zweigt links (in Fahrtrichtung Straßberg gesehen) die Anschlußbahn zum Heizkraftwerk Silberhütte ab. Dieser Anschluß wurde 1983 neu eingerichtet.

In der folgenden Zeit sollen übrigens weitere Bahnhöfe mit Rückfallweichen ausgestattet werden.

Die Bauarbeiten

Ende des Jahres 1982 begannen die Arbeiten an der Trasse zum Wiederaufbau des neuen Gleises. Das alte Gleisbett war nicht mehr brauchbar, weil es an vielen Stellen als Forstweg zum Abfahren von Holz oder als Fußweg genutzt worden ist. Die Tiefbauarbeiten begannen mit der Untersuchung der alten Brücken und Wasserdurchlässe auf Wiedernutzbarkeit. Bis auf wenige Ausnahmen mußten alle neu gebaut werden.
Straßberg war der Ausgangspunkt der Erdarbeiten. Von hier aus bis zur Selkebrücke lag noch das 1975 letztmalig ausgewechselte Gleis. Hinter der Selkebrücke, bei Kilometer 23, begann die Aufarbeitung der alten Trasse, und im Januar 1983 waren etwa 3 km in Richtung Güntersberge bearbeitet. Dabei wurde das alte Bettungsmaterial mit einer Planierraupe abgetragen und zur Verbreiterung des Planums verwendet. Nach den

Bild 4.8. Ein Rollwagen-Güterzug überquert die neue Selkebrücke zum Anschluß Heizkraftwerk Silberhütte.
Foto: Frenzel, 1985

Vorschriften für den Betrieb mit Rollfahrzeugen mußte die Mindestbreite des Planums zuzüglich der Lichtraumerweiterung (in Bögen) 3 880 mm betragen. Einschließlich Gefahrenbereich und Aufstellplatz (Randweg) war eine Breite von 5 680 mm nötig. Da für diese Forderung ein hoher Anteil an Erdarbeiten erforderlich gewesen wäre, betragen die ausgeführten Planumsbreiten nur 3 880 bis 5 300 mm. Die Gleisachse mußte deshalb teilweise aus der Planumsmitte verschoben werden (siehe auch Bild 4.1.).

Inzwischen wurde ebenfalls auf Bahnhof Friedrichshöhe mit Planierraupen gearbeitet und Splitt angefahren. Die Arbeiten gingen von hier aus in Richtung Güntersberge wie in Richtung Albrechtshaus voran. Nach dem Abschieben der alten Bettung wurde eine Schicht Splitt geschüttet, mit Rüttelverdichter verfestigt und anschließend gewalzt. Nun begannen auch vor Stiege und bei der Ruine Selkenkirche die Tiefbauarbeiten, so daß im März 1983 an fünf Stellen gearbeitet wurde.

Die Gleisverlegung sollte von Stiege aus beginnen. Aber mit der bislang auf Schmalspurbahnen üblichen Technologie war die Verlegung des Gleises in der Bauzeit von Mai bis November 1983 nicht zu schaffen. Der Gleisbaubetrieb Magdeburg, der die Arbeiten übernahm, mußte mithin die Gleisjochmontage, wie sie auf den regelspurigen Strecken der Deutschen Reichsbahn üblich ist, auf die Schmalspur übertragen. Dazu waren sämtliche Baufahrzeuge neu zu schaffen bzw. vorhandene zu modifizieren. Die 15 000 mm langen Gleisjoche, Profil S 49, mit 19 Holzschwellen wurden auf dem Jochmontageplatz Königsborn bei Magdeburg vormontiert. Ihr Transport ergab einige Besonderheiten. Wegen ihrer Länge hätten sie auf vierachsigen Rungenwagen (SSra-Wagen) verladen und ab Nordhausen mit Hilfe von zwei Rollwagen weiter befördert werden müssen. Die SSra-Wagen sind aber für Gleisradien bis 75 m ausgelegt und können die nur 60-m-Radien der Schmalspurbahn nicht befahren. Also mußte in Magdeburg ein zweiachsiger Ks-wagen gewählt

Bild 4.9. Bahnhof Friedrichshöhe, Bahnsteigseite: Die alte Gleisbettung wird abgetragen. *Foto: G. Zieglgänsberger, 1983*

Bild 4.10. Abschnitt Friedrichshöhe—Albrechtshaus: Auf das verbreiterte Planum wird Splitt ausgebracht. *Foto: G. Zieglgänsberger, 1983*

Bild 4.11. Schotterpendelzug mit „Steuerwagen". *Foto: G. Zieglgänsberger, 1983*

werden, der aber nur eine Ladelänge von 12 500 mm und eine LüP von 14 200 mm aufweist. Daraus ergab sich eine Überlänge von 380 mm über Puffer, so daß sich das Beistellen von Schutzwagen erforderlich machte. Beim Weitertransport auf Rollwagen konnten die Schutzwagen entfallen, da die Kuppelstangen der Rollwagen den Sicherheitsabstand gewährleisteten.
In der Folge wurde jeweils ein Rollwagen mit Schmalspurjochen an einen fahrplanmäßigen Personenzug mit Güterbeförderung der Strecke Nordhausen—Stiege angehängt. In Stiege entlud ein Raupendrehkran die sechs Joche pro Wagen und legte sie auf einem Lagerplatz an der alten Ladestraße ab.
Um die Gleisjoche vom Lagerplatz auf Bahnhof Stiege weiterschaffen zu können, wurden drei Rollwagen mit einer Jochsicherung versehen. Ein solcher Wagen konnte dann sechs Joche aufnehmen und zur Bauspitze bringen. Bei 9 000 mm Länge der Rollwagen ergab sich ein beachtlicher Überhang der 15 000 mm langen Joche. Er wurde mit einer 6 000 mm langen Kuppelstange zur Diesellokomotive 199 301 überbrückt, die als Bauzuglokomotive tätig war.
Das auf der Trasse ausgelegte Gleis mußte neu eingeschottert werden, wozu etwa 30 000 Tonnen Schotter nötig waren. Der Steinbruch Unterberg, an der Strecke nach Eisfelder Talmühle gelegen, bot sich zur Lieferung an. Dort hatte schon früher bei Kilometer 6,83 (von Stiege her) ein Anschlußgleis gelegen. Im Frühjahr 1983 stellte man den 80 m langen Gleisanschluß wieder her. Den Transport des Schotters von Unterberg nach einem Schotterlagerplatz an der Ausfahrt Stiege in Richtung Albrechtshaus oder sofort zur Baustelle übernahm ein Pendelzug. Dieser war als Wendezug zusammengestellt und in dieser Form eine Einmaligkeit: Drei zweiachsige, regelspurige Selbstentladewagen (Gattung Fcs) standen auf Rollwagen, und der meterspurige G-Wagen 99 01 78 diente als Steuerwagen. Er hatte an der Stirnseite in Fahrtrichtung elektrische Lampen als Regelspitzensignal Zg 1 erhalten, zwei rote Lampen dienten als Regelschlußsignal Zg 3. Bergauf wurde der Zug von der Lokomotive gezogen,

Bild 4.12. Beladen des Schotterpendelzuges im Anschlußgleis des Steinbruchs Unterberg. *Foto: Schwarzbach, 1983*

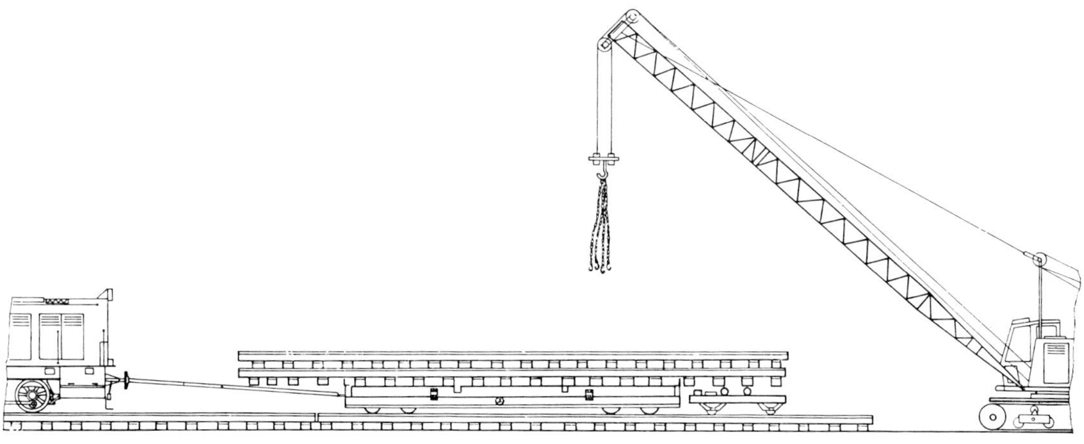

Bild 4.13. Prinzip des Jochverlegezuges: Rollwagen und Bahnmeisterwagen mit Schweißgerät. *Zeichnung: Zieglgänsberger*

Bild 4.14. Jochverlegezug im Einsatz bei Stiege. *Foto: G. Zieglgänsberger, 1983*

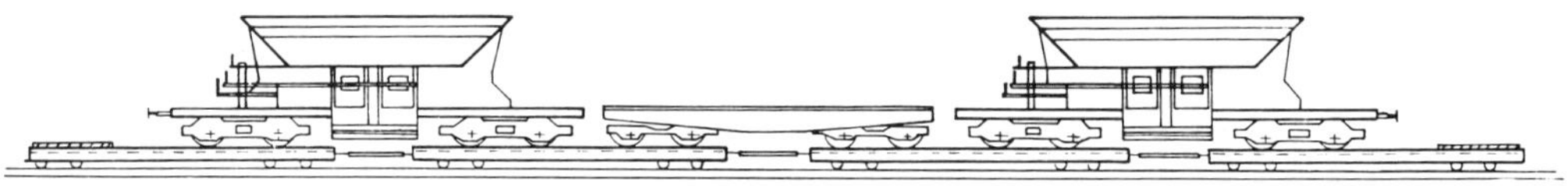

Bild 4.15. Prinzip des Schottereinbauzuges.

bergab geschoben. Die Beladung im Steinbruch erfolgte durch Abkippen des Schotters über eine Rutsche in die Eisenbahnwagen. Der Pendelzug bewährte sich. Viermal täglich brachte er Schotter vom Steinbruch Unterberg nach Stiege, insgesamt etwa 13 000 t. Als Zuglokomotive diente die 99 0246, eine 1'E1'. Am Neubaugleis konnte der Schotter nach Korrektur der Abziehvorrichtung der Selbstentladewagen direkt an den Schwellenköpfen entladen werden.

Für das Entladen des Schotters in die Gleismitte zwischen die Schwellen mußte eine besondere Arbeitseinheit zusammengestellt werden. In Bild 4.13 ist dieser Zug dargestellt. Zwei vierachsige Schotterwagen (Typ Fac) sind auf vier Rollwagen aufgesetzt. Der Tiefladewagen (Typ Rlmmp) in der Mitte sowie die Betonteile an den freien Enden dienen zum Masseausgleich. Die für die 1 000-mm-Spur angepaßten Schotterverteilerkästen entladen den Schotter zwischen den Rollwagen hindurch in die Gleismitte. Dieser Zug war nur auf dem Neubaugleis eingesetzt und wurde am Schotterlagerplatz Stiege beladen ($V_{max} = 10$ km/h).

Auch nach Straßberg wurde Baumaterial gefahren: Schwellen und 15 m lange Schienen. Der Transport der 30 m langen Schienen von Gernrode nach Straßberg gelang nicht zur Zufrieden-

Bild 4.16. Schotterlagerplatz bei Stiege: Der Schottereinbauzug wird beladen. *Foto: G. Zieglgänsberger, 1983*

Bild 4.17. Modifizierter Schotterverteilerkasten am Schottereinbauzug. *Foto: G. Zieglgänsberger, 1983*

heit. Für die Transporte war in Gernrode die Lokomotive 99 6102 zusätzlich stationiert.
Die Hasselbrücke bei Stiege und die Katzsohlbachbrücke bei Güntersberge, beides alte Gewölbebrücken, waren abgerissen worden und mußten mit Betonfertigteilen neu errichtet werden.

Im Juni begannen die Gleisarbeiten in Stiege und Straßberg, aber nur im Handbetrieb.
Mitte Juli war man auf der freien Strecke angelangt. Dazu war eine Arbeitseinheit zusammengestellt worden, die in Bild 4.14 dargestellt ist. Der Raupendrehkran RDK 16 (maximale Tragfähigkeit 16 t) hob ein an vier Ketten befestigtes Gleisjoch vom Rollwagen ab, während die Lokomotive den Wagen zurückzog. Der Raupendrehkran fuhr in die entgegengesetzte Richtung, bis das Joch passend angelegt werden konnte. Nach dem Anlaschen wiederholte sich der Turnus.
In Gleisbögen mußte mit versetztem Stoß gearbeitet werden. Zu diesem Zwecke wurde eine Schiene des Jochs an der halben Länge mit dem Schweißbrenner durchgeschnitten und entfernt. Vom nächsten Joch löste man die entsprechende Schiene und schob sie bis an die Schnittstelle, wo sie befestigt wurde. Das entfernte halbe Schienenstück konnte dann, wenn nicht nochmals ein versetzter Stoß anfiel, vorn wieder angebracht werden. Das Schweißgerät lagerte auf dem Bahnmeisterwagen, der vor dem Rollwagen hergeschoben wurde.

Anfang August trafen polnische Gleisbauer zur Verstärkung ein, und zum Ende des Monats war das neue Gleis bis vor den Haltepunkt Albrechtshaus ausgelegt. Nach über drei Jahrzehnten hörte man im oberen Selketal wieder den Pfiff einer Dampflokomotive. Am anderen Ende der Neubaustrecke war inzwischen das neue Gleis von Straßberg bis zur Selkebrücke verlegt und teilweise beschottert worden. Die neue Selkebrücke war im Bau — wannenförmig und aus Stahlbeton.

Am 31. August 1983 trafen sich die Tiefbauer aus Richtung Straßberg und Friedrichshöhe am ehemaligen Bahnhof Güntersberge. An der Fertigstellung dieser Strecke waren etwa 200 Arbeitskräfte beteiligt. Jetzt war der Bahnhof Friedrichshöhe an der Reihe, und der Straßenübergang der F 242 mußte neu gebaut und beschildert werden. Später soll dieser Übergang eine Halbschrankenanlage erhalten. Die weitere Gleisverlegung ging schnell vonstatten. Am 29. September 1983 passierte die erste Dampflokomotive auf der Neubaustrecke den Haltepunkt Güntersberge. Der vierachsige Schotterzug brachte nun Ladungen vom Schotterlagerplatz Stiege auf die neue Strecke hinaus. Die Dampflok 99 6101, die im Winter im Bahnbetriebswerk Wernigerode-Westerntor als Heizlok diente, beförderte diesen Zug.

Die UNIMA 2, eine Nivellier-, Hebe-, Rück-, und Stopfmaschine für Schmalspurbahnen, sollte jetzt die neue Strecke bearbeiten. Bis zur endgültigen Fertigstellung der Strecke, die dann bis zu einer Geschwindigkeit von 40 km/h befahrbar sein sollte, mußte das gesamte Gleis dreimal durchgestopft werden, so daß etwa 30 cm Schotter unter den Schwellen lagerten. Die Stopfmaschine kann 90 m/h fertigstellen.

Die Tiefbauarbeiten für die Wendeschleife hatten im August begonnen. Es handelte sich hier zwar nur um ein kurzes Streckenstück von 400 m, aber ein Bach war zu überwinden, sumpfiges Gebiet zu meliorieren, und es mußte ein Einschnitt durch Felsen von 6 m Tiefe hergestellt werden. So wurde der Bau 1983 nicht mehr fertig.

Am 29. Oktober 1983 war der historische Augenblick gekommen, in dem unmittelbar bei der Selkebrücke vor Straßberg die letzte Schraube angezogen wurde und die beiden Schmalspurstrecken wieder verbunden waren. Am 31. Oktober fuhr

Bild 4.18. Die Nivellier- und Stopfmaschine UNIMA 2 am Haltepunkt Albrechtshaus. *Foto: G. Zieglgänsberger, 1983*

Bild 4.19. 29. Oktober 1933: Polnische Gleisbauarbeiter ziehen die letzten Schrauben ein. *Foto: Frenzel*

Bild 4.20. Bahnhof Friedrichshöhe: das neue Empfangsgebäude. *Foto: G. Zieglgänsberger, 1984*

die Lokomotive 99 6102 als erstes Fahrzeug wieder von Gernrode nach Hasselfelde. Bis zur Aufnahme des Regelverkehrs waren freilich noch verschiedene Arbeiten zu erledigen. Vor der Selkebrücke, nahe der ehemaligen Verladestelle Fluor, war ein weiterer Schotterlagerplatz angelegt worden, der den Schotter per LKW von Hüttenrode erhielt. Außer dem Beschottern, Richten und Stopfen des Gleises und der Montage der Zwangsschienen mußten die Bahnhöfe weiter komplettiert werden. Der Bahnhof Friedrichshöhe erhielt eine neue Wartehalle, die aus Betonfertigteilen montiert wurde, hinzu kam noch ein neuer Bahnsteig mit seinen Lampen. Die Personenhaltestelle in Güntersberge richtete man wieder am alten Empfangsgebäude ein.

Die Inbetriebnahme

Am 30. November 1983 war die Strecke so weit vollendet, daß sie vom Oldtimerzug der Harzquerbahn offiziell eröffnet werden konnte. Gegen 10 Uhr wurde auf dem Bahnhof Stiege das weiße Band durchschnitten. Im dichten Flockenwirbel des einziehenden Winters fuhr der Zug, von Musik begleitet und unter dem Beifall der vielen Zu-

Bild 4.21. Der Traditionszug als Sonderzug zur 100-Jahrfeier im langen Tal bei Harzgerode. *Foto: Krause*

schauer, in den festlich geschmückten Bahnhof ein. Um 10.30 Uhr setzte er sich dann in Richtung Güntersberge in Bewegung. Wegen des dichten Schneefalls fuhr die Lokomotive mit dem Zugspitzsignal Zg 1a drei leuchtende, weiße Lampen. Der Zug passierte den Bahnhof Friedrichshöhe, wo die Einwohner des Ortes den Bauarbeitern auf einem hier angebrachten Schild für den Wiederaufbau ihrer Harzbahn dankten. Bei der Einfahrt des Zuges in den Haltepunkt Güntersberge wiederholte sich das Bild von Stiege: Beide Seiten des Gleises waren mit Zuschauern besetzt, die den Zug erwarteten und begrüßten. Mit Musik zogen die Fahrgäste in den Gasthof zum „Goldenen Löwen", wo die Eröffnungsfeier stattfand. Zur Feier des Tages führte die Deutsche Post in Stiege einen Sonderstempel.

Da der endgültige Ausbau der Strecke noch nicht abgeschlossen war, konnte sie zunächst nur mit 20 km/h befahren werden. Inzwischen war der Winter eingezogen. Das Gebiet der Neubaustrecke gehört größtenteils schon zum Oberharz, das heißt, in der Winterszeit herrscht fast immer Frost und liegt etwa 50 cm Schnee. Trotzdem wurde der Gleisanschluß Rinkemühle mit dem vergrößerten Lichtraumprofil neu gebaut und erhielt zusätzlich eine Schutzweiche. Die Anschlußbahn Heizwerk Silberhütte wurde am 6. Februar 1984 von der Staatlichen Bahnaufsicht abgenommen, und am 12. Februar traf der erste Rollwagenzug, von Nordhausen kommend, in Silberhütte ein. Nach Umsetzen der Lokomotive zog sie den Zug in den Gleisanschluß, wie es von der Rangiervorschrift gefordert wird. Die leeren Wagen nehmen seitdem, wenn vorhanden, Ladung vom Holzverarbeitungswerk Rinkemühle mit.

Wegen des zu erwartenden starken Verkehrs auf der Strecke Nordhausen—Stiege ging man Ende des Jahres 1983 daran, die Weichenstraßen im Bahnhof Eisfelder Talmühle umzugestalten. Die

Bild 4.22. 3. Juni 1984: Der erste fahrplanmäßige, wieder durchgehende Personenzug Hasselfelde—Gernrode trifft in Alexisbad ein.
Foto: K. Zieglgänsberger

Bild 4.23.
Die erste Fahrkarte für einen der Neubauabschnitte. Übrigens trägt der Prägestempel immer noch den Aufdruck Lindenberg, obwohl die Umbenennung in Straßberg bereits 1952 stattfand.

bisherige Bahnhofsanlage stammte noch aus der Zeit, als zwei voneinander unabhängige Bahngesellschaften die Bahnanlagen ihren Vorstellungen gemäß gebaut hatten. Außer der Erneuerung der Gleisanlagen der erwähnten Bahnhöfe waren auch die alten Streckenabschnitte bis Harzgerode und von Eisfelder Talmühle her dem neuen Betrieb anzupassen. Zu diesem Vorhaben gehörte auch die Rekonstruktion der Brücken im Behretal. Diese beiden Brücken zeigten Alterungsschäden und besaßen auf der Fahrbahn nicht die nötige Profilfreiheit für den Rollwagenverkehr. Nach Abtragen der alten Fahrbahn bis zum Gewölbescheitel erhielten sie eine Betonausgleichschicht, worauf die neuen, vorgefertigten Fahrbahnwannenteile mit einem Autodrehkran montiert wurden. Ferner brachte man an den Seiten neue Gehwegplatten an. Die alten Schienen der Strecke ersetzte man durch neue der Schienenform S 49.
Nachdem Schneefälle die Bauarbeiten verschiedentlich unterbrochen hatten, gingen auch die Arbeiten im Bahnhof Stiege und an der Wendeschleife weiter. In Silberhütte waren ebenfalls Rückfallweichen eingebaut und der alte Gleisanschluß zum Sägewerk, der unter dem Späneturm hindurchlief, nach außen verlegt worden, um die

Profilfreiheit für den Rollwagenverkehr zu erhalten. Im Bahnhof Harzgerode wurden Ladegleise erneuert und im Frühjahr 1984 auf der Strecke Alexisbad—Harzgerode die Felsdurchbrüche erweitert, indem man in den Außenbögen die Felsen abtrug bzw. sprengte. Damit wollte man nicht nur das Lichtraumprofil vergrößern, sondern auch Raum zum Abflachen der Krümmungen schaffen, um dort die 1'E1'-Neubaulokomotiven der Harzquerbahn einsetzen zu können. Zwar hatte die Gernrode-Harzgeroder Eisenbahn-Gesellschaft ebenfalls bereits fünffach gekuppelte Lokomotiven (Nr. 21 und 22) auf den Strecken eingesetzt, doch sie hatten Luttermöllerantrieb der Endachsen und waren damit kurvengängiger als die neuen 1'E1'.

Mit Fahrplanwechsel am 3. Juni 1984 fuhr der erste planmäßige Reisezug, der P 14461 mit der Lokomotive 99 6001, ab Gernrode über Stiege nach Hasselfelde. Zu dieser Fahrt hatten sich viele Eisenbahnfreunde eingefunden. An der Strecke, auf Bahnhöfen und in Fahrzeugkolonnen begleiteten sie den Zug. Die Eisenbahner der Selketalbahn hatten Lokomotive und Wagen mit grünen Zweigen geschmückt und ein Hinweisschild auf die historische Fahrt angebracht.

Nach Wiederaufnahme des durchgehenden Verkehrs stiegen die Beförderungsleistungen beträchtlich. Allein im Personenverkehr waren es 1985 etwa 360 000 Reisende. Deshalb wurde mit dem Fahrplanwechsel 1985 ein dritter Reisezug eingesetzt. Der Güterverkehr der Harzbahnen erhöhte sich 1985 gegenüber 1983 um 67 Prozent. Folglich erhielt der Bahnhof Alexisbad eine neue betonierte Ladestraße und der Bahnhof Straßberg eine neue Laderampe. Mit diesen Leistungen ist die Bahn bei dem derzeitigen Ausrüstungsstand fast an der Grenze ihrer Kapazität angelangt. In der Perspektive ist deshalb vorgesehen, die Bahn mit Diesellokomotiven zu betreiben. Ende des Jahres 1988 kamen die ersten Voraus-Lokomotiven — umgebaute Lokomotiven der Baureihe 110 — in den Harz.

Die Umstellung auf Druckluftbremsen, bei der Harzquerbahn schon fast abgeschlossen, soll für die Selketalbahn zuletzt vorgenommen werden. Zunächst geht das Modernisierungsprogramm für die Reisezugwagen weiter. Der Bahnhof Gernrode erhielt die Wagen der Reihe 900-519 bis 900-523, die einst für die Strecke Eisfeld—Schönbrunn modernisiert worden waren.

In Gernrode rangiert seit 1984 die Diesellok 199 006 der ehemaligen Spreewaldbahn. Durch den Wegfall des gesamten Schmalspurgüterverkehrs und

Bild 4.24.
Fahrt durch die Wendeschleife in Stiege.
Foto: G. Zieglgänsberger, 1984

damit der Umladung verlor der Bahnhof leider etwas von seiner Vielseitigkeit.

Das Bahnjubiläum

Vom 5. August bis 16. August 1987 fand in Gernrode ein riesiges Volksfest statt: Die Selketalbahn feierte ihr hundertjähriges Jubiläum.

Die Reichsbahndirektion Magdeburg gestaltete am 8. August in Gernrode einen Festakt, der Traditionszug fuhr täglich von Gernrode nach Harzgerode und zurück, an den Wochenenden zusätzlich die Strecke Gernrode—Straßberg. Da er wegen des lebhaften Andranges verstärkt werden mußte, wurde er mit zwei Mallet-Lokomotiven bespannt. Der Modelleisenbahnverband der DDR gab jedem Sonderzug zwei Begleiter mit, um die Fahrgäste mit der Geschichte der Bahn vertraut zu machen. Modellbahnausstellungen, auch in Harzgerode, spezielle Souvenirs und eine Fahrzeugschau mit Regel- und Schmalspurfahrzeugen rundeten die Festivität ab.

Bild 4.26. Sonderstempel des Postamtes Gernrode.

Bild 4.25. Die Jubiläumsfeierlichkeiten hatten Volksfestcharakter. *Foto: G. Zieglgänsberger*

5. Die Triebfahrzeuge

Bild 5.1. 99 5811, ex „Gernrode", Zustand 1964. *Foto: Kieper*

Eine Gesamtübersicht der von der GHE beschafften und eingesetzten Lokomotiven gibt Tabelle 5.1. Die in der Spalte „Hersteller" benutzten Abkürzungen werden im Kapitel 14. erläutert.
Nach 1946 war zunächst nur die „Gernrode" als einzige Lokomotive bei der Selketalbahn verblieben. Deshalb wurden von der Harzquer- und Brockenbahn hierher Triebfahrzeuge umgesetzt.

Städtenamen
Zur Betriebseröffnung im Jahre 1887 kaufte die Gernrode-Harzgeroder Eisenbahn zunächst drei Lokomotiven einer bewährten Baureihe mit drei gekuppelten Achsen. Die Maschinen hatten Allansteuerung und Flachschieber. Sie erhielten die Namen „Selke", „Gernrode" und „Harzgerode". Da sich die Maschinen bewährten, wurden drei weitere Lokomotiven gleichen Typs bestellt: die

Tabelle 5.1. Die Dampflokomotiven der GHE

Name bzw. GHE-Betriebs-nummer	DR-Be-triebs-nummer	Bauart	Gattung	Bau-jahr	Her-steller	Fabrik-nummer	Einsatzzeit von	bis	Bemerkungen
Gernrode	99 5811	C n2t	K 33.8	1887	Henschel	2226	1887	1965	1956 neuer Kessel, 1965 abgestellt, 1967 verschrottet
Selke	—	C n2t	K 33.8	1887	Henschel	2227	1887	1946	
Harzgerode	—	C n2t	K 33.8	1887	Henschel	2228	1887	1946	
Günthersberge	—	C n2t	K 33,8	1888	Henschel	2703	1888	1946	
Alexisbad	—	C n2t	K 33.8	1890	Henschel	3350	1890	1946	
Hasselfelde	—	C n2t	K 33.8	1890	Henschel	3351	1890	1946	
Anhalt	—	B'B n4vt	K 44.8	1905	Borsig	5465	1905	1914	an Heeresfeldeisenbahn abgegeben
Braunschweig	—	B'B n4vt	K 44.8	1905	Borsig	5466	1905	1914	an Heeresfeldeisenbahn abgegeben, dort Nr. 117
Preußen	—	B'B n4vt	K 44.8	1905	Borsig	5467	1905	1914	an Heeresfeldeisenbahn abgegeben
GHE 20	—	D n2t	K 44.11	1910	O & K	3826	1914	1946	„Bulle", 1914 von Ruhr-Lippe Klb. gekauft
GHE 21	—	E h2t	K 55.11	1928	O & K	11746	1928	1946	
GHE 22	—	E h2t	K 55.11	1928	O & K	11747	1928	1946	

„Günthersberge", „Alexisbad" und „Hasselfelde". Alle galten gemäß damaliger Ansicht als schwere Schmalspurlokomotiven.
Diese sechs Naßdampfmaschinen bewältigten bis 1905 den gesamten Betrieb zwischen Gernrode und Hasselfelde. Es wurden durchweg gemischte Züge gefahren, so daß auf allen Bahnhöfen und Anschlußstellen auch rangiert werden mußte.
Von den sechs Naßdampfmaschinen überlebte nur die „Gernrode" den Krieg, und sie bekam 1950 die DR-Betriebsnummer 99 5811. Im Jahre 1956 erhielt die 1887 gebaute Lok im Reichsbahnausbesserungswerk Blankenburg noch einen Ersatzkessel, der ihr Aussehen leicht veränderte. Sie war die älteste Schmalspurlok der Deutschen Reichsbahn und wurde erst 1967 in Görlitz zerlegt.

Ländernamen
Mit der Inbetriebnahme des Streckenabschnittes Stiege—Eisfelder Talmühle im Jahre 1905 wurde der Einsatz leistungsstarker Maschinen notwendig. Die GHE beschaffte daher die drei schweren Mallet-Gelenklokomotiven „Anhalt", „Braunschweig" und „Preußen" (nach den Territorien, auf denen sich die Selketalbahn befand). Alle drei Maschinen wurden im November 1914 zur Heeresfeldbahn eingezogen und sind nicht zu-

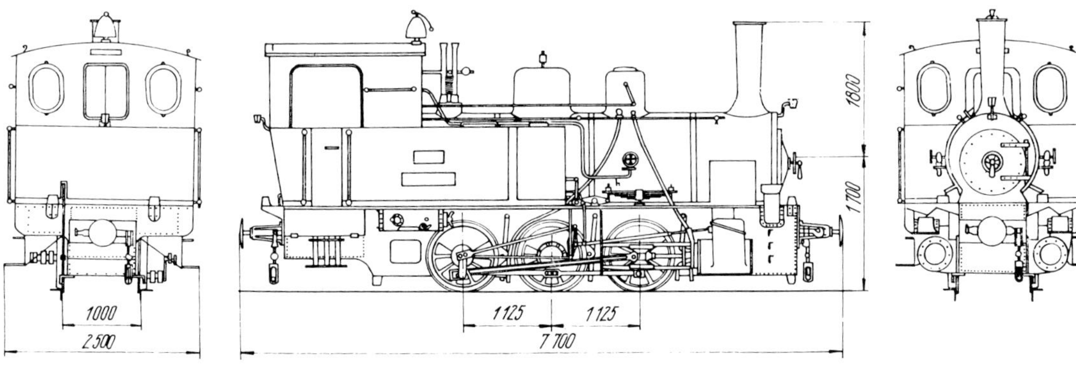

Bild 5.2. GHE-Lok „Gernrode", Urzustand. *Zeichnung: Malsch*

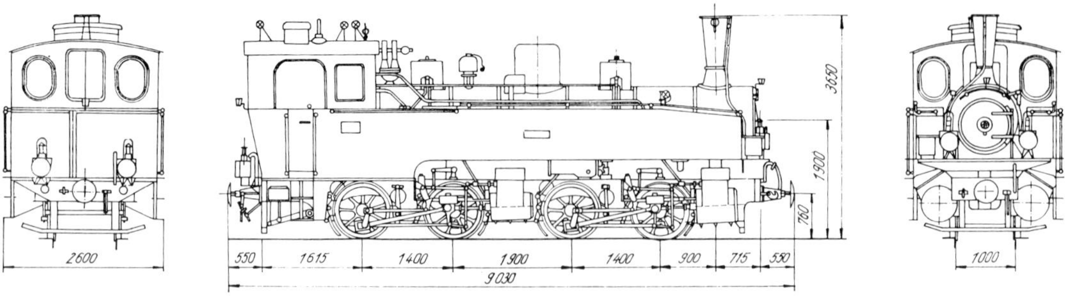

Bild 5.3. GHE-Lok „Anhalt". *Zeichnung: Malsch*

rückgekehrt. Nach einem Augenzeugenbericht wurde die „Anhalt" noch 1918 in Frankreich bei Verdun vor einem Eisenbahngeschütz beobachtet. Die Lokomotiven „Anhalt" und „Braunschweig" sind später unter den neuen Betriebsnummern 201 und 202 bis in die fünfziger Jahre hinein bei der französischen Eisenbahngesellschaft „Compagnie des Chemins de Fer du Nord Est" gefahren, deren Meterspurstrecken im Raume Soissons lagen.

Im Jahre 1908 entschloß sich die Bahnverwaltung, alle Fahrzeuge von Heberleinbremse auf Saugluftbremse umzurüsten. Diese Bremse hatte sich bei den beiden anderen Schmalspurbahnen des Harzes — der Nordhausen-Wernigeroder Eisenbahn sowie der Südharz-Eisenbahn — gut bewährt. Nun konnten die Fahrzeuge aller drei Harzbahnen gekuppelt werden.

GHE 20

1914 kaufte die GHE von den Ruhr-Lippe Kleinbahnen eine gebrauchte vierachsige Lokomotive. Sie erhielt die offizielle Betriebsnummer 20 und von den Eisenbahnern wegen ihres kompakten Aussehens und ihrer Kraft den Spitznamen

Bild 5.4. GHE-Lok „Braunschweig", Zustand 1905. *Sammlung Fiebig †*

Bild 5.5. GHE-Lok 20, „Bulle", hier in ursprünglicher Ausführung für die Ruhr-Lippe Kleinbahnen als Nr. 20. Bei der GHE kam es zum Umbau im Hinblick auf Führerhaus und Kohlekasten. *Sammlung Nickel*

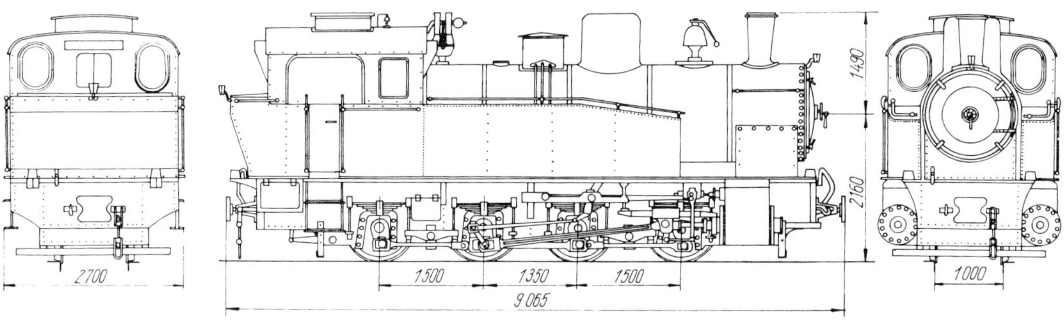

Bild 5.6. GHE-Lok 20, ursprüngliche Ausführung. *Zeichnung: Malsch*

„Bulle". Diese Maschine blieb vorwiegend im Güterzugdienst eingesetzt.

GHE 21 und 22

Als sich zum Ende der zwanziger Jahre die wirtschaftliche Lage zu bessern schien, beschaffte die GHE zwei schwere fünfachsige Lokomotiven mit Luttermöller-Antrieb: Der 2. und 3. Radsatz und die Endradsätze waren in der Achsmitte mit Zahnrädern versehen. Über ein Zwischenzahnrad wurden dann die Endachsen von der 2. und 3. Achse angetrieben, wobei das Getriebegehäuse als Deichsel wirkte. Sie konnte sich um eine kugelartige Verdickung der letzten fest gelagerten Achsen drehen. Das ermöglichte einen besseren Bogenlauf und geringeren Verschleiß von Rad und Schiene.

Beide Lokomotiven mit den Betriebsnummern 21 und 22 bewährten sich während ihrer gesamten Einsatzzeit gut.

99 5803 und 99 5804

Die ehemaligen NWE 1 und NWE 3 hatte man bereits beim Bau der Nordhausen-Wernigeroder Eisenbahn eingesetzt, und sie trugen seither den

Bild 5.7. GHE-Lok 22, Zustand 1936. Lokbildarchiv der Studentenschaft TH Darmstadt. *Sammlung Schmidt †*

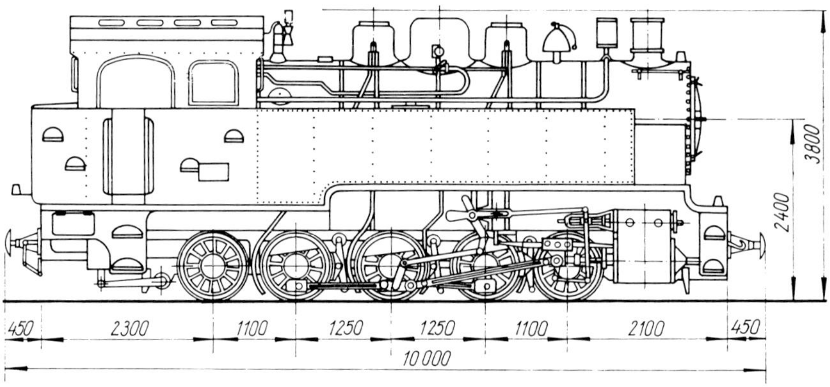

Bild 5.8.
GHE-Loks 21 und 22.
Zeichnung: Malsch

Beinamen „Toni". Die NWE 1 wurde als 99 5804 schließlich 1960 in Wernigerode abgestellt und 1966 im Reichsbahnausbesserungswerk Görlitz zerlegt. Die NWE 3 erlebte als 99 5803 nach ihrem Zwischenspiel bei der Selketalbahn noch ein weiteres kurzes Intermezzo auf der Strecke Reichenbach (Vogtland)—Oberheinsdorf und kam ein Jahr nach ihrer Schwestermaschine ebenfalls im Ausbesserungswerk Görlitz unter den Schneidbrenner.

Bild 5.9.
99 5804, ex NWE 1, um 1960.
Sammlung Röper

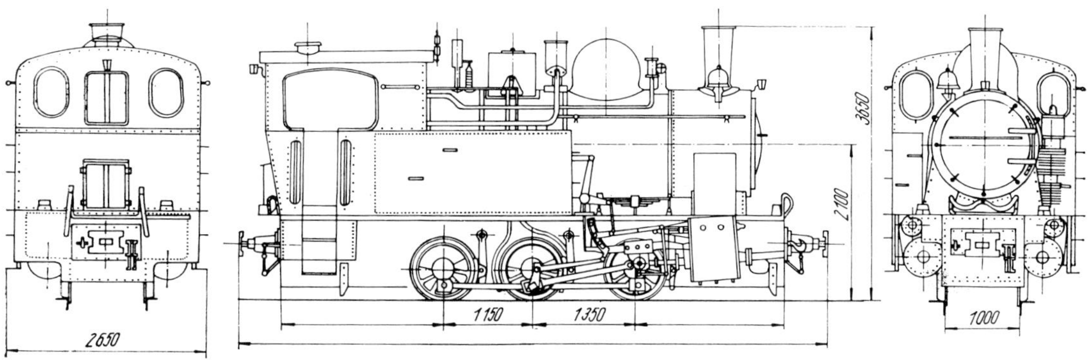

Bild 5.10. 99 6101, ex NWE 6 und NWE 7. *Zeichnung: Malsch*

99 6101 und 99 6102

Gast bei der Selketalbahn waren auch die ehemaligen NWE 6 und NWE 7 als 99 6101 und 99 6102. Ursprünglich sind sie als Heeresfeldbahnlokomotiven gefahren und 1918 sowie 1920 von der NWE übernommen worden. Die 99 6101 wird seit 1979 als Heizlok im Bahnbetriebswerk Wernigerode Wt., aber auch weiterhin als Rollbocklok genutzt, während die 99 6102 öfter im Selketal anzutreffen ist.

99 5631 und 99 5632

Während des zweiten Weltkrieges hatte es u. a. auch zwei französische Schmalspurlokomotiven nach Thüringen verschlagen, die zu einer Bauserie von 12 Maschinen mit den Fabriknummern 2456 bis 2467 gehörten. Zum Kriegsschluß blieben sie im Thüringischen bei der Hildburghausen—Heldburger Eisenbahn stehen, ohne dort noch eingesetzt zu werden. 1952/53 wurden sie schließlich aufgearbeitet. Die 99 5631 kam 1954

Bild 5.11.
99 6102,
ex NWE 7,
Zustand 1976.
Foto: Herfen

Bild 5.12. 99 5631, Zustand 1959. *Foto: Kieper*

Bild 5.13. 99 6001, ex NWE 21, Zustand 1986, ohne Abdampfrohr und Schalldämpfer der Saugluftpumpe und mit neuer Druckluftpumpe. *Foto: Frenzel*

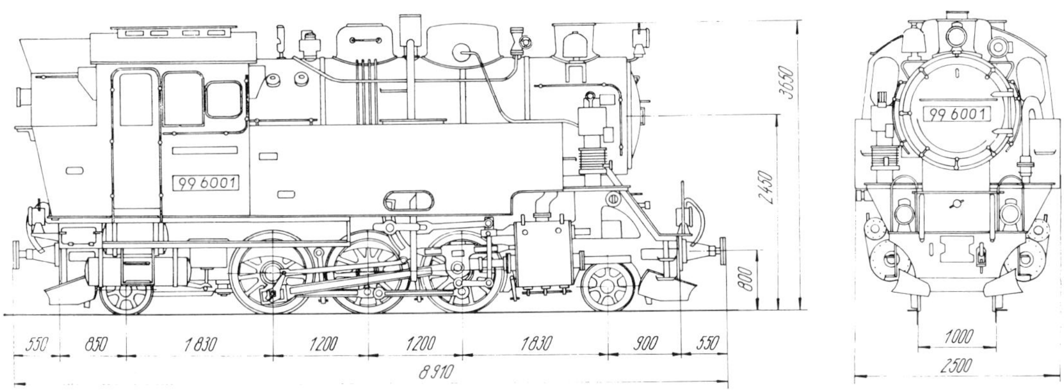

Bild 5.14. 99 6001, ex NWE 21. *Zeichnung: Schröder*

Bild 5.15. 99 5902, ex NWE 12, Zustand 1985, mit bereits vom Raw Görlitz aufgesetztem Schornstein der sächsischen IV K.
Foto: G. Zieglgänsberger

zur Selketalbahn, bewährte sich aber wegen der zu geringen Leistung nicht und wurde 1958 nach Barth umgesetzt. 1966 kam es dort zu ihrer Ausmusterung.
Das gleiche Schicksal widerfuhr ihrer Schwester 99 5632: Sie kam 1956 ebenfalls nach Gernrode, war genauso ungeeignet und ging 1958 mit nach Barth. Dort wurde sie schon 1960 ausgemustert.

99 6001

Eine Dauergastrolle bei der Selketalbahn wurde der ehemaligen NWE 21, der heutigen 99 6001, zuteil. Ende der dreißiger Jahre hatte die Nordhausen-Wernigeroder Eisenbahn bei der Fa. Krupp Einheitsschmalspurlokomotiven nach neuesten technischen Erkenntnissen entwickeln lassen. Es waren dies eine 1'C1', eine 1'D1' sowie eine 1'E1'. Die 1'C1' wurde noch an die NWE ausgeliefert, dann zerschlug der Krieg alle weiteren Absichten. So blieben auch die von der Gernrode-Harzgeroder Eisenbahn im Jahre 1944 bestellten Lokomotiven dieses Typs aus.

Im Jahre 1956 kam dann die Prototypmaschine zur ehemaligen Gernrode-Harzgeroder Eisenbahn.

99 5901 bis 99 5906

Nachdem die Harzquerbahn 1954 die ersten Neubaulokomotiven der Bauart 1'E1' erhalten hatte, besserte sich auch für die Selketalbahn die Fahrzeugsituation zusehends: Von Wernigerode konnten sechs Mallet-Lokomotiven nach Gernrode umgesetzt werden, die 99 5901 bis 99 5906. Sie übernahmen mit der Lokomotive 99 6001 fortan den gesamten Betrieb auf der Selketalbahn. Die Lokomotive 99 5905 erlitt 1971 einen Zylinderschaden, wurde abgestellt und 1974 im Ausbesserungswerk Görlitz ausgemustert.
Die Lokomotiven 99 5901 und 99 5903 (ex NWE 11 und NWE 13) ehielten 1979 bzw. 1974 wieder ihre ursprüngliche Farbgebung mit grünem Kessel sowie ihre ehemaligen NWE-Betriebsnummern, angebracht an Schornstein und Führerhaus; die Lokomotive 5901 ist für das Verkehrsmuseum in Dresden reserviert; die Lokomotive 5903 zieht im

Bild 5.16. 99 5904, ex NWE 15, Zustand 1979, mit Schornstein IV K, 1990 zerlegt. *Foto: Frenzel*

Sommerhalbjahr den Oldtimerzug in Wernigerode.

Lokomotiven 99 7231 bis 99 7247 und 99 7222

Nachdem etwa ab 1960 die 1954 bis 1956 von LKM gebauten 1'E1'-Lokomotiven auf der von der Harzquerbahn befahrenen ehemaligen GHE-Strecke Eisfelder Talmühle—Hasselfelde eingesetzt wurden, drangen diese schweren Gebirgslokomotiven nach dem Wiederaufbau der Strecke Stiege—Straßberg weiter in das Streckennetz der Selketalbahn vor. So bewältigen sie seit Februar 1984 den schweren Rollwagenverkehr zum Heizwerk in Silberhütte. 1986 ist damit begonnen worden, die Strecke weiter auszubauen und zu verstärken, so daß mit den 1'E1'-Maschinen der Güterverkehr bis Harzgerode und der Reiseverkehr bis nach Gernrode ausgedehnt werden kann. Der Streckenausbau ist zugleich auch die Voraussetzung dafür, daß später schwere Streckendiesellokomotiven auf dem Harzer Schmalspurnetz eingesetzt werden können (siehe Bild 5.29). Seit der Jahreswende 1986/87 ist mindestens eine 1'E1'-Maschine ständig in Gernrode stationiert.
Einen Überblick über alle nach 1946 bei der Selketalbahn eingesetzten Triebfahrzeuge gibt die Tabelle 5.2. Tabelle 5.3. enthält die technischen Daten aller jemals bei der GHE und auf der Selketalbahn gefahrenen Lokomotiven. 1998 waren 5 Lokomotiven »z-gestellt«.

Lokomotive 199 006-8

Im Jahre 1983 kamen zwei 1964 gebaute Diesellokomotiven in den Harz, die auf einem meterspurigen und jetzt regelspurigen Anschlußgleis der ehemaligen Spreewaldbahn gefahren sind. Davon ging die 199 006-8 Gernrode zu, wo sie seitdem zu Rangierarbeiten eingesetzt wird.
Diese 74-kW-(100-PS-)Maschinen sind auch als Bau- und Industriebahnen entwickelt und von 1962 bis 1967 beim VEB Lokomotivbau „Karl

Bild 5.17. 99 5905, ex NWE 14, Zustand 1970, mit ursprünglichem Schornstein. *Foto: Röper*

Bild 5.18. 99 5906, ex NWE 41. *Foto: Herfen*

Bild 5.19. 99 5901, ex NWE 11, und 99 6001, ex NWE 21, vor dem vierständigen Schuppen in Gernrode, Zustand 1974.
Foto: G. Zieglgänsberger

Bild 5.20. 99 5901 in der Originalfarbgebung als NWE 11 und 99 5906, ex NWE 41, Zustand 1979. *Foto: Frenzel*

Tabelle 5.2. Die Dampflokomotiven auf der Selketalbahn nach 1946

Ehemalige Betriebs-nummer	DR-Betriebs-nummer	Bauart	Gattung	Baujahr	Hersteller
NWE 71	99 5631	C1' n2t	K 34.6	1890	Schneider
NWE 72	99 5632	C1' n2t	K 34.6	1890	Schneider
NWE 1	99 5804	B n2t	K 22.8	1896	Güstrow
NWE 3	99 5803	B n2t	K 22.8	1896	Güstrow
NWE 6	99 6101	C h2t	K 33.11	1914	Henschel
NWE 7	99 6102	C n2t	K 33.11	1914	Henschel
NWE 11	99 5901	B'B n4vt	K 44.9	1897	Jung
NWE 12	99 5902	B'B n4vt	K 44.9	1897	Jung
NWE 13	99 5903	B'B n4vt	K 44.9	1898	Jung
NWE 15	99 5904	B'B n4vt	K 44.9	1901	Jung
NWE 14	99 5905	B'B n4vt	K 44.9	1901	Jung
NWE 41	99 5906	B'B n4vt	K 44.9	1918	Karlsruhe
NWE 21	99 6001	1'C1' h2t	K 35.10	1939	Krupp
	99 7231—99 7247	1'E1' h2t	K 57.10	1954—1956	LKM

Marx", Potsdam Babelsberg, mit der Typenbezeichnung V 10C hergestellt worden. Sie konnten Spurweiten von 600 mm bis 1 067 mm erhalten. Die Radsätze der dreiachsigen Lokomotive sind durch Kuppelstangen miteinander verbunden. Der dritte Radsatz ist über eine weitere Kuppelstange mit einer Blindwelle gekoppelt, die das vom Motor erzeugte Drehmoment auf die Radsätze überträgt. Ein Schaltgetriebe mit vier Gängen bildet die Verbindung zwischen Blindwelle und Motor. Die verschiedenen Zahnradpaare des Getriebes stehen ständig im Eingriff und werden durch Kupplungen kraftschlüssig mit der Welle verbunden. Die Lokomotiven wurden 1993 abgestellt, die 199 005 ist eine Dauerleihgabe an die IG HSB.

Lokomotive 199 301-3

Im Jahre 1966 kam der Prototyp einer Diesellok auf die Harzquerbahn, die in einer Serie von 30 Stück für Indonesien gebaut und zuvor auf einer 1 000-mm-Strecke erprobt werden sollte. Diese Lokomotive mit der Typenbezeichnung V 30C ist 1970 der Harzquerbahn für immer überlassen worden und trägt heute die Nr. 199 301-3. Das Drehmoment des Motors wird hydraulisch auf die Blindwelle übertragen. Der Motor leistet 243 kW. Die maximale Geschwindigkeit beträgt 30 km/h, die kleinste Dauerfahrgeschwindigkeit 4,5 km/h. Die Achslast ist mit 10 t angegeben. Beim Aufbau der Strecke Straßberg–Stiege war die Lokomotive oft im Einsatz. Sie wurde 1997 abgestellt.

Triebwagen GHE T 1

Dieser Triebwagen wurde 1933 für den Personenverkehr in den betriebsarmen Zeiten angeschafft. Als 1946 mit dem Abriß der Bahn begonnen wurde, versah das Fahrzeug zunächst noch den Dienst auf der Strecke Eisfelder Talmühle—Hasselfelde. Nach dem Wiederaufbau der Selketal-

Fabriknummer	Einsatzzeit bei Selketalbahn von	bis	Bemerkungen
zwischen 2456 u. 2461	1954	1958	Französische „Beutelokomotive"; von Hildburghausen umgesetzt; nach Barth abgegeben; 1966 ausgemustert
	1956	1958	Französische „Beutelokomotive"; von Hildburghausen umgesetzt; nach Barth abgegeben; 1960 ausgemustert
163	1946	1960	1966 im Raw Görlitz verschrottet
165	1946	1961	nach Reichenbach (Vogtland) umgesetzt, 1967 im Raw Görlitz verschrottet
12879	1947	1987	Heizlok im Bw Wernigerode und Rollbocklokomotive, öfter im Selketal eingesetzt. Für Sonderfahrten reserviert.
12880	1947	1987	1997 durch FK Selketalbahn aufgearbeitet, Sonderfahrt
258	1956		1974 Originalfarbgebung; für Verkehrsmuseum Dresden 1998 wieder Farbgebung DR für Oldtimerzug
261	1956		1993 Kesselfrist abgelaufen
345	1956		1979 Originalfarbgebung; für Oldtimerzug der Harzquerbahn
464	1956	1989	1990 zerlegt
465	1956	1971	1971 wegen Zylinderschadens abgestellt, 1974 ausgemustert
2052	1956	1989/95	seit 1995 wieder in Betrieb
1875	1956		erste Einheitsschmalspurlokomotive der Fa. Krupp
134008—134024	1986		DR Neubaulokomotive, bis 1998 fünf Stück »z-gestellt«

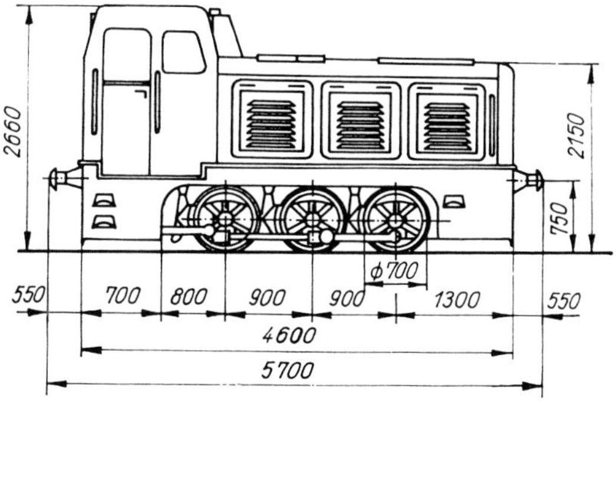

bahn setzte man den Triebwagen unter der Nummer VT 133 522 wieder in Gernrode ein. Später wurde er umgebaut und diente als Gerätewagen und Hilfszug mit der Betriebsnummer 187 001 in Gernrode. Seit 1983 ist er historisches Fahrzeug der Deutschen Reichsbahn.

Bild 5.21. Maßskizze von einer Lok des Typs V 10C.
Quelle: Kunicki, Deutsche Dieseltriebfahrzeuge gestern und heute, Berlin 1966

Bild 5.22. 1'E1'-Lok 99 7242-3, Zustand 1986. *Foto: G. Zieglgänsberger*

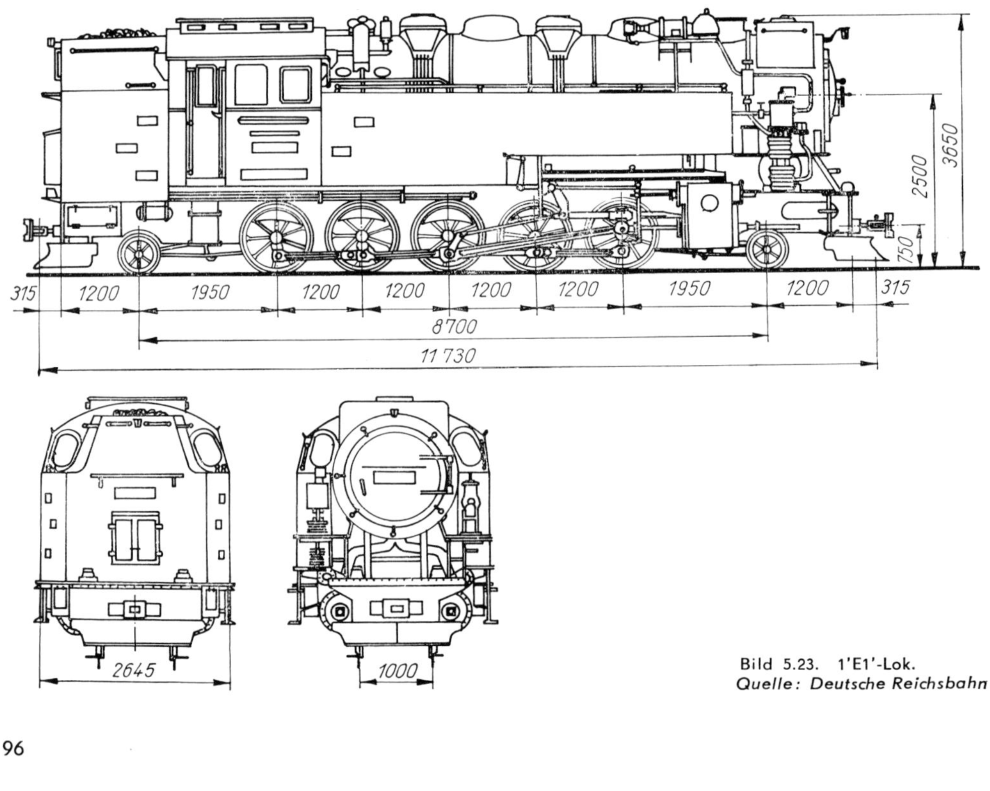

Bild 5.23. 1'E1'-Lok.
Quelle: Deutsche Reichsbahn

Bild 5.24. Die ehemalige Spreewaldlok 199006-8 im Jahre 1985 in Gernrode. *Foto: G. Zieglgänsberger*

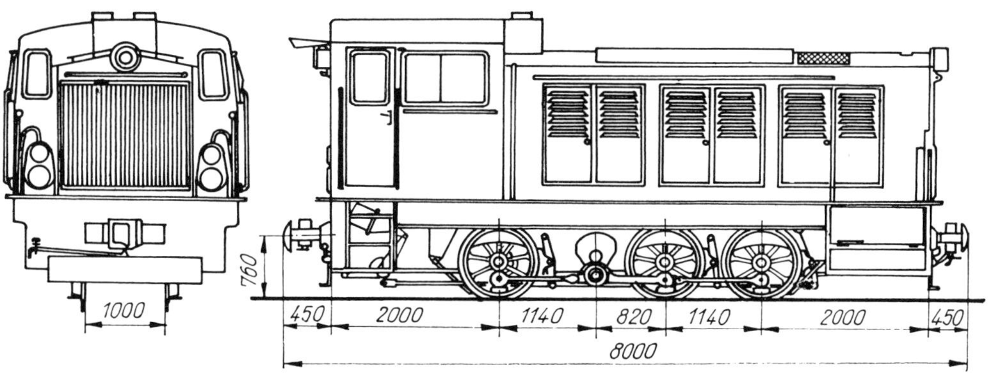

Bild 5.25. Lok 199301. ***Quelle:*** *Werkprospekt*

Tabelle 5.3. Technische Daten der Dampflokomotiven

Ehemalige Betriebsnummer		GHE	GHE	GHE 20	GHE 21, GHE 22	NWE 71, NWE 72
Name		Ortsnamen	Ländernamen	(„Bulle“)		
DR-Betriebsnummer		—	—	—	—	99 5631, 99 5632
Bauart		C n2t	B'B n4vt	D n2t	E h2t	C1' n2t
Zulässige Geschwindigkeit	km/h	30	—	20	30	25
Zylinderdurchmesser (vorn/hinten)	mm	300	440/295	430	500	320
Kolbenhub	mm	500	420	500	500	380
Kuppelraddurchmesser	mm	900	900	950	900	800
Laufraddurchmesser (vorn/hinten)	mm	—	—	—	—	590
Kesselüberdruck	at	12	12	12	14	12
Rostfläche	m²	0,82	1,20	1,30	2,00	0,83
Feuerbüchsheizfläche	m²	—	—	—	7,82	—
Heizfläche gesamt	m²	41,7	70,0	79,3	69,3	53,1
Gesamtachsstand	mm	2 250	4 700	4 350	4 700	3 550
Länge über Puffer	mm	7 700	9 030	9 065	10 000	6 970
Masse leere Lok	t	20,0	24,5	33,0	42,5	20,1
Masse dienstbereite Lok	t	23,8	32,0	42,0	53,0	25,1
Wasserkasteninhalt	m³	3,0	4,0	4,0	5,0	2,7
Brennstoffvorrat	t	0,5	1,5	2,0	2,0	1,5
Bemerkungen				Klien-Lindner-Hohlachse	Luttermöller-Antrieb der Endachsen	

1 at = 98,1 kPa

Bild 5.26. Lok 199301 in Stiege 1984. *Foto: K. Zieglgänsberger*

NWE 3, NWE 1 („Toni") 99 5803, 99 5804 B n2t	NWE 6 99 6101 C h2t	NWE 7 99 6102 C n2t	NWE 21 99 6001 1'C1' h2t	NWE 11 bis NWE 15 99 5901 bis 99 5905 B'B n4vt	NWE 41 99 5906 B'B n4vt	99 7231 99 7247 1'E1' h2t
30	30	30	50	30	30	40
300	430	400	420	425/285	280/425	500
450	400	400	500	500	500	500
900	800	800	1 000	1 000	1 000	1 000
—	—	—	600	—	—	550
10	14	14	14	14	12	14
0,70	1,4	1,5	1,6	1,4	1,4	1,4
3,10	4,76	5,09	—	—	5,57	10,4
38,0	51,4	69,7	101,0	66,2	64,87	95,5
1 700	2 500	2 500	6 060	4 600	4 670	8 700
6 250	7 734	7 734	8 910	8 874	9 400	11 730
12,4	26,0	26,0	37,8	28,0	28,5	48
16,0	32,0	32,0	47,6	36,0	36,0	61
1,8	4,0	4,0	5,0	5,0	3,77	8
0,75	1,1	1,1	2,0	1,5	1,1	4

Tabelle 5.4. Technische Daten des Triebwagens

GHE-Betriebsnummer	T 1
DR-Betriebsnummer	VT 133 522/187 001
Betriebsgattung	C vt
Achsfolge	A 1
Masse	
unbesetzt	8,0 t
besetzt	12,0 t
Dienstmasse	12,5 t
Hersteller	
Wagen	Waggonfabrik Dessau
Motor	Daimler-Benz AG.
Getriebe	Mylius
Motor	Diesel
Leistung	47,8 kW (65 PS)
Drehzahl	2 000/min
letzter Motor	Diesel EM 4-22/90 66 kW (90 PS)
Länge über Puffer	8 600 mm
Breite	2 700 mm
Höhe über SO	3 450 mm
Achsstand	4 000 mm
Laufkreisdurchmesser	700 mm
Achslager	Rollen
Bremse	Spindel
Sitz-/Stehplätze	34/10
Baujahr	1933

Tabelle 5.5. Technische Daten der Diesellokomotiven

DR-Betriebsnummer	199 006-8
Achsfolge	C
Dienstmasse	16 t
Achsfahrmasse	6 t
Motor	6 KVD 14,5
Hersteller	VEB Dieselmotorenwerk Schönebeck
Motorleistung	75 kW (102 PS)
Kraftübertragung	mechanisch
kleinster befahrbarer Gleisbogenradius	20 m
größte Breite	1 840 mm
DR-Betriebsnummer	199 301-3
Achsfolge	C
Dienstmasse	30 t
Achsfahrmasse	10 t
Motor	6 VD 18/15-A1 6 Zyl.
Motorleistung	243 kW (330 PS)
Kraftübertragung	hydraulisch
kleinster befahrbarer Gleisbogenradius	50 m
kleinste Dauerfahrgeschwindigkeit	4,5 km/h

Bild 5.27. Triebwagen 187 001-3, ex GHE T 1, im Jahre 1973. *Foto: G. Zieglgänsberger*

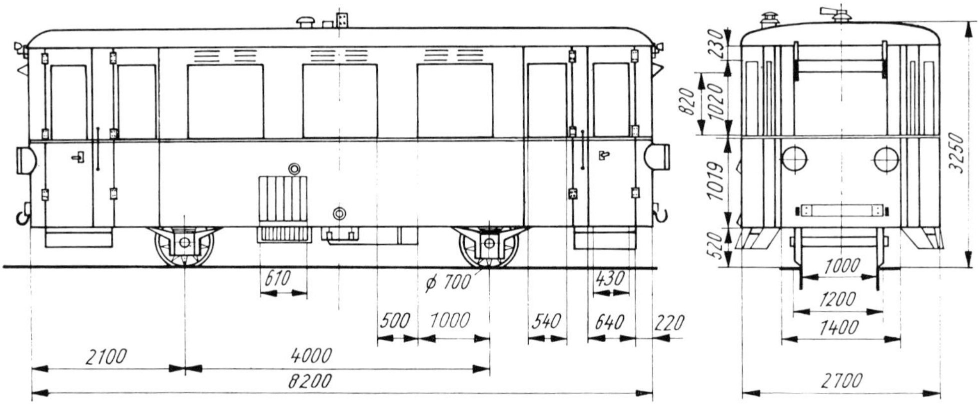

Bild 5.28. GHE T 1. *Zeichnung: Siemß/Zieglgänsberger*

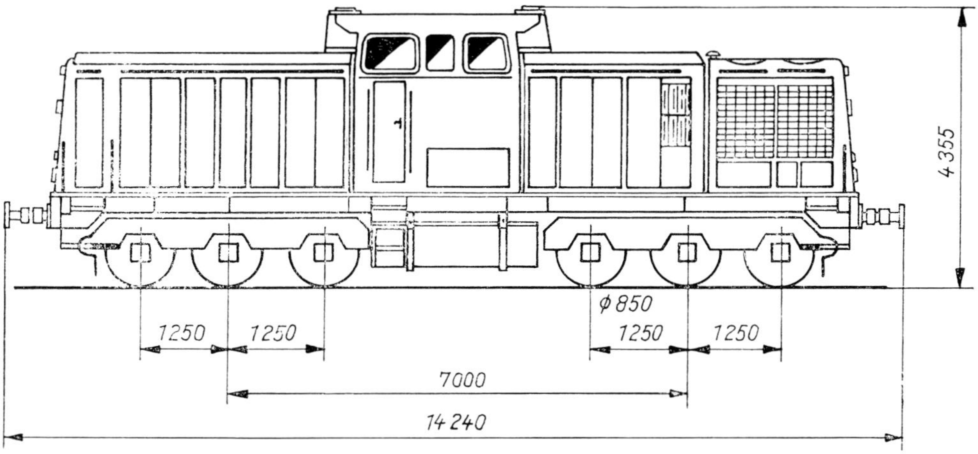

Bild 5.29. Prinzipskizze der Diesellok Baureihe 199[8] (ex BR 110, ex V 100).
Zeichnung: DV 939

Bild 5.30. Alle bedeutenden Straßenübergänge wurden ab 1990 mit Halbschranken gesichert, hier bei Bahnhof Mägdesprung. *Foto: G. Zieglgänsberger 1995*

6. Die Reisezugwagen

Als die Bahn 1887 den Betrieb aufnahm, standen „zwei Personenwagen II. und III. Classe nebst zwei Personenwagen III. Classe, achträdrig" zur Verfügung. Der erste der beiden 2./3.-Klasse-Wagen (GHE 1) war mit einem Salonabteil für die Direktion und deren Gäste ausgerüstet. Ein Jahr später wurden ein 2./3.- sowie vier 3.-Klasse-Wagen dazugekauft. Trotzdem reichten die Wagen für den Bedarf in den Sommermonaten immer noch nicht aus. So rüstete man nach und

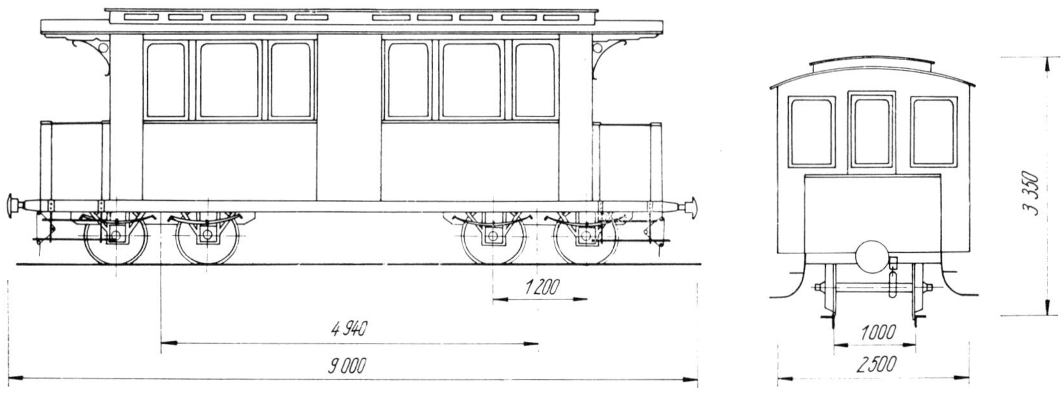

Bild 6.1. Reisezugwagen GHE 1 (Salonwagen). *Zeichnung: Bollmann*

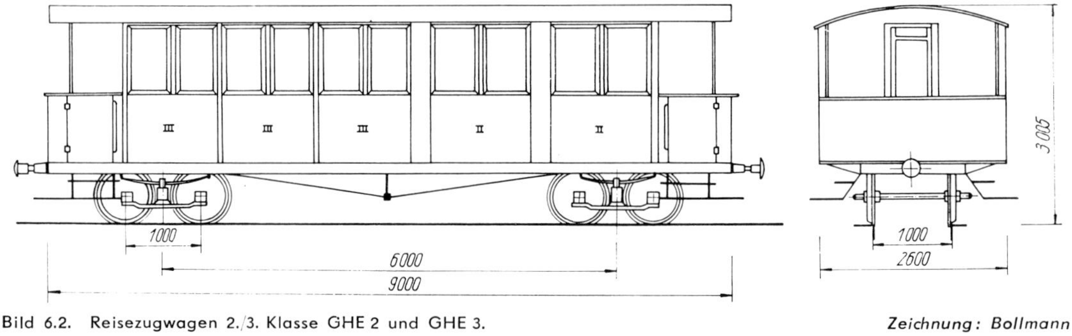

Bild 6.2. Reisezugwagen 2./3. Klasse GHE 2 und GHE 3. *Zeichnung: Bollmann*

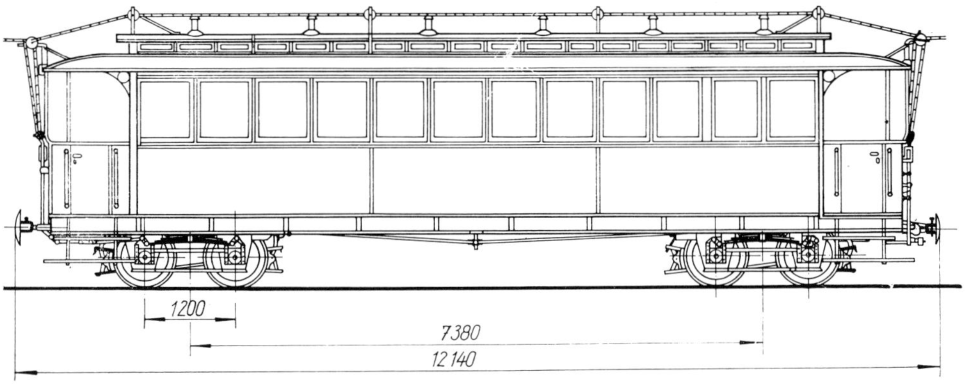

Bild 6.3. Reisezugwagen 2./3. Klasse GHE 7 bis GHE 9. *Zeichnung: Kieper*

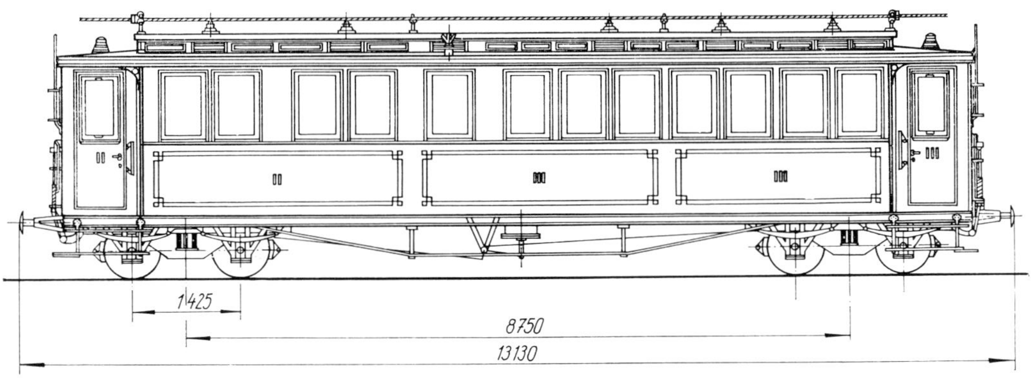

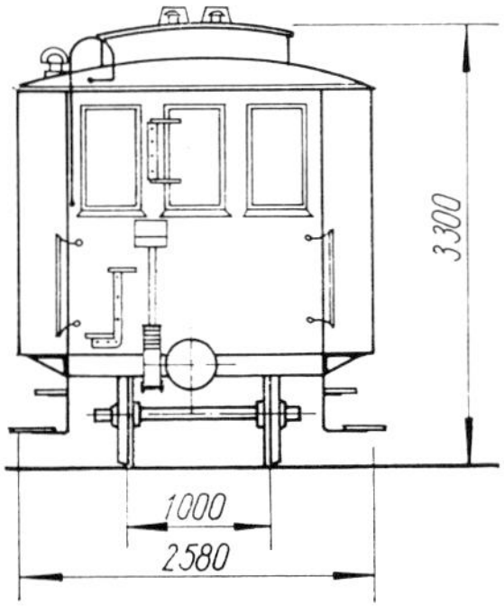

Bild 6.4.
Reisezugwagen 2./3. Klasse GHE 10 bis GHE 13.
Zeichnung: Kieper

nach mehrere zwei- und vierachsige gedeckte Güterwagen mit Sitzbänken sowie mit Fenstern und Türen in den Stirnwänden aus. Die Zahl dieser Behelfs-Reisezugwagen stieg bis auf acht (1898). Da sie aber nicht den Komfortvorstellungen der Direktion entsprachen, waren daneben bereits 1890 und 1891 insgesamt zehn zweiachsige Sommerwagen beschafft worden — leichte Personenwagen mit nach oben hin zur Hälfte offenen Seitenwänden. Bei einigen ließ sich das Dach abnehmen. Diese Fahrzeuge wurden im Winter als offene Güterwagen genutzt.
In das Jahr 1891 fällt auch der Bau des Salonwagens. Dieser Wagen war in jenem Jahr ursprüng-

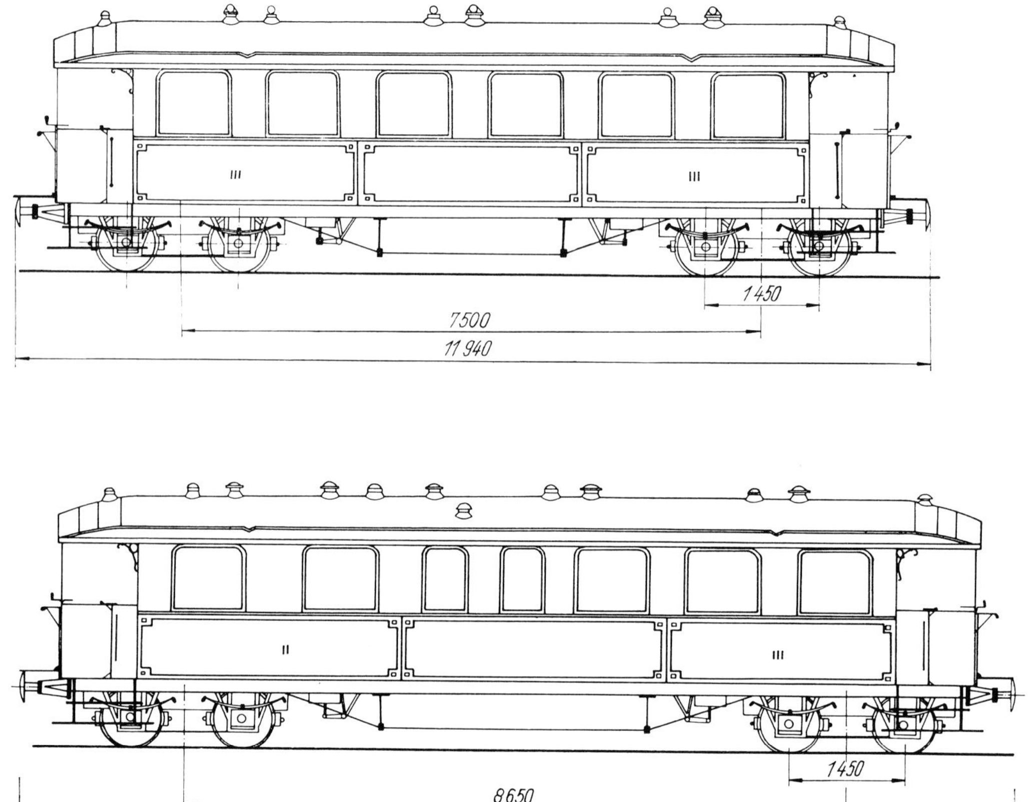

Bild 6.7. Reisezugwagen GHE 214 und GHE 215 (Sommerwagen). *Zeichnung: Kieper*

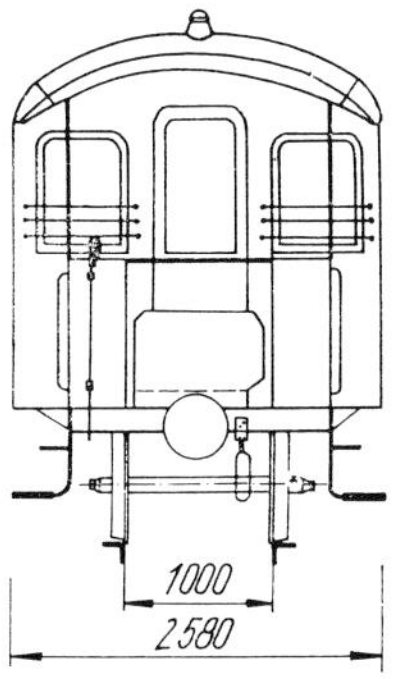

Bild 6.5.
Reisezugwagen GHE 27 bis GHE 29.
Zeichnung: Bollmann

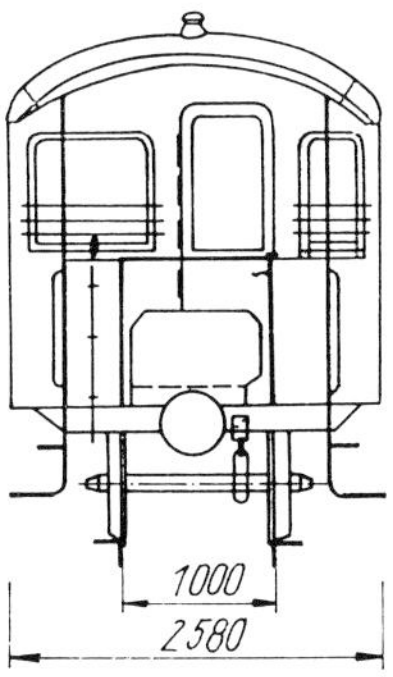

Bild 6.6.
Reisezugwagen GHE 14 und GHE 15 (Aussichtswagen).
Zeichnung: Bollmann

lich als 2.-Klasse-Wagen anläßlich der Eröffnung des Streckenabschnittes nach Hasselfelde gekauft worden. Da aber das im 2./3.-Klasse-Wagen GHE 1 eingerichtete Salonabteil inzwischen nicht mehr genügte, baute man den neu erworbenen Wagen gleich zu einem Salonwagen für die Direktion und für Gesellschaftsfahrten um. Nun erhielt er die Betriebsnummer 1.
Nach dem Kauf von drei weiteren Wagen unmittelbar vor der Jahrhundertwende kam es bis zum Ausbruch des ersten Weltkrieges noch zweimal zum Erwerb größerer Posten an Wagen: sechs gingen 1905 anläßlich der Streckenerweiterung um den Abschnitt Hasselfelde—Eisfelder Talmühle und fünf 1911/12 zu. Damit verfügte die GHE insgesamt über 34 Reisezugwagen, davon 10 Sommerwagen. Weitere Wagen sind auch später nicht mehr beschafft worden.
Die leichten Sommerwagen konnten wegen des rauhen Harzklimas nur wenige Tage in der Saison eingesetzt werden und rentierten sich nicht. Deshalb sind sie 1921 in eigener Werkstatt zu offenen Güterwagen mit 5 t Tragfähigkeit umgebaut worden. Die verbliebenen 24 Personenwagen reichten aus, um den Bedarf zu decken, zumal ab 1925 der Kraftomnibusverkehr eingeführt und 1933 der Triebwagen in Fahrt gebracht wurde.
Alle Reisezugwagen sind 1946 abgegeben worden.
Wann die Umnummerungen stattgefunden haben, ist nicht mehr exakt feststellbar. Bekannt ist nur, daß die beiden ersten 2./3.-Klasse-Wagen zunächst die Nummern 1 und 2 führten und die

Tabelle 6.1.
Die Sommerwagen der GHE

GHE-Nummer	Gattung	Hersteller	Baujahr	Achsstand mm	Ladefläche	Bemerkungen
41	Cg¹)	Hofmann	1891	2 400	12,4	1918 ausgemustert
42	Cg	Hofmann	1891	2 400	12,4	1928/29 ausgemustert
52	Co²)	Hofmann	1890	3 500	12,4	
53	Co	Hofmann	1891	3 500	10,5	alle acht Fahrzeuge 1921 in offene Güterwagen mit 5 t Tragfähigkeit umgebaut
54	Co	Hofmann	1891	2 400	12,4	
55	Co	Hofmann	1891	2 400	12,4	
56	Co	Hofmann	1891	2 400	12,4	
57	Co	Hofmann	1890	3 500	12,4	
58	Co	Hofmann	1890	3 500	12,4	
59	Co	Hofmann	1890	2 400	12,5	

¹) Geschlossene Güterwagen, auch für Personenbeförderung.
²) Offene Güterwagen, auch für Personenbeförderung.

Bild 6.8. Reisezugwagen DR 900-520, ursprünglich für die Strecke Eisfeld—Schönbrunn vorgesehen, 1985 in Straßberg.
Foto: G. Zieglgänsberger

Bild 6.9.
Reisezugwagen DR 900-485 (ex NWE 3) als Modernisierungswagen im Jahre 1985.
Foto: G. Zieglgänsberger

Tabelle 6.2. Die Reisezugwagen der GHE

GHE-Nummer	Gattung	Hersteller	Baujahr	Drehgestellachsstand mm	Drehzapfenabstand mm	Eigenmasse t	Beleuchtung	Heizung	Zahl der Plätze 1. Kl.	2. Kl.	3. Kl.	Bemerkungen
1	A	Hofmann	1891	1 200	4 940	8,80	Ka	D	24			
2	BC	Esslingen	1887	1 100	5 830	7,23	Ka	D		12	24	
3	BC	Esslingen	1887	1 100	5 830	8,20	Ke	D		16	28	
4	C	Esslingen	1887	1 100	5 260	6,87	Ke	D			36	
5	C	Esslingen	1887	1 200	5 000	8,20	Ke				36	
6	BC	Esslingen	1888	1 100	4 300	6,67	Ke	D		8	24	
7	BC	Herbrandt	1899	1 200	7 380	10,73	Ka	D		16	28	
8	BC	Herbrandt	1899	1 200	7 380	11,10	Ka	D		16	28	
9	BC	Herbrandt	1899	1 200	7 380	11,15	Ka	D		16	28	
10	BC	Hofmann	1905	1 430	8 750	14,36	Ka	D		12	28	geschl. Plattform
11	BC	Hofmann	1905	1 430	8 750	14,26	Ka	D		12	28	geschl. Plattform
12	BC	Hofmann	1905	1 430	8 750	14,36	Ka	D		12	28	geschl. Plattform
13	BC	Hofmann	1905	1 430	8 750	14,36	Ka	D		12	28	geschl. Plattform
14	BC	Lindner	1912	1 450	8 650	14,92	Ka	D		12	28	Aussichtswagen
15	BC	Lindner	1912	1 450	8 650	14,95	Ka	D		12	28	Aussichtswagen
21	C	Esslingen	1888	1 100	5 380	7,00	Ke				40	geschl. Plattform
22	C	Esslingen	1888	1 100	5 260	7,25	Ke	D			32	geschl. Plattform
23	C	Esslingen	1888	1 100	5 260	6,38	Ke	D			32	geschl. Plattform
24	C	Esslingen	1888	1 100	5 260	6,39	Ke	D			32	geschl. Plattform
25	C	Hofmann	1905	1 425	7 735	13,26	Öl	D			48	geschl. Plattform
26	C	Hofmann	1905	1 425	7 735	12,90	Öl	D			48	
27	Ci	Lindner	1911	1 450	7 500	12,77	Ka	D			48	
28	Ci	Lindner	1911	1 450	7 500	12,77	Ka	D			48	
29	Ci	Lindner	1911	1 450	7 500	12,77	Ka	D			48	

beiden ersten 3.-Klasse-Wagen — abweichend von der Regel — die Nummern 4 und 5 erhielten, während die restlichen 3.-Klasse-Wagen mit der Nummer 21 begannen. Die ersten Gepäckwagen hatten die Nummern 35 und 36. Im Jahre 1891 oder kurz danach erhielt der Salonwagen, wie schon erwähnt, die Nummer 1. Für diese willkürlich erscheinende Benummerung gibt es bisher keine reale Begründung.

Nach 1946 liefen auf der Selketalbahn Reisezugwagen der Harzquer- und der Brockenbahn, und zwar deren älteste Fahrzeuge mit Oberlichtaufbau. Darunter waren auch während des zweiten Weltkrieges von der Steinhuder-Meer-Bahn gekaufte Wagen sowie der umgebaute ehemalige Salonwagen der NWE und der Wagen Nr. 10 der Südharzbahn. Bis auf diejenigen, die in den Oldtimerzug der Harzquerbahn eingereiht wurden, sind alle diese Fahrzeuge inzwischen ausgemustert worden. Heute laufen auf der Selketalbahn modernere Wagen der Harzquer- und Brockenbahn und seit 1984 in zunehmendem Maße die modernisierten Harzquerbahnwagen mit Tonnendach und Knorr-Einheits-Bremse. Bis zur endgültigen Umstellung der Selketalbahn auf Druckluftbremse verkehren hier auch noch die modernisierten Wagen, welche für die Strecke Eisfeld—Schönbrunn vorgesehen waren.

Bild 6.10. Reisezugwagen DR 900-482, ex NWE 36, Zustand 1973. Diese Wagen wurden fast ein viertel Jahrhundert lang in ihrem ursprünglichen Aussehen auf der Selketalbahn eingesetzt. *Foto: G. Zieglgänsberger*

7. Die Gepäck- und Bahnpostwagen

Die ersten Fahrzeuge, die die GHE beschaffte, waren zwei kombinierte Gepäck-Bahnpostwagen. Sieben Jahre später gingen ihr noch einmal zwei solche Wagen zu, die eine offene Bühne hatten. Sie zeigten schlechte Laufeigenschaften. Durch eine Verlängerung des Achsstandes um 600 mm versuchte man 1898 dem Übel abzuhelfen. Von den beiden ersten, um 1922 ausgemusterten Wagen diente ein Wagenkasten noch 1925 den Schlossern der Werkstatt in Gernrode als Frühstücksraum.

Zwischen 1905 und 1909 wurden vier weitere Gepäckwagen beschafft, die bis 1946 im Einsatz waren. Nach der Wiederinbetriebnahme der Selketalbahn gingen ihr zunächst drei zweiachsige Gepäckwagen zu. Es waren die letzten Vertreter

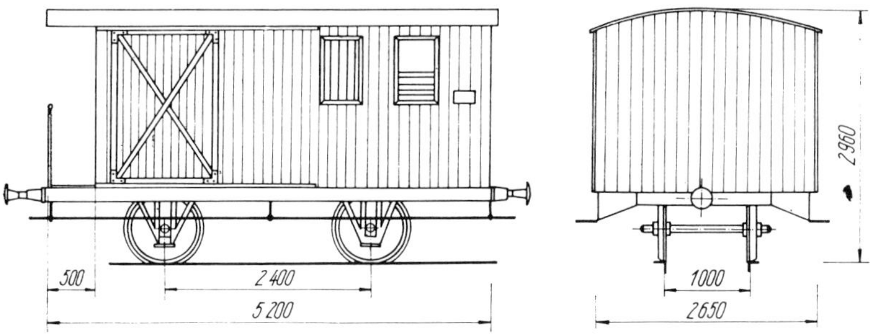

Bild 7.1.
Gepäckwagen für die GHE, Erstausstattung.
Quelle: Zeitschrift für das gesamte Local- und Straßenbahnwesen, 1886/88

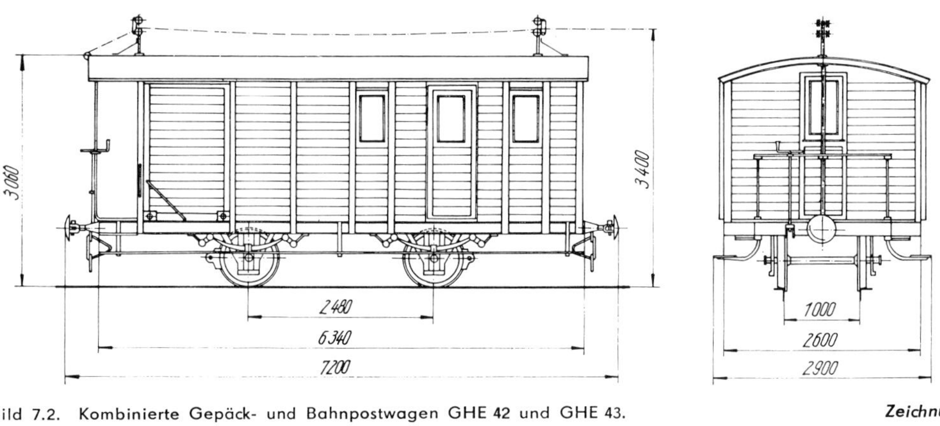

Bild 7.2. Kombinierte Gepäck- und Bahnpostwagen GHE 42 und GHE 43. *Zeichnung: Schröder*

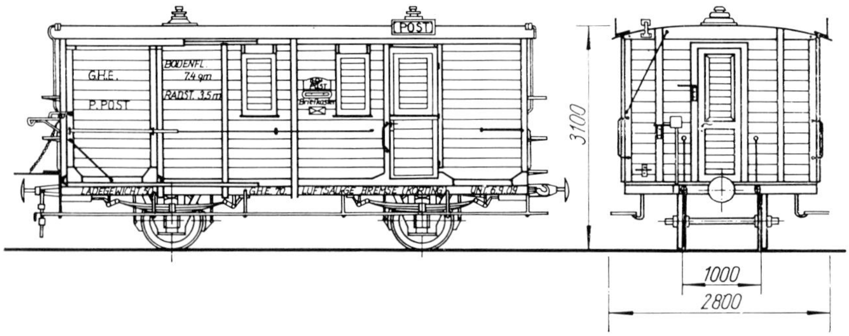

Bild 7.3. Kombinierter Gepäck- und Bahnpostwagen GHE 67.
Zeichnung: Kieper

Tabelle 7.1. Die Gepäck- und Bahnpostwagen der GHE

GHE-Nummer	Gattung	Hersteller	Baujahr	Achsstand mm	Tragfähigkeit t	Bemerkungen
35	PP¹)	Esslingen	1886	2 400	5	1898 Achsstand auf 3 000 mm erhöht; etwa 1922 ausgemustert
36	PP	Esslingen	1886	2 400	5	etwa 1922 ausgemustert
62	PP	Hofmann	1891	2 400	3,5	1898 Achsstand auf 3 000 mm erhöht
63	PP	Hofmann	1893	2 400	3,5	1898 Achsstand auf 3 000 mm erhöht
64	PP	Görlitz	1907	3 500	5	1908 abgebrannt; danach wieder aufgebaut
65	PP	Görlitz	1905	3 500	5	
66	PP	Görlitz	1907	3 500	5	
67	PP	Görlitz	1909	3 500	5,3	

¹) Kombinierte Gepäck-Bahnpostwagen.

Tabelle 7.2. Die Gepäckwagen auf der Selketalbahn nach 1946

NWE-Nummer	DR-Nummer	Gattung	Herstellungsort	Baujahr	Achsstand mm	Drehgestellachsstand mm	Drehzapfenabstand mm	Tragfähigkeit t	Zahl der Sitzplätze	Bemerkungen
151	905-151	KDwi	Köln	1897	3 200			7,5		
155	905-152	KDwi	Köln	1898	3 200			7,5		
156	905-153	KDwi	Köln	1899	3 200			7,5		
34	902-301	KBDw4i	Wismar	1926		1 200	8 600		23	1974 nach Unfall verschrottet
35	902-302	KBDw4i	Wismar	1926		1 200	8 600		23	

Bild 7.4. Gepäckwagen 905-151, ex NWE 151, auf der Selketalbahn im Zustand von 1985. *Foto: G. Zieglgänsberger*

Bild 7.5. Modernisierter kombinierter Reisezug- und Gepäckwagen 902-302 im Jahre 1981. Das Dach blieb eine NWE-Ausführung. *Foto: Rejke*

einer Serie von sechs Wagen, mit denen der Zugbetrieb auf der Nordhausen-Wernigeroder Eisenbahn eröffnet worden war.
Später wurde der kombinierte Reisezug-Gepäckwagen 902 301, ein umgebauter Reisezugwagen (ex NWE 34), zur Selketalbahn umgesetzt. Nach dem Unfall bei Drahtzug mußte er verschrottet werden. Als Ersatz kam der ebenfalls aus einem Reisezugwagen aufgebaute kombinierte 902 302 (ex NWE 35). Jeweils für kurze Zeit sind auch andere Gepäckwagen aus Wernigerode im Selketal eingesetzt worden. 1988 wurde damit begonnen, einige zweiachsige G-Wagen zu Gepäckwagen umzubauen.

8. Die Güterwagen

Zur Erstausstattung der Gernrode-Harzgeroder Eisenbahn gehörten sechs gedeckte und zehn offene Güterwagen. Alle sechzehn Wagen hatten einen Achsstand von 2 400 mm bei 5 200 mm Wagenkastenlänge. Die Tragfähigkeit betrug 5 t. Vier der offenen Güterwagen konnten mit wenigen Handgriffen zu Drehschemelwagen hergerichtet und zum Langholztransport genutzt werden.
Zehn Rollböcke (Trucks) zum Transport regelspuriger Güterwagen gehörten ebenfalls zum Erstbestand der GHE, doch sind sie schon vor 1896 wie-

Bild 8.1. Gedeckter Güterwagen Nr. 79 der GHE. *Archiv VEB Waggonbau Görlitz. Sammlung Kieper*

Tabelle 8.1. Die Güterwagen der GHE

GHE-Nummer	Gattung	Hersteller	Baujahr	Achsstand mm	Drehgestellachsstand mm	Drehzapfenabstand mm	Tragfähigkeit t	Ladefläche m²	Bemerkungen
71	G	Esslingen	1886	2 400			5	12,8	1908/10 ausgemustert
72	G	Esslingen	1886	2 400			5	12,8	1908/10 ausgemustert
73	G	Esslingen	1886	2 400			5	12,8	1908/10 ausgemustert
74	G	Esslingen	1886	2 400			5	12,8	1908/10 ausgemustert; Wagenkasten steht hinter Lokschuppen in Gernrode
75	G	Esslingen	1886	2 400			5	12,8	1908/10 ausgemustert
76	G	Esslingen	1886	2 400			5	12,8	1908/10 ausgemustert
77	G	Hofmann	1891	2 400			5	12,8	für Personenbeförderung einsetzbar; ausgemustert
78	G	Hofmann	1891	2 400			5	12,8	für Personenbeförderung einsetzbar; ausgemustert
79	G	Hofmann	1891	2 400			5	12,8	für Personenbeförderung einsetzbar
71	G	Görlitz	1897	3 000			7,5	14,1	99-71-01; GHE-Nummer 2. Mal besetzt (Kasten steht auf Bahnhof Stiege)
72	G	Hofmann	1897	3 000			7,5	14,1	99-71-02; Wagenkasten steht als Schuppen in Gernrode; GHE-Nummer 2. Mal besetzt
73	G	Hofmann	1897	3 000			7,5	14,1	GHE-Nummer 2. Mal besetzt
74	G	Görlitz	1897	3 000			7,5	14,1	GHE-Nummer 2. Mal besetzt
75	G	Hofmann	1895	3 000			7,5	14,1	GHE-Nummer 2. Mal besetzt
80	Gm	Görlitz	1908	3 500			10	14,9	99-71-03; Wagenkasten steht als Schuppen in Eisfelder Talmühle
81	Gm	Görlitz	1908	3 500			10	14,9	
82	Gm	Görlitz	1908	3 500			10	14,9	99-71-04
86	Gl	Hofmann	1895		1 200	6 000	10	22,8	für Personenbeförderung einsetzbar; besonders lange Wagen, liefen bis 1946 als Stückgutwagen zwischen Gernrode und Harzgerode (86 und 87)
87	Gl	Hofmann	1895		1 200	6 000	10	22,8	
88	Gml	Hofmann	1905		1 200	4 200	15	20,0	
89	Gml	Hofmann	1905		1 200	4 200	15	20,0	
90	Gml	Hofmann	1905		1 200	5 200	15	20,0	
91	Gml	Hofmann	1905		1 200	5 200	15	20,0	99-71-05; wurde 1985 Hilfszugwagen in Nordhausen
92	Gml	Hofmann	1905		1 200	5 200	15	20,0	
93	Gml	Hofmann	1905		1 200	5 200	15	20,0	99-71-06; Wagenkasten steht als Schuppen auf Bahnhof Gernrode
94	Gml	Hofmann	1905		1 200	5 200	15	20,0	
95	Gml	Hofmann	1905		1 200	5 200	15	20,0	
96	Gml	Hofmann	1905		1 200	5 200	15	20,0	
97	Gml	Hofmann	1905		1 200	5 200	15	20,0	
98	Gml	Hofmann	1907		1 200	5 200	15	20,0	
99	Gml	Hofmann	1907		1 200	5 200	15	20,0	
101	Ow	Esslingen	1887	2 400			5	12,8	1908/10 ausgemustert
102	Ow	Esslingen	1887	2 400			5	12,8	1908/10 ausgemustert
103	Ow	Esslingen	1887	2 400			5	12,8	1908/10 ausgemustert
104	Ow	Esslingen	1887	2 400			5	12,8	1908/10 ausgemustert
105	Ow	Esslingen	1887	2 400			5	12,8	1908/10 ausgemustert
106	Ow	Esslingen	1887	2 400			5	12,8	1908/10 ausgemustert
107	Ow	Esslingen	1887	2 400			5	12,8	1908/10 ausgemustert
108	Ow	Esslingen	1887	2 400			5	12,8	1908/10 ausgemustert
109	Ow	Zypen	1887	2 400			5	12,8	1908 und 1910 ausgemustert
110	Ow	Zypen	1887	2 400			5	12,8	1908 und 1910 ausgemustert
111	Ow	Zypen	1889	2 400			5	12,4	1908 und 1910 ausgemustert
112	Ow	Zypen	1889	2 400			5	12,4	1908 und 1910 ausgemustert
113	Ow	Zypen	1889	2 400			5	12,4	1908 und 1910 ausgemustert
114	Ow	Zypen	1889	2 400			5	12,4	1908 und 1910 ausgemustert
115	Ow	Zypen	1889	2 400			5	12,4	

noch Tabelle 8.1.

GHE-Nummer	Gattung	Hersteller	Baujahr	Achsstand mm	Drehgestellachsstand mm	Drehzapfenabstand mm	Tragfähigkeit t	Ladefläche m²	Bemerkungen
116	Ow	Zypen	1889	2 400			5	12,4	1908 und 1910 ausgemustert
117	Ow	Zypen	1889	2 400			5	12,4	1908 und 1910 ausgemustert
118	Ow	Zypen	1889	2 400			5	12,4	1908 und 1910 ausgemustert
119	Ow	Zypen	1893				6	12,4	1908 und 1910 ausgemustert
120	Ow	Zypen	1893				6	12,4	1908 und 1910 ausgemustert
121	Ow	Zypen	1896	2 400			5	12,4	1908 und 1910 ausgemustert
122	Ow	Zypen	1896	2 400			5	12,4	1908 und 1910 ausgemustert
123	Ow	Zypen	1896	2 400			5	12,4	1919 ausgemustert
124	Ow	Zypen	1896	2 400			5	12,4	
125	Ocm	Görlitz	1898	4 000			10	17,2	
126	Ocm	Görlitz	1898	4 000			10	17,2	
127	Ocm	Görlitz	1898	4 000			10	17,2	
128	Ocm	Görlitz	1898	4 000			10	17,2	
129	Ocm	Görlitz	1898	4 000			10	17,2	
130	Ocm	Görlitz	1898	4 000			10	17,2	99-72-01
131	Om	Hofmann	1905	3 000			10	13,2	
132	Om	Hofmann	1905	3 000			10	13,2	
133	Om	Hofmann	1905	3 000			10	13,2	
136	Om	Hofmann	1907	3 000			10	13,2	
137	Om	Hofmann	1907	3 000			10	13,2	
138	Om	Hofmann	1907	3 000			10	13,2	
139	Om	Hofmann	1907	3 000			10	13,2	
140	Om	Hofmann	1907	3 000			10	13,2	
141	Om	Hofmann	1907	3 000			10	13,2	
157	Om	Hofmann	1905	3 000			10	13,2	
158	Om	Hofmann	1905	3 000			10	13,2	
159	Om	Hofmann	1905	3 000			10	13,2	
160	Om	Hofmann	1905	3 000			10	13,2	
161	Om	Hofmann	1905	3 000			10	13,2	
162	Om	Hofmann	1905	3 000			10	13,2	
163	Omc	Hofmann	1908	3 000			10,5	13,2	Bettgestellwagen mit Holztür oder Stahltür
164	Omc	Hofmann	1908	3 000			10,5	13,2	
165	Omc	Hofmann	1908	3 000			10,5	13,2	Ein Wagen davon war der DR 99-03-38 (163-182)
166	Omc	Hofmann	1908	3 000			10,5	13,2	
167	Omc	Hofmann	1908	3 000			10,5	13,2	
168	Omc	Hofmann	1908	3 000			10,5	13,2	Bettgestellwagen mit Holztür oder Stahltür
169	Omc	Hofmann	1908	3 000			10,5	13,2	Bettgestellwagen mit Holztür oder Stahltür
170	Omc	Hofmann	1908	3 000			10,5	13,2	Bettgestellwagen mit Holztür oder Stahltür
171	Omc	Hofmann	1908	3 000			10,5	13,2	Bettgestellwagen mit Holztür oder Stahltür
172	Omc	Hofmann	1908	3 000			10,5	13,2	Bettgestellwagen mit Holztür oder Stahltür
173	Omc	Hofmann	1908	3 000			10,5	13,2	Bettgestellwagen mit Holztür oder Stahltür
174	Omc	Hofmann	1908	3 000			10,5	13,2	Bettgestellwagen mit Holztür oder Stahltür
175	Omc	Hofmann	1908	3 000			10,5	13,2	Bettgestellwagen mit Holztür oder Stahltür
176	Omc	Hofmann	1908	3 000			10,5	13,2	Bettgestellwagen mit Holztür oder Stahltür
177	Omc	Hofmann	1908	3 000			10,5	13,2	Bettgestellwagen mit Holztür oder Stahltür

noch Tabelle 8.1.

GHE-Nummer	Gattung	Hersteller	Baujahr	Achsstand mm	Drehgestellachsstand mm	Drehzapfenabstand mm	Tragfähigkeit t	Ladefläche m²	Bemerkungen
178	Omc	Hofmann	1908	3 000			10,5	13,2	Bettgestellwagen mit Holztür oder Stahltür
179	Omc	Hofmann	1908	3 000			10,5	13,2	Bettgestellwagen mit Holztür oder Stahltür
180	Omc	Hofmann	1908	3 000			10,5	13,2	Bettgestellwagen mit Holztür oder Stahltür
181	Omc	Hofmann	1908	3 000			10,5	13,2	Bettgestellwagen
182	Omc	Hofmann	1908	3 000			10,5	13,2	Bettgestellwagen
201	Ol	Zypen	1889		1 100	6 800	10,5		ohne Bremse
202	Ol	Zypen	1889		1 100	6 800	10,5		ohne Bremse
203	Oml	Hofmann	1891		1 200	6 800	15,75	22,8	
204	Oml	Hofmann	1891		1 200	6 800	15,75	22,8	
205	Oml	Hofmann	1891		1 200	6 800	15,75	22,8	
206	Smlrg	Hofmann	1893		1 200	6 800	15,75	25,0	
207	Smlrg	Hofmann	1893		1 200	6 800	15,75	25,0	
208	Smlrg	Hofmann	1893		1 200	6 800	15,75	25,0	
209	Smlrg	Hofmann	1893		1 200	6 800	15,75	25,0	
211	Smlrg	Zypen	1893		1 100	6 900	15,75	25,0	Holzrungen
212	Smlrg	Zypen	1893		1 100	6 900	15,75	25,0	Holzrungen
214	SSp	Görlitz	1893		1 200	6 800	15,75	25,8	Eisenrungen (waren für Personenbeförderung geeignet)
215	SSp	Görlitz	1898		1 200	6 800	15,75	25,8	Spindelbremse
301	Hl	Hofmann	1893		1 200		5	4,5	1937 ausgemustert
302	Hl	Hofmann	1893		1 200		5	4,5	1937 ausgemustert
303	Hlm	Hofmann	1905	3 000			10,2	13,2	
304	Hlm	Hofmann	1905	3 000			10,2	13,2	
305	Hlm	Hofmann	1907	3 000			10,5	13,2	
306	Hlm	Hofmann	1907	3 000			10,5	13,2	
307	Hlm	Hofmann	1907	3 000			10,5	13,2	
308	Hlm	Hofmann	1907	3 000			10,5	13,2	
401	SS	Lindner	1908		1 400	8 000	22,0	31,0	Spindelbremse
402	SS	Lindner	1908		1 400	8 000	22,0	30,0	Spindelbremse
501	KO	Zypen	1912		1 100	3 850	10,5		Kessel für Petroleum
502	KO	Lindner	1915	2 500			10,5		Kessel für Säure; DR 99-01-98

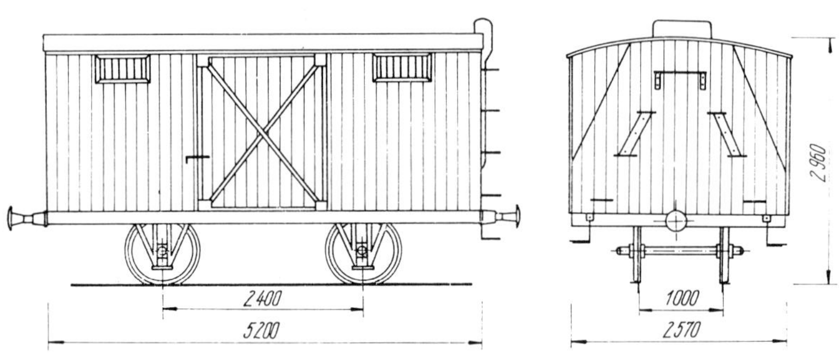

Bild 8.2.
Gedeckter Güterwagen, Teil der Erstausstattung der GHE.
Quelle:
Zeitschrift für das gesamte Local- und Straßenbahnwesen, 1886/88

Bild 8.3. Gedeckter Güterwagen Nr. 81 der GHE. *Archiv VEB Waggonbau Görlitz. Sammlung Kieper*

Bild 8.4. Gedeckter Güterwagen DR 99-71-06, ex GHE 93, im Jahre 1972. *Foto: G. Zieglgänsberger*

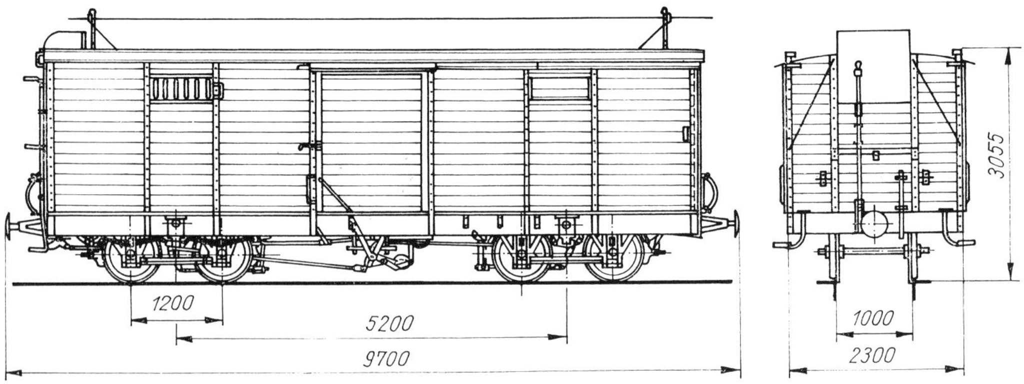

Bild 8.5. Gedeckter Güterwagen Nr. 98 der GHE. *Zeichnung: Kieper*

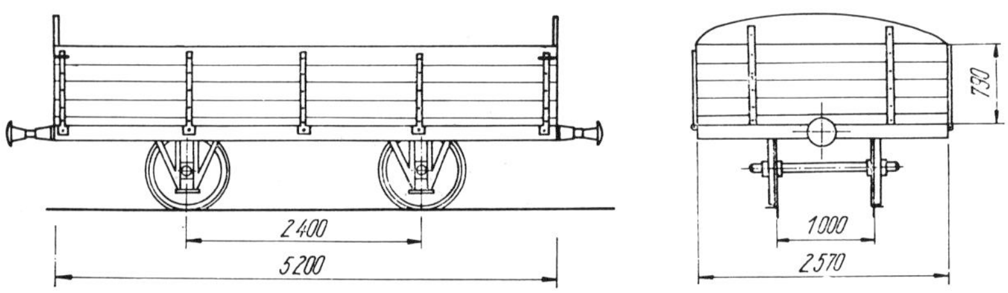

Bild 8.6.
Offener Güterwagen, für die Erstausstattung der GHE gebaut.
Quelle: Zeitschrift für das gesamte Local- und Straßenbahnwesen, 1886/88

Bild 8.7. Offener Güterwagen Nr. 105 der GHE. *Archiv VEB Waggonbau Görlitz. Sammlung Kieper*

Bild 8.8. Offener Güterwagen (sogenannter Bettgestellwagen) DR 99-03-38, ex GHE 163 bis GHE 182, mit Stahltür, Zustand 1970. Die Originalnummer des Wagens war nicht mehr zu ermitteln. *Foto: Kieper*

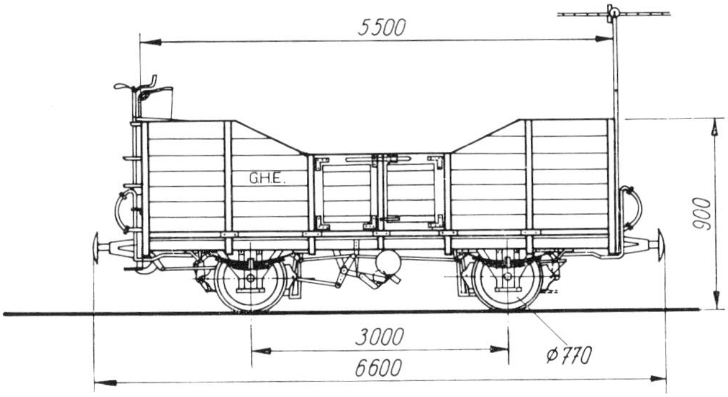

Bild 8.9.
Offene Güterwagen GHE 163 bis GHE 182 mit Stahl- oder Holztür und noch mit Heberleinbremse.
Zeichnung: Kieper

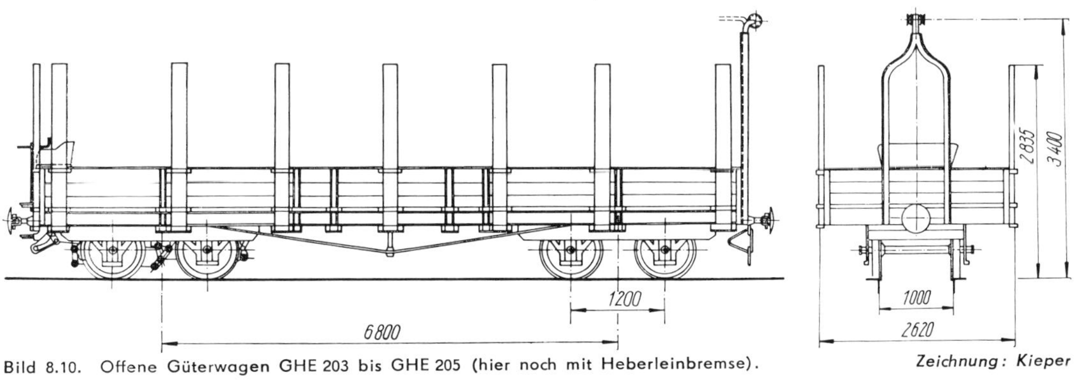

Bild 8.10. Offene Güterwagen GHE 203 bis GHE 205 (hier noch mit Heberleinbremse). *Zeichnung: Kieper*

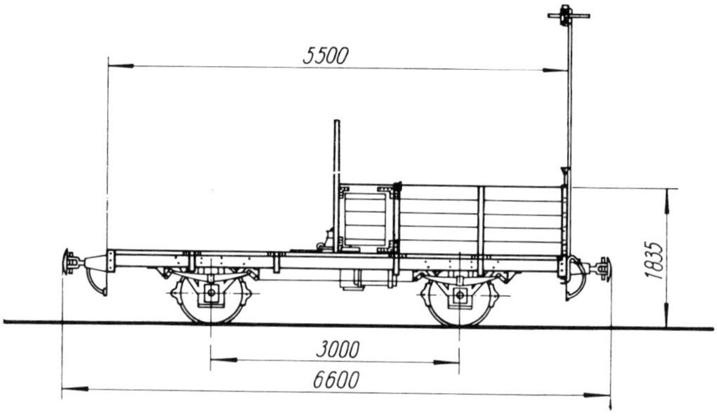

Bild 8.11.
Offene Güterwagen GHE 303 bis GHE 308 (hier noch mit Heberleinbremse).
Zeichnung: Kieper

Bild 8.12.
Drehschemelwagen DR 99-04-? und DR 99-04-18, ex NWE 823, Zustand 1970.
Foto: Kieper

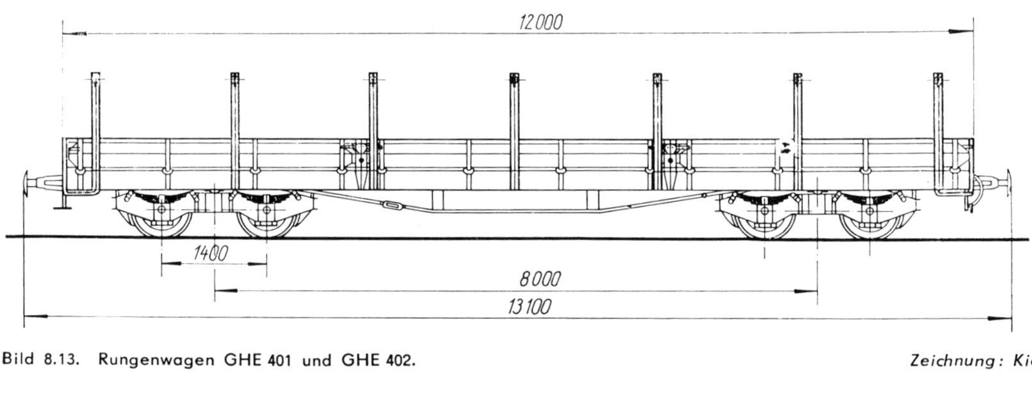

Bild 8.13. Rungenwagen GHE 401 und GHE 402. *Zeichnung: Kieper*

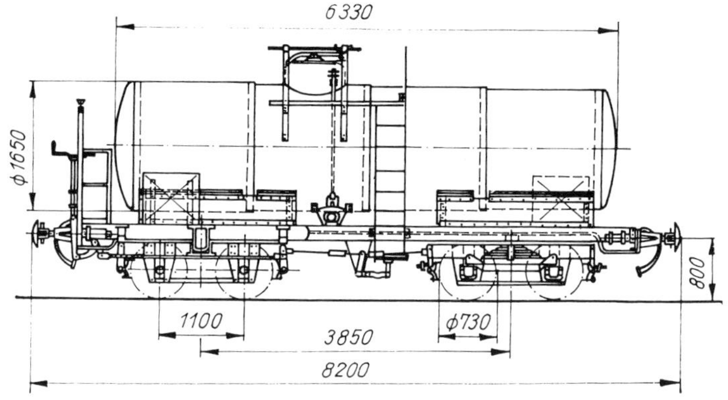

Bild 8.14.
Kesselwagen Nr. 501 der GHE.
Zeichnung: Schröder

Bild 8.15.
GHE 502, ein ehemaliger Privatkesselwagen der Fluorwerke (Flußsäurefabrik), hier als Bahndienstwagen des BW Wernigerode/Westerntor im Jahre 1983.
Foto: G. Zieglgänsberger

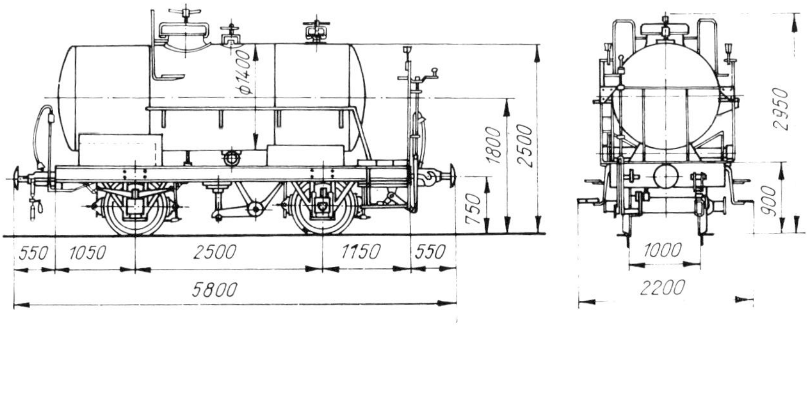

Bild 8.16.
Kesselwagen GHE 502, später DR 99-01-98.
Zeichnung: Taege

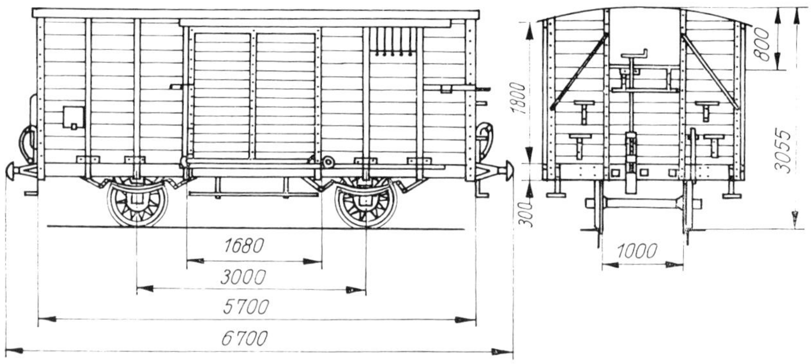

Bild 8.17.
Gedeckter Wagen
DR 99-02-33, ex GHE 71.
Zeichnung: Zieglgänsberger

Bild 8.18. DR 99-04-76, ex NWE 636, Zustand 1982. *Foto: G. Zieglgänsberger*

der abgegeben worden. Ihr Einsatz ist nicht nachzuweisen. Die Lokomotiven sind vermutlich zu leistungsschwach für diese Betriebsart gewesen.

Zu einer wesentlichen Aufstockung des Güterwagenparks kam es in den Jahren von 1905 bis 1908, nachdem die Gesamtstrecke fertiggestellt worden war. Diese neuen Fahrzeuge waren bereits mit der Körting-Saugluftbremse ausgestattet. Gleichzeitig wurden fast alle Fahrzeuge der Erstausstattung ausgemustert, da sich ein Umbau

Bild 8.19. DR 99-72-01, ex GHE 130, Zustand etwa 1960. *Archiv Verwaltung Wagenwirtschaft der Rbd Magdeburg*

Bild 8.20. DR 99-72-02, ex SHE 274, 1971 in Alexisbad. Zuletzt war das Fahrzeug in Nordhausen als Bahnhofswagen Nr. 11 eingesetzt und ist inzwischen verschrottet worden. *Foto: G. Zieglgänsberger*

von der Heberlein-Seilzugbremse auf das neue Bremssystem bei den 20 Jahre alten Fahrzeugen nicht mehr lohnte. Bei den wenigen noch verbliebenen Wagen wurde der Achsstand auf 2 750 mm verlängert.

Später konnten noch zwei Kesselwagen eingestellt werden. Beide waren Privatwagen: Der vierachsige gehörte der Petroleumvertriebsgesellschaft Fuegner in Harzgerode, der zweiachsige diente den Fluorwerken in Lindenberg zum Schwefelsäuretransport. Der Petroleumwagen trug die Aufschrift DAPOLIN und war grau gestrichen. Der Schwefelsäurewagen hatte einen schwarzen Anstrich und wird heute als Wasserwagen im Feuerlöschzug des Bahnbetriebswerkes Wernigerode benutzt. Alle übrigen Güterwagen waren grün gestrichen.

Der Güterwagenpark blieb bis 1946 konstant. Eine 1941 aufgegebene Bestellung über 10 vierachsige, gedeckte sowie 20 zweiachsige, offene Wagen war wegen des Krieges unberücksichtigt geblieben. Nach 1946 wurde der auf wenige Fahrzeuge geschrumpfte Park mit Wagen der Harzquer- und auch einigen der Südharzbahn aufgefüllt, so daß ein Bestand von etwa 40 Fahrzeugen erreicht werden konnte.

Die Selketalbahn war bis 1984 die einzige Schmalspurbahn in der DDR, auf der alle Güter ausschließlich in Schmalspurwagen transportiert

Bild 8.21.
DR 99-02-12, ex
NWE 340, Zustand 1983.
Foto:
G. Zieglgänsberger

wurden. Diese Wagen sind während ihrer Einsatzzeit nur wenig verändert worden, lediglich die Bremsersitze entfernte man bei Aufenthalten im Raw. In letzter Zeit wurde bei einigen Wagen die Holzbeplankung gegen eine aus Blech ersetzt. Wenn der Rollwagenverkehr auf der gesamten Bahn eingeführt worden ist, sollen einige Wagen für andere Zwecke umgebaut werden.

Bild 8.22.
DR 99-03-20, ex
NWE 420, mit heruntergeklapptem Bremsersitz im Jahre 1983.
Foto:
G. Zieglgänsberger

Bild 8.23.
DR 99-03-90, ex
NWE 510, Zustand 1983.
Foto:
G. Zieglgänsberger

Bild 8.24.
DR 99-71-05,
ex GHE 92,
als Gerätewagen für den Hilfszug in Nordhausen im Jahre 1985.
Die Fenster sind im selben Jahr eingebaut worden.
Foto: Krause

9. Die Bahndienstwagen

Ursprünglich war jede Lokomotive mit zwei schweren Handwinden versehen. Weiteres Werkzeug und Kleinmaterial lagerten im Gepäckwagen, so daß bei Entgleisungen Lokomotiv- und Zugpersonal den Schaden rasch beheben konnten.
Für die Oberbauunterhaltung standen sechs Handloren zur Verfügung. Durch Vorsetzen eines Pflugschares konnten sie auch zum Schneeräumen genutzt werden. Zu den Bahndienstwagen zählte zudem ein kleiner, fahrbarer Handkran. Für die Streckenkontrolle wurde noch vor dem ersten Weltkrieg eine motorisierte, zweisitzige Draisine angeschafft.
Nach 1946 enstand zunächst eine Eigenbaudraisine, die ab 1950 in Straßberg stationiert war. Dem Bahnmeister stand ein zum Schienenkraftrad umgebauter Kleinroller vom Typ KR 50 zur Verfügung. Eine sogenannte Dieselameise, Typ Multicar, war mit Spurkranzrädern versehen worden und zunächst auf der Harzquerbahn, dann aber in Gernrode stationiert.
Ab 1972 konnte dann ein moderner Rottenkraftwagen (Gleiskraftwagen 〈SKL〉, Typ Schöneweide) mit Anhänger für die Oberbauarbeiten eingesetzt werden.
Von den sechziger Jahren an bis zur Ausmusterung 1978 diente der Triebwagen der GHE (ex GHE T 1) als Hilfszugwagen. Jetzt erfüllt ein Güterzuggepäckwagen oder ein zweiachsiger Gerätewagen diese Aufgabe.
Im Eigenbau entstand auch ein Feuerlöschzug, und zwar aus einem ehemaligen vierachsigen Schienenwagen der NWE mit aufgesetztem Kessel und einem früheren gedeckten Güterwagen der NWE, in dem nun die Motorpumpe und die Schläuche aufbewahrt wurden. 1985 ist dieser Zug aufgelöst worden. An seiner Stelle wird im

Bild 9.1.
Alter Schneepflug auf dem Bahnhof Gernrode im Jahre 1978.
Foto: Kieper

Bild 9.2. Bahnmeister Buchmann 1978 auf dem schienengebundenen Kleinroller KR 50. *Foto: Rejke*

Bild 9.4. Ehemaliger Feuerlöschzug mit Wasserwagen 1978 in Gernrode. *Foto: Röper*

Bild 9.3. Gleiskraftwagen SKL, Typ Schöneweide, im Jahre 1985. *Foto: G. Zieglgänsberger*

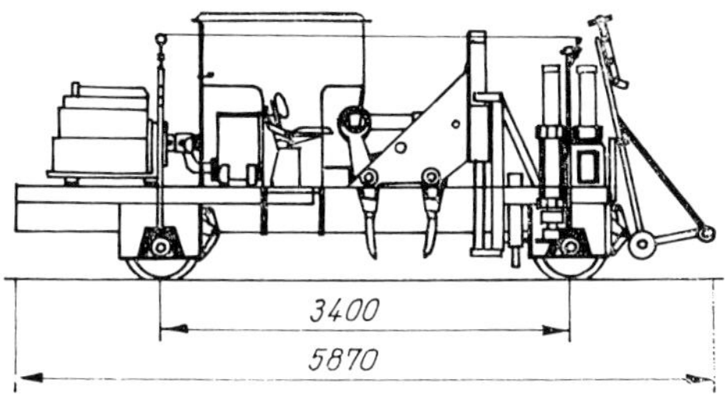

Bild 9.5. Schematische Darstellung einer UNIMA 2, 1993 ausgemustert.
Quelle: Werksprospekt Plasser und Theurer

Tabelle 9.1.
Technische Daten der UNIMA 2

Masse:	etwa 10 t
Länge:	5 170 mm
Breite:	2 500 mm
Höhe:	2 280 mm
Achsstand:	3 400 mm
Raddurchmesser:	500 mm
Motorleistung:	48 kW (65 PS)
Fahrgeschwindigkeit:	30 km/h
Spurweite:	1 000 mm

Sommer bei Waldbrandgefahr der Gleiskraftwagen mit aufgesetztem Wasserbehälter eingesetzt. Für den Schienentransport dienten ursprünglich vierachsige Schienenwagen. Heute stehen dafür vier ehemalige HW-Wagen (Drehschemel, zweiachsig) der NWE zur Verfügung. Weitere Spezialfahrzeuge wie Schotterwagen mit Dosiereinrichtungen oder Unkrautbekämpfungswagen werden bei Bedarf von der Harzquerbahn entliehen.

1983 kaufte die Deutsche Reichsbahn von der Firma Plasser & Theurer aus Wien die UNIMA 2, eine Nivellier-, Hebe-, Rück- und Stopfmaschine, für die meterspurigen Harzbahnstrecken. Vor allem beim Wiederaufbau der Strecke Straßberg—Stiege und bei der Oberbauerneuerung der Selketalbahn erwies sich diese Maschine als unentbehrlich. Sie besitzt zwei Gleisstopfaggregate mit 16 Stopfpickel. Das Gleis wird mittels Hydraulikzylindern angehoben, die sich am Schotter bei den Schwellenköpfen abstützen. Die Gleisüberhöhung wird von einem Pendel angezeigt, während der Hebevorgang automatisch über ein Stahlsehnennivelliersystem gesteuert wird. Beim waagerechten Gleisrücken müssen die Hydraulikzylinder von Hand gesteuert werden. Ein spezieller Tiefladeanhänger ermöglicht den Transport der Maschine auf der Straße.

Und noch ein Schienenfahrzeugtyp ist in zunehmendem Maße auf dem Streckennetz der Selketalbahn zu sehen: ein niedriges, mit zwei Dreh-

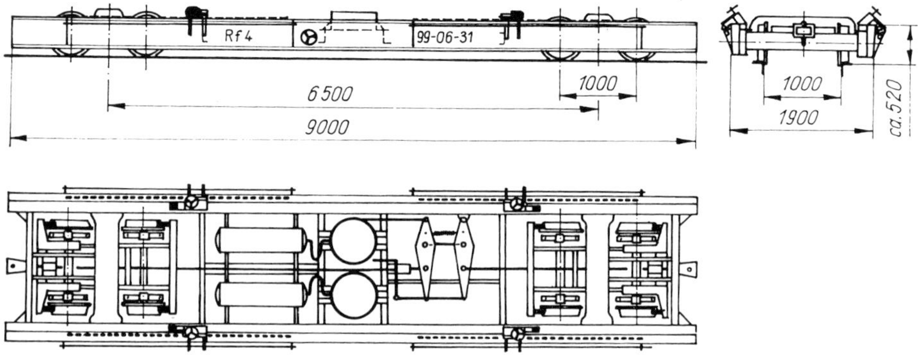

Bild 9.6. Maßskizze von einem Rollwagen. *Zeichnung: Uhlemann*

Bild 9.7. Rollwagen, Zustand 1987. *Foto: G. Zieglgänsberger*

Bild 9.8. Aufgerollter Regelspurwagen im Jahre 1987. Deutlich sind die Feststellelemente Spannschloß, Kette und Radvorleger zu erkennen. *Foto: G. Zieglgänsberger*

gestellen versehenes Rollfahrzeug zum Transport regelspuriger Güterwagen. Bild 9.7. zeigt ein solches Rollfahrzeug von 40 t Tragfähigkeit mit Saugluftbremse des Systems Hardy. Auf dem gesamten Harzer Schmalspurnetz sind ca. 80 Rollwagen im Einsatz. Die Fahrbühne dieser Rollwagen befindet sich 430 mm über Schienenoberkante. Über eine Aufrollrampe auf dem Spurwechselbahnhof gelangen die regelspurigen Wagen auf die 9 m lange Fahrbühne und werden dort gegen ein Abrollen mit Feststelleinrichtungen gesichert. Dazu gehören Spannschloß, Kette mit einem um die Achse des Regelspurwagens greifenden Bügel sowie doppelt wirkende Radvorleger. Letztere laufen auf einer Führungsstange und werden durch Nocken am Langträger in ihrer Stellung arretiert.

Die Lagegenauigkeit der Gleise spielt für den Fahrzeuglauf eine entscheidende Rolle. Seit 1966 setzt deshalb die Deutsche Reichsbahn auf den Regelspurstrecken Gleismeßfahrzeuge ein, die im Ausbesserungswerk „Einheit", Leipzig, hergestellt werden. Der wirtschaftlichen Bedeutung der Harzer Schmalspurbahnen Rechnung tragend, baute das Oberbauwerk Kirchmöser ein solches Meßfahrzeug auf 1 000 mm Spurweite um. Am 16. April 1986 konnte es zum ersten Mal auf einer Harzer Schmalspurstrecke eingesetzt werden. Das Fahrzeug erhielt die Bezeichnung GMF 79. Es ist auf einem Gleiskraftwagen-Anhänger aufgebaut und wird von einem Gleiskraftwagen oder auch von einer Lokomotive bewegt. Das GMF 79 kann folgende, für den Gleisbau wichtige Meßgrößen erfassen:

Bild 9.9. Das Gleismeßfahrzeug GMF 79 im Einsatz auf der Strecke Harzgerode—Alexisbad im Mai 1986. *Foto: Frenzel*

Längshöhenlage
— gemessen werden die vertikalen Abstände gegenüber der horizontalen Verbindungslinie durch die Endachsen des Meßwagens;

Querhöhenlage
— sie ergibt sich aus der Differenz der Höhen von den Schienenoberkanten bis zur kreiselstabilisierten Ebene;

Verwindung
— sie wird errechnet aus der Differenz der Überhöhungen zweier benachbarter Gleisquerschnitte;

Spurweite
— sie wird von 0 mm bis 14 mm unter Schienenoberkante gemessen.

Als Bezugsniveau für die Meßfühler bzw. Meßgrößen dient eine kreiselstabilisierte Ebene im Meßfahrzeug.

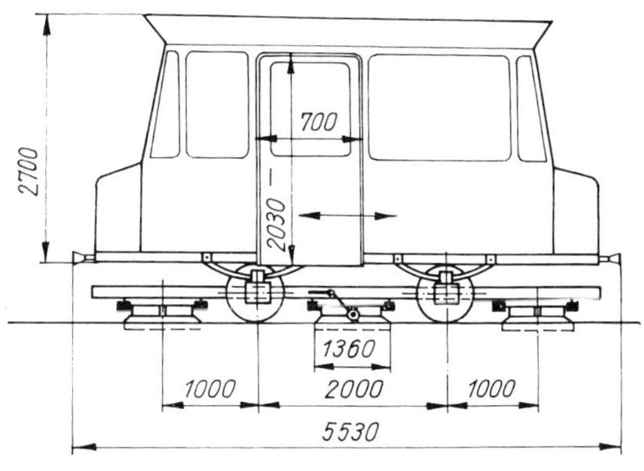

Bild 9.10. Schematische Darstellung eines Gleismeßfahrzeugs vom Typ GMF 79. *Archiv Zieglgänsberger*

10. Die Betriebsverhältnisse

Kilometrierung und Höhenlage

In der Tabelle 10.1. sind alle Betriebsstellen der ehemaligen GHE mit Angaben über Streckenkilometer und Höhenlage enthalten. Der Abschnitt Eisfelder Talmühle—Hasselfelde wird allerdings seit 1946 von der Harzquer- und Brockenbahn betrieben. Der Haltepunkt Klostermühle bei Alexisbad ist nicht aufgeführt worden, weil er nur

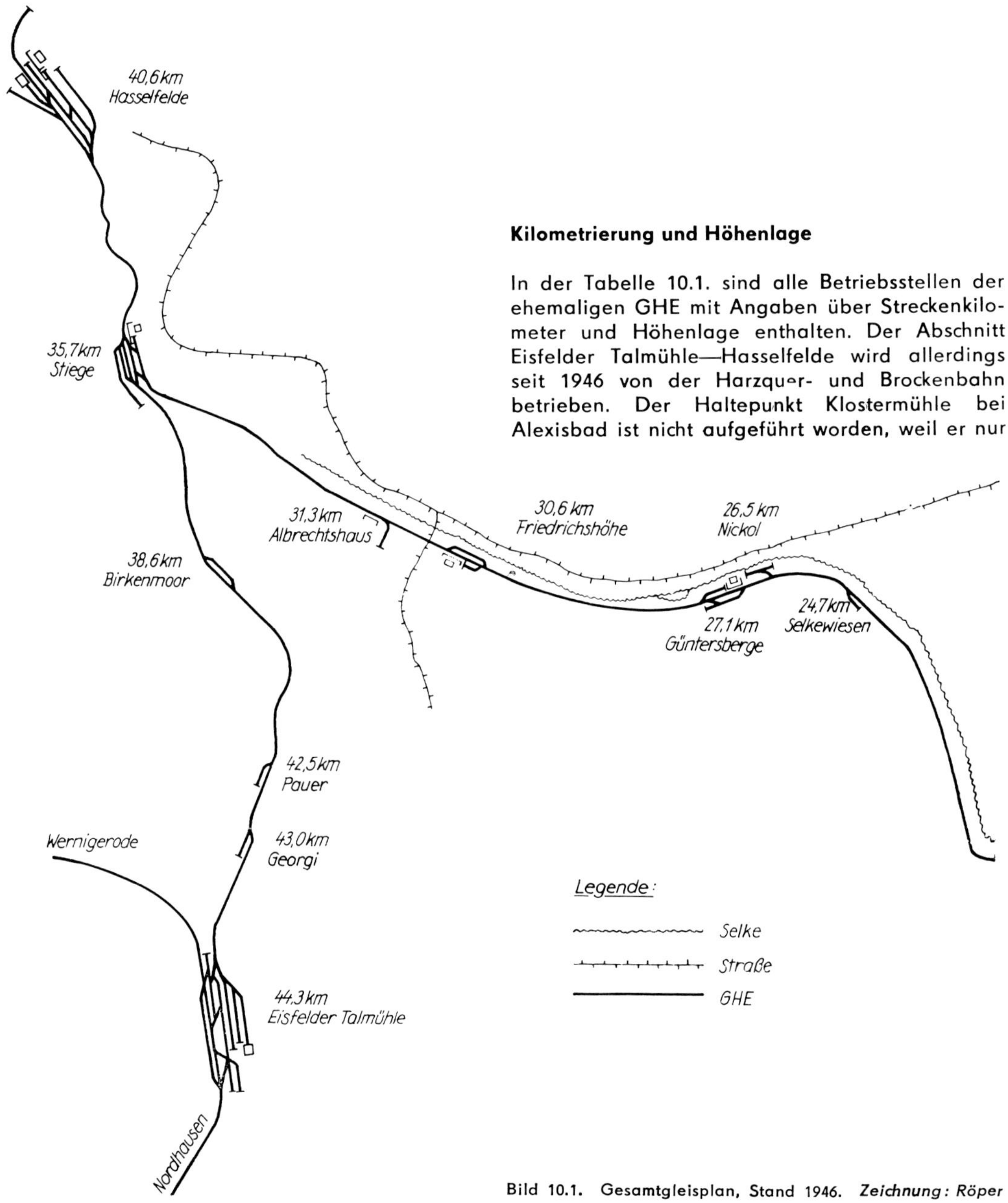

Bild 10.1. Gesamtgleisplan, Stand 1946. *Zeichnung: Röper*

bis 1893 bestanden hat. Der Haltepunkt Osterteich wurde nach 1984 wieder in Betrieb genommen. Der Haltepunkt Unterberg ist bis 1978 in Betrieb gewesen.

Das Streckenprofil

Es weist drei herausragende Höhen auf (Bild 10.2.). Die erste ist im Zusammenhang mit der Überwindung des Ramberges entstanden. Sie erreicht bei Kilometer 7,0 im Bahnhof Ramberg mit 413 m ihren Scheitelwert. Um die im Selketal liegenden Orte einbeziehen zu können, war die starke Neigung nach Mägdesprung nötig. Danach führt die Strecke mit mäßiger Neigung das Selketal hinauf bis nach Stiege und erreicht damit die Hochfläche des Harzes. Der höchste Punkt, den die Bahn erklimmen muß, wird von der Wasserscheide Behre-Hassel gebildet. In Alexisbad zweigt ein Gleis nach Harzgerode ab. Um jedoch aus dem Selketal auf die höher gelegene Fläche

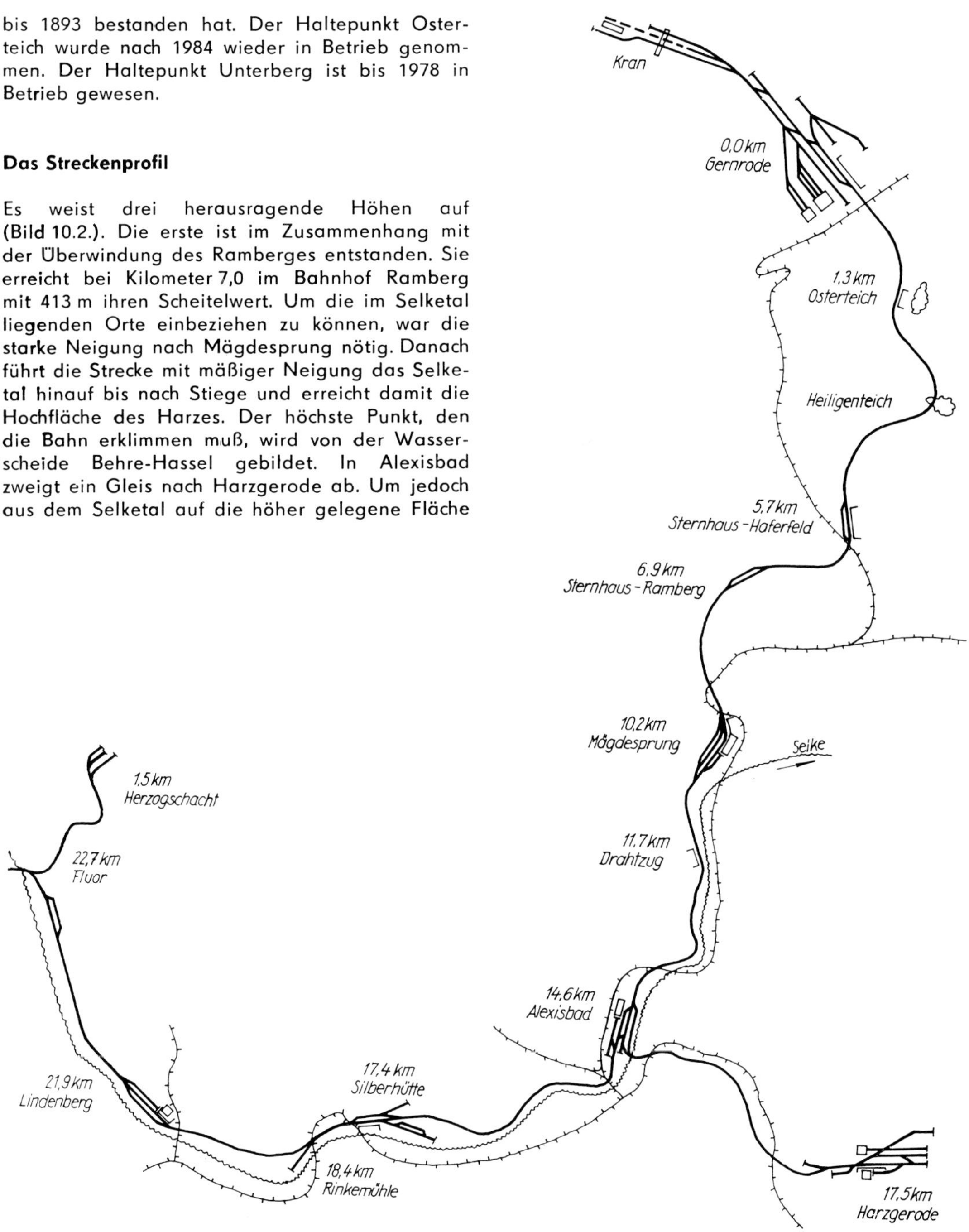

Tabelle 10.1. Kilometrierung und Höhenlage (Stand 1940)

Betriebsstelle	Streckenkilometer	Höhe über NN in m
Gernrode	0,0	204
Osterteich	1,5	211
Sternhaus-Haferfeld	5,7	381
Sternhaus-Ramberg	7,0	413
Mägdesprung	10,2	295
Drahtzug	11,7	298
Alexisbad	14,6	325
Harzgerode	17,5	400
Silberhütte	17,8	335
Straßberg (Lindenberg)	21,9	363
Güntersberge	27,1	420
Friedrichshöhe	30,6	454
Albrechtshaus	31,3	467
Stiege	35,7	485
Hasselfelde	40,6	452
Birkenmoor	38,6	520
Unterberg	43,0	385
Eisfelder Talmühle	44,3	352
Betriebslänge	52,1	
Länge aller Gleise	59,8	

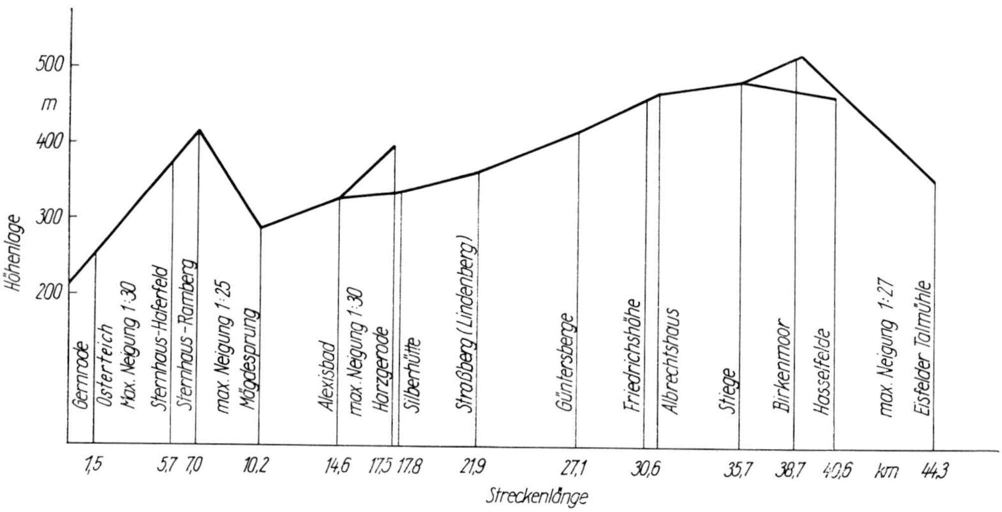

Bild 10.2. **Streckenprofil.** *Zeichnung: Zieglgänsberger*

von Harzgerode zu gelangen, muß eine größere Neigung bezwungen werden.
Entsprechend dem Charakter der GHE als Gebirgsbahn waren bei der Projektierung die betrieblichen Einschränkungen, die sich aus den Neigungsverhältnissen mit maximal 40 ‰ (1:25) ergaben, besonders zu berücksichtigen. In dieser Hinsicht mußte vor allem bei der Anlage der Bahnhöfe fast in jedem Fall ein Kompromiß eingegangen werden, und zwar zwischen Bau- und Kostenaufwand bei der Herstellung einer genügend großen Ebene und ihrer vom Gesetzgeber noch zugelassenen Neigung. Sie beträgt für Schmalspurbahnhöfe 2,5 ‰. Die Tabelle 10.2. gibt einen Überblick über die Neigungsverhältnisse an den Bahnhöfen.
Die dargelegten natürlichen Gegebenheiten und technischen Erfordernisse zogen zwangsläufig bestimmte Fahrdienstvorschriften nach sich. So betrug die maximal zugelassene Geschwindigkeit bei der GHE 30 km/h. Nur auf dem Abschnitt Stiege—Hasselfelde war die Höchstgeschwindigkeit für Dampfzüge auf 25 km/h beschränkt. Dagegen durfte der Triebwagen hier ebenfalls 30 km/h fahren.
Das Nachschieben von aus Gernrode kommenden Personenzügen ab Stiege in Richtung Eisfelder Talmühle war bis zum Kilometer 38,6 gestattet. Die unbesetzten Betriebsstellen Sternhaus-Haferfeld und Sternhaus-Ramberg sowie die besetzte Betriebsstelle Bahnhof Friedrichshöhe waren mit Trapeztafeln ausgestattet und galten als abhängige Zugmeldestellen. Bis auf die Haltepunkte Albrechtshaus, Birkenmoor, Drahtzug, Osterteich

Bild 10.5.
Unfall infolge nicht angeschlossener Bremsen beim Rangieren unterhalb des Bahnhofs Harzgerode im Jahre 1977.
Foto: Frenzel

Tabelle 10.2. Neigungsverhältnisse an Betriebsstellen der GHE[1])

Bahnhof	in Richtung	Gefälle am Ende der Betriebsstelle in ‰	Bremsen %
Sternhaus-Haferfeld	Gernrode	33,3	41
Sternhaus-Ramberg	Gernrode	33,3	47
Sternhaus-Ramberg	Mägdesprung	33,3	47
Alexisbad	Mägdesprung	6,2	9
Harzgerode	Alexisbad	25,0	29
Straßberg	Silberhütte	6,0	9
Güntersberge	Straßberg	8,0	10
Friedrichshöhe	Güntersberge	14,3	19
Albrechtshaus	Friedrichshöhe	21,3	26
Eisfelder Talmühle	Nordhausen	23,3	41

[1]) Die letzte Spalte enthält die Zahl der festzulegenden Handbremsachsen. Die Bremsen schwerbeladener Wagen sind gegenüber anderen vorzugsweise zu benutzen. Bei einem vollständig unbeladenen Güterwagen wird die Achse als halbe Achse berechnet. Die Achsen der übrigen Fahrzeuge sind voll zu rechnen.

und Unterberg konnten Züge auf allen Bahnhöfen und Betriebsstellen kreuzen. Diese Bahnhöfe und Betriebsstellen waren mit dem Signal Ve 1 (Dekkungsscheibe drehbar) versehen. Zur Zeit führen außer Sternhaus-Ramberg und Friedrichshöhe alle Bahnhöfe Trapeztafeln. Die Bahnhöfe Mägdesprung und Silberhütte sind ständig, der Bahnhof Straßberg ist nur zeitweilig unbesetzt.

Bild 10.3. ist die Fotokopie einer Seite aus der Sammlung betrieblicher Vorschriften der GHE aus dem Jahre 1940. Die Übersicht gibt einen vorzüglichen Einblick in die Leistungsfähigkeit der Bahn zu jener Zeit. Bild 10.4. soll die Bremsverhältnisse verdeutlichen. Wie schnell auch heute noch eine Mißachtung dieser Erfahrungswerte bestraft werden kann, zeigt ein Vorkommnis im Jahre 1977: Bei Rangierarbeiten auf dem Bahnhof Harzgerode geriet die 12 Achsen starke Rangiergruppe zu weit an die Neigung nach Alexisbad, die unmittelbar an der Bahnhofsgrenze auf der freien Strecke in 30 ‰ übergeht. Die nicht an die Bremsleitung angeschlossenen Wagen schoben die vierachsige Mallet-Lokomotive kurzerhand mit steigender Geschwindigkeit den Berg hinunter. In einer Krümmung entgleisten dann die Lokomotive und zwei Wagen.

Nach dem Wiederaufbau der Strecke Stiege—Straßberg durfte hier eine maximale Geschwindigkeit von 40 km/h gefahren werden. Auch wurden auf dieser Strecke der Personen- und Güterverkehr voneinander getrennt. Rollwagengüterzüge verkehren mit einer zugelassenen Wagenzugmasse von 130 t. Das entspricht etwa der Masse von fünf leeren regelspurigen zweiachsigen Güterwagen oder von drei beladenen Wagen bergwärts.

Da alle Lokomotiven, auch die Mallets, mit Funkgeräten ausgerüstet wurden, kann jetzt der Zugverkehr über Funk von den Zugleitstellen aus überwacht werden.

Achsenzahl und Bremsverhältnisse auf Strecken mit Neigungen von mehr als 25 ‰ (1 : 40)

Nr 62 zu § 90 (1) Die für die Bremsberechnung maßgebende Neigung der einzelnen Strecken, die erforderlichen Bremshundertstel, die höchst zulässige Achsenzahl und die Leistungsfähigkeit der Lokomotivgattungen sind in der nachstehenden Übersicht angegeben.

Bild 10.3. Bremsverhältnisse. *Quelle: Sammlung betrieblicher Vorschriften der GHE, Ausgabe 1940*

1	2	3				4	5		
Strecke	Neigung ‰	An Bremshundertstel sind erforderlich bei einer Geschwindigkeit km/h				Höchstzulässige Achsenzahl	Höchstzulässige Zugbelastung für		
		15	20	25	30		3/3 gek. Tend.-Lok. t	Lok. 20 t	Lok. 21 u 22 t
a) Richtung Gernrode (Harz) — Hasselfelde / Eisfelder Talmühle / Harzgerode									
Sternhaus-Ramberg — Mägdesprung . .	40	43	47	53	60	40	48	95	140
Alexisbad — Silberhütte (Anh) .	33	37	41	46	53	40	70	140	210
Stiege — Eisfelder Talmühle .	40	43	47	53	60	40	70	134	167
b) Richtung Eisfelder Talmühle / Hasselfelde / Harzgerode — Gernrode									
Lindenberg (Harz) — Silberhütte (Anh) .	30	31	35	40	46	60	100	160	235
Silberhütte (Anh) — Alexisbad	33	37	41	46	53	40	70	160	210
Alexisbad — Mägdesprung . . .	30	31	35	40	46	60	100	160	235
Sternhaus-Ramberg — Gernrode (Harz) . .	33	37	41	46	53	40	90	120	210
Harzgerode — Alexisbad	33	37	41	46	53	40	90	120	210

Bild 10.4. Streckenneigungsverhältnisse. *Quelle: Sammlung betrieblicher Vorschriften der GHE, Ausgabe 1940*

Gernrode-Harzgeroder Eisenbahn

(Im Az v F V aufzubewahren)

Übersicht

der Neigungen, Steigungen, Fahrzeiten, höchstzulässigen Achsenzahl, erforderlichen Bremshundertstel, höchstzulässigen Zugbelastung u. der zugelassenen kürzesten Fahrzeiten

Strecke	von km	bis km	Auf eine Länge von km	Neigung ‰	Steigung ‰	Fahrzeiten bei einer Stundengeschwindigkeit von km/h 20	25	30	Höchstzulässige Achsenzahl	An Bremshundertsteln sind erforderlich bei einer Geschwindigkeit von km/h 20	25	30	Höchstzulässige Zugbelastung *) für 3/3 gek. Tender Lok t	*) Lok 20 t	*) Lok 21/22 t	Zugelassene kürzeste Fahrzeit für Dampfzüge Min.	Triebwagen Min.
Gr-Sa-Rbg	0.0	7.0	7.0		35	21.0	16.8	14.0	40	41	46	53	48	95	140	16.8	14.0
Sa-Rbg-Gr	7.0	0.0		35									90	120	210		
Sa-Rbg-M	7.0	10.2	3.2	40		9.6	7.7	6.4	40	47	53	60	48	95	140	7.7	6.4
M-Sa-Rbg	10.2	7.0			40								48	95	120		
M - A	10.2	14.6	4.4		30	13.2	10.6	8.8	50	35	40	46	70	140	240	10.6	8.8
A - M	14.6	10.2		30									100	160	235		
A - H	14.6	17.5	2.9		35	8.7	7.0	5.8	40	41	46	53	48	95	140	7.0	5.8
H - A	17.5	14.6		35									90	120	210		
A - Sil	14.6	17.8	3.2		35	9.6	7.7	6.4	40	41	46	53	70	140	210	7.7	6.4
Sil - A	17.8	14.6		35									70	160	210		
Sil - L	17.8	21.9	4.1		30	12.3	9.8	8.2	60	35	40	46	80	140	240	8.2	8.2
L - Sil	21.9	17.8		30									100	160	235		
L - Fl	21.9	22.7	0.8		25	2.4	1.9	1.6	60	29	33	39	80	140	240	1.6	1.6
Fl - L	22.7	21.9		25									100	160	240		
Fl - Gü	22.7	27.1	4.4		25	13.2	10.6	8.8	60	29	33	39	80	140	240	8.8	8.8
Gü - Fl	27.1	22.7		25									100	160	240		
Gü - F	27.1	30.6	3.5		25	10.5	8.4	7.0	60	29	33	39	80	140	240	7.0	7.0
F - Gü	30.6	27.1		25									100	160	240		
F - Albr	30.6	31.3	0.7		25	2.1	1.7	1.4	60	29	33	39	75	140	240	1.4	1.4
Albr - F	31.3	30.6		25									80	160	240		
Albr - St	31.3	35.7	4.4		25	13.2	10.6	8.8	60	29	33	39	75	140	240	8.8	8.8
St - Albr	35.7	31.3		25									80	160	240		
St - Bi	35.7	38.6	2.9		16	8.7	7.0	5.8	40	19	22	27	70	134	167	7.0	5.8
Bi - St	38.6	35.7		16									48	95	140		
Bi - Em	38.6	44.3	5.7	40		17.1	13.7	11.4	40	47	53	60	70	134	167	13.7	11.4
Em - Bi	44.3	38.6			40								48	95	140		
St - Hd	35.7	40.6	4.9		25	14.7	11.8	9.8	40	29	33	39	75	—	—	14.7	11.8
Hd - St	40.6	35.7		25									80				

*) Bei nassem Wetter verringert sich die höchstzulässige Zugbelastung um 20%

11. Die Betriebs- und Anschlußstellen

In diesem Kapitel werden alle Betriebs- und Anschlußstellen der GHE beschrieben, die bis 1946 genutzt wurden. Auf diejenigen Einrichtungen, die heute nicht mehr in Betrieb bzw. in anderer Form neu entstanden sind, wird in jedem Falle gesondert hingewiesen.

Bahnhof Gernrode (Bild 11.1.)

Gernrode ist Ausgangspunkt der schmalspurigen GHE (Selketalbahn) und Anschlußbahnhof für die Regelspurstrecke Frose—Ballenstedt—Quedlinburg. Charakteristisch sind daher die Verbindungsgleise zwischen beiden Systemen. Beim Bau des Bahnhofs hatte man ursprünglich eine Anlage zum Aufbocken der regelspurigen Wagen auf schmalspurige Rollböcke, die man damals „Trucks" nannte, errichtet. Diese Anlage ist wohl vor allem wegen der Unmöglichkeit, diese Wagen durch die Felsenengen zu transportieren, bald wieder abgebaut worden. Dagegen gibt es gegenwärtig eine Aufrollrampe für Schmalspurwagen zum Transport auf Regelspurwagen. Der Umschlag zwischen Regel- und Schmalspurwagen wird heute mit Krananlagen realisiert.

Auf dem Bahnhofsgelände von Gernrode befinden sich ein Lokomotivschuppen mit vier Ständen, ein Triebwagenschuppen, ein Wasserkran und ein Kohlenbansen. Gegenwärtig sind hier alle Lokomotiven (Einsatzstelle des Bahnbetriebswerks Wernigerode) und ein Rottenkraftwagen stationiert, für den man 1987 einen Schuppen erbaute. Ferner ist der ehemalige Triebwagen T 1 an diesem Ort abgestellt.

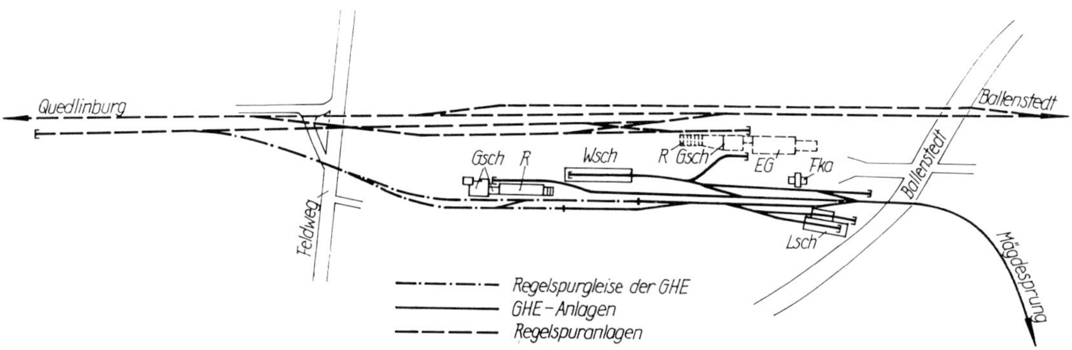

Bild 11.1. Bahnhof Gernrode. *Quelle: Zeitschrift für das gesamte Local- und Straßenbahnwesen, 1887/88*

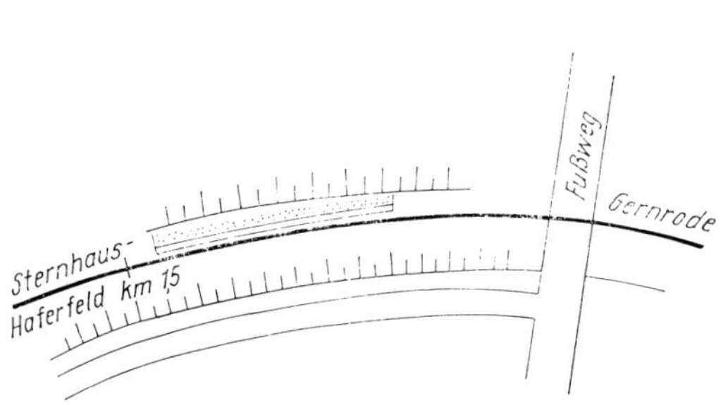

Bild 11.2. Haltepunkt Osterteich. *Zeichnung: Röper*

Haltepunkt Osterteich (Bild 11.2.)
Dieser unbesetzte Haltepunkt hatte seinen Standort am Kilometer 1,3. Außer einem kurzen Bahnsteig gab es hier keine bahntechnischen Anlagen. Züge hielten nur nach Bedarf. Der Haltepunkt ist 1946 aufgelöst, aber 1984 200 m weiter aufwärts (Kilometer 1,5) wieder eingerichtet worden.

Betriebsstelle Sternhaus-Haferfeld (Bild 11.3.)
Die unbesetzte Betriebsstelle liegt am Kilometer 5,7. Gleis 1 ist als durchgehendes Hauptgleis Ein- und Ausfahrgleis. Beide Weichen sind in Grundstellung verschlossen. Gleis 2 ist Kreuzungs- und Freiladegleis, 119,5 m lang und in beiden Richtungen durch Gleissperren gesichert.
Die Betriebsstelle wird vom Personal der Regelzüge in Verantwortung des Zugführers bedient. Weichen und Sperren sind schlüsselabhängig gesichert. Die Schlüssel übergibt der Fahrdienstleiter in Gernrode bzw. Mägdesprung gegen Quittung. Die Betriebsstelle Sternhaus-Haferfeld ist mit Trapeztafeln ausgerüstet; es dürfen nur im Fahrplan festgelegte Zugkreuzungen stattfinden.
Die Betriebsstelle dient z. Z. als Haltestelle ohne bahntechnische Anlagen (nur ein durchgehendes Gleis).

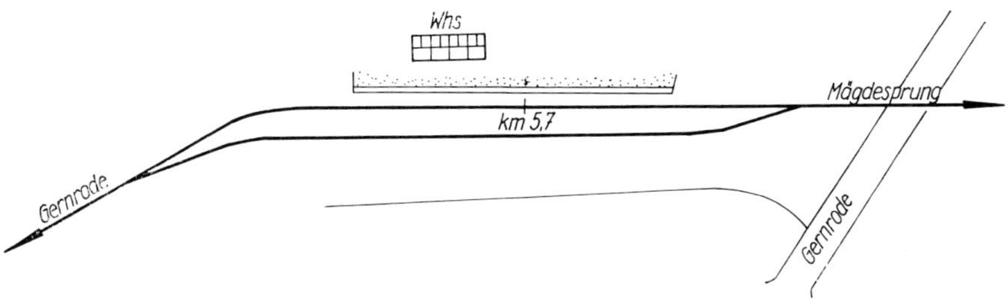

Bild 11.3. Betriebsstelle Sternhaus-Haferfeld. *Quelle: BBA*

Betriebsstelle Sternhaus-Ramberg (Bild 11.4.)
Diese unbesetzte Betriebsstelle liegt bei Kilometer 6,9 auf dem Brechpunkt des Streckenabschnittes Gernrode—Mägdesprung. Gleis 1 ist als durchgehendes Hauptgleis Ein- und Ausfahrgleis. Beide Weichen sind in Grundstellung verschlossen. Gleis 2 ist Kreuzungs- und Freiladegleis, bei einer Nutzlänge von 102 m insgesamt 170 m lang und in beiden Richtungen durch Gleissperren gesichert. Die Betriebsstelle hatte einen Dienstfernsprechanschluß. Für die Bedienung gelten die gleichen Bedingungen wie in Sternhaus-Haferfeld. Hinzu kommt jedoch, daß Sternhaus-Ramberg eine abhängige Zugmeldestelle ist, d. h., bei Ankunft des Zuges hat von der Sprechstelle Sternhaus-Ramberg aus eine telefonische Meldung auf dem Bahnhof Gernrode bzw. Mägdesprung zu erfolgen, der dann die Abfahrtzeiten genehmigt.
Wenn ein von Mägdesprung kommender Zug die Steigung nach Sternhaus-Ramberg nicht bewältigen konnte, wurde der erste Zugteil in Sternhaus-Ramberg auf Gleis 2 unter Bewachung abgestellt. Zurück nach Mägdesprung bewegte sich die Lokomotive in der Sperrfahrt für den Streckenabschnitt Gernrode—Mägdesprung. Die Betriebsstelle besteht mit diesen Gleisanlagen noch heute, telefonische Meldungen entfallen nach Aufnahme des Zugleitfunks.

Bahnhof Mägdesprung (Bild 11.5.)
Der Bahnhof Mägdesprung liegt am Kilometer 10,2. Hier sind Kreuzungen und Überholungen möglich. Auch ein Freiladegleis ist vorhanden. Ein zweites Überholgleis diente zum Abstellen geteilter Güterzüge. Der Bahnhof ist seit 1968 unbesetzt.

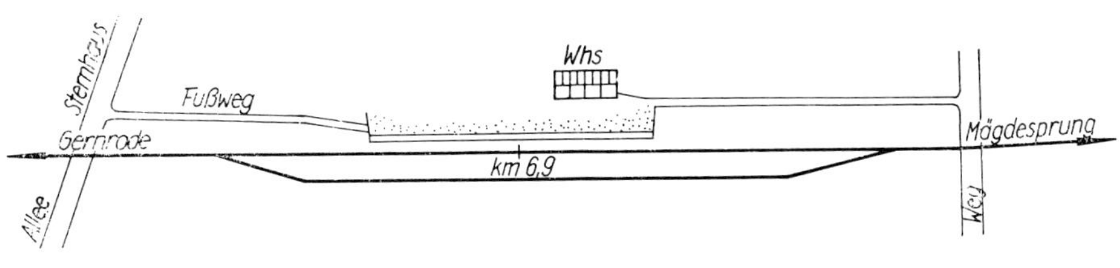

Bild 11.4. Betriebsstelle Sternhaus-Ramberg. *Quelle: BBA*

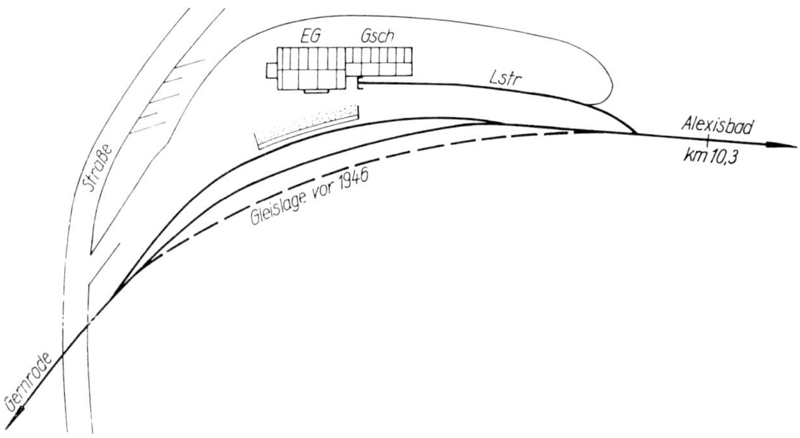

Bild 11.5.
Bahnhof Mägdesprung.
Zeichnung: Röper

Haltepunkt Drahtzug (Bild 11.6.)
Dieser unbesetzte Haltepunkt ist am Kilometer 11,7 eingerichtet worden. Außer einem kurzen Bahnsteig gibt es keine bahntechnischen Anlagen. Der Haltepunkt ist noch in Betrieb.

Bahnhof Alexisbad (Bild 11.7.)
Der Bahnhof Alexisbad liegt am Kilometer 14,6 und ist als Abzweigbahnhof nach Gernrode die bedeutendste Betriebsstelle der Selketalbahn.

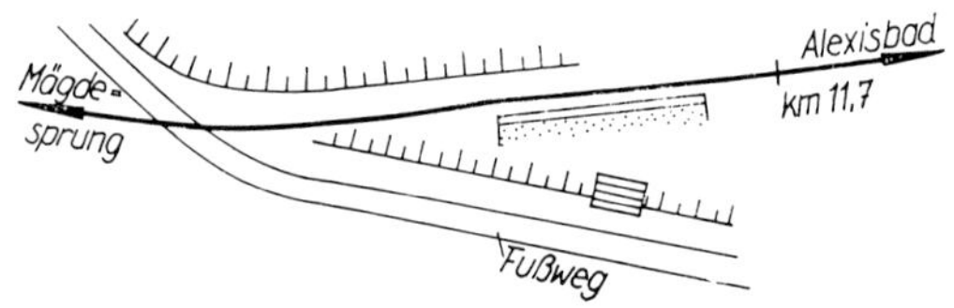

Bild 11.6. Haltepunkt Drahtzug. *Zeichnung: Röper*

Hier vereinigen sich drei Streckenteile. Deshalb sind auch drei Bahnsteige vorhanden und drei Einfahrten möglich. Die von Harzgerode und von Straßberg kommenden Züge werden in Alexisbad bisweilen zu einem Zug vereint und von beiden Zuglokomotiven im Vorspann nach Gernrode übergeführt.
Es gibt einen Kohlenbansen, zwei Wasserkräne, eine Seitenrampe und ein Freiladegleis. Von 1891 bis etwa 1905 stand hier auch ein Lokomotivschuppen. Der Bahnhof ist in Betrieb.

Bahnhof Harzgerode (Bild 11.8.)
Der ursprüngliche Endbahnhof der GHE liegt am Kilometer 17,5 und verfügte über einen einständigen Lokomotivschuppen sowie eine Drehscheibe. Die Drehscheibe ist vermutlich zwischen 1905 und 1908 ausgebaut, der Lokomotivschuppen ist 1971 abgetragen worden.
Auf dem Bahnhof sind ein Bahnsteiggleis, ein

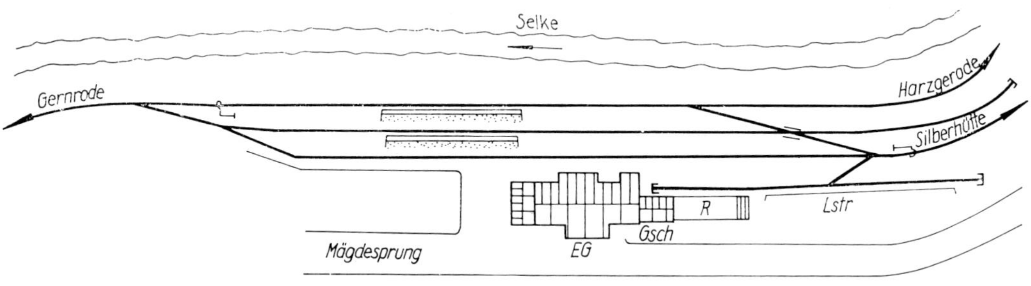

Bild 11.7. Bahnhof Alexisbad. *Zeichnung: Röper*

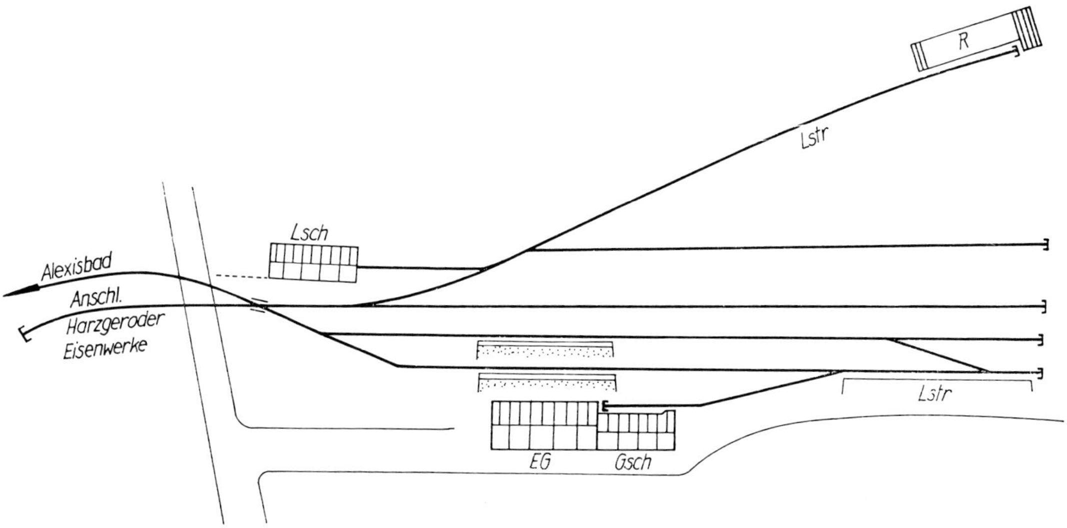

Bild 11.8. Bahnhof Harzgerode mit Anschluß Eisenwerke. *Zeichnung: Röper*

Umfahrgleis sowie zwei lange Freiladegleise und eine Seitenrampe angelegt worden. Seit 1986 werden die Gleisanlagen umgebaut, um den geplanten Rollwagengüterverkehr bis Harzgerode ausdehnen zu können.

Anschlußstelle Harzgeroder Eisenwerke (Bild 11.8.)
Das Anschlußgleis zweigte bei der Ausfahrt Bahnhof Harzgerode von einer Weiche ab. Das Gleis war 165,2 m lang. Das Anschlußgleis wurde durch Verschluß der o. g. Weiche und einen Gleissperrbaum gesichert. Die Schlüssel zur Weiche und zum Sperrbaum hatten am Schlüsselbrett im Fahrdienstleiterraum ihren Aufbewahrungsort. Die Anschlußstelle wurde durch Rangierfahrten bedient. Das Gleis ist heute nicht mehr vorhanden.

Anschlußstelle Ziegelei Harzgerode (Bild 11.9.)
Das Anschlußgleis zweigt bei Kilometer 17,2 vom durchgehenden Hauptgleis ab, ist 97 m lang und hat eine Nutzlänge von 70,3 m. Die Anlage besteht aus der Anschlußweiche, der Gleissperre und dem Stumpfgleis.
Zwischen Weiche und Gleissperre besteht Schlüsselabhängigkeit. Der Schlüssel befindet sich im Fahrdienstleiterraum. Die Anlage wird als Sperrfahrt bedient. Zur Zeit ruht der Betrieb auf der Anschlußstelle.

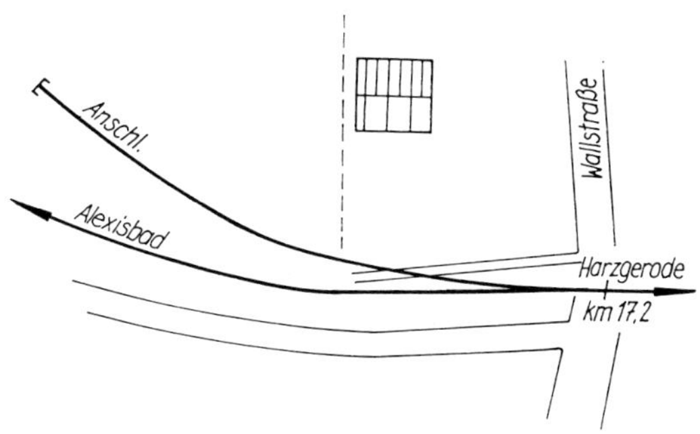

Bild 11.9. Anschlußstelle Ziegelei Harzgerode. *Quelle: BBA*

Bahnhof Silberhütte (Bild 11.10.)
Der Bahnhof Silberhütte liegt am Kilometer 17,4, ist Zugmeldestelle und besitzt ein Überholungs- bzw. Kreuzungsgleis. Seit 1959 ist der Bahnhof unbesetzt.

Anschluß Pyrotechnische Fabrik J. F. Eisfeld (Bild 11.10.)
Die Anschlußstelle zweigte aus dem Hauptgleis 1 an der Weiche 3 bei Kilometer 17,7 ab. Sie bestand aus den Gleisen 3 und 4 mit den Weichen 5 und 6 und der vor der Weiche 5 liegenden Gleissperre. Bedient wurde die Anlage durch

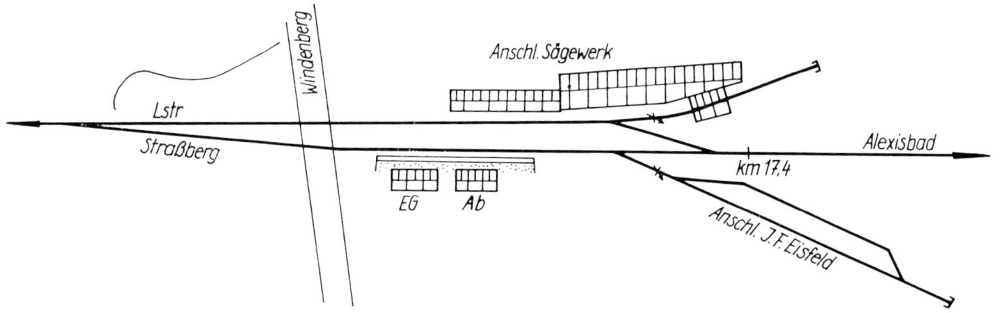

Bild 11.10. Bahnhof Silberhütte mit Anschluß Sägewerk Nickol sowie Pyrotechnische Fabrik J. F. Eisfeld. *Quelle: BBA*

Rangierfahrten unter Aufsicht des Fahrdienstleiters. Der Anschluß ist abgebaut.

Anschluß Heizwerk VEB Pyrotechnik Silberhütte (Bild 11.11.)

Nach dem Aufbau des neuen Kohleheizwerkes wurden auch die Gleisanlagen des Bahnhofes Silberhütte erneuert und umgebaut. So entstanden am Kilometer 17,6 ein neues Ladegleis mit Rampe und Schutzweiche für das Sägewerk Rinkemühle, Werk II, sowie der neue Anschluß zum Heizwerk mit Umfahrgleis und Schutzweiche. Im Bahnhof Silberhütte wurden Rückfallweichen eingebaut. Im Anschluß Heizwerk können Lokomotiven Wasser nehmen.

Erzbahn Silberhütte-Neudorf (Bilder 11.12. bis 11.14.)

Sie steht zwar nicht im Zusammenhang mit der GHE und mit dem Bahnhof Silberhütte, soll aber hier mit erwähnt werden. Die Erzbahn Silberhütte-Neudorf ist von 1886 bis 1887 mit 750 mm Spurweite gebaut worden. Zum Betriebspark gehörten eine Lokomotive von Krauss, München, mit der Fabriknummer 2192, 18 Kipploren mit je 2,5 t Tragfähigkeit sowie sieben Wagen mit Bänken und Holzaufbauten für den Werk-Personenverkehr. Die 4,5 km lange Bahn bestand bis 1909. Sie endete in Silberhütte am oberen Abbruch zum Selketal. Der steile Südhang des Tales selbst (Bremsberg) wurde mit einer Standseilbahn überwunden, deren beide Wagen über eine umlaufende Antriebshaspel miteinander verbunden waren. Sie nahmen die Erzloren Huckepack.

Anschlußstelle Rinkemühle I (Bild 11.15.)

Das Anschlußgleis zur Faßfabrik Rinkemühle I zweigt bei Kilometer 18,4 vom Streckengleis Sil-

Bild 11.11.
Anschluß Heizwerk
VEB Pyrotechnik Silberhütte.
Zeichnung: Röper

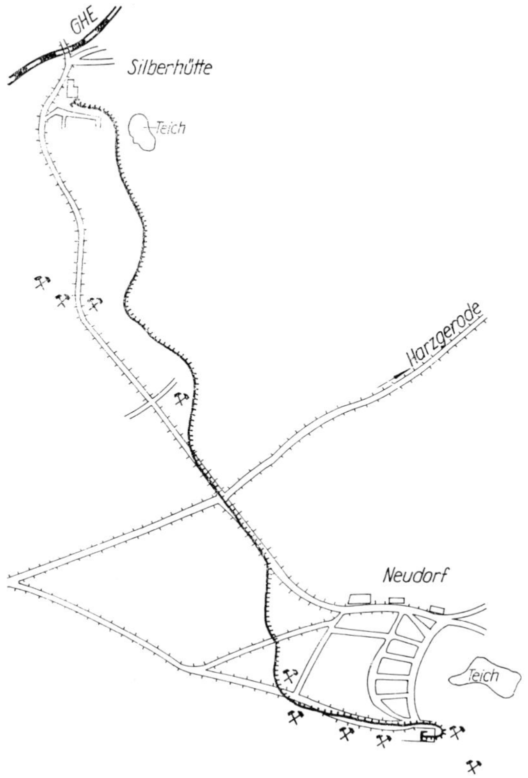

Bild 11.12. Lage der 750-mm-Erzbahn Silberhütte-Neudorf. Sie hatte in Silberhütte keinen Anschluß zur GHE.
Quelle: Meßtischblatt

berhütte—Lindenberg ab. Es ist durch eine Gleissperre gesichert, 115 m lang und hat eine Nutzlänge von 80 m.
Der Anschluß wird durch Regelzüge aus beiden Richtungen oder durch Sperrfahrten von Silberhütte aus bedient. Die Schlüssel für die Weiche und die Gleissperre befanden sich beim Fahrdienstleiter in Silberhütte und Lindenberg.
Beim Passieren der Wegübergänge war Schrittgeschwindigkeit erforderlich. Dabei mußte ein Eisenbahner an der Spitze des geschobenen Zuges mit der Handglocke läuten.
Die Anlage ist noch in Betrieb. Sie wurde 1984 erneuert, wobei man das Ladegleis verlängerte und eine Schutzweiche einbaute.

Bahnhof Lindenberg (Straßberg) (Bild 11.16.)
Der Bahnhof Lindenberg liegt am Kilometer 21,9. Es gibt hier ein Kreuzungs- bzw. Überholgleis und ein Freiladegleis mit einem Stumpfgleis zum Güterschuppen (Seitenrampe). Der Bahnhof ist Zugmeldestelle.
Von 1946 bis 1983 war Lindenberg (1952 in Straßberg umbenannt) Endbahnhof der Selketalbahn. In einem Schuppen seitlich der Gleise hatte man einen Gleiskraftwagen untergestellt. Zum Umsetzen der Lokomotiven dient das Kreuzungsgleis. Wegen der in der Nähe befindlichen Flußspatgrube hat die Eisenbahn ein beachtliches Güteraufkommen zu bewältigen. (Siehe auch Kapitel 4.)

Anschlußstelle Fluor (Bild 11.17.)
Die Anschlußstelle Fluor war am Kilometer 22,66 eingerichtet worden. Das Anschlußgleis hatte 62 m Nutzlänge und war durch zwei Gleissperren gesichert.
Ursprünglich diente der Anschluß als Schüttstelle. Von Pferden gezogene Feldbahnloren wurden über eine Schüttrampe in die Güterwagen entleert. Die Anlage ist außer Betrieb gestellt und abgebaut worden.

Anschlußstelle Herzogschacht (Bild 11.18.)
Das Anschlußgleis zur Flußspatgrube Herzogschacht zweigte bei Kilometer 22,92 vom Streckengleis ab. Es wurde 1944 gebaut, war 1,5 km lang und durch eine Gleissperre gesichert. Das Anschlußgleis wurde durch die von Lindenberg nach Güntersberge fahrenden Güterzüge oder durch Sperrfahrten von Lindenberg aus bedient. Da es fast durchweg in einer Neigung von 1:25 angelegt worden war, mußten die zu beladenden Wagen von der Lokomotive in den Anschluß geschoben werden. Als Höchstgeschwindigkeit hatte man 10 km/h festgelegt. Die beladenen Schmalspurgüterwagen wurden gezogen.
Nach 1946 wurde der Anschluß nur noch von Straßberg aus bedient. Das Gleis in Richtung Güntersberge lag noch bis zur Selkebrücke, so daß hier eine Art Spitzkehre entstanden war. Seit 1974 ist die Anlage nicht mehr in Betrieb und wurde inzwischen abgebaut. Der Flußspat wird heute mit Lkw zum Bahnhof Straßberg gebracht und hier in Regelspurwagen verladen.

Verladestelle Selkewiesen (Bild 11.19.)
Das Anschlußgleis zur Holzverladestelle Selkewiesen zweigte am Kilometer 24,6 vom Streckengleis ab und wurde nur von den in Richtung Güntersberge verkehrenden Regelzügen bedient. Das

Bild 11.13. Neudorfer Schacht mit Erzbahn. *Sammlung Frenzel*

Bild 11.14. Lokomotive der Erzbahn Silberhütte-Neudorf. *Sammlung Frenzel*

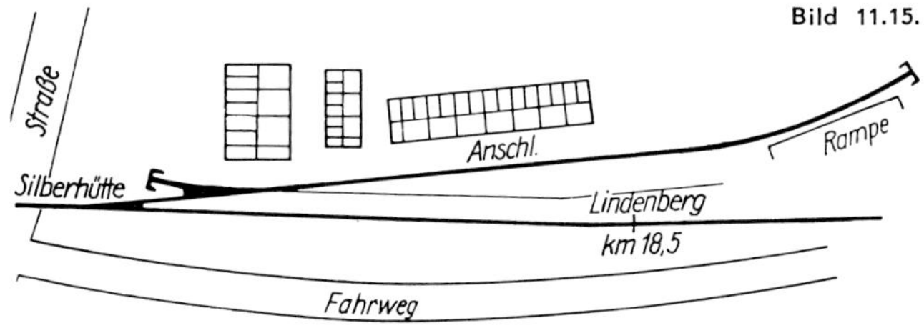

Bild 11.15. Anschlußstelle Rinkemühle I. *Quelle: BBA*

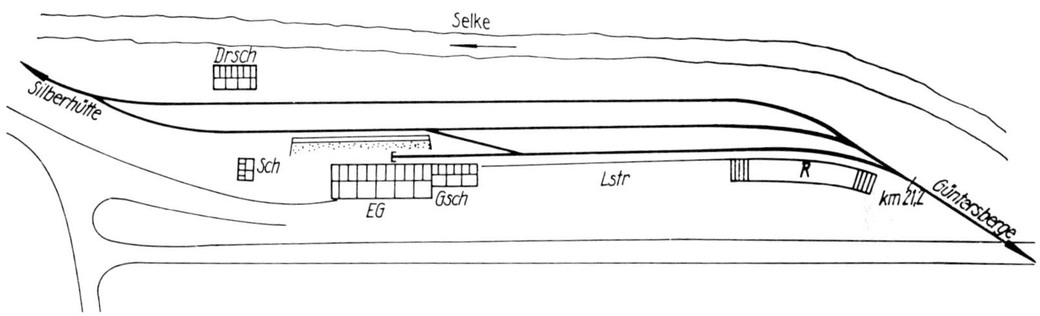

Bild 11.16. Bahnhof Lindenberg (Straßberg). *Zeichnung: Röper*

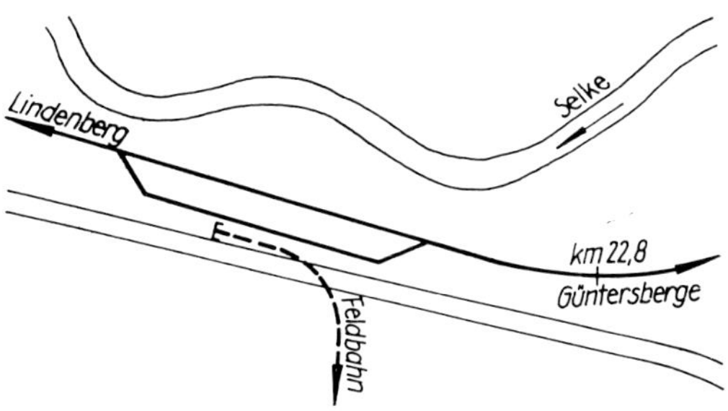

Bild 11.17. Anschlußstelle Fluor. *Quelle: BBA*

Ladegleis war 69 m lang. Die Anlage bestand aus einer Rechtsweiche und einer Gleissperre, die schlüsselabhängig waren. Die Schlüssel für Weiche und Gleissperre lagen in Lindenberg. Sie kamen jeweils von Güntersberge aus mit dem nächsten Zug als Einschreibesendung nach Lindenberg zurück.
Die Anlage ist seit 1946 außer Betrieb und abgebaut worden.

Anschlußstelle Nickol (Bild 11.20.)
Das Anschlußgleis zum Holzverarbeitungswerk (Zellstoffabrik) Nickol in Güntersberge zweigte am Kilometer 26,53 vom Streckengleis ab. Es lag in einer Neigung von 37 ‰ und hatte eine Gesamtlänge von 298 m bei 231 m Nutzlänge. Eine Gleissperre gab es nicht. Der Weichenschlüssel befand sich beim Bahnhof Güntersberge. Die Bedienung erfolgte durch Sperrfahrten von Güntersberge aus. Die zulässige Höchstgeschwindigkeit betrug 10 km/h.
War die Steigung überwunden, mußten die Wagen auf der Horizontalen hinter der Haltetafel für Lokomotiven abgestellt werden. Es waren Radvorleger zu benutzen und die Handbremsen anzuziehen.
Diese Anschlußstelle war bis 1946 in Betrieb und ist danach abgebaut worden.

Bahnhof Güntersberge (Bild 11.21.)
Der Bahnhof Güntersberge liegt am Kilometer 27,1. Bis zum Weiterbau der GHE ins braunschweigische Hoheitsgebiet hinein war Güntersberge Endbahnhof. Aus dieser Zeit stammten noch der an das Kreuzungsgleis angeschlossene

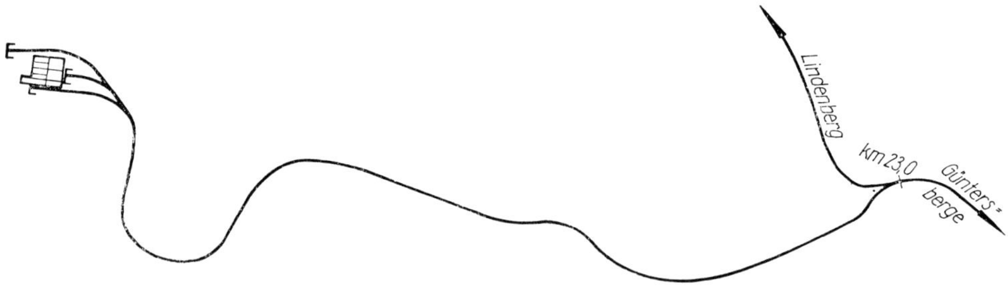

Bild 11.18. Anschlußstelle Herzogschacht. *Quelle: BBA*

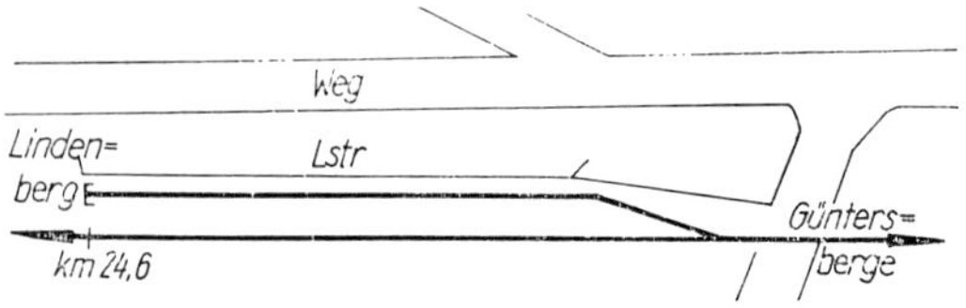

Bild 11.19. Verladestelle Selkewiesen. *Quelle: BBA*

Bahnsteig eingerichtet worden. Es ist geplant, erneut auch ein Ladegleis zu verlegen, allerdings nicht auf dem ehemaligen Bahnhofsgelände, das heute von einem Betrieb genutzt wird, sondern am Ortsausgang in Richtung Straßberg.

Bahnhof Friedrichshöhe (Bild 11.22.)
Den Bahnhof Friedrichshöhe hatte man am Kilo-

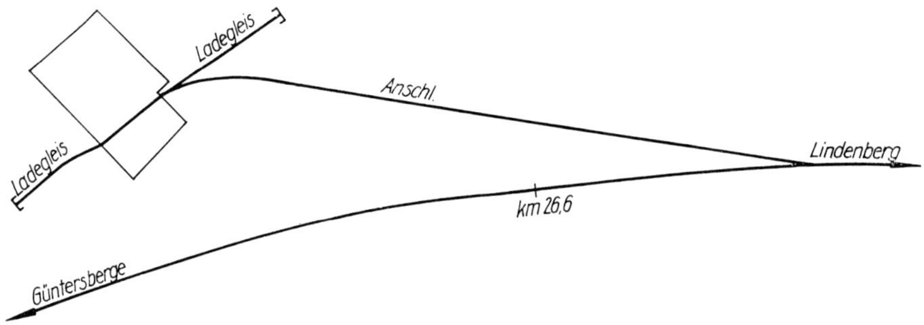

Bild 11.20. Anschlußstelle Nickol (Zellstoffabrik). *Quelle: BBA*

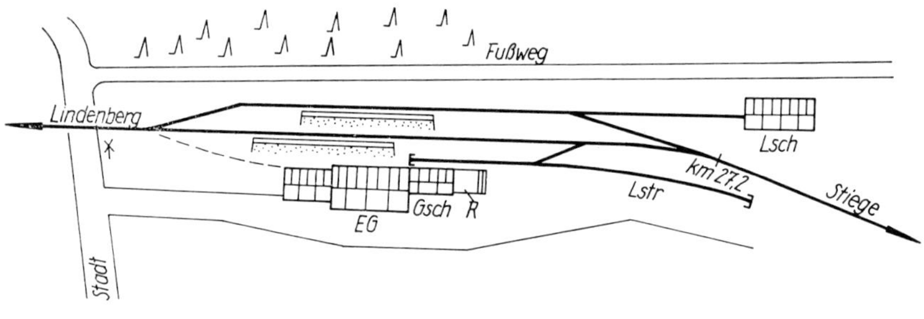

Bild 11.21. Bahnhof Güntersberge. *Zeichnung: Röper*

einständige Lokomotivschuppen und der Wasserkran. Güntersberge war Sitz der Bahnmeisterei. Alle Anlagen sind 1946 abgebaut worden. Nach dem Wiederaufbau der Strecke ab 1984 ist Güntersberge als Haltepunkt wieder am früheren

meter 30,6 angelegt. Er war abhängige Zugmeldestelle und als solche den Bahnhöfen Stiege bzw. Güntersberge unterstellt. Das Zugmeldeverfahren entsprach dem von Sternhaus-Haferfeld und ist schon beschrieben worden. Der Bahnhof

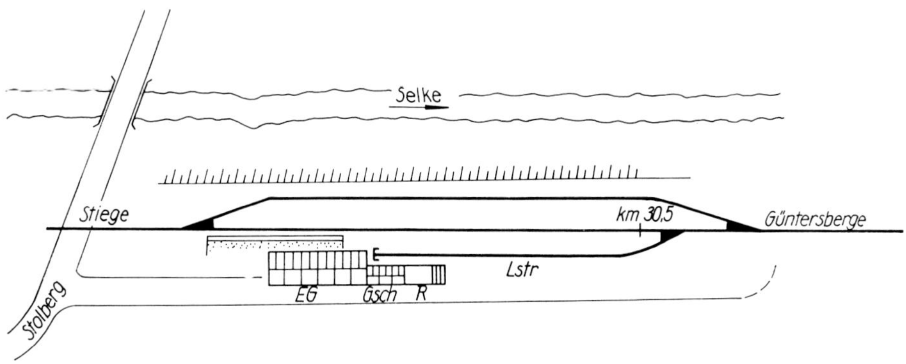

Bild 11.22. Bahnhof Friedrichshöhe. *Zeichnung: Zieglgänsberger*

verfügte über ein Kreuzungs- und ein zur Seitenrampe am Güterschuppen führendes Stumpfgleis.
Alle Anlagen sind 1946 abgebaut worden. Mit dem Wiederaufbau wurde 1983 begonnen. (Siehe auch Kapitel 4.)

Anschlußstelle Albrechtshaus (Bild 11.23.)
Das Anschlußgleis zur Heilstätte Albrechtshaus zweigte vom Streckengleis zwischen Friedrichshöhe und Stiege bei Kilometer 31,42 ab. Die Anlage bestand aus einer Anschlußweiche, drei Gleissperren und dem Stumpfgleis mit einer Länge von 180 m bei einer Nutzlänge von 63 m. Die Gleissperre I lag hinter der Anschlußweiche und stand mit dieser in Schlüsselabhängigkeit.

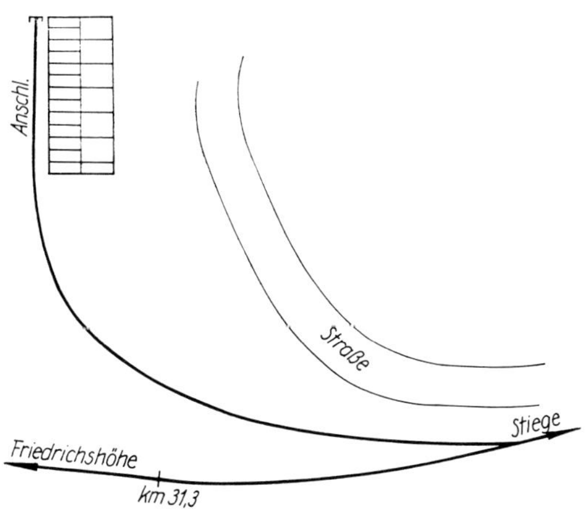

Bild 11.23. Anschlußstelle Albrechtshaus. *Quelle: BBA*

Die Schlüssel wurden im Bahnhof Friedrichshöhe und im Bahnhof Stiege aufbewahrt. Die Gleissperre II lag 20 m vor der Gleissperre III. Sie diente zur Sicherung der bei Platzmangel außerhalb des eigentlichen Abstellortes in der Neigung des Ladegleises bereitgestellten bzw. abgestellten Wagen.
Die Bedienung erfolgte durch die in Richtung Stiege verkehrenden Züge, in Ausnahmefällen durch Sperrfahrten. Es war nicht gestattet, von Stiege aus Wagen gleichzeitig zuzuführen und abzuholen.
Die Anschlußstelle war bis 1946 in Betrieb und soll in den nächsten Jahren wieder eingerichtet werden. Seit 1984 ist Albrechtshaus Haltepunkt für die Reisezüge.

Bahnhof Stiege (Bild 11.24.)
Bahnhof Stiege liegt am Kilometer 35,7. Er war Trennungsbahnhof des nach Eisfelder Talmühle abzweigenden Abschnittes der GHE. Die Gleisanlagen sind zur gleichzeitigen Abfertigung von drei Reisezügen eingerichtet.
Seit 1946 wird Stiege als Durchgangsbahnhof von der Harzquer- und Brockenbahn betrieben. Über die Situation nach dem Wiederaufbau im Jahre 1984 ist im Kapitel 4. berichtet worden.

Bahnhof Hasselfelde (Bild 11.25.)
Der Endbahnhof Hasselfelde, am Kilometer 40,6 eingerichtet, verfügt über einen Lokomotivschuppen mit Kohlebansen, einen Wasserkran sowie eine Ladestraße. Der Bahnhof dient seit 1946 der Harzquer- und Brockenbahn als Endbahnhof. Alle Anlagen der ehemaligen Gernrode-Harzgeroder Eisenbahn sind noch in Betrieb.

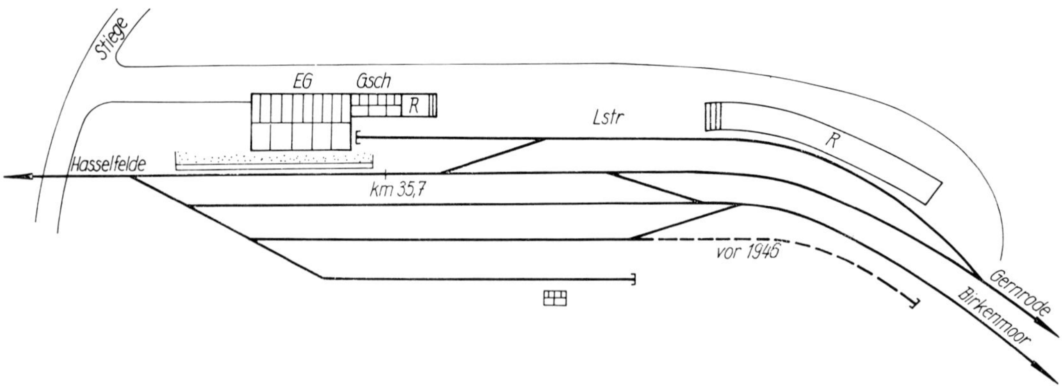

Bild 11.24. Bahnhof Stiege. *Zeichnung: Röper*

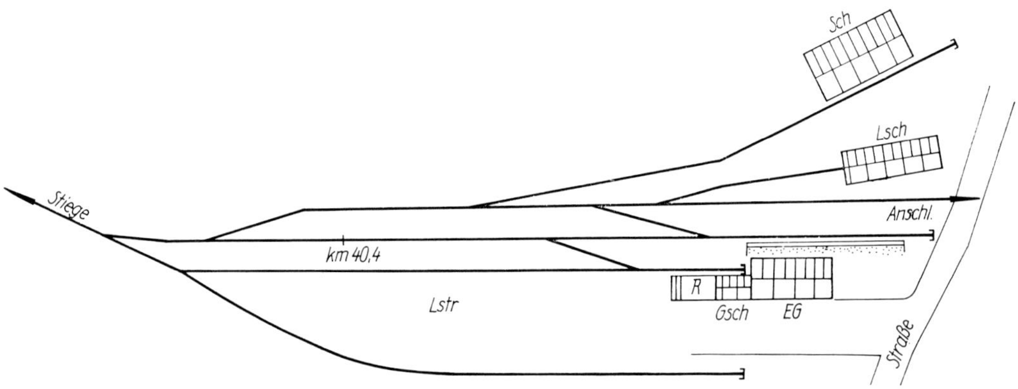

Bild 11.25. Bahnhof Hasselfelde. *Zeichnung: Röper*

Anschlußstelle Buchholz (Bild 11.26.)
Das zum Sägewerk Buchholz führende Gleis schließt im Bahnhof Hasselfelde an Gleis 4 an. Es liegt in einer Neigung von 1:30 und hat eine Gesamtlänge von 387 m bei einer Nutzlänge von 128 m. Das Anschlußgleis ist hinter dem Tor des Sägewerkes mit einer Gleissperre versehen. Die Schlüssel werden im Fahrdienstleiterraum des Bahnhofs Hasselfelde aufbewahrt.
Bedient wird die Anlage von der Rangierabteilung des Bahnhofs Hasselfelde. Die maximale Geschwindigkeit beträgt 10 km/h. Der erste und letzte Wagen muß auf dem Anschlußgleis mit Radvorlegern gesichert werden. Bei jeder Fahrt sind die Bremsen anzuschließen. Die Anlage ist noch in Betrieb.

Verladestelle Birkenmoor (Bild 11.27.)
Die Holzverladestelle Birkenmoor liegt am Kilometer 2,8 (von Stiege) im Streckenabschnitt Stiege—Eisfelder Talmühle. Das Ladegleis von Birkenmoor war mit den in Grundstellung verschlossenen Weichen 1 und 2 an das durchgehende Hauptgleis angeschlossen. Die Nutzlänge betrug 64 Meter.
Um im Ladegleis stehende Wagen zu sichern, waren 50 Prozent der Handbremsen anzuziehen und in beiden Richtungen Radvorleger zu benutzen, die im Gepäckwagen mitgeführt werden mußten. Die Anschlußstelle wurde von Personen- und Güterzügen aus beiden Richtungen bedient. Die Schlüssel für Weichen und Sperren bewahrte der Fahrdienstleiter im Bahnhof Eisfelder Tal-

mühle auf. In Stiege wurden sie wieder abgegeben und gelangten mit dem nächsten Zug als Einschreibsendung zum Bahnhof Eisfelder Talmühle zurück.
Zur Zeit ist die Anschlußstelle als unbesetzte Bedarfshaltestelle für den Reiseverkehr in Betrieb. Das Ladegleis ist abgebaut worden.

Anschlußstelle Pauer (Bild 11.28.)
Das Anschlußgleis zum Steinbruch Pauer zweigt bei Kilometer 6,83 (von Stiege) vom Streckengleis ab. Es ist 80,5 m lang und hat eine Nutzlänge von 70,5 m. Die Anschlußweiche ist in der Grundstellung verschlossen und von der Gleissperre schlüsselabhängig (Sperrbaum). Die Schlüssel befinden sich beim Fahrdienstleiter des Bahnhofs Eisfelder Talmühle.
Das Anschlußgleis wird durch Sperrfahrt vom Bahnhof Eisfelder Talmühle bedient. Bei Talfahrt sind die Wagen mit einer Geschwindigkeit von maximal 10 km/h zu schieben. Die Anschlußstelle war einige Jahre lang nicht in Betrieb, wurde aber 1983 beim Wiederaufbau des Abschnittes Stiege—Straßberg wieder eingerichtet, um mit einem Wendezug Schotter vom Steinbruch zur Neubaustrecke transportieren zu können.

Anschlußstelle Georgi (Bild 11.29.)
Das Anschlußgleis zum Steinbruch Georgi zweigt bei Kilometer 7,24 (von Stiege) vom Streckengleis

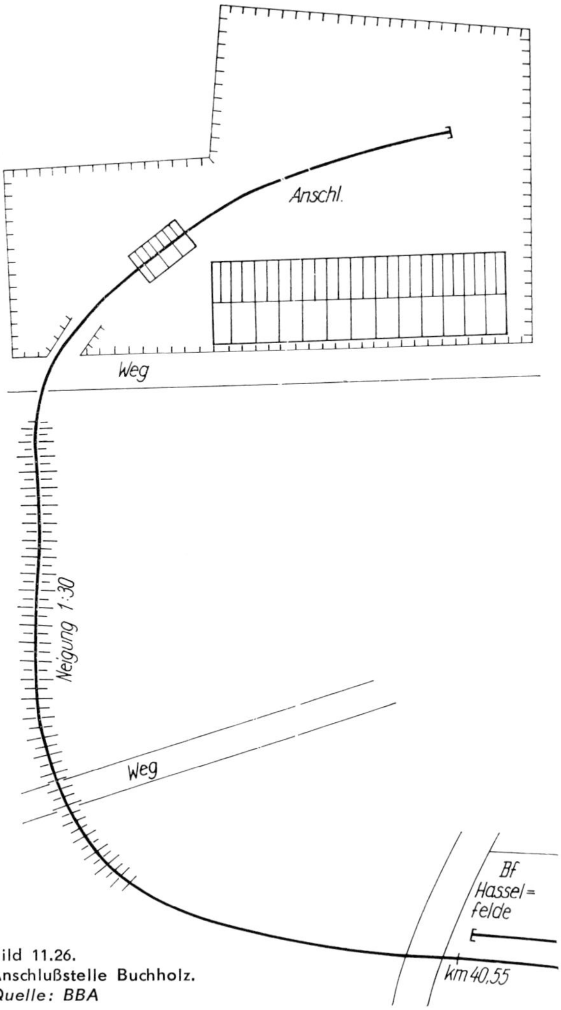

Bild 11.26.
Anschlußstelle Buchholz.
Quelle: BBA

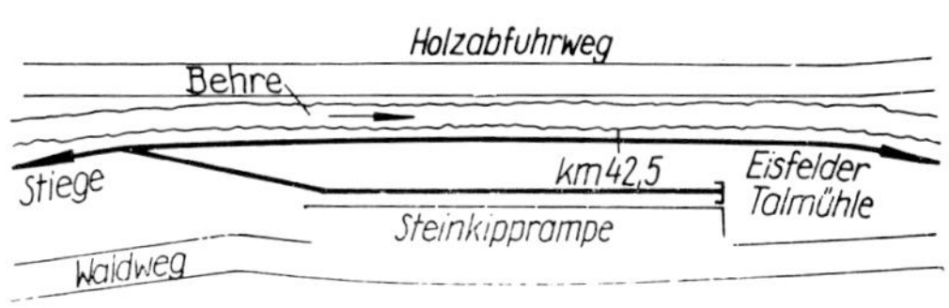

Bild 11.28. Anschlußstelle Pauer. *Quelle: BBA*

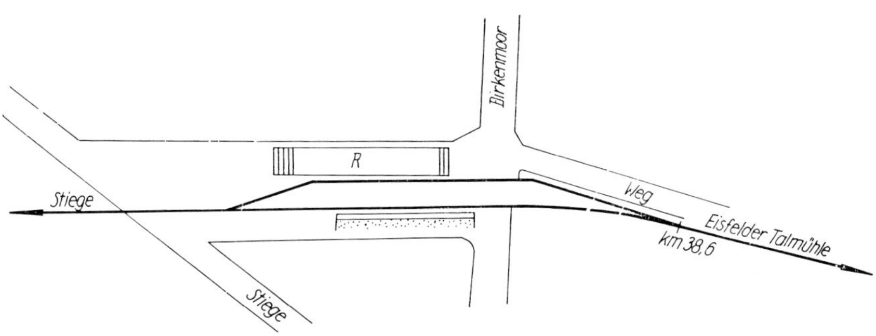

Bild 11.27.
Verladestelle
Birkenmoor.
Quelle: BBA

Bild 11.29.
Anschlußstelle Georgi.
Quelle: BBA

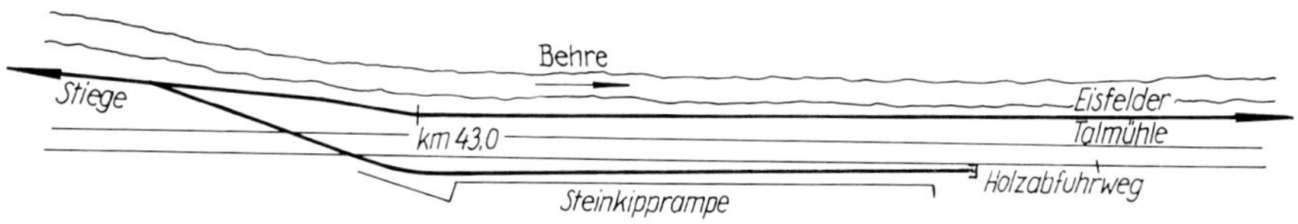

ab. Es ist 153 m lang und hat eine Nutzlänge von 146 m. Die Anschlußweiche ist in der Grundstellung verschlossen und von der Gleissperre (Sperrbaum) schlüsselabhängig. Über die Schlüssel verfügt der Fahrdienstleiter des Bahnhofs Eisfelder Talmühle.

Die Anschlußstelle wurde durch Sperrfahrt vom Bahnhof Eisfelder Talmühle bedient. Bei Talfahrt durften die Wagen mit einer Geschwindigkeit von maximal 10 km/h geschoben werden. Die Anschlußstelle ist nicht mehr in Betrieb.

Bahnhof Eisfelder Talmühle (Bilder 11.30. bis 11.36.)

Der ehemalige Gemeinschaftsbahnhof von GHE und NWE liegt am Kilometer 17,0 (von Nordhausen) der Nordhausen-Wernigeroder Eisenbahn, bzw. am Kilometer 8,6 (von Stiege) der Gernrode-Harzgeroder Eisenbahn.

Der Bahnhof war bis 1946 unterteilt in Anlagen der GHE, der NWE und in Anlagen für den Gemeinschaftsdienst. Da diese Betriebsstelle geradezu wie geschaffen erscheint, um als Modellanlage nachgebaut zu werden oder um Anregung für ähnliche Vorhaben zu geben, sei auf die nachfolgende „Dienstanweisung für den Zug- und Rangierdienst auf Bahnhof Eisfelder Talmühle der Nordhausen-Wernigeroder Eisenbahn und Gernrode-Harzgeroder Eisenbahn. Gültig ab 1. April 1933" verwiesen.

Der Bahnhof ist noch in Betrieb, allerdings mit teilweise geänderten Gleisanlagen.

Bahnhof Nordhausen Nord

Der Bahnhof Nordhausen Nord ist der südliche Endbahnhof der Harzquerbahn, der ehemaligen NWE. Er hatte früher wenig Bedeutung für die Selketalbahn. Das hat sich ab 1984 geändert, weil seitdem vom Spurwechselbahnhof Nordhausen aus die Rollwagengüterzüge in das Selketal fahren. Hier sind auch die dazu benötigten schweren 1'E1'-Lokomotiven stationiert. Und da ab 1986 die Bahnhöfe Alexisbad und Harzgerode in den Rollwagengüterverkehr einbezogen werden sollten, was gleichbedeutend mit einem weiteren Ansteigen dieses Verkehrs war, wurden zugleich Gleisanlagenumbauten und -erweiterungen für Nordhausen geplant. So sollen z. B. noch

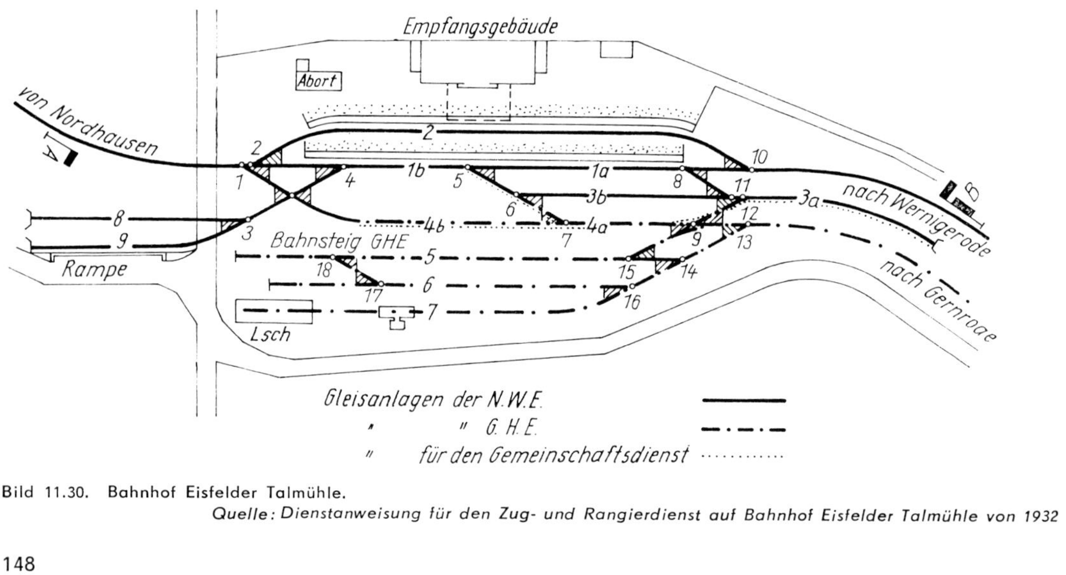

Bild 11.30. Bahnhof Eisfelder Talmühle.
Quelle: Dienstanweisung für den Zug- und Rangierdienst auf Bahnhof Eisfelder Talmühle von 1932

eine zweite Rollwagengrube gebaut sowie ein dritter Personenbahnsteig eingerichtet werden. Auch die Strecke bis Eisfelder Talmühle will man durch den Einbau weiterer Rückfallweichen und Wiedereinrichtung des Kreuzungsbahnhofs Netzkater durchlässiger gestalten. Ab 1992 baute man – bis auf den Anschluß Unterberg – alle Anschluß- und die meisten Verladegleise ab. Der restliche Güterverkehr wird mit Rollböcken des schweizerischen Systems Vevey rollen.

I. Allgemeine Bestimmungen.

§ 1.

Wagenübergang.

1. Zwischen Nordhausen und Gernrode bezw. Hasselfelde und umgekehrt verkehren in bestimmten Zügen direkte Personen- und Gepäckwagen, welche auf Bahnhof Eisfelder Talmühle nach einer besonderen Fahrordnung (§§ 7 u. 8) von der einen Bahn auf die andere Bahn übergehen.

2. Welche Züge hierfür in Frage kommen, wird bei jedem Fahrplanwechsel bekannt gegeben.

3. Ferner werden Güterwagen von einer Bahn zur anderen überführt (§ 9).

§ 2.

Bezeichnung der dem Gemeinschaftsdienst usw. dienenden Anlagen.

1. **Dem Gemeinschaftsdienst** dienen folgende Anlagen:
Gleise 3a und 4b sowie die Weichen 5, 6, 7, 9 u. 12.

2. **Dem Betrieb der N. W. E.** dienen folgende Anlagen:
a) Gleise 1a, 1b, 2, 3b, 8 und 9.
b) Weichen 1, 2, 3, 4, 8, 10 und 11.

3. **Dem Betrieb der G. H. E.** dienen die
Gleise 4a, 5, 6 und 7 mit den Weichen Nr. 7, 9 und 13—18.

4. Ein Lageplan über die gesamten Anlagen befindet sich auf Seite 3.

§ 3.

Regelung des Dienstes und Bedienung der Weichen und Signale.

1. Maßgebend ist für alle auf Bahnhof Eisfelder Talmühle diensttuenden Angestellten diese Dienstanweisung.

2. Die Anlagen der N. W. E. mit den Hauptsignalen A und B 1/2 werden durch den Stationsbeamten der N. W. E., die Anlagen der G. H. E. durch Bedienstete dieser Bahn bedient.

3. Wird der Dienst der N. W. E. von einem Bediensteten der G. H. E. versehen, so tritt dieser in die Tätigkeit des Bediensteten der N. W. E. ein und umgekehrt.

Bild 11.31. Dienstanweisung für den Zug- und Rangierdienst auf Bahnhof Eisfelder Talmühle von 1932.

Bild 11.32. Dienstanweisung für den Zug- und Rangierdienst auf Bahnhof Eisfelder Talmühle von 1932.

— 5 —

4. Das Rangiergeschäft auf den dem Gemeinschaftsdienst dienenden Anlagen wird im gegenseitigen Benehmen von den Bediensteten der überführenden Bahn besorgt, soweit der Gesamtdienst nicht von einem Bediensteten allein (s. Ziffer 3) versehen wird.

5. Die Leitung des Betriebes auf diesen Anlagen hat dann die N.W.E.

6. Für jeden Bahnhof (N. W. E. bezw. G. H. E.) bestehen besondere Bahnhofsdienstanweisungen.

§ 4.

Grundstellung der Weichen und Gleissperren.

1. Die Grundstellung der durch Handverschluß gesicherten Weichen 4, 7 und 11 sowie der Gleissperren I und II bestimmt freie Fahrt der Züge aus Richtung Nordhausen und Wernigerode.

2. Die Weichen und Gleissperren müssen von dem Fahrdienstleiter nach Benutzung wieder in Grundstellung gelegt und verschlossen werden (Handschlüssel im Kurbelwerk).

§ 5.

Einfahrt der Züge.

1. Die Fahrten der Züge regeln sich nach den Bahnhofsfahrordnungen. Die Züge der N.W.E. fahren auf die Signale A und B 1/2 ein.

2. Die Züge der G. H. E mit Uebergangswagen fahren ohne Signal in Gleis 4a ein. Die Geschwindigkeit ist so zu ermäßigen, daß die Zuglokomotive vor Weiche 7 zum Halten kommt. Die übrigen Züge fahren ohne Signal über die Weichen 13, 14 und 15 in Gleis 5 ein.

3. Stehen bei der Einfahrt eines G. H. E. Zuges in Gleis 4a Uebergangswagen im Gleise 4b, so ist vor diesen vom Fahrdienstleiter der G.H.E. eine Haltescheibe (Signal 6b) aufzustellen.

4. Nach der Abfahrt eines Zuges von Stiege, der in Gleis 4a einfahren soll, dürfen in den Gleisen 4a und 4b Rangierbewegungen nicht mehr vorgenommen werden.

II. Besondere Bestimmungen für den Uebergang von Wagen von einer Bahn zur anderen.

§ 6.

Zugbildungspläne für Züge mit Uebergangswagen.

A. Gernrode-Harzgeroder Eisenbahn.

1. Richtung Stiege—Eisfelder Talmühle.

Die Züge sind ab Stiege in folgender Weise zusammenzustellen:

a) Lokomotive,

b) Uebergangs-, Personen- bezw. Gepäckwagen,

Bild 11.33. Dienstanweisung für den Zug- und Rangierdienst auf Bahnhof Eisfelder Talmühle von 1932.

— 6 —

c) Personen- und Gepäckwagen der G. H. E.,
d) Güterwagen.

2. Richtung Eisfelder Talmühle Stiege.

Die Züge sind ab Eisfelder Talmühle in folgender Weise zusammenzustellen:

a) Lokomotive,
b) Gepäck- und Personenwagen der G. H. E.,
c) Güterwagen.

B. Nordhausen-Wernigeroder Eisenbahn.

Richtung Nordhausen—Eisfelder Talmühle bezw. umgekehrt.

In den Zügen der N. W. E. werden die Uebergangswagen von Nordhausen am Schluß angebracht und von Eisfelder Talmühle nach Nordhausen vorn in den Zug aufgenommen.

§ 7.

Fahrordnung für die Züge der Gernrode—Harzgeroder Eisenbahn.

A. Richtung Stiege — Eisfelder Talmühle.

Einfahrt der Züge in den Bahnhof.

1. Ohne Wagenübergang.

Der Zug der G. H. E. von Stiege fährt in Gleis 5 ein. Die Reisenden für Eisfelder Talmühle und Uebergang steigen aus bezw. um.

2. Mit Wagenübergang (Personen- und Gepäckwagen).

Der Zug der G. H. E. von Stiege fährt vorsichtig in Gleis 4a ein. (Siehe § 5 Ziffer 2 und 3).

Die Zuglok hat hier so zu halten, daß die nach Nordhausen übergehenden Personen- und Gepäckwagen vor der Spitze der Weiche 7 stehen. Hierauf wird die Zuglok abgekuppelt, die pfahlfrei nach Gleis 4b vorzieht. Die Uebergangswagen werden alsdann von der Zuglok des N. W. E.-Zuges aus Gleis 4a abgeholt und vor den in Gleis 1 oder 2 haltenden Zug gesetzt.

B. Richtung Eisfelder Talmühle Stiege.

Ausfahrt der Züge aus dem Bahnhof.

1. Ohne Wagenübergang.

Der Zug fährt aus Gleis 5 ab. Die Fahrgäste von Nordhausen bezw. Wernigerode steigen um.

Bild 11.34. Dienstanweisung für den Zug- und Rangierdienst auf Bahnhof Eisfelder Talmühle von 1932.

— 7 —

2. Mit Wagenübergang aus Richtung Nordhausen.

Die Zuglok der G. H. E. hält in Gleis 4a vor Weiche 7. Nach Einfahrt des Zuges von Nordhausen in Gleis 1a/1b fährt Lok nach Vorziehen des N. W. E.-Zuges in Gleis 1a über Weiche 7, 6 und 5 gegen die in Gleis 1b stehenden Uebergangswagen, fährt von hier ab oder setzt diese gegen den in Gleis 5 stehenden Zug nach Stiege und fährt aus diesem Gleis ab.

§ 8.

Fahrordnung für die Züge der Nordhausen—Wernigeroder Eisenbahn.

I. Richtung Eisfelder Talmühle—Nordhausen.

1. Die von den Zügen der G. H. E. in Gleis 4a abgesetzten Uebergangswagen werden in die Züge der N. W. E. vorn aufgenommen. Der Zug aus Richtung Wernigerode hat bei Einfahrt in Gleis 1a/b (Signal B 1) in Gleis 1 so zu halten, daß der erste hinter der Zuglok laufende Wagen pfahlfrei vor Weiche 5 steht. Die Lok der N. W. E. fährt über Weiche 5, 6, 7 gegen die in Gleis 4a stehenden Uebergangswagen (Personen- und Gepäckwagen) und setzt diese gegen den Zug der N. W. E.

2. Bei Einfahrt des Zuges in Gleis 2 (Signal B 2) fährt die Zuglok der N. W. E. über Weiche 2 und 1 vor, holt die Uebergangswagen über Weiche 4—7 aus Gleis 4a nach Gleis 2 und setzt diese gegen den Zug der N. W. E.

II. Richtung Nordhausen—Eisfelder Talmühle.

Der Zug der N. W. E. aus Richtung Nordhausen mit Uebergangswagen am Schluß des Zuges hat in Gleis 1b so zu halten, daß diese Wagen vor der Spitze der Weiche 5 stehen. Nachdem die Wagen abgekuppelt sind, zieht der vordere Zugteil soweit vor, daß die Weiche 5 zum Befahren durch die G. H. E.-Lok frei ist. Diese holt alsdann nach der Vorschrift unter § 7 B 2 die Wagen aus Gleis 1b ab.

III. Richtung Wernigerode—Eisfelder Talmühle.

Der Zug der N. W. E. bringt die Uebergangswagen nach der G. H. E. am Schluß des Zuges. Nach der Einfahrt werden die Wagen in Gleis 1b soweit vorgezogen, daß die G. H. E.-Lok diese über Weiche 7, 6, 5 abholen kann.

§ 9.

Uebergabe von Güterwagen.

1. Die Uebergabe von Güterwagen erfolgt in den Gleisen 3a und 4b.

Gleis 3a dient zur Uebergabe von Wagen

von der G. H. E. nach der N. W. E.

Gleis 4b zur Uebergabe

von der N. W. E. nach der G. H. E.

— 8 —

2. Sollen Güterwagen bei einzelnen Zügen sofort übergehen, ist wie beim Uebergang von Personen- und Gepäckwagen zu verfahren. Die Güterachsen sind dann stets hinter den evtl. gleichzeitig zu überführenden Personen- und Gepäckwagen einzustellen.

§ 10.

Schlußbemerkungen.

Zu diesen Vorschriften wird bei jedem Fahrplanwechsel bekanntgegeben, welche Züge für den Wagendurchgang in Frage kommen, sowie welche Züge der G. H. E. in Gleis 4 a einfahren.

Dessau und Wernigerode, im Dezember 1932.

Anhaltische Landeseisenbahngemeinschaft (für die Gernrode-Harzgeroder Eisenbahn)
Uflacker.

Die Direktion der Nordhausen-Wernigeroder Eisenbahn-Gesellschaft.
Scharnhorst.

Bild 11.35. Dienstanweisung für den Zug- und Rangierdienst auf Bahnhof Eisfelder Talmühle von 1932.

Bild 11.36. Neue Ladestraße für Regelspurwagen in Straßberg 1985. *Foto: G. Zieglgänsberger*

Bild 11.37. Lokomotive 99 5902 beim Wassernehmen in Alexisbad. *Foto: Röper*

Bild 11.38.
Bahnhof Eisfelder Talmühle 1985.
Zeichnung: Röper

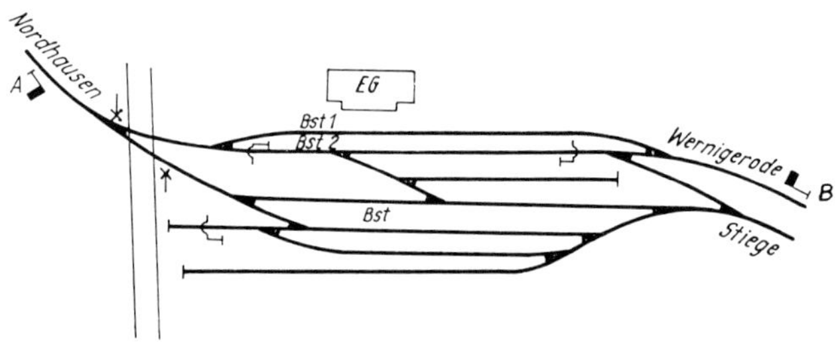

12. Der Kraftverkehr der GHE

Die Fahrpläne der ehemaligen GHE für die neunziger Jahre des vorigen Jahrhunderts enthielten bereits Hinweise auf Omnibusverbindungen zu den Zügen von und nach Hasselfelde. Das Wort Omnibus galt für pferdebespannte Personenfahrzeuge. Diese Pferdeomnibuslinien beförderten Reisende in die nicht von der Eisenbahn erfaßten Gebiete bzw. brachten sie von dort zu den Eisenbahnstationen heran. Beispielsweise bestanden solche Omnibusverbindungen von Hasselfelde aus zur Josefshöhe, nach Stolberg und Wernigerode, zum Brocken sowie nach Rübeland. Die Fahrzeit von Hasselfelde bis nach Rübeland betrug anderthalb bis eindreiviertel Stunden. Diese „Zubringerbuslinien" wurden nicht von der GHE, sondern von privaten Unternehmen betrieben.

Im Jahre 1905 führte die Firma Büssing, Braun-

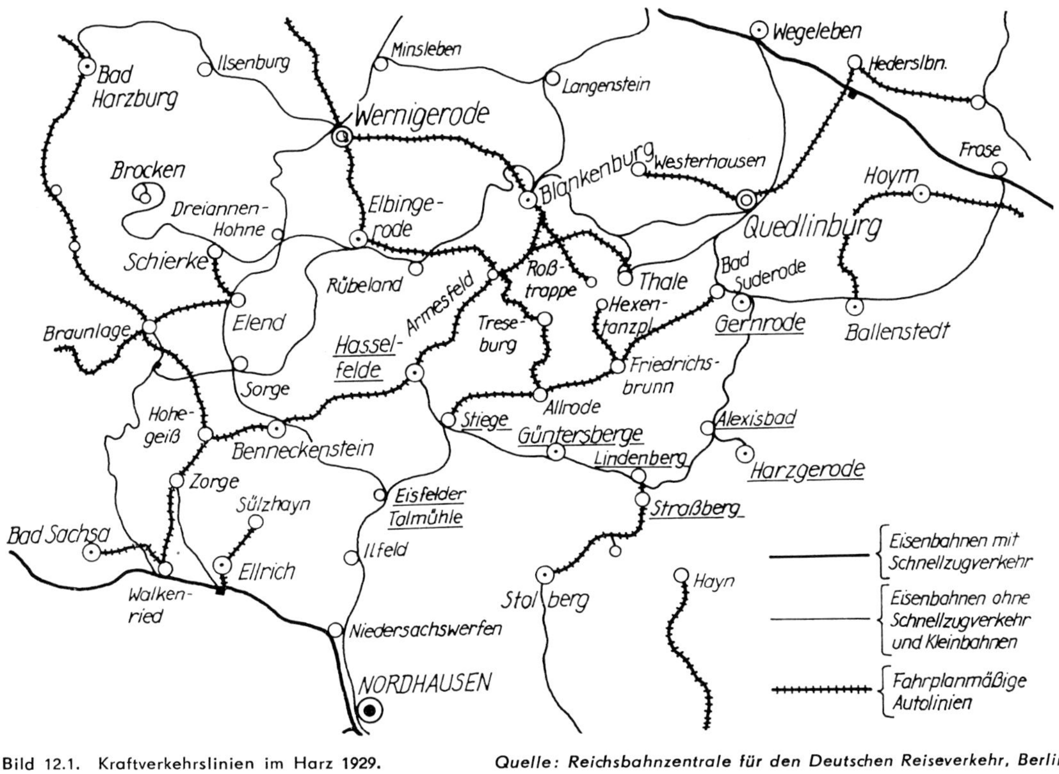

Bild 12.1. Kraftverkehrslinien im Harz 1929. *Quelle: Reichsbahnzentrale für den Deutschen Reiseverkehr, Berlin*

schweig, in Bad Harzburg einen Kraftomnibus vor. Sein Motor leistete 15 kW (20 PS) und verlieh ihm eine maximale Geschwindigkeit von 30 km/h. Das Fahrzeug bot Platz für 25 bis 30 Personen. Noch im selben Jahr wurde die polizeiliche Genehmigung für das Einrichten der ersten Kraftomnibusverbindung im Harz erteilt. Sie führte von Bad Harzburg zum Radauwasserfall. Bald kamen weitere Linien hinzu, darunter einige für die Umgebung von Halberstadt. Der erste Weltkrieg unterbrach diese Entwicklung.
In den zwanziger Jahren entwickelten sich die Kraftomnibusse zu einer ernstlichen Konkurrenz für die Eisenbahn. So beschloß die GHE — wie auch andere Bahnen —, einen eigenen Kraftverkehr einzurichten. Für die Reisenden war es dabei von Vorteil, daß die Fahrpläne für den Strassen- und Schienenverkehr aufeinander abgestimmt werden konnten und die Omnibusse bei Verspätungen der Bahn warteten.
Am 24. Februar 1925 eröffnete die GHE ihren eigenen Kraftverkehr, im Hinblick auf die Betriebsführung jedoch zunächst einmal mit Beteiligung der Kraftfahrzeuglinien der Ostharzbahnen GmbH. Wie rasch das Netz der „fahrplanmäßigen Autolinien" anwuchs, verdeutlicht Bild 12.1.

h) Kraftverkehr der Gernrode-Harzgeroder Eisenbahn.
Leitung: Bahnhof Harzgerode (Ruf 17).

1. Harzgerode-Alexisbad-Ballenstedt-Gernrode.

Mo	W‹	S				Mo	W‹	S
6^{00}	10^{25}	20^{50}	ab	**Harzgerode** (Bahnhof) . . .	an	8^{00}	14^{00}	23^{30}
6^{12}	10^{38}	21^{04}	„	**Alexisbad** (Bahnhof)	„	7^{48}	13^{48}	23^{18}
6^{26}	10^{51}	21^{17}	„	**Mägdesprung** (Bahnhof) . .	„	7^{34}	13^{34}	23^{04}
6^{51}	|	|	„	**Ballenstedt** (West-Bahnhof) .	„	7^{09}	|	|
—	11^{22}	21^{46}	an	**Gernrode** (Bahnhöfe)	ab	—	13^{05}	22^{35}

S verkehrt jeden Sonn- und Festtag. **Mo** verkehrt jeden Montag. **W‹** verkehrt im Juli und August werktäglich.

2. Harzgerode-Königerode-**Abberode**-Schielo-**Harzgerode.**
Jeden Mittwoch.
Weitere Wagen nach und von Schielo vergl Abteilung 3.

Harzgerode (Bahnhof)	ab	10^{30}	—	15^{20}
Abberode (Gasth. Rausche)	„	11^{18}	—	16^{08}
Schielo (Gasth. Rennecke)	„	11^{38}	—	16^{28}
Harzgerode (Bahnhof)	an	12^{00}	—	16^{50}

Weitere Haltestellen: **Kirchenholz, Königerode, Abzweigung Braunschwende, Neues Schloß, Abzweigung Pansfelde, Molmerswende.**

3. Harzgerode-Schielo.
Jeden Mittwoch.
Weitere Wagen nach und von Schielo vergl. Abteilung 2.

6^{50}	17^{00}	—	ab	**Harzgerode** (Bahnhof)	an	7^{30}	17^{40}	—
7^{07}	17^{17}	—	an	**Schielo**	ab	7^{13}	17^{23}	—

4. Harzgerode—Neudorf—Stolberg.

	W‹	b	W‹	b						W‹	b	b	
}8^{40}	9^{30}	10^{15}	14^{03}	15^{10}	•17^{00}	—	ab	**Harzgerode** (Bahnhof) . .	an	10^{22}	12^{36}	×16^{50}	•17^{36}
}8^{58}	|	10^{33}	14^{19}	15^{28}	•17^{16}	—	an	Neudorf (Gold. Lowe) . . .	ab	10^{02}	12^{18}	×16^{32}	|
}9^{00}	9^{48}	10^{35}	14^{21}	15^{30}	•17^{18}	—	an	**Neudorf** (Pension Krause)	ab	9^{56}	12^{16}	×16^{30}	•17^{20}
}9^{54}	—	—	}15^{15}	—	—	—	an	**Stolberg** (Bahnhof)	ab	—	}11^{15}	}15^{35}	—

Weitere Haltestellen: **Abgang Hayn, Abgang Straßberg, Auerberg, Stolberg** (Markt).
W‹ verkehrt im Juli u. August werktäglich. **}** verkehrt im Juli u. August jeden **Fr.**
• verkehrt vom 8. Juni bis 31. August jeden **Sa.** **×** verkehrt im Juli u. August werktäglich.
b verkehrt im Mai, Juni u. ab 1 September jeden **Fr.**

5. Harzgerode-Alexisbad-Siptenfelde-Güntersberge-Friedrichsbrunn.
Verkehrt im Juli u. August jeden Sonnabend, in der Zeit vom 15. V. bis 30. VI. und ab 1. IX. 35 verkehrt der Kraftwagen nur zwischen Harzgerode und Güntersberge.

8^{45}	14^{40}	ab	**Harzgerode** (Bahnhof)	an	10^{52}	17^{30}
9^{00}	14^{58}		**Alexisbad** (Bahnhof)		10^{40}	17^{18}
9^{13}	15^{13}		**Siptenfelde** (Gasthof zum Bär)		10^{22}	17^{00}
9^{28}	15^{55}		**Güntersberge** (Bahnhof)		10^{09}	16^{45}
9^{48}	16^{15}	an	**Friedrichsbrunn** (Kurhaus)	ab	9^{50}	16^{20}

Bild 12.2. Fahrplan des Kraftverkehrs der GHE vom Sommer 1935. *Quelle: Taschenfahrplan der RBD Hannover, Sommer 1935*

In der Folgezeit nahm der Reiseverkehr über die Schiene vor allem aufgrund der Weltwirtschaftskrise bei der GHE so rapide ab, daß sie sich 1932 veranlaßt sah, die Buslinien Harzgerode—Gernrode und Harzgerode—Ballenstedt einzurichten. 1933 übernahm die GHE von der Ostharzbahnen GmbH die Konzession für 112,8 km Buslinienverkehr, darunter sogar unrentable Strecken, um das Eindringen fremder Unternehmen in das Konzessionsgebiet zu verhindern. Gleichzeitig kaufte sie von der Firma MAN für 25 000 RM einen neuen Omnibus mit Anhänger, die zusammen 42 Sitzplätze boten.
Im Eisenbahnfahrplan der GHE wurden nun mehrere Züge durch Kraftomnibusse ersetzt. Parallel dazu brachte die GHE 1933 den Schienenomnibus T 1 in Fahrt, um die unwirtschaftlich gewordene Personenbeförderung mit Dampfzügen zu kompensieren. Obwohl er wirtschaftlich günstige Ergebnisse erbrachte, konnte man sich nicht zum Kauf eines zweiten Schienen-Triebwagens entschließen. Statt dessen beschaffte die GHE einen weiteren Straßenomnibus.
1938 wurden auf den Kraftverkehrslinien der GHE 96 000 Personen befördert. Es bestanden die Linien
Harzgerode—Gernrode
Harzgerode—Neudorf
Harzgerode—Abberode
Harzgerode—Ballenstedt
Harzgerode—Güntersberge
Harzgerode—Silberhütte
und zusätzlich im Sommerbetrieb
Harzgerode—Stolberg sowie
Güntersberge—Friedrichsbrunn.
Den Bussen hatte man werbewirksame Namen wie „Selkesilber" gegeben. Sie waren leicht als bahneigen zu erkennen, denn an den Einstiegen trugen sie die bei den Eisenbahnen üblichen Zuglaufschilder.
Bis zum Jahre 1941 bestellte die GHE noch drei weitere Busse mit je 42 Sitzplätzen. Damit hätte

Bild 12.3. Linienbus der GHE im Jahre 1934. Der Kennzeichenbuchstabe A steht für „Anhalt". Im Hintergrund die Lokomotive „Alexisbad". *Sammlung Frenzel*

Bild 12.4. Omnibus „Selkesilber" der GHE im Jahre 1936. *Sammlung Frenzel*

Bild 12.5. Zum Fahrzeugpark der GHE gehörten auch Lastkraftwagen, die z. T., wie die Abbildung zeigt, auch beim Schneeräumen eingesetzt wurden. Die Aufnahme entstand nach 1936. *Sammlung Frenzel*

die Bahn sieben Omnibusse in Betrieb gehabt, doch im weiteren Verlaufe des Krieges mußte die GHE zwei Busse an die Wehrmacht abgeben und zwei Busse ins Ruhrgebiet entsenden. Die restlichen Fahrzeuge waren überaltert, ein Bus mußte sogar ausgemustert werden. Damit kam der Omnibusverkehr beinahe zum Erliegen.

Auch der von der GHE eingerichtete Lkw-Verkehr zum Transport des Reisegepäcks und von Expreßgut konnte nach Abgabe von zwei Wagen an die Wehrmacht nicht mehr aufrecht erhalten werden. Der Krieg verhinderte zudem den geplanten Einsatz von Culemeyer-Rollern, auf denen den Mitteldeutschen Leichtmetallwerken in Harzgerode, die einen Gleisanschluß abgelehnt hatten, Güterwagen zugestellt werden sollten.

Nach dem Krieg kamen die in das Ruhrgebiet abgegebenen Busse zurück, so daß 1946 schließlich wieder vier Busse, ein Lkw und für die Direktion ein Personenkraftwagen zur Verfügung standen. Noch im selben Jahr trennte Eisenbahndirektor Uflacker den Bahnbetrieb vom Kraftverkehr. Letzterer bestand als eigenständiges Unternehmen weiter. Später übernahm der VEB Kraftverkehr Werkstatt, Garage und einige Busse von diesem Betrieb.

13. Die Werkstätten der Selketalbahn in Gernrode

(Nach Angaben von F. Schnelle)

Sie waren im jetzigen Lokschuppen und dem südlich davon gelegenen Gebäude untergebracht. Sie setzten sich zusammen aus
Lokwerkstatt mit Meisterbüro, Dreherei und Schmiede (heute Lokschuppen),
Wagenwerkstatt mit eigener Schmiede und angeschlossener Zimmermannswerkstatt (heute Gebäude südlich des Lokschuppens) und
Malerwerkstatt, untergebracht im Gebäude der Wagenwerkstatt.
Zu den Werkstätten gehörte auch der Schuppen für den Triebwagen T 1, nordöstlich vom Lokschuppen gelegen. Auf dem Werkstattgelände standen zudem mehrere ausrangierte Güterwagenkästen, die als Geräte- und Materiallager dienten. Für die Arbeiten stand hier auch ein kleiner Eisenbahndrehkran zur Verfügung.

Die Lokomotivwerkstatt
Von den sechs Lokständen in der Halle dienten die zwei südlich gelegenen als Reparaturstände. Daneben hatte man die eigentliche Schlosserwerkstatt eingerichtet, ausgestattet mit einer langen Werkbank und Schraubstöcken, einer Hebelblechschere und einem Autogenschweißgerät. In der Dreherei standen eine Radsatzdrehbank, zwei Spitzendrehbänke, eine Hobelmaschine (Shaping), eine Schmirgelscheibe und eine Ständerbohrmaschine. Angetrieben wurden die Maschinen von einer Einzylinder-Dampfmaschine mit liegendem Zylinder und stehendem Dampfkessel über Deckentransmissionen und Treibriemen.
Die Schmiede bestand aus Esse und Amboß, einer kleinen Werkbank mit Schraubstock und mehreren Gießpfannen zum Ausgießen von Achslagern.
An der Nordwand der Lokhalle und in der Dreherei waren die Umkleidespinde für das Werkstattpersonal zu finden. In dem nordöstlichen, turmartigen Aufbau über dem Meisterbüro war ein Behälter für das Kesselspeisewasser der Dampfmaschine untergebracht. Über der Schmiede gab es den gleichen Aufbau, der als Materiallager diente, in dem Armaturen und Gleitlager aufbewahrt wurden. Der Raum war über eine Wendeltreppe zu erreichen.
Die Lokwerkstatt erledigte alle erforderlichen Reparaturen und Wartungsdienste. Sie führte die kleinen und großen Untersuchungen durch, übernahm das Auswaschen der Loks sowie die kurzfristige Beseitigung von Federbrüchen und dichtete Kesselluken und Siederohre ab.
In der Dreherei wurden auf der Radsatzdrehbank nicht nur die abgefahrenen Laufflächen der Lok- und Wagenachsen mit neuem Profil versehen, sondern auch neue Radbandagen und die großen Lokachslager ausgebohrt. Auf den Spitzendrehbänken stellte man u. a. Schrauben und Bolzen her und drehte auch Wagenachslager aus.
Die Schmiede erledigte alle anfallenden Schmiedearbeiten für die Lokomotivwerkstatt. Dazu gehörten das Anstauchen von Bolzen- und Schraubenköpfen sowie das Feuerverschweißen von Pufferbolzen und kleineren Rundprofilen. Hier wurden auch die Lagermetallspiegel der großen Lokomotivlager gegossen und die Blattfedern gespreizt.

Die Wagenwerkstatt
Sie umfaßte ein Reparaturgleis mit daneben aufgestellter Werkbank, eine Schmiede und eine Hobelbank für den Zimmermann. Die Wagenwerkstatt übernahm die kleinen und großen Untersuchungen und die Wartung des gesamten Wagenparks. Dazu gehörten das Auswechseln von Bremsklötzen, das Nachstellen der Bremsen und auch das Abschmieren von Zügen, die auf dem Bahnhof zur Abfahrt bereit standen.

Die Malerwerkstatt
Sie war neben der Wagenwerkstatt eingerichtet

worden und verfügte über ein eigenes Reparaturgleis. Hier erledigte ein Maler alle erforderlichen Arbeiten.

Heute werden hier nur noch kleinere Reparatur- und Wartungsarbeiten durchgeführt. Größere Durchsichten und Reparaturen erledigen das Bahnbetriebswerk Wernigerode sowie die Ausbesserungswerke Görlitz (Loks) und Wittenberge (Wagen).
1939 gehörten zum Werkstattpersonal einschließlich der Lokführer und Heizer etwa 25 Personen. Sie haben mit hohem persönlichen Einsatz unter nicht immer einfachen Arbeitsbedingungen mit dem z. T. veralteten Maschinenpark die Lokomotiven und Wagen einsatzbereit gehalten.

Quellen

Archiv der Reichsbahndirektion Magdeburg, Kleinbahnakte.
Breuer/Rösel/Schulla: Wiederaufbau der Schmalspurstrecke zwischen Straßberg und Stiege. In: „Signal und Schiene", H. 3, Berlin 1984.
Der Harz, Nr. 13/14, Wernigerode 1985.
Der Harz. Vereinsblatt des Harzclubs, Quedlinburg 1892 bis 1932.
Eisenbahn-Jahrbuch 1974, Berlin 1974.
Gernrode-Harzgeroder Eisenbahn. Sonderdruck aus „Industrie-Bibliothek", Bd. 10, Berlin 1927.
Historisches Staatsarchiv Oranienbaum. Kreisbehörde Ballenstedt, Nr. 348 bis 353. Sitzungen des Aufsichtsrates und Generalversammlungen.
Holzborn/Kieper: Dampflokomotiven, Berlin 1968.
Informationstagung Oberbau und Strecken, Erzeugnisgruppenverband Gleisanlagenbau, Magdeburg 1971.
Lüttke/Foth: Betriebsdienstliche Bestimmungen für den Einsatz von Rückfallweichen. In: „Eisenbahnpraxis", 27. Jg., H. 3, Berlin 1983.
„modelleisenbahner", H. 8, Berlin 1986.
Nesnau/Mühlhaus: Rekonstruktion von Gewölbebrücken auf einer Schmalspurstrecke mit 1 000 mm Spurweite. In: „Signal und Schiene", H. 3, Berlin 1984.
Schmale Spur mit großem Effekt. In: „Der Morgen" vom 2. Dezember 1983.
Schmidt: Bahnhof Stiege mit Wendeschleife. In: „Fahrt Frei", Nr. 26, Berlin 1982.
Schube/Rösel: Wiederaufbau der Strecke Straßberg (Harz)—Stiege. In: „Eisenbahnpraxis", 27. Jg., H. 4, Berlin 1983.
Schultz-Niborn: Die Eisenbahnen im Herzogthum Anhalt bei Beginn des 20. Jahrhunderts, Magdeburg 1900.
Staatsarchiv Magdeburg, KD Blankenburg, K6a3II, P22i1II, 3218, P22iI.
Staatsarchiv Magdeburg, G. K. Bernburg, E 34.
Stadtarchiv Alsleben. Korrespondenz mit der Firma Vering & Wächter, Kleinbahnakte.
Stadtarchiv Gernrode, Geschäftsberichte der GHE.
Stadtarchiv Harzgerode, Geschäftsberichte der GHE 1888—1911.
Stephan: Von Straßberg nach Stiege. In: „Liberal-Demokratische Zeitung", Halle, vom 3. Oktober 1983.
Urbas: Rückfallweichen bei der Deutschen Reichsbahn. In: „Signal und Schiene", H. 4, Berlin 1980.
„Wernigeröder Tageblatt", Wernigerode, div. Jahrgänge.
„Wilde Roberts" machen Dampf. In: „Der Morgen", Berlin vom 2. Juli 1985.
Zeitschrift für das gesamte Local- und Straßenbahnwesen, Hannover, Berlin, Hamburg 1887, 1888, 1889.
Darüber hinaus gaben zahlreiche ehemalige Eisenbahner der GHE wertvolle Auskünfte, Hinweise und Informationen, vor allem die Herren Apel und Hintze (Gernrode), Becker (Alexisbad), Merkel und Schnelle (Berlin), Schwarze (Straßberg) und Trenkel (Opperode).

Die Harzquer- und Brockenbahn

In der Ortslage Elend dampft der Zug nach Sorge. *Foto: G. Zieglgänsberger 1993*

Hans Röper · Helmut Becker
Werner Dill · Gerhard Zieglgänsberger

Die Harzquer- und Brockenbahn

und die Südharzeisenbahn

trans press

Der neue Cafe-Wagen in Schierke.
Foto: G. Zieglgänsberger 1997

Bahnhof Brocken 1125 m ü. NN.
Foto: G. Zieglgänsberger 1997

Inhalt

1. Eine Harzwanderung entlang den Gleisen der Harzquer- und Brockenbahn 8

2. Die Zeit vor der Eröffnung der Harzquer- und Brockenbahn 54

2.1. Historischer Rückblick 54
2.2. Vorgeschichte des Bahnbaus 54
2.3. Der Bahnbau 59

3. Betrieb und Verkehr, Projekte und Veränderungen auf der NWE 67

3.1. Nach der Inbetriebnahme 67
3.2. Projekte und Erweiterungen 73
3.3. Betrieb, Geschäft und weitere bauliche Veränderungen bis zum Ersten Weltkrieg 76
3.4. Veränderungen nach 1920 78
3.5. Werkstatt und Bahnmeisterei 80
3.6. Verkehrswerbung für den Reiseverkehr 83
3.7. Kraftverkehr 87
3.8. Bis zum Ende des Zweiten Weltkrieges 90
3.9. Betriebsstörungen auf der NWE 92

4. Die Harzquer- und Brockenbahn von 1945 bis zur Gegenwart 95

4.1. Bis zur Übernahme durch die Deutsche Reichsbahn 95
4.2. Betrieb, Verkehr und Veränderungen nach 1950 96
4.3. Abbauten, Umbauten und Unfälle in den 60er und 70er Jahren 99
4.4. Die letzten Jahrzehnte 100
4.5. Oldtimer-Zugfahrten 107

5. Die Fahrzeuge der Harzquer- und Brockenbahn 108

5.1. Dampflokomotiven 108
5.2. Triebwagen und Diesellokomotiven 116
5.3. Der Wagenpark 123

6. Die Südharzeisenbahn 154

6.1. Die Geschichte der SHE 154
6.2. Die Anlagen der Südharzbahn 168
6.3. Die Fahrzeuge der Südharzbahn 184

7. Nachwort 203

8. Abkürzungen 205

9. Literatur und Quellen 207

Straßenbrücke über den Weg ins Tal der Kalten Bode.
Foto: G. Zieglgänsberger 1998

Die 99 5906 (ex NWE 41) verläßt den Hp Güntersberge in Richtung Straßberg.
Foto: K. Zieglgänsberger 1998

1. Eine Harzwanderung entlang den Gleisen der Harzquer- und Brockenbahn (1984)

Bild 1.1.
Streckenverlauf der Harzquer- und Brockenbahn, Stand 1998.
Zeichnung: Sprang

Irgendwann kam es mir in den Sinn, die Harzquer- und Brockenbahn nicht nur als Reisender zu erleben, sondern die gesamte Strecke mit ihren so unterschiedlichen Reizen zu Fuß kennenzulernen. Natürlich versprach ein mehrtägiger Fußmarsch auch eine Reihe interessanter Fotos von dieser faszinierenden, schmalspurigen Gebirgsbahn mit 1000 mm Spurweite. Und irgendwie haftete der Idee ein gewisser Hauch von Abenteuer an: Wie wird wohl das Wetter sein? – Wo werde ich übernachten können? – Ob es möglicherweise Schwierigkeiten geben wird?
Mein Plan sah vor, in Nordhausen zu starten, weil die Streckenkilometrierung von Nordhausen (km 0,0) nach Wernigerode (km 60,5) verläuft. Günstig erschienen mir bei dieser Wanderrichtung auch die meist im Rücken stehende Sonne – falls sie scheint – und die Vorfreude auf die erst später an der Strecke zu erwartenden landschaftlichen und eisenbahntechnischen Höhepunkte.

Mittwoch, 6. Juni
BAHNHOF NORDHAUSEN NORD (km 0,0)

Nach starkem, nächtlichem Gewitter erscheine ich am frühen Morgen auf dem Schmalspurbahnhof Nordhausen Nord. Und der Himmel bleibt den ganzen Tag über trübe. Kein optimistischer Start! Das erste, was mir sofort angenehm ins Auge fällt: der noch recht frische Fassadenanstrich am Empfangsgebäude des Personenbahnhofs. 1913 eingeweiht, war es bis 1916 gleichzeitig Sitz der Verwaltung der

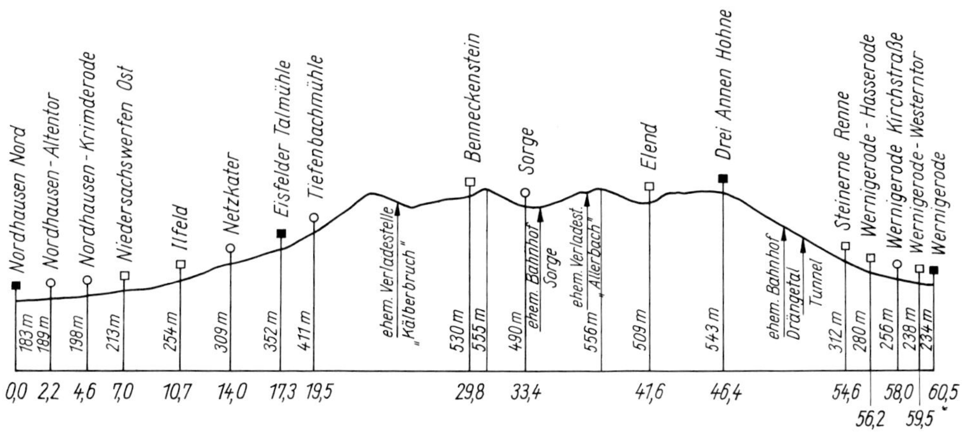

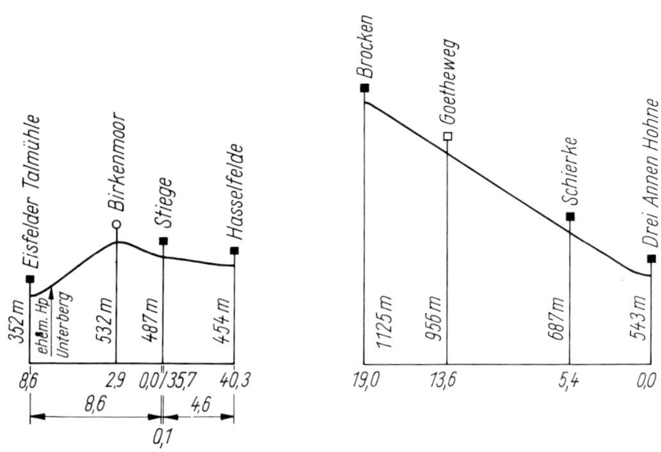

Bild 1.2.
Längen- und Höhenprofil der Harzquer- und Brockenbahn: Die Strecken Nordhausen Nord – Wernigerode, Eisfelder Talmühle – Hasselfelde und Drei Annen Hohne – Brocken, Stand 1985.
Zeichnung: Sprang

Bild 1.3.
Das renovierte Empfangsgebäude des Bahnhofs Nordhausen Nord, 1983.
Foto: Sprang

NWE. Heute beherbergt es neben den Diensträumen eine Gaststätte und Wohnungen.

Ich sehe mich nun auf den Gleisanlagen um. Auf der linken Seite hinter dem hochgebauten Stellwerk und dem Verwaltungsgebäude bemerke ich die Restaurationsanlagen für die Dampflokomotiven der Harzquerbahn. Dort befindet sich ein zweiständiger Lokschuppen – 1900 gebaut, 1940/41 erneuert und seitdem ständig genutzt –, davor sind Drehscheibe und Wasserkran angeordnet. Einige Werkstattgebäude und die ehemalige Garage für zwei Busse – heute als Kulturraum des Bahnhofs genutzt – runden das Bild ab. Der alte, noch vorhandene Kohlekran konnte einige Zeit pausieren, nachdem Ende der 70er Jahre die Babelsberger Neubaulokomotiven auf Ölhauptfeuerung umgestellt worden waren. Inzwischen werden die Lokomotiven wieder mit Kohle betrieben.

Einige Schritte weiter, am Kilometer 0,5 und schon im Bereich des Güter- und Umladebahnhofs, befindet sich die Rollbockgrube, an der ich das Aufbocken mehrerer normalspuriger Kesselwagen beobachten kann. Hier also kommen die Fahrzeuge vom höher gelegenen Normalspurgleis auf die kleinen, zweiachsigen Schmalspurfahrgestelle, Rollböcke genannt. Zwei hochklappbare Gabeln umfassen die Achse des aufgebockten Fahrzeugs und sichern so seine unverrückbare Lage. An Anfang und Ende eines Rollbockverbands werden Handbremswagen eingereiht, die für den Pufferausgleich zwischen Schmalspurlokomotive und Normalspurfahrzeug sorgen.

Rollbockverkehr, der früher ohnehin nur zwischen Nordhausen und Eisfelder Talmühle sowie Wernigerode und Steinerne Renne möglich war, gibt es heute nur noch an den beiden kaum geneigten Endpunkten der Strecke zur Bedienung schmalspuriger Anschlußbahnen.

Nachdem ich, dem Ausfahrgleis folgend, die stark frequentierte Fernverkehrsstraße F80 überquert habe, erreiche ich am Kilometer 1,0 die für Rollwagen bestimmte Spurwechselanlage – eine niedrige Kopframpe, an deren äußersten oberen Kanten das Normalspurgleis endet und die Fahrbühne des Rollwagens beginnt. Der Rollwagenverkehr ist seit 1963 (Nordharz) bzw. 1964 (Südharz) auf der gesamten Strecke möglich.

Das trübe, regnerische Wetter ist wirklich nicht nach meinem Geschmack. So ziehe ich mich erst einmal in meine Unterkunft zurück. Doch auch die Wettervorhersage läßt – wie so oft – alles offen ....

Bild 1.4. Zugverkehr im Bahnhof Nordhausen Nord: Der P 14416, gezogen von der 99 0242, verläßt den Bahnsteig, 1981.
Foto: Sprang

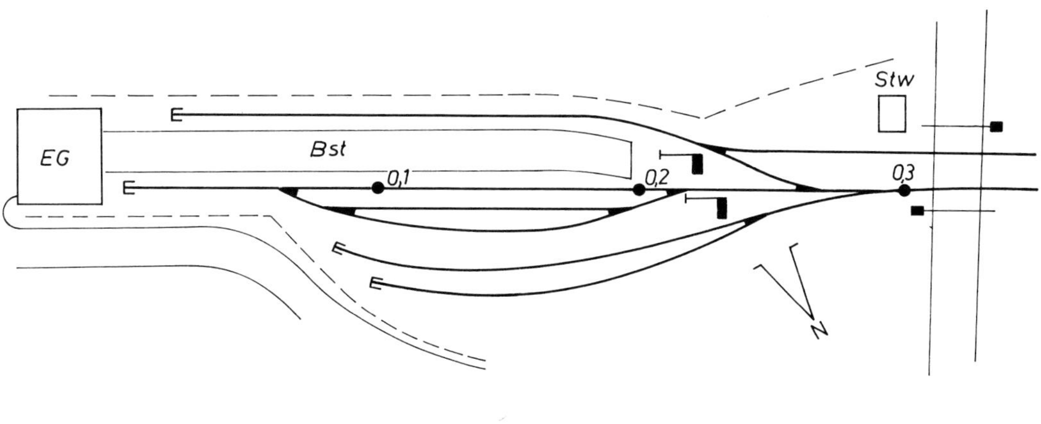

Bild 1.5. Gleisplan des Personenbahnhofs Nordhausen Nord, Stand 1946. *Zeichnung: Röper*

Bild 1.6. Der Personenzug 14406 beim Verlassen des Güterbahnhofs Nordhausen, 1982. *Foto: Becher*

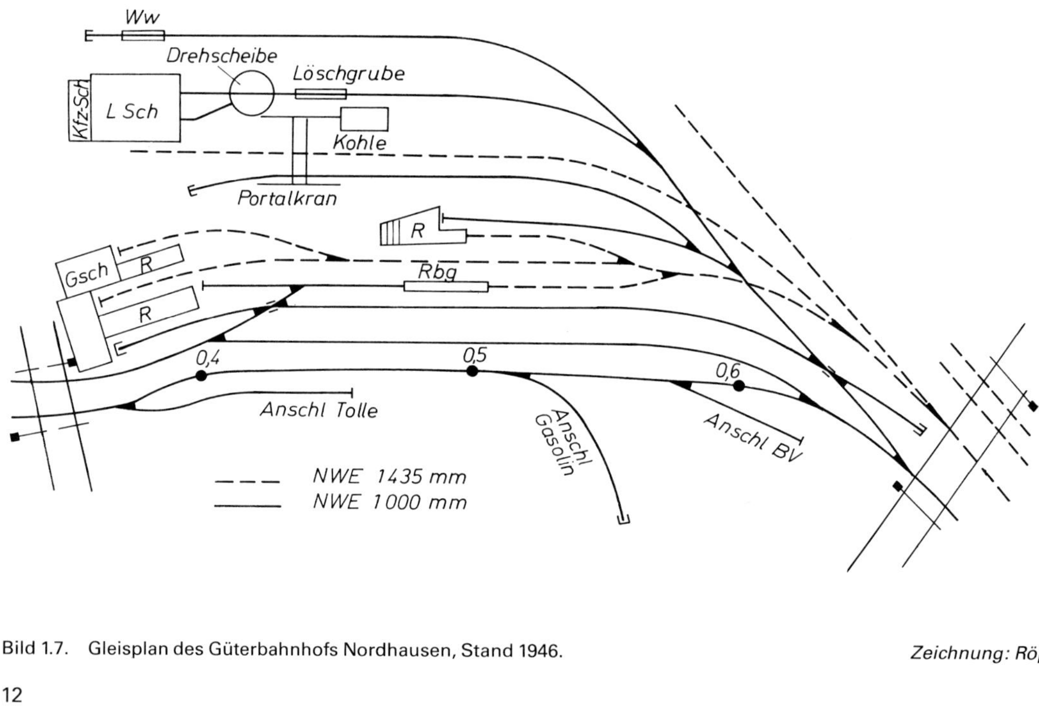

Bild 1.7. Gleisplan des Güterbahnhofs Nordhausen, Stand 1946. *Zeichnung: Röper*

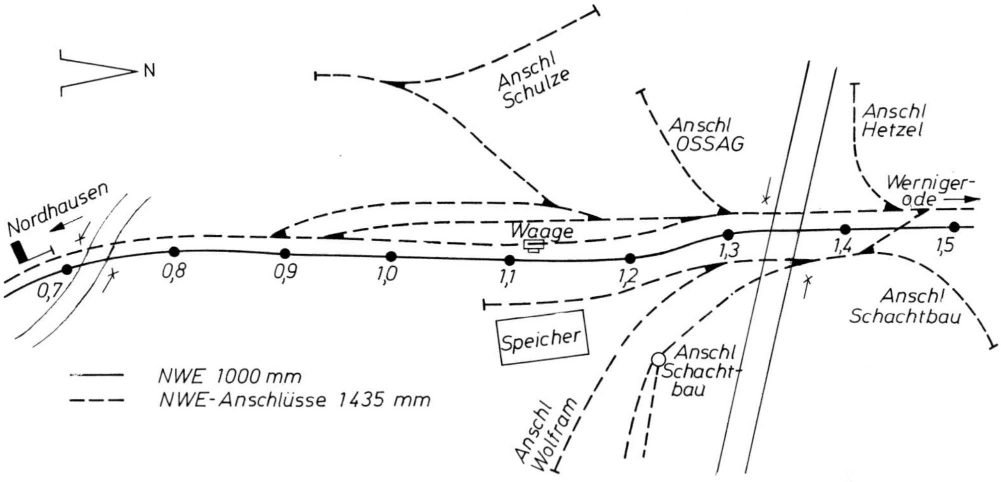

Bild 1.8. Gleisplan der Umladung (Übergabebahnhof) am Kilometer 1,0, Stand 1946. *Zeichnung: Röper*

Donnerstag, 7. Juni
NORDHAUSEN NORD (km 0,0)–NIEDERSACHSWERFEN OST (km 7,0)

Am Vormittag höre ich mich noch ein bißchen in Nordhausen um. Ich erfahre, daß 1980 die Ausrüstung mit Zugfunk abgeschlossen wurde: Bahnhöfe, Lokomotiven und Kleinwagen der Harzquerbahn erhielten stationäre Funkanlagen. Zugführer und Rangierpersonal benutzen seitdem tragbare Sprechfunkgeräte. Entsprechend den Zugleitbereichen gibt es zwei Funkkanäle – Kanal 1 (Zugleiter im Bf Wernigerode Westerntor) für die Streckenabschnitte Wernigerode–Benneckenstein und Drei Annen Hohne–Schierke (mit einer Relaisstation bei Drei Annen Hohne) und Kanal 2 (Zugleiter in Nordhausen) für die Abschnitte Benneckenstein–Nordhausen Nord und Eisfelder Talmühle–Hasselfelde (mit einer Relaisstation auf dem Poppenberg bei Ilfeld). Im Zusammenhang mit dem Neubau der Verbindungsstrecke zwischen Harzquerbahn und Selketalbahn (Stiege–Straßberg) wurde 1984 der Funkversorgungsbereich Alexisbad (Selketalbahn) eingerichtet. Dieser dritte Funkkanal (mit einer Relaisstation auf der Viktorshöhe bei Friedrichsbrunn) dient den Abschnitten Stiege–Gernrode und Alexisbad–Harzgerode.

Nachdem ich gegen Mittag die nächste Übernachtung zugesagt bekomme, beginnt meine eigentliche Wanderung. Bis zum heutigen Ziel Niedersachswerfen Ost führt die Strecke nur durch ebenes Gelände. Auf den ersten beiden Kilometern dominieren Industriebetriebe, Schrottplätze und dicke Fernleitungsrohre. Keine reizvollen Fotomotive!

Doch das Empfangsgebäude des hauptsächlich dem Berufsverkehr dienenden Haltepunkts Nordhausen-Altentor (km 2,2) ist ein sehenswerter Blickfang. Genaugenommen befinde ich mich aber immer noch im großen Bahnhof Nordhausen Nord, denn das Einfahrsignal steht erst am Kilometer 2,5. Damit der Rangierbetrieb rationeller ablaufen kann, sichert am Kilometer 0,8 ein Zwischensignal den betrieblichen Endbereich des Bahnhofs Nordhausen Nord.

Ein- und Ausfahrt für den gesamten Bahnhof Nordhausen werden über Formhauptsignale angezeigt. Auf dem Befehlsstellwerk befindet sich das dazugehörige Hebelwerk mit Signal-, Weichen- und Fahrstraßenhebeln. Die Fahrstraßen werden mittels fernbedienter Weichen hergestellt und mit Fahrstraßenhebeln gesichert. Alle anderen Gleissperren und Weichen sind ortsbedient und teilweise schlüsselabhängig. Bei den anderen Betriebsstellen der Harzquerbahn ist es im Prinzip genauso.

Auf dem ehemals der NWE gehörenden Gelände hinter dem Haltepunkt Nordhausen-Altentor, auf dem bis 1933 die dann nach Osten hin verlegte Strecke verlief, entstand Anfang der 70er Jahre ein umfangreicher Komplex von Neubauwohnungen. Und keine 100 m davon entfernt schnaufen nun

Bild 1.9.
Das Empfangsgebäude des Haltepunkts Nordhausen-Altentor im Jahre 1980.
Foto: Rejke

Bild 1.10. Einfahrt des P 14415 in den Haltepunkt Nordhausen-Altentor, 1981. *Foto: Sprang*

– bis zur Betriebspause nach 20.00 Uhr – die Züge der Harzquerbahn vorbei.
Das Bahnhofsgebäude – von dem aus u.a. eine Schrankenanlage bedient wird – war im Mai 1934 nach der Streckenverlegung fertiggestellt worden. Damals existierte noch ein Anschlußgleis in die nahe Nortak-Tabakfabrik.
Der nur zeitweise besetzte Haltepunkt Nordhausen-Krimderode (km 4,6) macht einen ziemlich verträumten Eindruck. Erst ein paar Minuten, bevor ein Zug hinter den Kastanienbäumen auftaucht, wird der Bahnsteig von einigen Reisenden belebt, die aber gleich darauf in die rot-elfenbein-farbenen Wagen entschwunden sind.
Ein Kreuzungsgleis erhielt der frühere Haltepunkt im Jahre 1944, und zwar im Zusammenhang mit der Einrichtung des Konzentrationslagers „Dora". Bald nach Kriegsende wurde auch das Kreuzungsgleis abgebaut. Anschließend bekam Nordhausen-Krimderode sein massives Wartehäuschen. Seit 1946 zählt die Betriebsstelle wieder als Haltepunkt.
Wenige hundert Meter weiter überquert die Bahn die Zorge. Hier mußte während des Streckenbaus die erste größere Brücke errichtet werden, der dann eine Vielzahl weiterer Durchlässe und Brücken folgte.
Nachdem das Gleis die Fernverkehrsstraße F4 gekreuzt hat, verlaufen beide Verkehrswege parallel dicht nebeneinander. Zur Linken – in reichlich 100m Abstand – ist die normalspurige Hauptbahn Nord-

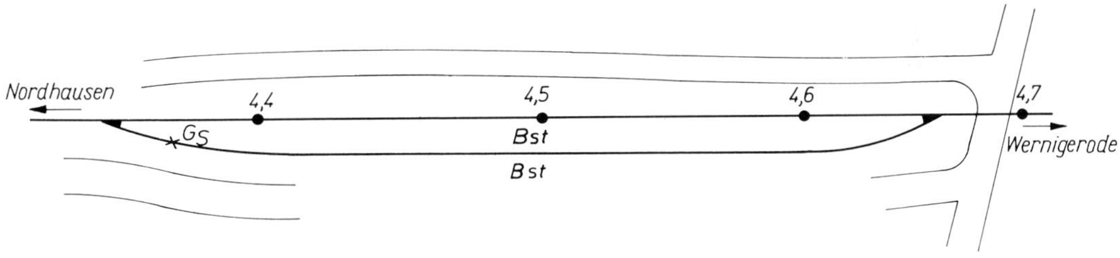

Bild 1.11. Gleisplan Nordhausen-Krimderode, Stand 1945. *Zeichnung: Röper*

Bild 1.12.
Die Wartehalle von Nordhausen-Krimderode, fotografiert 1980.
Foto: Rejke

Bild 1.13. Wartehalle Niedersachswerfen Ost – der Ofen steht vor der Tür! *Foto: Rejke*

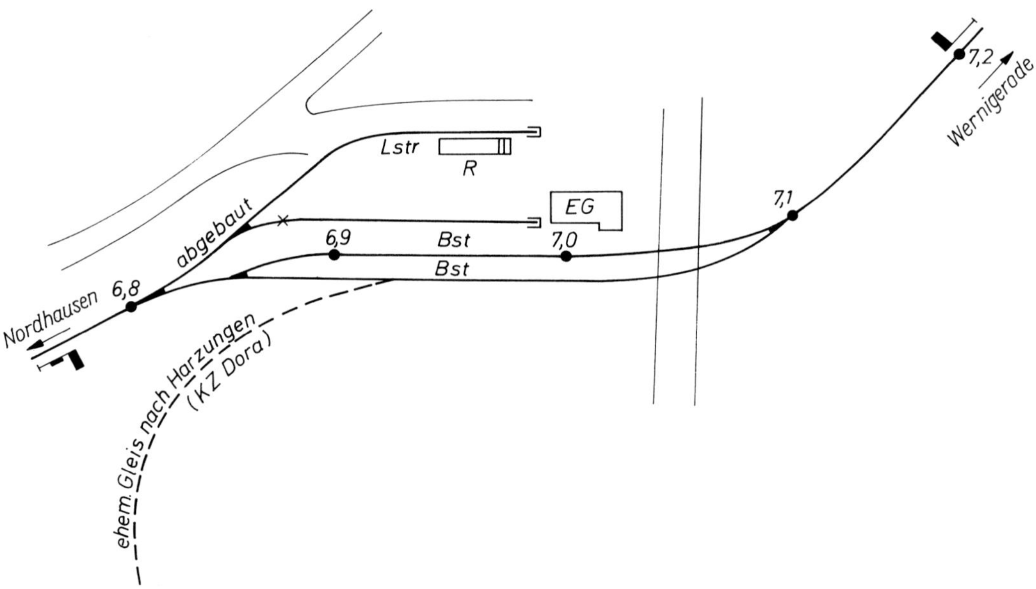

Bild 1.14. Gleisplan des Bahnhofs Niedersachswerfen Ost, Stand 1950. *Zeichnung: Röper*

hausen–Ellrich zu erkennen, die kurz vor dem Ortseingang Niedersachswerfen den staubigen Anlagen umfangreicher Gips- und Alabasterbrüche weichen muß und sich in einem Linksbogen von der Schmalspurstrecke entfernt.
Ich habe den Bahnhof Niedersachswerfen Ost erreicht und stelle fest, daß hier die sonst bei der Harzquerbahn üblichen Einfahrsignale fehlen. Dafür erhielt der Bahnhof Ende 1979 zwei Rückfallweichen, die den Betriebsablauf erheblich beschleunigen helfen. Fährt bei der Ausfahrt der Zug planmäßig die Weiche aus der Grundstellung auf, so tritt ein hydraulisch verzögerter Rückstellmechanismus in Gang, der verhindert, daß jede Radachse die Weiche erneut auffahren muß. Im Zusammenhang mit dem Einsatz der Rückfallweichen wurden zwei neue Signale eingeführt (Ankündigungsbake So 17 und Überwachungssignal einer Rückfallweiche So 18), wobei das Signal So 18 den Lokführer darüber informiert, ob die Weichenzunge anliegt und die Weiche somit gegen die Spitze befahren werden darf.
Der Kreuzungsbahnhof Niedersachswerfen Ost war früher viel größer. Er besaß außer dem Kreuzungsgleis noch zwei Ladegleise, eine Holzverladerampe und einen kleinen Güterschuppen. Ein 1944 zum Kriegsgefangenenlager in Harzungen führendes 2,5 km langes Gleis zweigte hier ab. Bald nach Ende des zweiten Weltkriegs wurde es abgebaut.

Freitag, 8. Juni
NIEDERSACHSWERFEN OST (km 7,0)–EISFELDER TALMÜHLE (km 17,3)

Der Himmel ist noch immer bedeckt, es nieselt. Mein Koffer fährt heute solo mit dem „Quirl" – so nennt der Südharzer Volksmund die Harzquerbahn – zur nächsten Unterkunft vor. Im Nordhäuser Dialekt wird aus dem „Quirl" gar ein „Quärrel"!
Noch etwas verschlafen solcherart Gedanken wälzend, durchwandere ich das fast ebene Gelände, bis der Ilfelder Bahnhof (km 10,7) in Sicht ist. Wie die meisten anderen Bahnhöfe auch, hat er in seinem Empfangsgebäude eine Gaststätte aufzuweisen. Aber das ist nicht alles. Der Bahnhof Ilfeld besitzt immerhin drei Hauptgleise, zwei Ladegleise und einen Güterschuppen. Der 1943/44 erbaute zweiständige Lokomotivschuppen wird allerdings nicht mehr als solcher genutzt: Heute ist darin nur noch eine sächsische Museumslokomotive untergestellt, die Meterspur-Fairlie-Lok 99 162.
Vom heißen Kaffee erwärmt, geht es weiter. Zur Rechten begleitet mich nun das friedliche, fast monotone Murmeln der Behre. Noch in Ilfeld kreuzt das Gleis wieder die F4, gesichert durch eine Halbschrankenanlage. Nachdem ich beim Kilometer 11,7 den Abzweig zu einer Papierfabrik passiert habe, wird es ernst. Die Steigungen beginnen!

Bild 1.15.
Das Empfangsgebäude in Ilfeld.
Foto: Seeger

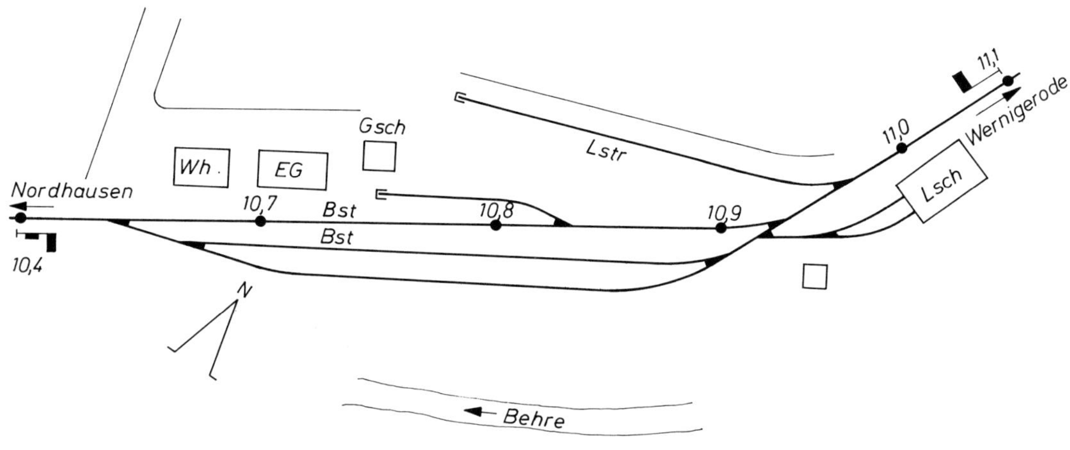

Bild 1.16. Gleisplan des Bahnhofs Ilfeld, Stand 1946. *Zeichnung: Röper*

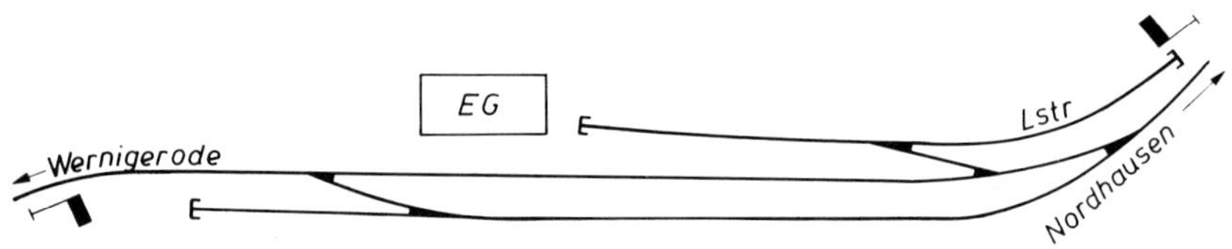

Bild 1.17. Gleisplan des Bahnhofs Netzkater, Stand 1946. *Zeichnung: Röper*

Auf halber Strecke zwischen Ilfeld und Netzkater, am Kilometer 12,6, befand sich bis 1922 der Haltepunkt Talbrauerei, so genannt nach der nahe gelegenen Brauerei mit hauseigener Gaststätte. 1948/49 mußte der Haltepunkt noch einmal in Betrieb genommen werden. Der Grund dafür war der Umsteigeverkehr, der durch Bauarbeiten an der 500 m weiter gelegenen Brücke erforderlich wurde. Heute sieht man von diesem Haltepunkt nichts mehr.

Etwa beim Kilometer 13 wechselt die Behre plötzlich nach links. Das machte noch vor der Jahrhundertwende den Bau eines steinernen „Viadukts" mit drei Bögen erforderlich. Doch die Behre ist nicht immer so friedlich wie heute. Ein durch ungewöhnlich starke Schneeschmelze hervorgerufenes Hochwasser brachte im Januar 1948 die Brücke zum Einsturz. Erst nach knapp zwei Jahren war die mit 42 m längste Brücke der Harzquerbahn wieder befahrbar.

Unmittelbar hinter der Brücke überquere ich erneut die F4 und passiere dann am Kilometer 13,5 die Stelle, an der ein Anschlußgleis zur Steinkohlengrube „Wentzelzeche Teutschenthal" abging. 1924, nach der Zechenschließung, wurde es allerdings wieder abgebaut. Etwa 500 m weiter erreiche ich den Haltepunkt Netzkater (km 14,0). Auch hier eine Bahnhofsgaststätte, die ein ausgezeichnetes Mittagessen anbietet. Danach läßt sich gar für etwa zwei Stunden die Sonne blicken!

Der Hp Netzkater war einst ein durch Einfahrsignale gesicherter Bahnhof mit Kreuzungs- und Ladegleis, der vor allem der Holzverladung diente. In den 60er Jahren wurden alle Gleise – bis auf das durchge-

Bild 1.18. Rollwagenverband auf der Brücke bei Ilfeld, 1983. *Foto: Zieglgänsberger*

Bild 1.19.
Empfangsgebäude des Haltepunkts Netzkater.
Foto: Seeger

Bild 1.20.
Empfangsgebäude des Bahnhofs Eisfelder Talmühle.
Foto: Seeger

hende Streckengleis – abgebaut. Und Netzkater wurde zum Haltepunkt. Allerdings wird jetzt erwogen, nach Aufnahme des Güterverkehrs bis Harzgerode hier wieder einen Kreuzungsbahnhof einzurichten, der dann sicher Rückfallweichen erhalten würde.

Weiter durch das Behretal wandernd, lasse ich auch den Kilometer 15 hinter mir zurück, wo einst ein An-

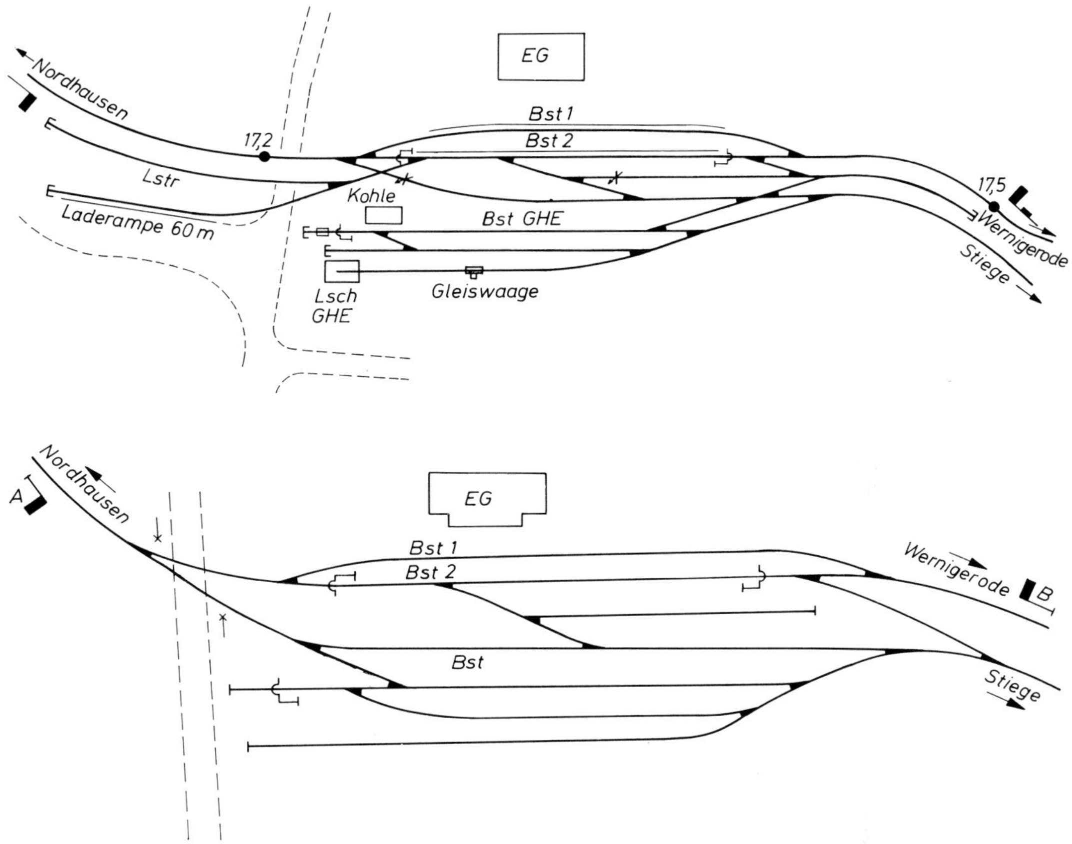

Bild 1.21. Gleisplan des Bahnhofs Eisfelder Talmühle, Stand 1945 (oben) und 1984. *Zeichnung: Röper*

schlußgleis zu den Grauwackebrüchen der Fürstlichen Stolberg-Wernigeroder Kammer führte und auf einer Stahlträgerbrücke die Behre kreuzte. Nach dem zweiten Weltkrieg wurde der Steinbruch stillgelegt und das Gleis abgebaut.
Gegen 18.00 Uhr treffe ich schließlich auf dem relativ großen Bahnhof Eisfelder Talmühle ein, der früher gemeinsam von der NWE und der GHE betrieben wurde. Beide Bahnunternehmen verfügten über eigene Bahnsteig-, Kreuzungs- und Übergabegleise. Die GHE hatte hier einen Lokomotivschuppen, der erst nach seiner teilweisen Zerstörung durch einen Unfall im Jahre 1965 abgerissen wurde. Weiterhin befinden sich im Bahnhof drei Wasserkräne und mehrere Ladegleise.
Mir fällt auf, daß neben dem Nordhausen-Wernigeroder Gleis für beide Richtungen mechanische Einfahrsignale stehen, während an der Zweigstrecke von Hasselfelde kein solches Hauptsignal, sondern nur eine Trapeztafel zu entdecken ist. Der Grund für die einfachere Sicherung des Abzweigs liegt darin, daß dieser ehemals zur GHE gehörte, die sich in der Sicherungstechnik nur auf das Notwendigste beschränkte.

Sonnabend, 9. Juni
HASSELFELDE (km 40,3)–STIEGE (km 35,7/–0,1) –EISFELDER TALMÜHLE (km 8,6)

Das Wetter ist besser geworden, und so kann ich erstmals Sommersachen anziehen. Doch die Sandalen erweisen sich als unpraktisch. Schon nach wenigen

Kilometern beginnen die Fußsohlen zu schmerzen, da die Schienen fast ausschließlich auf Stahlschwellen liegen. Die älteren Schwellen haben zudem an den beiden oberen Längsrändern eine schmale erhöhte Kante. Ich entdecke zwischen Kilometer 37 und 36 sehr alte Schwellen mit der Aufschrift „UNION D 1885". Das scheint sonderbar, denn der Bau der NWE war zu jener Zeit noch gar nicht genehmigt.
Aber der Abschnitt von Hasselfelde bis Stiege gehörte ja bis 1945 zur GHE, die bereits 1887 ihren ersten Schnaufer von sich gab und in früheren Jahren ihre Strecke mit altbrauchbarem Material der KPEV verstärkte bzw. erneuerte. So verläuft die Kilometrierung von Hasselfelde (km 40,3) bis Stiege (km 35,7) rückläufig, da der Streckennullpunkt in Gernrode zu suchen ist.
Das Gelände hinter Hasselfelde ist nur wenig geneigt. In großen Bögen schlängelt sich das Gleis – meist über Wiesen führend – nach Stiege hin. Links vor dem Bahnhof Stiege befindet sich seit dem Frühjahr 1984 eine Wendeschleife – eine eisenbahntechnische Besonderheit! Der rund 400 m lange Gleisbogen ist mit einem Halbmesser von größtenteils nur 60 m verlegt.
Zwischen den Bahnhöfen Stiege und Straßberg an der Selketalbahn bestand jahrzehntelang eine annähernd 14 km lange Lücke. Der ehemalige GHE-Abschnitt ist ja inzwischen wieder aufgebaut worden, und seit dem 3. Juni 1984 rollt auch der planmäßige Reiseverkehr. Wenn nun ein Zug von Gernrode über Straßberg und Stiege nach Eisfelder Talmühle will, muß dieser in Stiege keine Spitzkehre fahren (d. h. die Lok muß nicht abkuppeln und zum anderen Zugende umsetzen). Der Zug befährt jetzt, entgegen dem Uhrzeigersinn, die Wendeschleife und kommt ohne aufwendige Rangierarbeiten ans Ziel. Außerdem erleichtern in Stiege mehr als ein halbes Dutzend Rückfallweichen die verschiedenen Betriebsabläufe. Kurz hinter dem Bahnhof zweigt nach links das neue Verbindungsgleis nach Straßberg ab. Von der Entstehungsgeschichte her war dieses GHE-Gleis jedoch zuerst da (schon 1891). Das Verbindungsgleis zur NWE nach Eisfelder Talmühle (1905

Bild 1.22. Der P 14465, gezogen von der 99 6001, fährt in den Bahnhof Hasselfelde ein, 1984. *Foto: Sprang*

Bild 1.23.
Das Empfangsgebäude Stiege im Herbst 1984.
Foto: Kittler

Bild 1.24. Ein Rollwagenzug bei Stiege, 1982. *Foto: Krause*

aufgebaut) zweigte rund 100m vom Empfangsgebäude Stiege entfernt (km 0,0) nach rechts ab.
Der höchste Punkt des heutigen Abschnitts, 532m ü. NN gelegen, befindet sich am Haltepunkt Birkenmoor (km 2,9). Bis hierher waren nur geringfügige Steigungen zu überwinden gewesen. Nun aber geht es in engen Bögen steil bergab. Die Sonne steht mal links, mal rechts von mir. Wenn nicht die Schienen sicher den Weg weisen würden, könnte man sich in der jetzt wieder waldreichen Gegend glatt verlaufen. Hinter einer reizvollen S-Kurve zwängt sich das Gleis durch einen kurzen Felseinschnitt. Irgendwo im dichten Wald gurgelt die Behre, die Baumwipfel rauschen sanft, und hin und wieder sind ein Buchfink oder eine Bachstelze zu hören. Welch ungewohnte Stille!

Am späten Nachmittag ist mein Tagesziel, Eisfelder Talmühle, erreicht (nur noch 352 m über NN). 13,3 km Fußmarsch liegen hinter mir, und ich bin rechtschaffen müde. Morgen geht es weiter auf der „Stammstrecke"!

Sonntag, 10. Juni
EISFELDER TALMÜHLE (km 17,3)–BENNECKENSTEIN (km 29,8)

Der Bahnhof Eisfelder Talmühle liegt mitten in einem idyllischen Talkessel. Ringsum ragen die Höhenzüge des Harzer Berglandes steil empor, und nur die Bach- und Flußläufe haben in Tausenden von Jahren schmale Schluchten in die Bergmassive genagt. So kann auch die Eisenbahntrasse zunächst nur diese Einschnitte nutzen, um aus dem Tal hinauszuklettern. Vorerst verlaufen beide Streckengleise parallel nebeneinander, rechts das Gleis nach Hasselfelde, links „mein" Wandergleis nach Benneckenstein. Etwa 300 m weiter trennen sie sich. „Mein" Gleis kreuzt die F 81 und führt nun am linken Rand des Bergeinschnitts aufwärts. Das entgegenkommende Wasser des Tiefenbachs plätschert nahe dem Gleiskörper, und weiter rechts brummen auf der asphaltierten kurvenreichen F 81 die Autos entlang.
Beim Kilometer 19,5 befindet sich der Haltepunkt Tiefenbachmühle. Die Züge unterbrechen ihre Fahrt hier nur bei Bedarf. Bis in die 60er Jahre hinein existierte ein Ladegleis, das mittels zweier Weichen an das Durchgangsgleis angeschlossen war. Es diente vorwiegend zur Holzverladung. Der heutige Haltepunkt ist lediglich mit Bahnsteig und Wartehalle ausgestattet. Jetzt, am frühen Nachmittag liegt er bereits im tiefen Schatten mächtiger Bergrücken.
Wenig später stehe ich vor einem markanten Punkt der Harzquerbahn: Eine Linkskurve beschreibend, durchschneidet die Strecke eine hinderliche Bergnase. Die damit entstandene enge Gleisgasse, beidseits von bizarren Felswänden eingerahmt, bietet einen beeindruckenden Anblick.
Bald darauf weitet sich das Tal etwas. Einige abgeholzte Berghänge lassen das heute reichlich vorhandene Sonnenlicht ungehindert in die faszinierende Eisenbahnlandschaft fluten. Doch es dauert nicht lange, und das Gleis muß sich wieder einige Kilometer durch dichten Fichtenwald bergauf kämpfen. Welche grandiosen Bäume! Jeder großstädtische Weihnachtsmarkt würde sie gern nehmen...
Etwa bis zum Kilometer 23,6 sind die größten Steigungen geschafft. Für mich Anlaß genug, mir eine Pause zu gönnen. Die Reste einer Betonrampe und das breitere Planum am Kilometer 25,1 verraten, daß sich hier eine Verladestelle befand. Es handelte sich um die Holzverladestelle „Kälberbruch", die über eine lange Rampe und ein Ladegleis verfügte. Weichen und Gleissperren waren ortsbedient. Die Weichenschlüssel befanden sich jeweils auf den benachbarten Bahnhöfen. Der Zugführer des Zuges, welcher die Ladestelle zu bedienen hatte, erhielt vom Fahrdienstleiter die Schlüssel ausgehändigt und mußte sie dann auf dem nächsten Bahnhof – mit dem Vermerk: Weichen in Grundstellung verschlossen – wieder abgeben. Diese Verfahrensweise galt auch für andere Betriebsstellen. In den 60er Jahren wurde die Verladestelle aufgelassen. Ladegleis und Weichen wurden abgebaut.

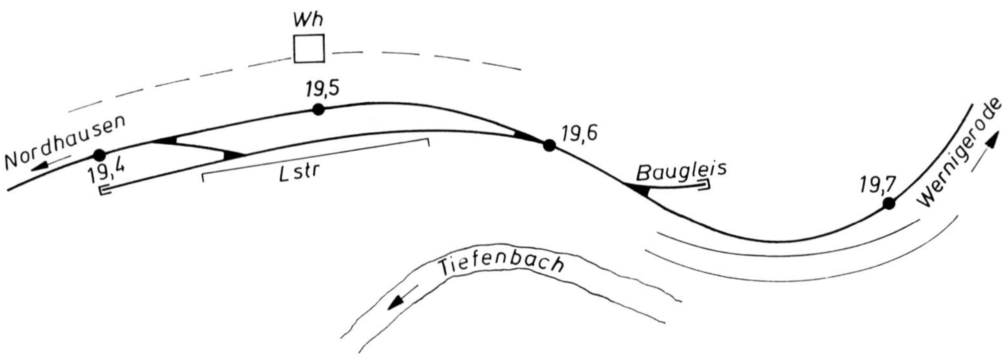

Bild 1.25. Gleisplan des Haltepunkts Tiefenbachmühle, Stand 1946. *Zeichnung: Röper*

Einen knappen Kilometer weiter gelange ich zu einer Stelle, die mir besonders gut gefällt. Auf einer kleinen Steinbrücke überquert erstmals ein Weg die Harzquerbahn. Wie sich später herausstellt, ist dies auch die einzige niveaufreie Kreuzung, bei der ein Weg über die Eisenbahn führt.
Dann bestimmen große Wiesen- und Weideflächen das Bild. Die sumpfige Benneckensteiner Hochebene ist erreicht. Nach einer langgestreckten S-Kurve bin ich schließlich auf dem am Ortsrand 530 m ü. NN gelegenen Bahnhof Benneckenstein.
Noch weiß ich nicht, ob ich eine Übernachtung finden werde. Ein höchst bedrückendes Gefühl! Doch schneller als gedacht hilft man mir aus der Klemme, und ich kann mich beruhigt in das Café „Tannenwald" zurückziehen.

Montag, 11. Juni
BENNECKENSTEIN (km 29,8)–ELEND (km 41,6)

Das schöne Wetter hat sich während der letzten beiden Tage offenbar verausgabt. Ein böiger, kühler Wind fegt am frühen Morgen über die Benneckensteiner Hochebene und wirbelt die Wolken wild durcheinander.
Der Bahnhof Benneckenstein ist ein wichtiger Kreuzungspunkt mit mehreren Lade- und Anschlußgleisen. Hier endet übrigens der täglich verkehrende Güterzug aus Wernigerode. Weiter gibt es ein größeres Bahnhofsgebäude mit Gaststätte und einen Güterschuppen. Außerdem hat in Benneckenstein eine Gleisbaurotte der Bahnmeisterei Wernigerode ihren Standort.
Rechts neben dem Streckengleis befindet sich ein kleiner Lokschuppen, in dem ständig eine Lokomotive stationiert ist. Mir fallen sofort die „frischen" Ziegelsteine auf. Der alte Lokschuppen, so erfahre ich, fiel 1982 einem Brand zum Opfer. Das Gleis steigt nun stark an und passiert beim Kilometer 30,2 das Einfahrsignal aus Richtung Wernigerode. Für das Betreten des sich jetzt anschließenden grenznahen Bereiches zur Bundesrepublik Deutschland benötigt man einen Passierschein. Reisende, die dieses Gebiet mit der Harzquerbahn durchfahren und in

Bild 1.26.
Eine historische Aufnahme: Die am 24./25. September 1905 abgebrannte Tiefenbachmühle im Ilfelder Tal.
Foto: Sammlung Zieglgänsberger

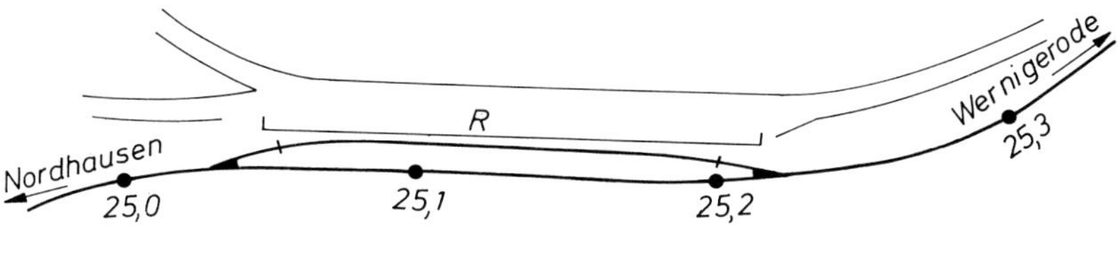

Bild 1.27.
Gleisplan der Holzverladestelle Kälberbruch am Kilometer 25,1, Stand 1946.
Zeichnung: Röper

Bild 1.28. Zwischen Benneckenstein und Haltepunkt Tiefenbachmühle: Der P 14407, gezogen von der 99 0237 im Jahre 1981.
Foto: Sprang

Sorge oder Elend nicht aussteigen wollen, brauchen dagegen keine spezielle Genehmigung.
Wenig später kreuzt das Gleis eine Straße. Hier, etwa beim Kilometer 30,8, habe ich den vorläufig höchsten Punkt der Strecke (555 m ü. NN) erreicht. Diese Stelle am sogenannten Sandbrink wird in der Literatur zuweilen als höchster Punkt der Gesamtstrecke angegeben. Von „alten Harzquerbahnhasen" habe ich jedoch erfahren, daß zwischen Sorge und Elend diese Höhe noch um einige Zentimeter überboten wird.
Nun geht es erst einmal reichlich 2 km bergab. Nach einer langgestreckten Linkskurve verläßt das Gleis den dichten Wald und führt in ein breites Tal hinab, in das der kleine Urlauberort Sorge eingebettet liegt. Der Haltepunkt mit dem winzigen, aber hübschen Wartehäuschen mit Dienstraum befindet sich seit 1974 am Kilometer 33,35. Die Kursbuchangabe für die Richtung Nordhausen–Wernigerode (km 33,5) ist nicht ganz korrekt. Und bezüglich der Höhenangabe (früher 486 und jetzt 490 m ü. NN) bezieht man sich immer noch auf den alten Bahnhofsstandpunkt. Da der neue Haltepunkt näher am Ort liegt, bleibt jetzt natürlich ein längerer Fußweg zur Eisenbahn erspart.
Das Gleis führt dann leicht bergab, überquert beim Kilometer 33,9 die Warme Bode und erreicht, neben einer Straße verlaufend, beim Kilometer 34,2 die Stelle, wo sich früher der Bahnhof Sorge befand. Rechts neben dem Gleis, auf einem hohen Bahndamm, lagen einst die Gleise der Südharzeisenbahn (SHE), die von Tanne über Sorge nach Braunlage

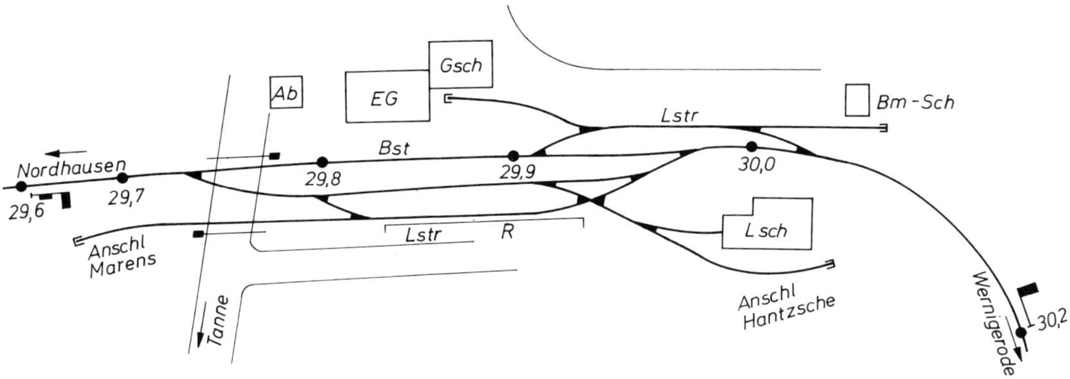

Bild 1.29. Gleisplan des Bahnhofs Benneckenstein, Stand 1947 *Zeichnung: Röper*

Bild 1.30. Das Empfangsgebäude des Bahnhofs Benneckenstein um 1910. *Foto: Sammlung Röper*

bzw. Walkenried (heute in der BRD) führten. Zwischen beiden Bahnen gab es eine direkte Gleisverbindung. Die NWE-Gleisanlagen hatten aus Kreuzungsgleis und Ladegleis bestanden.
In einer scharfen Rechtskurve wird fast das Widerlager der nicht mehr vorhandenen Kreuzungsbrücke beider Eisenbahnen gestreift. Dann geht es mit stattlichen 33‰ erneut bergan. Am Waldrand entdeckte ich eine Gruppe äsender Mufflons. Diese europäischen Wildschafe mit ihrem Schneckengehörn kann ich hier erstmals in freier Wildbahn beobachten.
Als endlich das Gleis kaum noch höher führt, hat

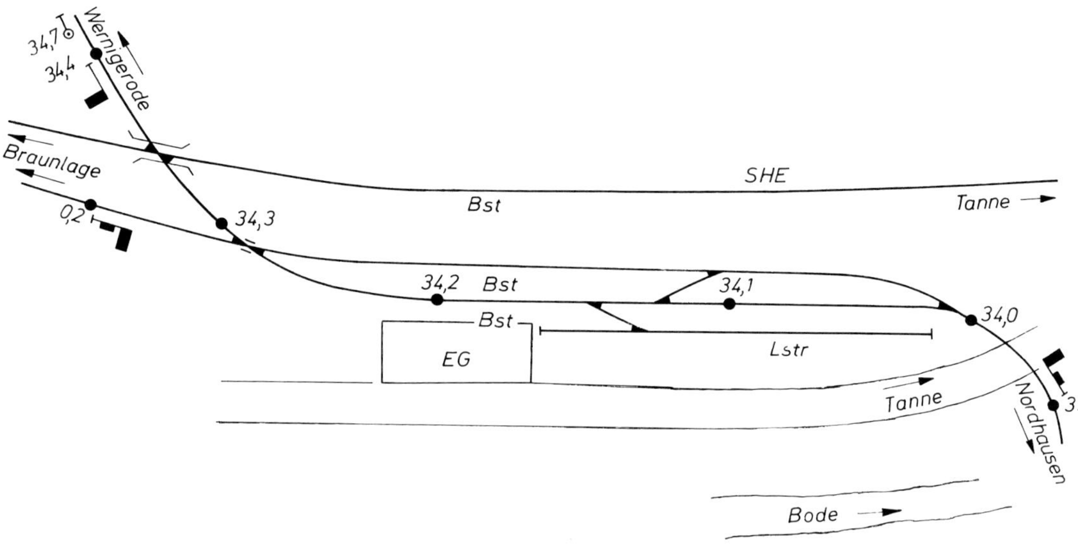

Bild 1.31. Gleisplan des Bahnhofs Sorge, Stand 1946. *Zeichnung: Röper*

Bild 1.32. Auf der Bodebrücke bei Sorge im Juni 1984: Die 99 7231 zieht einen Personenzug. *Foto: Sprang*

Bild 1.33. Ein Personenzug, gezogen von der 99 7237, am Haltepunkt Sorge im Juni 1984. *Foto: Sprang*

Bild 1.34.
Die ehemalige Holzverladestelle Allerbach im Juni 1984.
Foto: Sprang

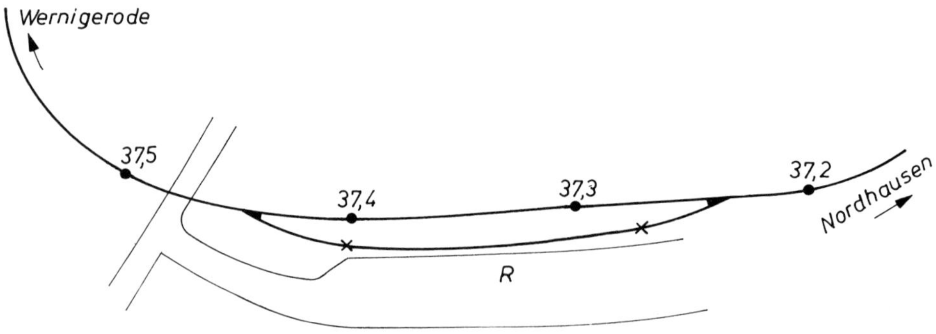

Bild 1.35. Gleisplan der Holzverladestelle Allerbach zwischen Kilometer 37,3 und 37,4, Stand 1946. *Zeichnung: Röper*

Bild 1.36. Vor wundervoller Kulisse zwischen Sorge und Elend unterwegs: Personenzug P 14414 im Juni 1984. *Foto: Sprang*

mich ein Gewitter, das sich schon seit einiger Zeit lautstark ankündigte, eingeholt. Unter einer der vielen riesigen Fichten suche ich Schutz vor Regen und Hagel! Und nun geht es richtig los! Das Unwetter tobt sich im Umkreis von etwa 1 km mit aller Gewalt aus. Mehrfach ist das kurze Zischen der Blitze zu hören, dem unmittelbar darauf ein ohrenbetäubendes Krachen folgt. Ganz wohl ist mir nicht in meiner hilflosen Lage... Dann ist es plötzlich still, nur der Regen rauscht noch. Das Gewitter hat sich entladen. Das Gleis führt nun ein kurzes Stück bergab, passiert auf einem waagerechten Abschnitt die ehemalige Holzverladestelle Allerbach (zwischen Kilometer 37,3 und 37,4) und erklimmt schließlich beim Kilometer 38,2 den absolut höchsten Punkt zwischen Nordhausen und Wernigerode (556 m ü. NN).

Bild 1.37. Kurz vor der Einfahrt in den Bahnhof Elend im Juni 1984. Der Personenzug wird von der 99 7245 gezogen. *Foto: Sprang*

Bild 1.38. Der Personenzug P 14404 im Bahnhof Elend, Juni 1984. *Foto: Sprang*

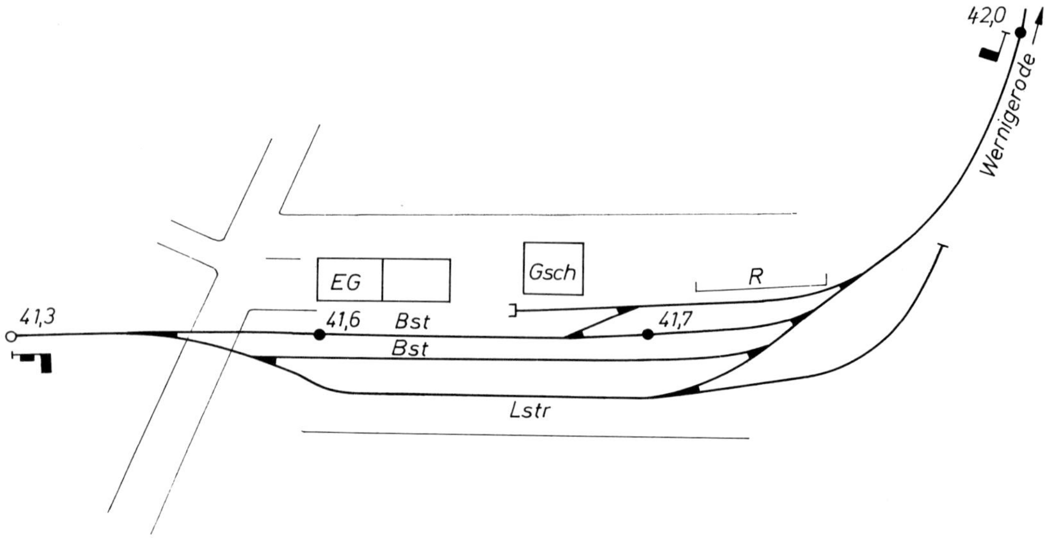

Bild 1.39. Gleisplan des Bahnhofs Elend, Stand 1920. *Zeichnung: Röper*

Peu à peu dringt die Sonne wieder durch die Wolken. Die regennassen Bäume und das Gras beginnen zu glitzern. Blendende Lichtreflexe funkeln über dem dampfenden Waldboden.
Das Schwellenband lenkt meine Schritte zügig bergab. Nach einem Rechtsbogen habe ich unvermittelt freie Sicht zur entfernteren Landschaft. Die dunstigen Bergkuppen der Schnarcherklippen und der Feuersteine heben sich weitab über den Saum der Harzfichten, welche das dem Tal zustrebende Gleis nun meist beidseitig flankieren. Beim Kilometer 39,6 führt das Gleis auf einer Steinbrücke über ein kleines Bächlein, den Spielbach, und über einen Wanderweg. Das Äußere der Brücke läßt vermuten, daß sie vor nicht zu langer Zeit rekonstruiert worden ist. Mehr und mehr verdrängen jetzt frühlingsgrüne Laubbäume die dunklen Fichten.
Beim Kilometer 41,1 wird die Kalte Bode überquert, dann ein kurzer Anstieg, und der vielbesuchte Urlauberort Elend ist erreicht. Er verfügt über einen Kreuzungsbahnhof mit stattlichem Empfangsgebäude und Güterschuppen. Mehrere Ladegleise dienten früher hauptsächlich der Holzverladung.
Das Wetter ist besser geworden, die Sonne hat wieder freie Bahn. Ein Nachmittag, der durchaus dazu angetan ist, zu verschnaufen, Kraft zu sammeln für den nächsten Tag meines Urlaubs.

Dienstag, 12. Juni
ELEND (km 41,6)–DREI ANNEN HOHNE (km 46,4/0,0)–SCHIERKE (km 5,4)

Nach einer regnerischen Nacht setze ich meine Wanderung vom Bahnhof Elend aus fort. Gleich hinter dem Bahnhof beschreibt das Gleis einen weiträumigen Links-Rechts-Bogen, dann steigt es merklich an. In der Ferne höre ich mehrmals eine Lok pfeifen. Da auf „meinem" Gleis im Moment kein Zug zu erwarten ist, müssen die Pfiffe von der Schierker Strecke, der ich mich allmählich nähere, herüberwehen. Nun wechselt das Streckengefälle des öfteren – mal geht es bergan, mal ein Stück abwärts.
Während ich auf dem Brandschutzstreifen neben dem Gleis laufe, kommt mir ein Streckenläufer entgegen. Er muß allerdings auf den Gleisen laufen – denn er soll ja eventuelle Fehler finden und nach Möglichkeit auch beseitigen.
In einem stark gekrümmten Rechtsbogen, an dessen Ende das Gleis seine Richtung um fast 90° geändert hat, wird beim Kilometer 43,8 die Wormke – gegenwärtig ein braves Bächlein – überquert. Links oben nähert sich die talwärts führende Landstraße von Schierke. Nachdem Straße und Gleis auf gleicher Höhe sind, führt die Strecke knapp 2 km unmittelbar neben der Straße leicht bergab. Auf der linken

Seite taucht die Schierker Strecke auf. Etwa beim Kilometer 46,1 steht das Einfahrsignal A des Bahnhofs Drei Annen Hohne (das erste Lichthauptsignal an der bisherigen Wanderstrecke) – dann noch ein Rechtsbogen, und das Empfangsgebäude ist in Sicht.

Zum Verweilen ist keine Zeit. Ich möchte weiter zur Brockenbahn, die von diesem Bahnhof aus abzweigt. Auch zu ihrem Betreten benötigt man einen Passierschein. Der in Drei Annen Hohne mit 0,0 beginnenden Kilometrierung folgend, gelange ich zum Einfahrsignal B (km 0,4) für die aus Schierke ankommenden Züge. Unmittelbar dahinter wird die Schierker Landstraße gekreuzt, dann geht es mit zunächst 24‰ bergan.

Doch schon bald wird es steiler – 33‰ Steigung müssen überwunden werden. Der Höhenunterschied zwischen Drei Annen Hohne und Schierke beträgt immerhin fast 150 m! In engen Bögen windet sich die schmale Gleisgasse durch den dichten Harzwald in die Höhe. Der Wind frischt auf und treibt Nebelschwaden vor sich her, die sich bald zu einer milchig-grauweißen Wand verdichten.

Langsam nähere ich mich einem von rechts tönenden Motorgeräusch. Zunächst vermute ich Waldarbeiter mit Motorsägen. Doch als ich zwischen Kilometer 3,5 und 3,6 einen hohen Berg gewaltiger Steine erkenne, ist mir klar, daß hier mit Preßlufthämmern Steine gebrochen werden. Beim Kilometer 3,7 zweigt ein seit 1963 stillgelegtes Anschlußgleis zum Granitsteinbruch Knaupsholz ab. Ein wenig zurückgesetzt steht ein großes Sozialgebäude.

Kurz hinter dem Steinbruch überquert die Strecke auf einem 23 m hohen Damm nochmals die Wormke. Dem Streckengleis folgend, laufe ich indes unaufhörlich bergan. Der Bahnkörper wird beinahe regelmäßig von schwach geneigten Rohren, den Durchlässen, „durchlöchert", um so den vielen kleinen Bächen und Rinnsalen den Weg nicht zu versperren. Während der Schneeschmelze und nach längeren Regenperioden ist hier vermutlich mit lebhafterem Geplätscher zu rechnen.

Die Neigung des Gleises wird flacher. Ich laufe am Einfahrsignal A vorbei, und abermals wird ein Neigungswechsel angezeigt – 1 : 100/1 : ∞. Der Bahn-

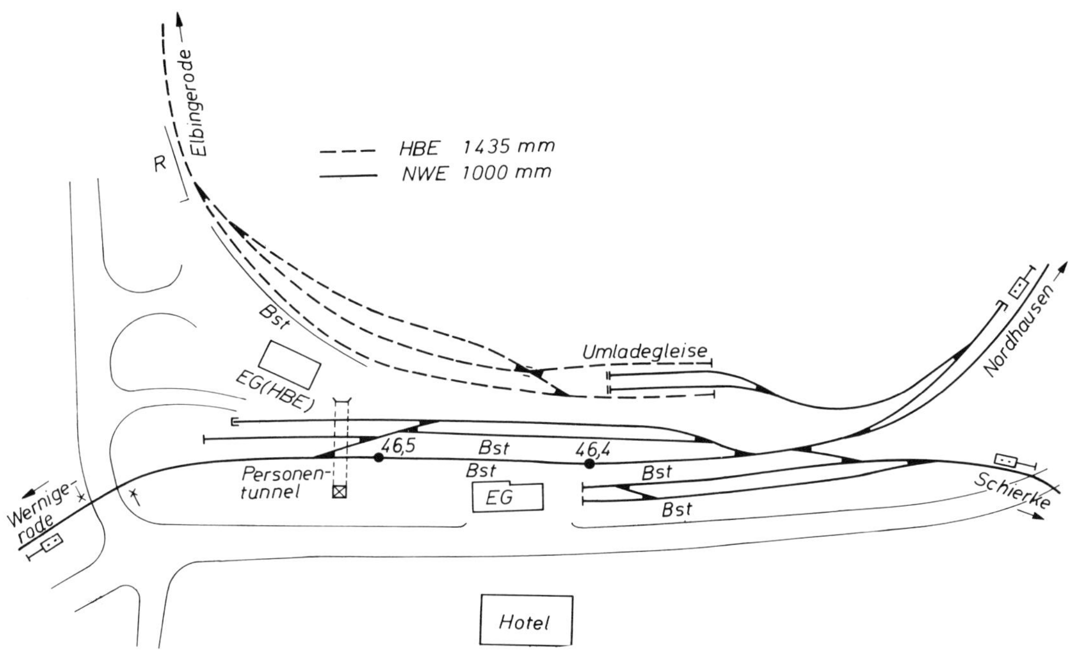

Bild 1.40. Gleisplan des Bahnhofs Drei Annen Hohne einschließlich der Anlagen der HBE, Stand 1912.
Quelle: Archiv Rbd Magdeburg

Bild 1.41. Ein Personenzug und allerhand wartendes Publikum im Bahnhof Drei Annen Hohne. *Foto: Seeger*

Bild 1.42. Ein Personenzug im Bahnhof Schierke, Juni 1984. Die Zuglok ist die 99 7241. *Foto: Sprang*

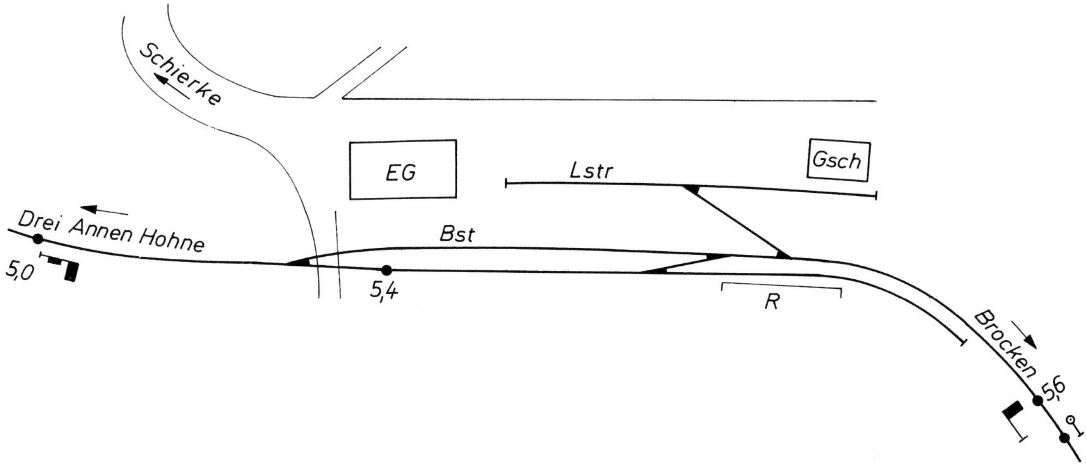

Bild 1.43. Gleisplan des Bahnhofs Schierke, Stand 1946. *Zeichnung: Röper*

hof von Schierke, einem beliebten Erholungs- und Wintersportort, ist erreicht. Bis hierher verkehren täglich zwei Reisezugpaare. Der Bahnhof besitzt neben Empfangsgebäude und Güterschuppen drei Hauptgleise und ein Nebengleis, das vor allem für die Kohleentladung dient.
In der anheimelnden Bahnhofsgaststätte stärke ich mich mit Bockwurst und Kaffee, dann gilt mein Interesse wieder einmal der Wettervorhersage.

Mittwoch, 13. Juni
SCHIERKE (km 5,4) – BROCKEN (km 19,0)

Gegen 9.30 Uhr bin ich auf dem Bahnhof Schierke mit zwei Grenzsoldaten verabredet. Sie werden mich bei meiner heutigen Tagestour begleiten.
Unmittelbar hinter dem Bahnhof beginnt die bis zum Endbahnhof durchgehende Steigung von 33‰. Links von mir sehe ich den Wurmberg und den vorgelagerten Großen und Kleinen Winterberg. Deutlich sind die Schnarcherklippen zu erkennen, zu denen der prominente Harzwanderer Goethe 1777 bemerkte: „Sieh die alten Felsennasen, wie sie schnarchen, wie sie blasen!"
Wieder windet sich der Schienenstrang in die Höhe. Etwa beim Kilometer 10 erreichen wir das Eckerloch, wo sich unter einer mittelgroßen Steinbrücke das Schwarze Schluftwasser, im Augenblick nur ein harmloses Bächlein, ins Tal ergießt.

Nach einer kurzen Pause geht es weiter – ständig aufwärts. Manchmal glaube ich das Gleis könne gar nicht weiter bergauf führen, doch am nächsten Bogen (einige haben übrigens Halbmesser von nur 60 m!) stelle ich bewundernd fest, daß die Erbauer immer wieder tragfähigen Untergrund für die nach oben strebende Trasse gefunden haben.
Nun beginnt der große Bogen um den 1023 m hohen Königsberg, der zur Längenentwicklung im Rahmen der Maximalsteigung dient. Starteten wir heute morgen bei 687 m ü. NN, sind wir jetzt bereits in einer Höhe von 956 m ü. NN am Bahnhof Goetheweg (km 13,6) angelangt. Hier befindet sich auf der rechten Seite das einzige noch vorhandene waagerechte Rückdrückgleis der Harzquer- und Brockenbahn, das seinerzeit die Durchfahrt von talwärts fahrenden Gegenzügen erlaubte. Dabei ermöglichte das Rückdrückgleis, in das rückwärts eingefahren wurde, einen leichteren Start des bergan fahrenden Zuges. Da das durchgehende Streckengleis seine Neigung beibehielt, brachte ein Kreuzungsbahnhof mit Rückdrückgleis keinen Höhenverlust mit sich. Der früher durch Einfahrsignale gesicherte Bahnhof war nur während der Sommersaison besetzt.
Immer häufiger streichen jetzt Nebelfelder (oder sagt man hier oben besser Wolken?) über das Gleis. Meine Begleiter machen mich wenig später darauf aufmerksam, daß wir nun am Brockenmoor angekommen sind. Hier wurden während des Strecken-

Bild 1.44.
Am Eckerloch, Juni 1984.
Foto: Sprang

baus 90000 m^3 Moorboden weggekarrt, und ein fester Damm mußte aufgeschüttet werden. Es ist alles viel wilder und unübersichtlicher, als ich es mir vorgestellt hatte. Verblüffend für mich liegt die obere Moorfläche zur Rechten teilweise sogar höher als das Gleis. Irgendwie erinnert mich dieser Anblick an einen überlaufenden Kochtopf. Unter dem „Deckel", überwiegend aus Erika und Wollgras bestehend, scheint die Moormasse – unendlich langsam – hervorzuquellen. Meist wird das Moor als schwarz und glitschig beschrieben, hier aber weist seine Oberfläche eher eine rötlich-braune Färbung auf. Vielleicht liegt es am Nebeldunst, der die Farbtöne verändert, vielleicht wurden in den letzten Tagen aber auch nur farbbeeinflussende Pollen von der Moormasse aufgesogen.

Nachdem wir letztmalig die Brockenstraße gekreuzt haben, beginnt die zu Recht vielfach gerühmte Brockenspirale. Damit die Eisenbahn den höchsten Harzgipfel erklimmen konnte, mußte diese künstliche Längenentwicklung von annähernd 3 km Länge (eineinhalbmal um die Brockenkuppe) geschaffen werden. In einer immer enger werdenden Schleife dreht sich nun die Strecke zum Brockenplateau empor. Die Luftlinienentfernung Eckerloch – Brockenbahnhof ist dreimal kürzer!

Bild 1.45.
Das Empfangsgebäude des Bahnhofs Goetheweg, fotografiert etwa 1935.
Foto: Sammlung Becker

Bild 1.46. Der ehemalige Bahnhof Goetheweg, mit seinem waagerecht liegenden Rückdrückgleis (links), Juni 1984.
Foto: Sprang

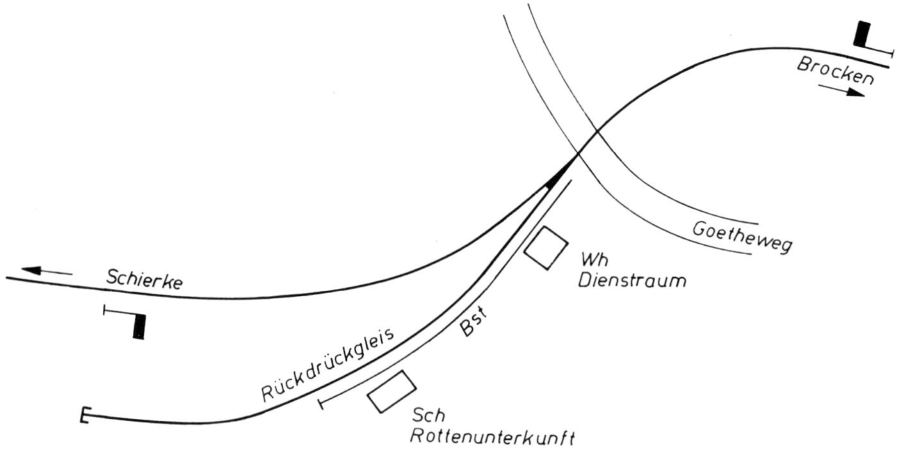

Bild 1.47. Gleisplan des Bahnhofs Goetheweg, Stand 1938. *Zeichnung: Röper*

Die Winter auf dem Brocken sind hart und lang. Selbst jetzt noch, im Juni, entdecke ich in einer schattigen Schlucht – wenn auch nur spärliche – Schneereste. Verständlich, daß die Bedarfs-Materialzüge zum Brocken nur im Sommer verkehren. Im Verlaufe der letzten Wanderstunde hat sich das Landschaftsbild entscheidend gewandelt. Je höher man kommt, desto weniger und kleinere Bäume sind anzutreffen. Sie sind schief, knorrig und zerzaust – Krüppelfichten, Ergebnis des gewaltigen Tobens der Natur, aber allen Witterungsunbilden trotzend. Und dazwischen liegen, wahllos verstreut, immer wieder Steinblöcke, gewaltige Granitmurmeln.
Als wir endlich den Bahnhof Brocken erreichen, können wir das Bahnhofsgebäude erst im letzten Moment erkennen. Dichte, wässrige Wolkenfelder ziehen düster über die Brockenkuppe hinweg. Am Bahnhofsgebäude, das 1923 an der etwas wettergeschützten Ostseite aus Granitsteinen errichtet wurde, befinden wir uns in einer Höhe von 1125 m ü. NN. Der Berggipfel, mit 1142 m angegeben, liegt nur wenig darüber. Zwei Bahnsteiggleise sowie Lokumfahr- und Ladegleis bilden die bahntechnischen Anlagen.
Nach einer Kaffeepause stellen wir erfreut fest, daß die Sicht in der Zwischenzeit klarer geworden ist. Im Stillen hatte ich gehofft, ein Fahrzeug würde in absehbarer Zeit nach Schierke fahren und uns mitnehmen können. Pech gehabt – auch ein Zug ist nicht zu erwarten. So heißt es, den Abstieg ebenfalls zu Fuß zu bewältigen ...
Ja, der alte, launische Brocken. Er soll zu den tollsten Wetterkapriolen fähig sein, wobei er sich in den unterschiedlichsten „Gemütsverfassungen" zeigt – von wütenden Zornesausbrüchen bis hin zu fröhlichem Lachen. Heute habe ich ihn in gemäßigter Stimmung erlebt.

Donnerstag, 14. Juni
DREI ANNEN HOHNE (km 46,4) – STEINERNE RENNE (km 54,6)

Uneingeweihte werden sich darüber wundern, daß Drei Annen Hohne über zwei Bahnhofsgaststätten verfügt. Die Reisenden können sowohl die Restauration des Schmalspurbahnhofs als auch die andere MITROPA-Gaststätte aufsuchen, die sich im einstigen Empfangsgebäude der HBE befindet und durch einen Fußgängertunnel erreichbar ist. Die längst abgebauten Umladegleise der normalspurigen HBE sind übrigens nie stark frequentiert worden.
Zu jener Zeit wurden die Einfahrsignale nur über ein kleines Riegel- und Schlüsselwerk bedient. In den 30er Jahren folgten ein großes Riegelwerk und Lichtsignale. 1980 schließlich wurden letztere durch Einheitslichtsignale der Deutschen Reichsbahn ersetzt.
Der Schmalspurbahnhof Drei Annen Hohne verfügt über zwei Bahnsteige für den durchgehenden Ver-

Bild 1.48. Kurz vor der Brockenspirale, Juni 1984. *Foto: Sprang*

Bild 1.49. Ein Stück des Gleisverlaufs innerhalb der Brockenspirale, Juni 1984. *Foto: Sprang*

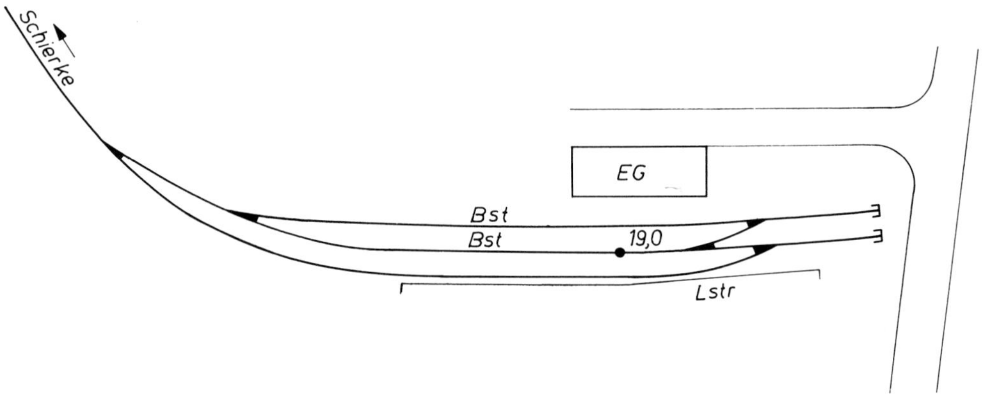

Bild 1.50. Gleisplan des Bahnhofs Brocken, Stand 1946. *Zeichnung: Röper*

Bild 1.51.
Das Empfangsgebäude des Bahnhofs Brocken im Juni 1984.
Foto: Sprang

kehr. Früher gab es noch einen Kopfbahnsteig für den Brockenverkehr. Ausgebaut und durch einfache Weichen ersetzt wurden die längere Zeit in Betrieb gewesenen doppelten Kreuzungsweichen.
Ich verlasse den Bahnhof und wandere talwärts in Richtung Steinerne Renne. Auf dem Gleis, das zunächst fast parallel neben der Landstraße entlangführt, kommt mir schnaufend ein Zug entgegen. Mittlerweile, nach der Verwunderung der ersten Tage, haben sich die Eisenbahner an mich gewöhnt. Wir winken uns zu, grüßen wie alte Bekannte!

Nachdem die Strecke nahe dem Waldgasthaus „Drei Annen" die Landstraße nach Wernigerode gekreuzt hat, geht es steil bergab. Das Gefälle pendelt jetzt zwischen 33 und 20‰. Auf dem Abschnitt Drei Annen Hohne–Steinerne Renne wird im Durchschnitt auf 36 m Länge 1 m Höhenunterschied erreicht, was einer Neigung von rund 28‰ entspricht. Für Straßenfahrzeuge kein Problem, aber für Eisenbahnen eine handfeste Herausforderung. Ständig wechseln die engen Gleisbögen. Links, rechts – so windet sich die Trasse an den bewaldeten Berghän-

gen entlang. Natur und Technik, wie idyllisch haben sie sich hier in den Bergen vereint!
Während im oberen Teil der Strecke dichte Fichtenwälder vorherrschen, gesellen sich später immer häufiger verschiedene Laubbäume hinzu. Am Kilometer 50,7 erreiche ich den ehemaligen Kreuzungsbahnhof Drängetal. Der massive untere Teil des am Böschungshang „klebenden" Stellwerksgebäudes, vormals ausgerüstet mit einem Hebelwerk für fernbediente Weichen und Einfahrsignale, ist noch vorhanden. Auch das seinerzeit verwendete Rückdrückgleis ist am bestehen gebliebenen Planum zu erkennen. Sogar ein Stückchen Gleis liegt noch im Schotter. Der Kreuzungsbahnhof war nur in den Sommermonaten, wenn die Brockenzüge fuhren, besetzt. Er war nicht für die Reisenden als Verkehrshalt zum Aus- und Einsteigen bestimmt, sondern diente ausschließlich den betrieblichen Belangen bei Zugkreuzungen. 1968 wurden alle überflüssigen Anlagen abgebaut.
In einer engen Linkskurve – beim Kilometer 51,6 – steht plötzlich das Portal des einzigen Harzquerbahn-Tunnels vor mir. Die Gesteinsschicht über dem Tunnel ist nicht sehr hoch, so daß ich mich frage, ob hier ein Einschnitt nicht unproblematischer gewesen wäre. Vielleicht hatte die NWE-Direktion den Ehrgeiz, als Rarität bei den Schmalspurbahnen über einen Tunnel verfügen zu können... Ältere Eisenbahner verweisen allerdings darauf, daß ein tiefer Einschnitt wegen der zu erwartenden winterlichen Schneeverwehungen vermieden werden sollte.
Ich schaue auf den Bildfahrplan – nein, es dürfte kein Zug kommen. Vorsichtshalber spitze ich aber die Ohren, während ich durch das schwarzglänzende Felsgewölbe marschiere. Hin und wieder klatscht ein Wassertropfen aufs Gleis, das in einem Bogen mit nur 70 m Radius durch den Felsen führt. Die Tunnellänge wird mit ebenfalls 70 m angegeben. Das scheint mir etwas zu viel zu sein. Erst einige

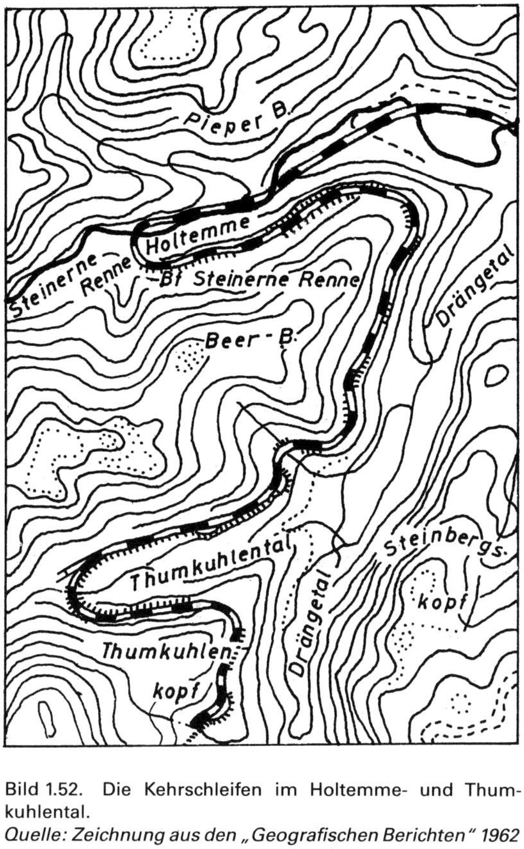

Bild 1.52. Die Kehrschleifen im Holtemme- und Thumkuhlental.
Quelle: Zeichnung aus den „Geografischen Berichten" 1962

Wochen später komme ich dazu, die Tunnellänge mit einem 30-m-Stahlbandmaß nachzumessen. An der inneren und äußeren Schiene gemessen ermittle ich einen Durchschnittswert von 59 m. Eine gewisse Meßunsicherheit eingerechnet, beträgt die

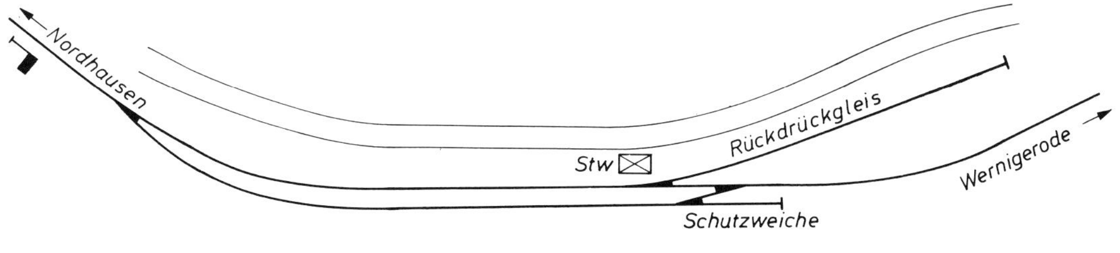

Bild 1.53. Gleisplan des Kreuzungsbahnhofs Drängetal, Stand 1946. *Zeichnung: Röper*

Bild 1.54.
Ein Dröhnen – dann kommt der Zug aus dem Tunnel! Eine Aufnahme aus dem Juni 1981.
Foto: Sprang

Tunnellänge also bestenfalls 60 m! Ich erfahre aber auch, daß das Eingangsportal von Drei Annen Hohne her schräg gemauert war und früher als zum Tunnel zugehörig gerechnet wurde. Das erklärt die Differenz!
An einem baumlosen Talhang – oberhalb des Thumkuhlentals – beim Kilometer 53,4 wird zur Rechten für kurze Zeit der Blick auf Wernigerode freigegeben. Bald danach tauchen im Schatten mächtiger Buchen die Signale So 17 und So 18 auf: Auch der Bahnhof Steinerne Renne, der nun erreicht ist, wurde im Herbst 1979 mit zwei Rückfallweichen ausgerüstet. Unmittelbar hinter dem Bahnhof schließt sich als Rechtskurve die „berühmte" Bogenkehre mit einem Halbmesser von nur 60 m an. Da die graue Wolkendecke inzwischen Nieselregen versprüht, werde ich mich hier erst morgen näher umsehen.

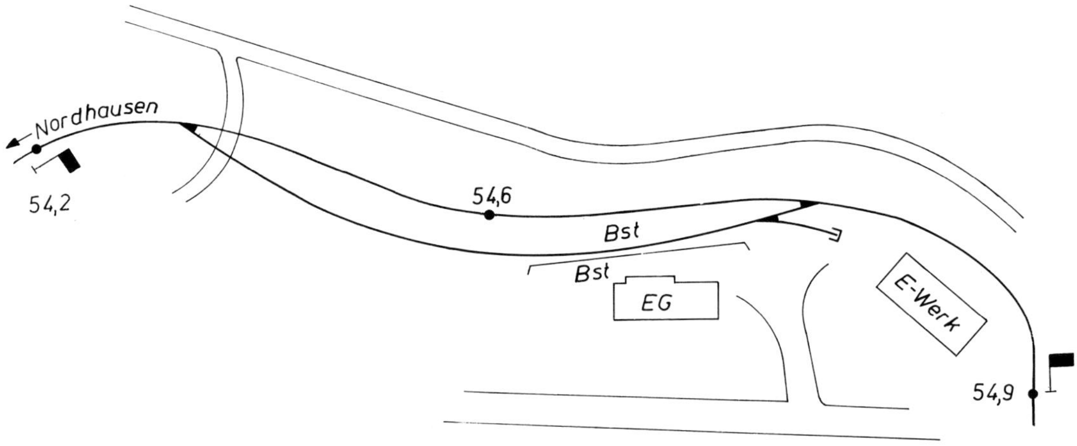

Bild 1.55. Gleisplan des Bahnhofs Steinerne Renne, Stand 1944. *Zeichnung: Röper*

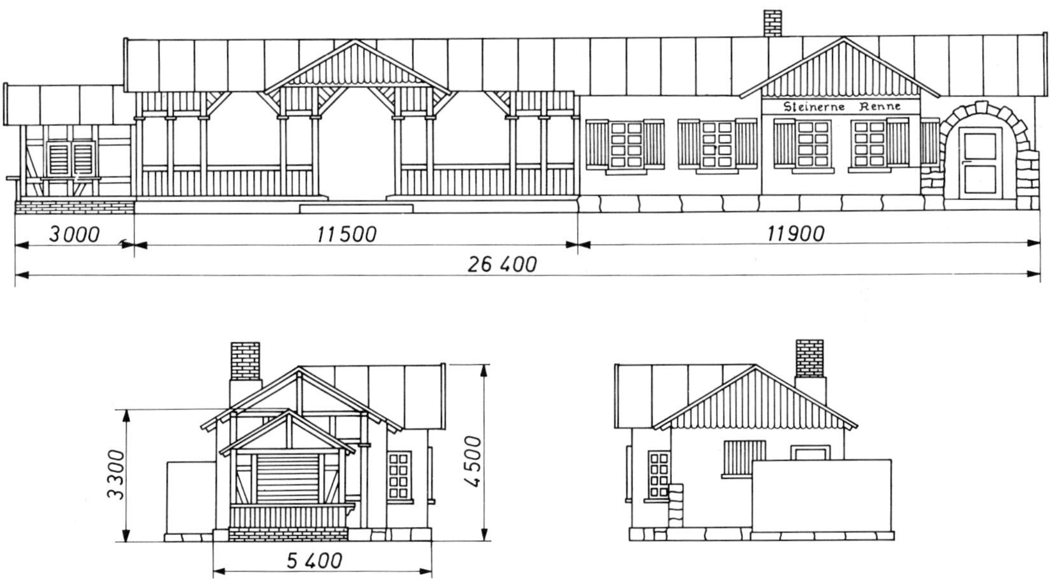

Bild 1.56. Das Empfangsgebäude des Bahnhofs Steinerne Renne. *Zeichnung: Schröder*

Freitag, 15. Juni
STEINERNE RENNE (km 54,6) – WERNIGERODE WESTERNTOR (km 59,5)

Der Harz ist wieder in bedenkliches Grau gehüllt, und wenige Minuten nach meinem Eintreffen in Steinerne Renne fallen auch schon die ersten Regentropfen. Der Brockenzug – ein Materialzug, der nach Bedarf fährt und häufig von zwei Lokomotiven gezogen wird – schnauft bereits im strömenden Regen durch den Bahnhof, der früher nur zur Sommerzeit mit einem Betriebseisenbahner besetzt war. Hoffentlich ändert sich dieses trostlose Wetter bald. Ich habe nun Zeit, mir die „Renne-Kurve" genauer an-

Bild 1.57. Rückfallweiche mit Verschließeinrichtung. Von links: Hydraulik-Zylinder und Kreuzgelenk, Ausgleichstück (verdeckt). *Foto: Zieglgänsberger*

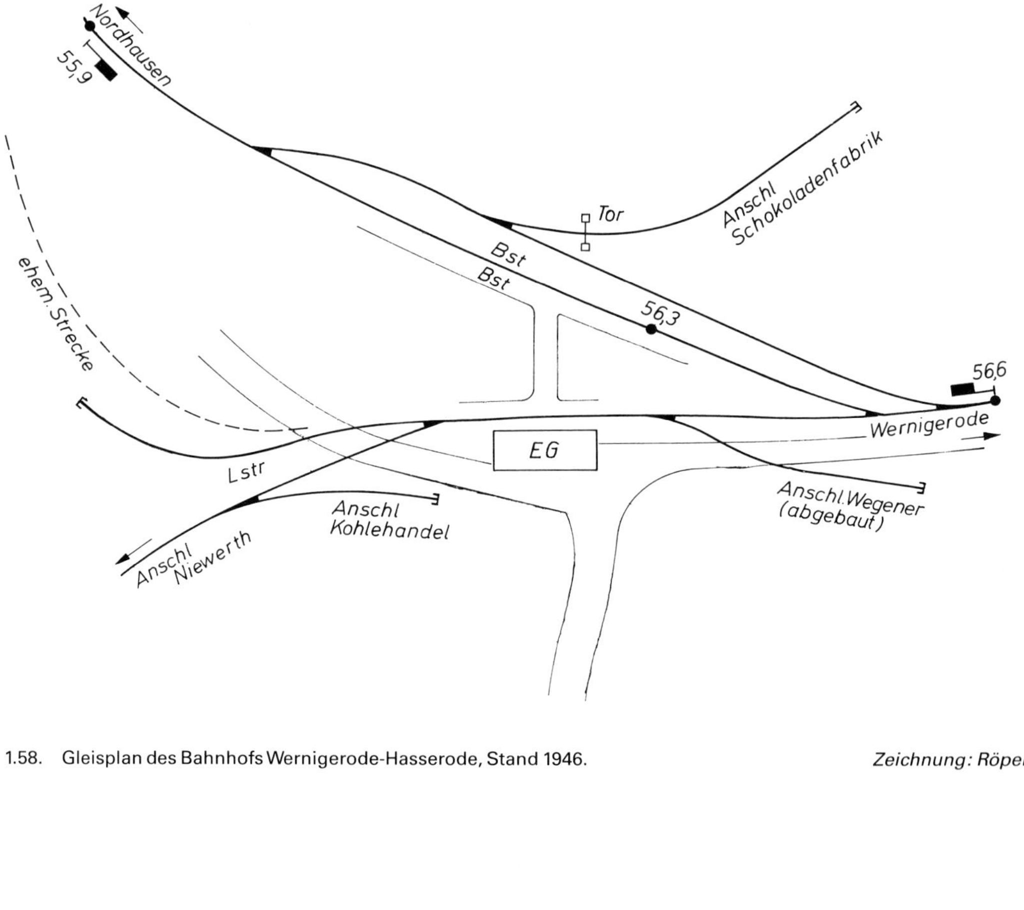

Bild 1.58. Gleisplan des Bahnhofs Wernigerode-Hasserode, Stand 1946. *Zeichnung: Röper*

Bild 1.59.
Empfangsgebäude des Bahnhofs Wernigerode-Hasserode.
Foto: Seeger

Bild 1.60. Ein Zug bei der Ausfahrt aus Wernigerode Westerntor. *Foto: Seeger*

zusehen. Als erstes fällt natürlich ein zweigeschossiges Gebäude direkt neben dem Gleisbogen auf. Arbeiter berichten mir, daß dieser Bau bereits vor dem ersten Weltkrieg errichtet worden sei, und zwar als Wasserkraftwerk der ehemaligen Marmorschleiferei „Steinerne Renne“. Jetzt ist hier der VEB Energiekombinat Mitte, Betriebsteil Halberstadt, untergebracht. Wenige Meter davon entfernt informiert eine Tafel darüber, daß sich zur Zeit finsterster deutscher Geschichte auf dem inneren Gelände der Bogenkehre die KZ-Außenstelle Hasserode „Steinerne Renne“ befand.
Heute haben hier u. a. der VEB Instandsetzungsbetrieb für Batterien und Flurfördergeräte, Wernigerode, und das Betriebskinderferienlager „Jonny Scheer“ der Konsum-Genossenschaft Kreis Wernigerode ihren Sitz.
Als der Traditionszug, der zweimal wöchentlich zwischen Wernigerode und Benneckenstein für den FDGB-Feriendienst verkehrt, in Steinerne Renne eintrifft, hat es zwar aufgehört zu regnen, doch es ist noch ziemlich trübe. Heute muß der Traditionszug hier außerplanmäßig auf den Gegenzug warten. Im Nu ist der Bahnsteig mit Fotografen übersät. Die Lok muß immer wieder als geduldig qualmender Hintergrund herhalten.
Während der „Oldie“ – wie die Harzer den Traditionszug liebevoll nennen – seine Fahrt in die Berge fortsetzt, strebe ich durch das Holtemmental dem Endpunkt der Reise entgegen. Nach etwa 1,5 km ist der Bahnhof Wernigerode-Hasserode (km 56,2) erreicht. Hier enden übrigens die Rollbockzüge, die von Wernigerode her kommen. Hasserode ist Kreuzungsbahnhof und verfügt über zwei Anschlußgleise – zu einem Sägewerk und zur Schokoladenfabrik. Die Signalanlagen sind die üblichen: ein Hebelwerk mit fernbedienten Weichen und Einfahrsignalen. Einzelne Weichen und Gleissperren, die nicht die Fahrstraßen der Züge berühren, sind ortsbedient und schlüsselabhängig. 1922 waren die Gleisanlagen völlig umgebaut worden: Im Zuge der Streckenbegradigung wurden die Bahnsteiggleise vom Bahnhofsgebäude abgerückt.
Das steile Gefälle liegt hinter mir; jetzt führt das Gleis an blumenreichen Gärten und teilweise idyllischen Häusern vorbei. Über 20 Straßen und Wege werden gekreuzt, und immer häufiger warnen die Lokomotiven mit ihren Pfiffen und dem Läutewerk. Die Trassierung erinnert stark an die einer Straßenbahn!
Auf meinem Weg zum Haltepunkt Wernigerode Kirchstraße (km 58,0) begleiten mich die von der nicht weit entfernten Hauptstraße herüberwehen-

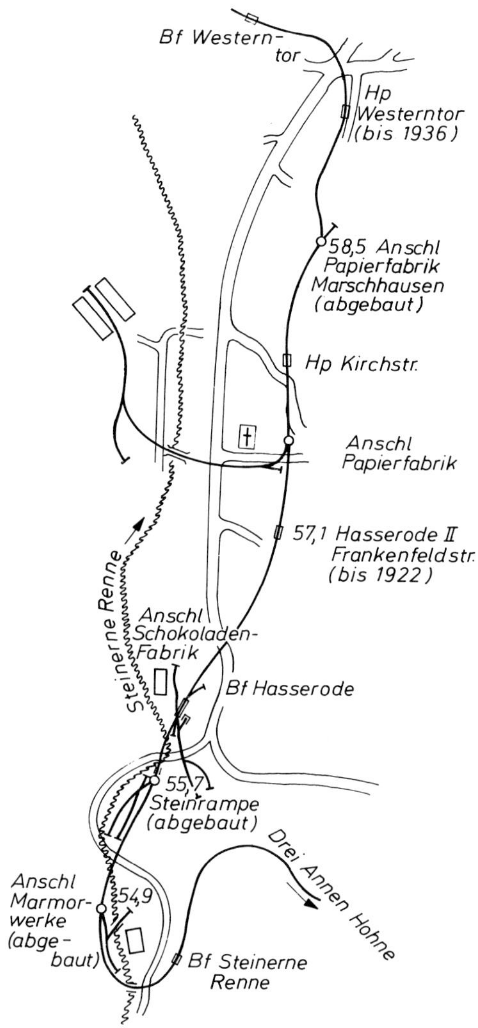

Bild 1.61. Streckenverlauf und Anschlußgleise zwischen Steinerne Renne und Wernigerode Westerntor, Stand 1946. *Zeichnung: Röper*

den Geräusche der rastlosen Kraftfahrzeuge. Die Sonne hat in der Zwischenzeit endlich einen Durchschlupf in den Wolken gefunden. Es sieht so aus, als sei der Brocken mir wohlgesinnt und schlitze mit seiner Kuppe die dichte Wolkendecke auf, um einen schmalen, an den Rändern zerzausten blauen Him-

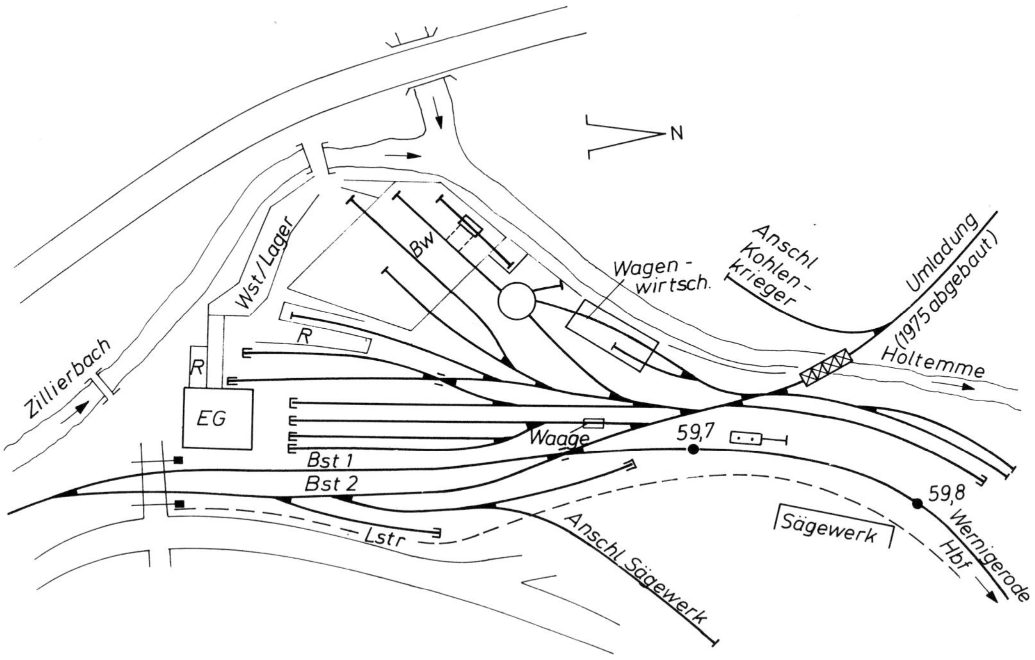

Bild 1.62. Gleisplan des Bahnhofs Wernigerode Westerntor, Stand 1946. *Zeichnung: Röper*

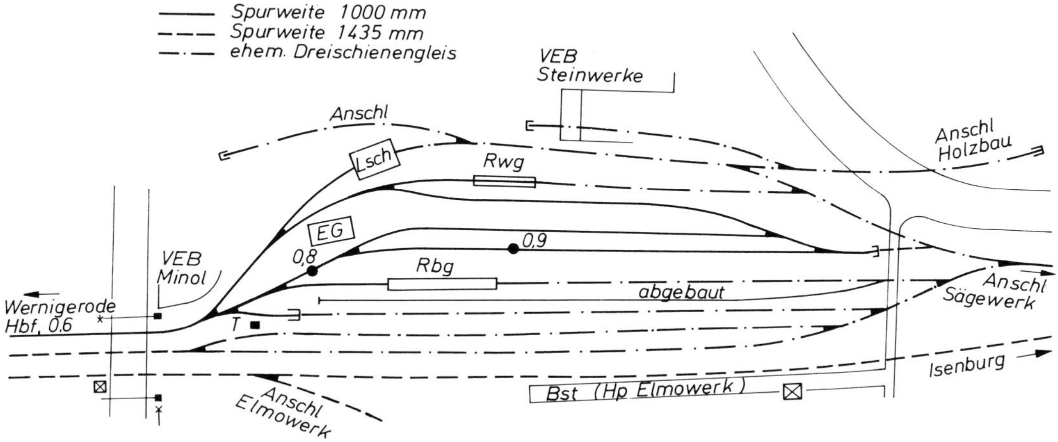

Bild 1.63. Gleisplan des Umladebahnhofs Wernigerode, Stand 1965. *Zeichnung: Röper*

melsstreifen freizugeben, der glücklicherweise in östliche Richtung – also nach Wernigerode – verläuft.
Indessen bin ich an der bekannten Westerntorkreuzung angekommen, an welcher die Ampelanlage vorrangig den sich nähernden Zügen der Harzquerbahn den Weg „freileuchtet". Unmittelbar darauf überquert das Gleis auf einer kleinen, eisernen Brücke den Zillierbach. Etwa 200 m weiter stehe ich vor dem reizvollen, größtenteils aus Holz errichteten Bahnhofsgebäude Wernigerode Westerntor (km 59,5), das 1936 entstand und den alten Haltepunkt Westerntor am Kilometer 59,2 ersetzte. Vorher gab es nur ein Riegelwerk mit Signalhebel für das Signal „Halt! Zug kommt." War dieses Signal aufgeklappt, also lesbar, dann galt es für die Züge als Einfahrsignal und für den geringen Straßenverkehr auf der Westerntorkreuzung als Warnung. Erst 1936 wurde hier eine Blinklichtanlage aufgestellt. Morgen werde ich mich hier näher umsehen. Obwohl die heutige Wanderstrecke gar nicht so beschwerlich war, bin ich ziemlich kaputt. Verschleißerscheinungen?

Sonnabend, 16. Juni
WERNIGERODE WESTERNTOR (km 59,5)–WERNIGERODE (km 60,5)

Wernigerode Westerntor empfängt mich unter einem tiefblauen Himmel bei strahlendem Sonnenschein. Schon von weitem leuchtet der rote, schmalspurige Feuerlöschzug, der hier stationiert ist. Auch das Orange des 1979 in Dienst gestellten neuen Schneepfluges (DR-Nr. 99-01-99), ein Eigenbau des Bw Wernigerode Westerntor, ist nicht zu übersehen. 1980 kam noch eine Schneeschleuder hinzu. Zusätzlich zum zentralen Bahnbetriebswerk, das für die Triebfahrzeuge sowohl der Harzquerbahn als auch der Selketalbahn zuständig ist, befand sich die Dispatcherzentrale in Westerntor. Hier wurde der gesamte Zuglauf von annähernd 25 Personenzügen und etwa 15 Güterzügen bei der Harzquerbahn überwacht. Zwar ist die Dispatcherzentrale vor einigen Jahren außer Betrieb gesetzt worden, doch wie ich höre, hatte sie sich ausgezeichnet bewährt.
Auf den Außenanlagen gibt es eine Vielzahl von Fahrzeugen zu bewundern. So sind auch die Wagen des

Bild 1.64. Ein Rollbockzug zwischen Bahnhof Wernigerode und der Umladung. *Foto: Krause*

Traditionszuges in Westerntor abgestellt. Jeden der vier Wagen, die zwischen 1897 und 1900 gebaut worden sind, ziert an der Längsseite symbolisch das farbige Wappen einer der Harzquerbahn-Städte: Nordhausen, Ilfeld, Benneckenstein und Wernigerode. Hinter dieser Wagengruppe entdecke ich den einzigen noch vorhandenen Dieseltriebwagen der Harzquerbahn, den ehemaligen T3.

Bild 1.65.
Die letzte noch vorhandene Dreischienenweiche im Umladebahnhof Wernigerode.
Foto: Sammlung Becker

Bild 1.66.
Rollwagengrube in Wernigerode.
Foto: Sammlung Becker

Bild 1.67.
Rollbockgrube in Wernigerode.
Foto: Sammlung Becker

Soeben ist der P 14432 von Schierke in Westerntor eingetroffen. Dann rollt er den letzten Kilometer zum Endbahnhof Wernigerode. Ich folge seinen „Spuren", laufe an einem großen Holzlagerplatz vorbei, überquere die Ochsenteichstraße, eine belebte Hauptstraße, und bin schon am Ziel. Übrigens wurden diese beiden Wernigeroder Bahnhöfe – genau wie der Bahnhof Drei Annen Hohne – in den 30er Jahren mit Lichtsignalen ausgestattet.

Vor dem dreiständigen Lokschuppen am Bahnhof Wernigerode, an dem der Zahn der Zeit sichtbar genagt hat, herrscht reges Treiben. Außer den Neubaulokomotiven entdecke ich eine ältere Lok aus dem Jahre 1914, die 996101 (ex NWE Nr. 6), welche je nach Bedarf als Rangier- oder Heizlok zum Einsatz kommt. Ich kann beobachten, wie die schmucke 997237 für die nächste Fahrt restauriert wird. Auch das Vorbild der Babelsberger Neubauloks, die von der Firma Schwartzkopff gelieferte 997222 (ex 99222), „sammelt neue Kräfte" für die bevorstehende Bergtour.

Da ich bis jetzt die sogenannte Umladung in Wernigerode noch nicht gesehen habe, laufe ich den restlichen Kilometer dorthin. Rechts, auf der Rollbockgrube, werden gerade einige Normalspurwagen aufgebockt. Links befindet sich die Grube für die Rollwagen. Das eigentliche Umladen von Normalspur- in Schmalspurwagen (oder umgekehrt) von Hand gibt es hier schon seit 1963 nicht mehr. Auch das Dreischienengleis und die Dreischienenweichen für Normalspur und 1000 mm Spurweite sind abgebaut worden, da die Rangierarbeiten seit 1972 nur noch von normalspurigen Dieseltriebfahrzeugen der Baureihe 102 übernommen werden. Am Rande der Anlage erspähe ich lediglich eine ausgebaute, stark angerostete dreischienige Weiche. Ein kurzes Reststück des Dreischienengleises mit der nicht mehr nutzbaren dritten Schiene ist noch vorhanden. Wieso kam es gerade hier zum Dreischienenbetrieb? Da in der Umladung in Wernigerode die meisten Anschlüsse schmalspurig sind – in Nordhausen ist es gerade umgekehrt – und bei den Normalspurwagen für die Anschließer das Aufbocken erspart werden sollte, wurden diese schmalspurigen Anschlußgleise mit einer dritten Schiene versehen. Dazu mußten dann auch auf dem Spurwechselbahnhof Dreischienengleise – und Dreischienenweichen – eingebaut werden. Die Normalspurwagen konnten so, gezogen von einer Schmalspurlokomotive, unter Verwendung eines eigens hierfür entwickelten Zwischenwagens mit versetzten Puffern in die Anschlußgleise gefahren werden.

Der Bahnhof Wernigerode sah früher ganz anders aus. Dort, wo sich heute eine Grünfläche befindet,

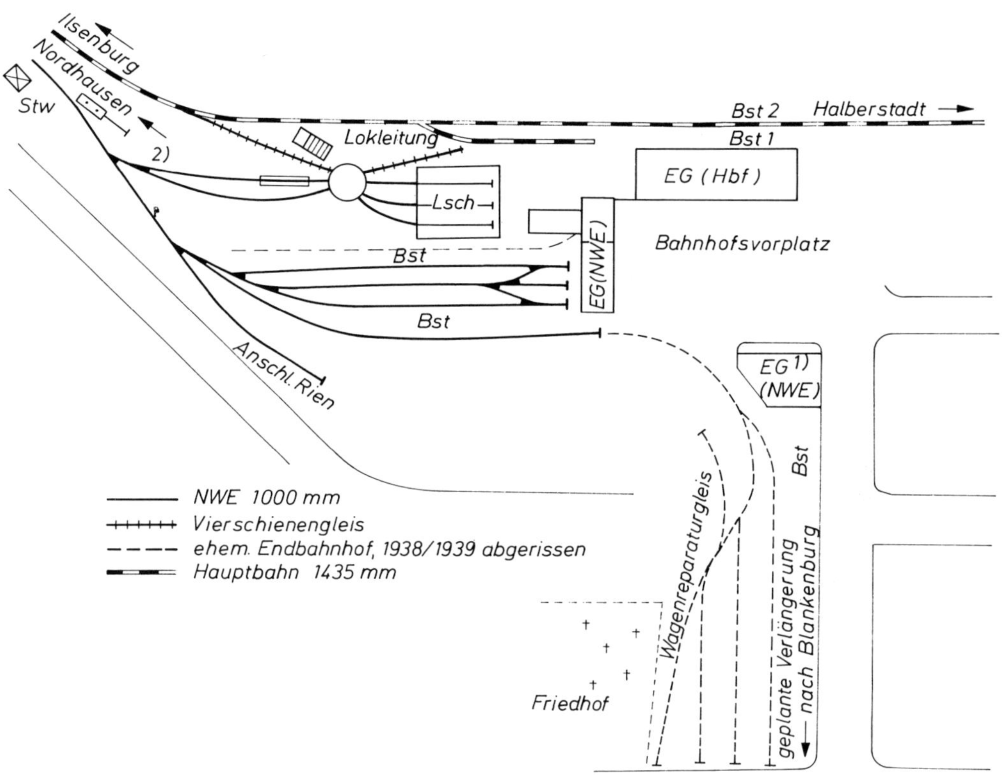

Bild 1.68. Gleisplan des Endbahnhofs Wernigerode, basierend auf dem Stand von 1925.
1) 1938 abgerissen, 2) 1958 von Normalspurstrecke übernommen und auf 1000 mm umgebaut. *Zeichnung: Röper*

Bild 1.69. Empfangsgebäude des Endbahnhofs Wernigerode.
Foto: Sammlung Becker

stand das repräsentative Gebäude des Endbahnhofs der NWE, das neben Diensträumen und der Fahrkartenausgabe auch eine Bahnhofsgaststätte und Wohnungen beherbergte. Im Zuge einer geplanten, großzügigen Umgestaltung des Staatsbahnhofs sollten die Gleise der Schmalspurbahn niveaugleich in die Bahnsteige der DRG eingeführt werden. Als erstes wurde dafür 1938/39 das Empfangsgebäude der NWE abgerissen. Die Schmalspurgleise endeten nun – als Zwischenlösung – vor dem Bahnhofsvorplatz.
Der zweite Weltkrieg verhinderte eine Verwirklichung der geplanten Projekte. So baute man am Endpunkt der NWE-Gleise ein eingeschossiges Dienstgebäude und schuf einen Übergang zum Bahnsteig 1 der DRG. Der neue Bahnhof erhielt ein modernes Relaisstellwerk mir fernbedienten Weichen und Fahrstraßenfestlegung. Mit der Übernahme der NWE durch die DR wurde das Stellwerk aufgelöst und verlegt. Fahrkarten gibt es jetzt am Schalter des Hauptbahnhofs.
Als ich zum Bahnsteig hinüberschaue, verläßt eine Neubaulok mit der rot-elfenbein-farbenen Wagenschlange den Bahnhof, um eine neue Schar Reisender zu den Höhen des Harzes hinaufzubringen.
Ade, Harzquerbahn! Es waren anstrengende Tage, aber eine Fülle von Eindrücken und Erlebnissen ist nun in mir gespeichert. Ich habe dich als lebendiges technisches Denkmal kennengelernt und wünsche dir und deinen Eisenbahnern, von denen ich sehr viel Unterstützung erfuhr, für die Zukunft viel Erfolg und allzeit „Gute Fahrt".

Bild 1.70. Lokomotivparade vor dem Lokschuppen in Wernigerode, Juni 1981: Die 996101 und die 996102. *Foto: Sprang*

Tabelle1.1. Die Betriebsstellen der Harzquer- und Brockenbahn

Betriebsstelle	Klassifizierung	km	Höhe über NN (m)	Bemerkungen
Nordhausen Nord	Bf	0,0	183	Seit 1. Juli 1913 eigenes EG, bis 01.April 1916 Sitz der Direktion
Nordhausen/Altentor	Hp	2,2	189	EG an neuer Stelle im Mai 1934 eingeweiht
Nordhausen-Krimderode	Hp	4,6	198	1923 Hp Krimderode bei km 5,35 (Höhe 201 m) aufgehoben, neuer Hp seit 1945 bei km 4,6
Niedersachswerfen Herkules Markt	Hp	6,0	207	Im ÖPNV seit 1. Januar 1997
Niedersachswerfen Ost	Bf	7,0	213	seit 1979 mit Rückfallweichen
Niedersachswerfen Ilfelder Straße	Hp	8,0	231	Im ÖPNV seit 1. Januar 1997
Ilfelder Schreiberwiese	Hp	10,0	249	Im ÖPNV seit 1. Janur 1997
Ilfeld	Bf	10,7	254	Bis 1905 Ilfeld-Wiegersdorf, mit Rückfallweichen ausgerüstet
Ilfeld Bad	Hp	12,0	287	Im ÖPNV seit 25. April 1998
Netzkater	Hp	14,0	309	Bis 1964 Bf, erneuter Ausbau zum Bf vorgesehen
Eisfelder Talmühle	Bf	17,3	325	1905 als Gemeinschaftsbahnhof von NWE und GHE errichtet, Abzweig zur Selketalbahn, Rückfallweichen
Tiefenbachmühle	Hp	19,5	411	Von 1967 bis 1973 aufgehoben
Sophienhof	Hp	20,5	445	Seit 29. September 1994 für nahe gelegenen Ort in den Bergen
Benneckenstein	Bf	29,8	530	1926 neues EG fertiggestellt, seit 5. Juli 1997 Schmalspurbahnmuseum, Rückfallweichen 1995
Sorge	Hp	33,4	490	Bis 1945 Kreuzung mit SHE, bis 1962 Bf dann Hp (km 34,2), neuer Hp seit 1974 bei km 33,4
Elend	Bf	41,6	509	Rückfallweichen 1989
Drei Annen Hohne	Bf	46,4	543	Von 1907 bis 1969 Übergang zur HBE möglich Rückfallweichen 1989
Drängetal	Bf	50,7	428	Von 1910 bis 1969 Betriebsbahnhof mit Rückdrückgleis, stillgelegt 1964, seit 17. Mai 1993 ohne Rückdrückgleis wieder in Betrieb, Solaranlage für Signal So 18 der Rückfallweichen, Krzstelle
Steinerne Renne	Bf	54,6	312	1906 neues EG, Rückfallweichen 1979
Wernigerode-Hasserode	Bf	56,2	280	1922 Umbau des Bahnhofs, Rückfallweichen 1988
Wernigerode Kirchstr.	Hp	58,0	256	Bis 1922 Hasserode I
Wernigerode Westerntor	Bf	59,5	238	Bis 1936 Hp bei km 59,2 (Höhe 242 m), 1. Juli 1936 neues EG eingeweiht
Wernigerode	Bf	60,5	234	15. Dezember 1939 neues EG eingeweiht
Wernigerode	Bf	60,5	234	
Drei Annen Hohne	Bf	0,0	543	Abzweig zur Brockenbahn
Schierke	Bf	5,4	687	
Eckerloch	Hp	10,4	857	Zu den Wintersportmeisterschaften 1950 eingerichtet, etwa 1953 aufgelassen
Goetheweg	Bf	13,6	956	Nur Betriebsbahnhof für Zugkreuzungen mit Rückdrückgleis, bis 1945 für Reiseverkehr
Brocken	Bf	18,6	1125	Neues EG 1923 eingeweiht, von 1961 bis 1991 ruhender Reiseverkehr

2. Die Zeit vor der Eröffnung der Harzquer- und Brockenbahn

2.1. Historischer Rückblick

Die Geschichte des Harzes geht weit zurück. Sein Reichtum an Wild und Bodenschätzen zog schon vor langer Zeit die Menschen an. Von alters her bildete er eine Siedlungsgrenze zwischen deutschen Stämmen. Noch heute hört man im Norden des Harzes niederdeutsche Dialekte, währen die des Südharzes thüringisch klingen.
Besonders der Harzrand gehört zu den historischen Siedlungsgebieten, und viele Städte, die dort entstanden, sind mehr als 1000 Jahre alt. Das eigentliche Gebirgsgebiet wurde erst später gerodet und besiedelt, obwohl in den Flußtälern und im oberen Harz bereits um die Jahrtausendwende königliche Jagdhöfe angelegt worden waren.
Nach dem Zerfall der königlichen Zentralgewalt im 12. Jahrhundert ließen sich hier viele „kleinere" Feudalherren nieder. Das brachte eine territoriale Zersplitterung mit sich, die bis in die jüngste Geschichte eine Rolle spielte. Das Kurfürstentum Brandenburg – als Vorgänger des Königreichs Preußen – erlangte nach dem 30jährigen Krieg mehr und mehr die Oberhoheit über solche kleine Gebiete. Nach dem Wiener Kongreß 1816 gehörte der mittlere und östliche Harz größtenteils zu Preußen. Und nach der Niederwerfung Österreichs im Jahre 1866 verleibte sich Preußen das Königreich Hannover ein, das westlich und südlich angrenzte.
Bis zum Ende des zweiten Weltkrieges blieben die Grenzen – abgesehen von kleineren Korrekturen (1932 ging der Kreis Ilfeld von der Provinz Hannover an die Provinz Sachsen über) – unverändert. 1944 wurde die Provinz geteilt. Inzwischen mit etwas geänderten Grenzen neu geschaffen, bildete 1945 die Westgrenze der Provinz Sachsen zugleich die Demarkationslinie zwischen der sowjetischen und der britischen Besatzungszone.
Zu der 1949 gebildeten Bundesrepublik Deutschland gehörte nun das westliche Harzgebiet (Land Niedersachsen). Nach Gründung der DDR 1949 kamen der mittlere und nördliche Harz zum Land Sachsen-Anhalt, der Südharz zu Thüringen. Von 1952 bis 1990 verwalteten die Bezirke Magdeburg, Halle und Erfurt den Harz, ehe die Länder Sachsen-Anhalt und Thüringen erneut entstanden.

2.2. Vorgeschichte des Bahnbaus

Als Friedrich List 1833 seinen Entwurf für ein deutsches Eisenbahnnetz vorlegte, führte keine der Linien in den Harz. 1846 lag der Regierung des Herzogtums Anhalt-Bernburg – zu dem ein Teil des östlichen Harzes gehörte – ein Plan vor, eine Fernverbindung St. Petersburg–Berlin–Frankfurt/Main–Paris über Cöthen (Köthen)–Meisdorf–Straßberg–Nordhausen–Göttingen zu führen. Dennoch blieb es dabei: Auch in den folgenden Jahrzehnten führte keine Eisenbahn in den Harz.
Auch die Magdeburg-Halberstädter Eisenbahngesellschaft, die 1853 beabsichtigt hatte, ihre Linie von Halberstadt aus über Thale–Gernrode–Josefshöhe–Rottleberode weiterzuführen, scheute die hohen Baukosten einer Gebirgsbahn und baute 1862 nur bis Thale.
Drei Jahre später, 1865, plante die Königlich-Preußische Eisenbahn-Verwaltung eine Verbindung von Berlin nach Wetzlar, die zunächst bei Straßberg über den Harz führen sollte. Allerdings wurde auch sie dann abweichend von diesem Plan entlang der Städte Sandersleben und Hettstedt im Mansfelder Land gebaut.
Der Personen- und Güterverkehr im Harz wurde nach wie vor mit Pferdefuhrwerken abgewickelt, wobei das Netz pferdebespannter, zehn- bis zwölfsitziger „Linienomnibusse" ziemlich dicht war. Abgesehen von der örtlichen Industrie, den kleinen Hüttenwerken, dem Bergbau und der Holzindustrie, war auch den Erholungssuchenden, die die neu entstehenden

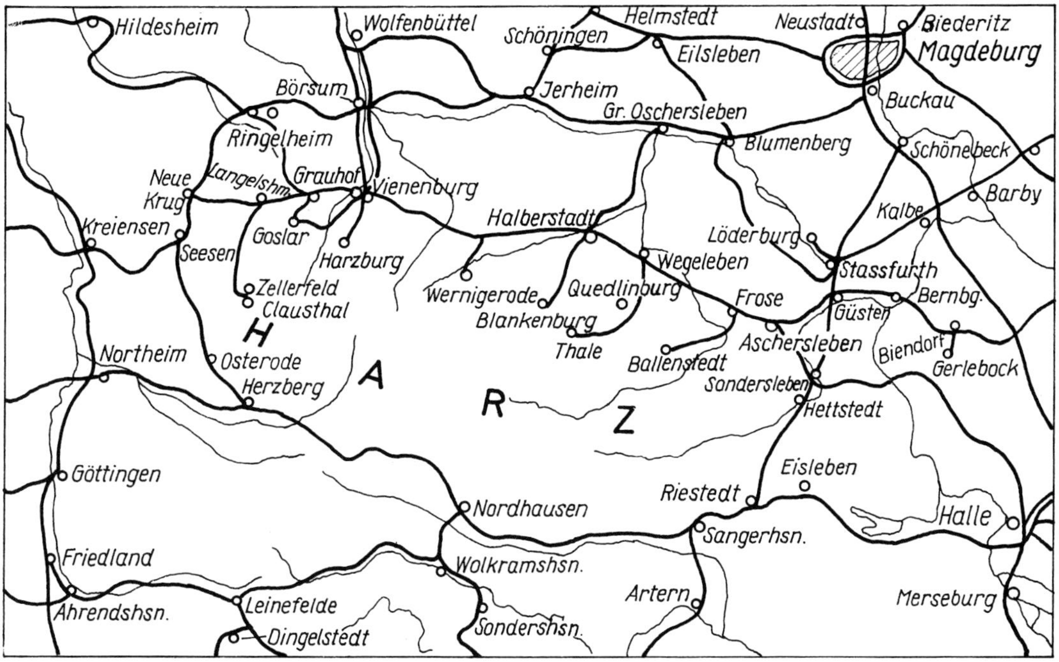

Bild 2.1. Die Bahnlinie am Harz um 1880. *Quelle: Ausschnitt O. v. Bomsdorf, Kleine Harzkarte 1880*

Kurorte zu frequentieren begannen, der „Kutsch-Verkehr" zu teuer. Für den Bau einer Eisenbahnlinie in den Harz sah es jedoch weiterhin nicht günstig aus. Von den Ortsansässigen hieß es, daß sie die Bahn nie benutzen würden, solange sie mit eigenem Fuhrwerk fahren oder ein Geschäft zu Fuß erledigen könnten – und damit die 50 Pfennig Eisenbahnfahrtkosten sparen würden!

Am 8. Dezember 1866 wurde in Benneckenstein zur Wahl eines Bahnbaukomitees eingeladen, in dem sich die Interessenvertreter verschiedener Ortschaften zusammenfinden sollten, die den Bau einer Eisenbahn über den Harz, von Nordhausen nach Wernigerode, unterstützten. Besonders wünschenswert schien diesen Herren, „die Richtung der Bahn von Halberstadt nach Vienenburg in der Art zu leiten, daß durch dieselbe Wernigerode in direkter Linie durch eine Haupt- und nicht durch ein Zweigbahn berührt wird". Gedacht war also noch an einen Anschluß an die Magdeburg-Halberstädter Bahn.

Die Mitglieder des Komitees, Regierungsrat von Rosen, Wernigerode, Amtmann Brohm, Elbingerode und Hütteninspektor Hartmann, Tanne, richteten am 20. Februar 1867 eine Eingabe an „Seine Exzellenz, den königlichen Staatsminister und Minister für Handel, Gewerbe und öffentliche Arbeiten, Herrn Grafen von Itzenplitz, Ritter hoher Orden zu Berlin", „... die Vorarbeiten für eine solche Bahn höchst gewogentlich genehmigen zu wollen ...".

Die Harzbahn sollte eine Verlängerung der schon bestehenden Linie Erfurt–Nordhausen darstellen und mittels der von Wernigerode aus anzulegenden Zweigbahn einen Anschluß an die Bahn Halberstadt –Vienenburg erhalten. Natürlich wurde auch darauf verwiesen, daß sich die Industrie ohne einen Eisenbahnanschluß im Niedergange befände und daß das Königliche Finanzministerium daher ein besonderes Interesse an der Verfolgung dieser Angelegenheit haben müsse. Außerdem hätte die Herzoglich-braunschweigische Generalverwaltung der Eisenbahn längst ein Auge auf dieses Projekt geworfen...!

Itzenplitz ließ sich jedoch nicht festnageln und gestattetet am 15. März 1867, die Vorarbeiten zu einer Eisenbahn Nordhausen–Ilfeld–Wernigerode

im Anschluß an eine Zweigbahn der Strecke Halberstadt–Vienenburg zu beginnen. Diese Genehmigung galt allerdings nicht als Konzessionsgenehmigung! Und: „Bezüglich der Ermittlungen auf Braunschweigischem Gebiet muß ich dem Comité überlassen, sich die diesfällige Erlaubnis von der Herzoglichen Regierung zu erbitten."
Damit war die Reihe wieder am Bahnbaukomitee, welches sich nun mit Varianten zur Linienführung und mit den Kosten zu beschäftigen hatte. Der „Nordhäuser Zeitung" vom 11. August 1867 ist zu entnehmen, daß folgende Linien vorgeschlagen wurden:

1. Nordhausen–Zorge–Altenau–Oker–Harzburg
2. Nordhausen – Ilfeld – Benneckenstein – Tanne – Rothehütte – Elbingerode – Wernigerode (Vorzugsvariante)
3. Nordhausen–Ilfeld–Hasselfelde–Blankenburg
4. Nordhausen–Ilfeld–Stiege–Thale
5. Nordhausen–Ilfeld–Breitenstein–Alexisbad (–Harzgerode)–Mägdesprung–Meisdorf (–Ballenstedt)–Ermsleben–Aschersleben.

In Sitzungen am 20. und 23. November 1867 wurden die Kosten der vorläufigen Untersuchungen mit 1400 Taler veranschlagt, die durch freiwillige Beiträge aufzubringen waren. Die Stadt Wernigerode und „Seine Durchlaucht, der regierende Graf zu Stolberg-Wernigerode" brachten mit je 300 Taler den Löwenanteil auf.
Obergeometer und Eisenbahningenieur Freiherr von Bock, Nordhausen, der 1869 mit der Trassierung der normalspurig geplanten Bahn beauftragt wurde, empfahl folgende Linienführung: Mit 1:50 bis 1:40 von Wernigerode aus auf einem Damm längs der Holtemme durch das Tal des Zillierbachs, weiter durch das Steinbachtal bis Neuhütte im Tal der Kalten Bode und dann zum Königlichen Hüttenwerk Rothehütte (Haltestelle zwischen Hüttenwerk und Dorf Königshof). Weiter zum Hüttenwerk Tanne (Haltestelle) und nach Benneckenstein (Bahnhof in der Nähe des Schützenhauses), von dort durch die Talsenke nach Rotheshütte (Gleisanschluß zu den Gräflich-Stolbergischen Kohlegruben), weiter nach Ilfeld (Bahnhof), Niedersachswerfen, Nordhausen. Ein kühner Plan – wenn man bedenkt, daß diese Strecke normalspurig gebaut werden sollte! 1870

Bild 2.2 Das war sie – die letzte Postkutsche am Bahnhof der Harzquerbahn zu Wernigerode um die Jahrhundertwende.
Foto: Sammlung Flachs

wurde daraufhin sehr intensiv die „Subscription von Anteilscheinen à 10 Taler" zur Aufbringung der Kosten der Vorarbeiten betrieben und gleichzeitig zur Wahl eines neuen Bahnbaukomitees aufgerufen.
Dann aber war es über 20 Jahre sehr still um dieses Projekt, und das in einer Zeit, in der fast alle deutschen Fernverbindungen gebaut wurden! Drei Stichbahnen erschlossen inzwischen den Harz, weil sie von der örtlichen Industrie und für den Fremdenverkehr dringend benötigt wurden: 1875 bis 1877 wurden die Innerstetalbahn (Langelsheim– Clausthal–Zellerfeld) gebaut. Dann folgte die Halberstadt–Blankenburger Eisenbahn, die von 1884 bis 1886 die Gebirgsbahn Blankenburg–Tanne erbaute. 1887 ging die Gernrode–Harzgeroder Eisenbahn (GHE) in Betrieb, die in der kostengünstigeren 1000-mm-Schmalspur verlegt worden war.
Die Linie Nordhausen – Wernigerode war indes nicht ganz vergessen. 1884 trat ein Ingenieur Wackernagel aus Aschersleben mit dem allerdings bald verworfenen Projekt einer Pferdebahn von Wernigerode nach dem „Silbernen Mann" (ein damals beliebter Ausflugsort nahe dem heutigen Bahnhof Steinerne Renne) an die Öffentlichkeit. Im gleichen Jahr präsentierte der Königliche Landbaumeister a. D. Costenoble den Plan einer Dampfstraßenbahn von Wernigerode zum Brocken. Die Gräflich Stolberg-Wernigeroder Kammer genehmigte die Vorarbeiten auf ihrem Gebiet, nachdem der Magistrat von Wernigerode zugesichert hattte, Grund und Boden für den Bahnbau kostenlos zur Verfügung zu stellen. Ein Jahr später, am 24. November 1885, legte Costenoble ein detailliertes Projekt vor, das Anfang 1886 vom Wernigeroder Magistrat bestätigt wurde. Da aber zu große Schwierigkeiten bei der Finanzierung auftraten, mußte im April 1889 die Idee einer Dampfstraßenbahn als gescheitert erklärt werden.
Ein Projekt des Badekommissars von Bad Harzburg, Hermann Dommes, sah den Bau einer Eisenbahn von Bad Harzburg durch das Radautal zum Brocken vor. Während der ganz im Stillen betriebenen Vorbereitungen konnte sogar die Vorfinanzierung gesichert und die Zustimmung der Regierungen Preußens und Braunschweigs erlangt werden. Lediglich der Fürst von Stolberg-Wernigerode, zu dessen Besitz die Brockenkuppe gehörte, war zurückhaltend. Nachdem im Frühjahr 1890 die Trasse durch das Radautal abgesteckt war, brachten Proteste empörter Bürger das Projekt zum Scheitern. Lokalpropheten erkannten allerdings, daß irgendwann eine Brokkenbahn käme – dann aber nicht Bad Harzburg, sondern Wernigerode das Tor zum Harz würde!
Im Jahre 1896 schließlich griff man die ursprüngliche Idee einer Eisenbahn Nordhausen–Wernigerode wieder auf. Ein neues Bahnbaukomitee unter Leitung des Nordhäuser Bürgermeisters Schusteruhs erhielt am 27. Mai 1896 die Konzessionsurkunde für preußisches Gebiet „... zum Bau und Betrieb einer für den Betrieb mittels Dampfkraft und für die Beförderung von Personen und Gütern im öffentlichen Verkehr bestimmte, den Vorschriften der Bahnordnung für die Nebenbahnen Deutschlands unterworfene Eisenbahn mit 1 Meter Spurweite von Nordhausen über Ilfeld nach Wernigerode mit einer Abzweigung zum Brocken". Verbunden mit dieser Konzession war das „Recht zur Entziehung und Beschränkung des Grundeigentums nach Maßgabe der gesetzlichen Bestimmungen".
Am 25. juni 1896 wurde die Nordhausen-Wernigeroder Eisenbahn (NWE) in den Geschäftsräumen der „Eisenbahnbau- und Betriebsgesellschaft Berlin", Berlin, Wilhelmstraße 46/47, gegründet. Hier wurde das Gesellschafterstatut verabschiedet, das als erstes Geschäftsjahr den Zeitraum von der Eintragung ins Handelsregister bis zum 31. März 1898 festlegte (§ 20). Der Bau der Harzquer- und Brockenbahn wurde der „Eisenbahnbau- und Betriebsgesellschaft Berlin" übertragen und für zehn Jahre nach Inbetriebnahme an diese Gesellschaft bis zum 31. März 1909 verpachtet.
Gleichzeitig konstituierte sich der erste Aufsichtsrat:
1. Präsident Rudolph Griesebach, Wernigerode
2. Bürgermeister Franz Schultz, Wernigerode
3. Stadtrat Hermann Schmidt, Nordhausen
4. Generaldirektor Hermann Heyl, Berlin
5. Regierungsrat a. D. Gustav Kochler, Charlottenburg
6. Bankdirektor Sigmund Weill, Berlin
7. Fabrikant Franz Willecke, Nordhausen
8. Bankier Kurt Soberheim, Berlin
9. Regierungsrat a. D. Hermann Rock, Berlin.

In den Vorstand dieses Aufsichtsrats wurden gewählt:
Bürgermeister Schusteruhs, Nordhausen
Regierungsrat a.D. Anton Sobeczko, Nordhausen
Direktor Paul Barnewitz, Berlin.
Die Eintragung ins Handelsregister erfolgte am 3. Juli 1896. Das Grundkapital betrug 5,5 Millionen Mark. Von den 5500 Inhaberaktien à 1000 Mark waren 3500 Stück Stammaktien A (mit einer Vorzugsdividende von 4,5% des Nennwerts) und 2000 Stück Stammaktien B (mit einer Dividendengarantie von 3,5% während der ersten 20 Jahre).
An der Dividendengarantie, die während der ersten 20 Betriebsjahre der Bahn voll in Anspruch zu nehmen war, beteiligten sich:

Nordhausen-Wernigeroder Eisenbahn-Gesellschaft.

500 Reichsmark. AKTIE №07199

über

FÜNFHUNDERT REICHSMARK.

Inhaber dieser Aktie ist mit dem Betrage von Fünfhundert Reichsmark an der Nordhausen-Wernigeroder Eisenbahn-Gesellschaft als Aktionär beteiligt.
(vergl. §§ 3 u. 4 des Gesellschaftsstatutes).

Die Ausreichung dieser Aktie erfolgt auf Grund des Umstellungsbeschlusses der Generalversammlung vom 20. Dezember 1924. Gemäß § 19 der Verordnung über Goldbilanzen vom 28. Dezember 1923 unterliegt sie keiner Kapitalverkehrsteuer.

Wernigerode, im Januar 1925.

Ausgefertigt:

Nordhausen-Wernigeroder Eisenbahn-Gesellschaft.

Der Aufsichtsrat

Der Vorstand

Bild 2.4. 500-Mark-Aktie der NWE. *Foto: Sammlung Becker*

Bild 2.3. Aufsichtsratmitglied R. Griesebach aus Wernigerode. *Foto: Sammlung Becker*

die Fürstlich Stolberg-Wernigerodische Verwaltung
die Städte Benneckenstein und Ilfeld
die Gemeinden Hasserode und Nöschenrode
die Gemeinde Wiegersdorf bei Ilfeld.

Den Bahnbau – und später auch den Betrieb der Bahn für zehn Jahre – übernahm die „Eisenbahnbau- und Betriebsgesellschaft Berlin". Eine Pauschalzahlung von 5 Millionen Mark verpflichtete die Gesellschaft zu einer Bauzeit von zweieinhalb Jahren, vom Tage der Konzessionserteilung durch die Braunschweiger Regierung am 24. März 1896 an gerechnet.

Schon der erste Geschäftsbericht der Baufirma vom 13. Juli 1898 zeigte allerdings, daß infolge von Projektänderungen das statutenmäßige Gesamtkapital zur vollständigen Fertigstellung der Bahn nicht ausreichen würde. Obwohl die Strecke im wesentlichen durch fiskalisches und fürstliches Gebiet führte, standen langwierige Grundstückserwerbsprozesse an. Nordhausen, Wernigerode, Benneckenstein, Ilfeld, die Fürstlich Stolberg-Wernigerodische Verwaltung und die Klosterkammer zu Hannover – alles Träger von Zinsgarantien für Stammaktien B – hatten sich zwar zur kostenlosen Bereitstellung von Grund und Boden verpflichtet, erhielten aber dennoch für den genau taxierten Grundstückswert Stammaktien

Tabelle 2.1. Aufstellung der Baukosten, wie sie nach Fertigstellung des Bahnbaues errechnet wurden

Kostenposition	Kosten Mark
Grunderwerbs- und Nutzungsentschädigungen	1 107 022
Erd-, Fels- und Böschungsarbeiten	1 650 000
Einfriedungen	56 000
Wegübergänge, einschl. Unter- und Überführungen von Wegen	130 000
Durchlässe und Brücken	459 000
Bau des Tunnels	60 000
Oberbau	2 088 298
Fernmeldeanlagen sowie Bahnmeister- und Bahnwärterwohnungen	134 000
Bahnhöfe und Haltepunkte	1 260 764
Werkstattanlagen	385 722
Außerordentliche Arbeiten	20 000
Verwaltungskosten	404 000
Gesamtbaukosten	7 754 806
Zuzüglich:	
Während der Arbeiten angefallene Kosten	270 374
Kursverluste	103 420
	8 128 600

Bild 2.5. Der rührige Bürgermeister Kurt Schusteruhs aus Nordhausen. *Foto: Sammlung Becker*

B. Die ursprünglich vorgesehene Summe für Grundstückserwerbungen, 500000 Mark, war schnell überschritten. Die Baukosten der Harzquer- und Brockenbahn wurden später mit 8,1 Millionen Mark beziffert.

2.3. Der Bahnbau

Unmittelbar nach Erteilung der Bahnbaukonzession für das preußische Gebiet begannen die Arbeiten gleichzeitig in Nordhausen und Wernigerode. Man hatte geplant, die ersten Bauabschnitte Nordhausen–Ilfeld und Wernigerode–Hasserode/Steinerne Renne sofort nach Fertigstellung in Betrieb zu nehmen.

Aufgrund einer Beschwerde entschied der Eisenbahnminister jedoch am 27. August 1896, daß die innerhalb der Gemarkung Hasserode eingeleiteten Enteignungsverfahren gesetzwidrig seien und eingestellt werden müßten. Ab 25. September 1896 wurden deshalb die bereits verlegten Schwellen und Schienen zwischen Wernigerode und Hasserode ausgebaut und die Kirchstraße in ihren alten Zustand zurückversetzt.

Einen Situationsbericht gab das „Wernigeröder Tageblatt" am 27. Oktober 1896: „Man hat das

Bild 2.6. Während des Baus 1898: der Bahnhof Sorge. *Foto: Sammlung Röper*

im Sommer Geschaffene seinem Schicksal überlassen müssen, und so würde die Baustrecke mit den halbfertigen Erdarbeiten, Schienenanlagen etc. ein recht melancholisches Bild bieten, wenn nicht unsere Straßenjugend sich der Sache nutzbar zu machen versucht hätte. Was die ‚Großen' nicht zustande gebracht haben, das vollbringen jetzt die ‚Kleinen' spielend, sie haben – wenigstens Unter den Zindeln – einen regelrechten Eisenbahnbetrieb eingerichtet. Als Waggons dienen die Kipploren, mit denen sie Fahrten in schnellstem wie langsamstem Tempo veranstalten. Sogar die Anstellung von Weichenstellern ist vorgesehen..."
Seriösere Auskunft über den Stand des Baugeschehens gab die „Saale-Zeitung" vom 18. Februar 1897: „Der Direktor der Harzquerbahn Nordhausen–Wernigerode, der Erste Bürgermeister Schusteruhs aus Nordhausen, hat gestern öffentlich einen Bericht über das Eisenbahnunternehmen gegeben, aus dem folgendes neu und von allgemeinem Interesse ist: Die Schienen liegen jetzt vollständig auf beiden Endstrecken Nordhausen–Ilfeld und Wernigerode–Steinerne Renne, teilweise aber auch auf den Strekken bis Eisfelder Talmühle im Ilfelder Tal und Drei Annen Hohne am Brocken. Die eisernen Oberbauten der Brücken auf den beiden Endstrecken bis zum Gebirgsfuße werden demnächst gelegt. Trotz des Winters sind die Sprengarbeiten auf dem Gebirge stets im Gang geblieben. Die Hauptschwierigkeiten boten sich an der Einmündung der Bahn an den Bahnhöfen Nordhausen und Wernigerode. Für Wernigerode mußten z. B. 10 oder 11 Projekte aufgestellt werden. Fast ebensoviele für Nordhausen. Schließlich war, nachdem sonst überall Einverständnis erzielt war, der Eisenbahndirektion zu Kassel die Art und Weise der Einmündung auf Bahnhof Nordhausen wieder zu wenig weitsichtig. Sie forderte eine Anlage, welche die Stadt Nordhausen 30000 Mark teurer zu stehen gekommen wäre. Der Magistrat von Nordhausen erhob hiergegen Einspruch, und die Eisenbahndirektion Kassel minderte infolgedessen nach längerer Verhandlung schließlich ihre Forderungen. Doch blieben von den 30000 immer noch 17000 Mark als Mehransatz stehen. Am 20. d. Monats findet nun die landespolizeiliche Prüfung der Einfahrverhältnisse auf dem Bahnhof Nordhausen statt. Dann folgt unmittelbar die Inangriffnahme der Hochbauten."
Störmanöver blieben auch weiterhin nicht aus: Am 11. September 1896 war im „Wernigeröder Tageblatt" gar ein öffentlicher Aufruf an die Bevölkerung erschienen, den Brückenbau am Westerntor zu verhindern, da dieser Überweg mit einer Bahnkreuzung zu viele Gefahren in sich berge!
Und dennoch ging es voran. Die Behrebrücke bei Ilfeld wurde am 12. Mai 1897 fertiggestellt, und die Probefahrten begannen. Die Arbeiten an der kriti-

Bild 2.7.
Eine der Güstrower Lokomotiven mit dem Reisezugwagen 104 während des Streckenbaus bei Sorge.
Foto: Sammlung Becker

Bild 2.8. Bauarbeiten auf dem Güterbahnhof Westerntor. Im Hintergrund eine Krauss-Lokomotive der Baufirma.
Foto: Sammlung Röper

in reichhaltigster Auswahl.

Nordhausen-Wernigeröder Eisenbahn.

Der vom Juli d. J. gültige

Sommer-Fahrplan

der Teilstrecke **Nordhausen-Ilfeld** liegt auf unseren Stationen zur Einsicht aus und ist daselbst käuflich zu haben.

Nordhausen, im Juli 1897.

Die Direktion.

Kirschen- und Obst-Verkauf.

Am Sonnabend, den 10. d. Mts., nachmittags 4 Uhr,

soll im **Strohmeyer**'schen **Gasthause** die

Sauerkirschen- und Obsternte

Turn-

Turnvere

Freunde for

Turner-

Bild 2.9.
Zeitungsannonce aus dem „Wernigeröder Tageblatt".
Foto: Sammlung Becker

sierten Westerntor-Brücke waren am 23. Juni des gleichen Jahres beendet. Auch hier begannen sofort die Probefahrten. Ebenfalls im Juni 1897 wurde am Güterbahnhof Westerntor ein Güterschuppen errichtet.

Tatsächlich konnte schließlich am 12. Juli 1897 die Teilstrecke Nordhausen–Ilfeld „unter freudiger Teilnahme der gesamten Bevölkerung" eröffnet werden. Am 7. Februar 1898 wurde der volle Güter- und Personenverkehr aufgenommen und ab 1. Mai bis Netzkater ausgedehnt.

Schwieriger war es mit der Eröffnung der Teilstrecke von Wernigerode aus. Immer noch verweigerten 32 Einwohner Hasserodes die Bauerlaubnis auf ihren Grundstücken. Die Prozesse fielen jedoch in letzter Instanz zugunsten der Bahnbaugesellschaft aus, so daß der Minister sein Veto zurücknehmen konnte. Während in Hasserode noch gestritten wurde, waren die Bauarbeiten auf dem Abschnitt Steinerne Renne –Drei Annen Hohne und später bis Schierke längst im Gange. Am 29. Mai 1898 wurde die Haltestelle Westerntor eröffnet, die „außer den Lokalitäten" auch einen Fahrkartenschalter aufwies. Gaststätte und Haltepunkt – im Volksmund nach dem Gastwirt „Der Kleine Gote" genannt – befanden sich bis 1936 an dieser Stelle.

Die Eröffnungsfahrt von Wernigerode nach Schierke fand am 16. Juni 1898 statt. Vier Tage später wurde dieser Streckenabschnitt für den öffentlichen Güter- und Personenverkehr freigegeben.

Probleme gab es mit der Stierbergbrücke zwischen Eisfelder Talmühle und Benneckenstein, an der am 22. Juli 1898 Risse festgestellt wurden. Fachleute veranlaßten eine Ummantelung des Bauwerks sowie eine Ausfüllung der Fugen und der Risse mit Bindemitteln. So brauchte die Brücke nicht abgerissen zu werden.

Zur feierlichen Grundsteinlegung des Bahnhofs Brocken am 28. Juli 1898 hatten sich Vertreter der Baufirma Gebr. Schönfeld aus Blankenburg (auch verantwortlich für den Bau des Königlichen Observatoriums), der Erbauer der Harzquerbahn sowie Re-

Bild 2.10. Blick auf die strittige Westerntorkreuzung um 1905. Man beachte das Klappschild „Halt! Zug kommt". Der Haltepunkt befand sich links der Kreuzung.
Foto: Sammlung Becker

Bild 2.11. Beim Bau der Stierbergbrücke bei Benneckenstein. *Foto: Sammlung Becker*

Bild 2.12. Während der Bauarbeiten am ThumkuhlenTunnel. *Foto: Sammlung Heurer*

Bild 2.13.
Der „Soldatenstein“ an der Brockenstrecke.
Foto: Sammlung Becker

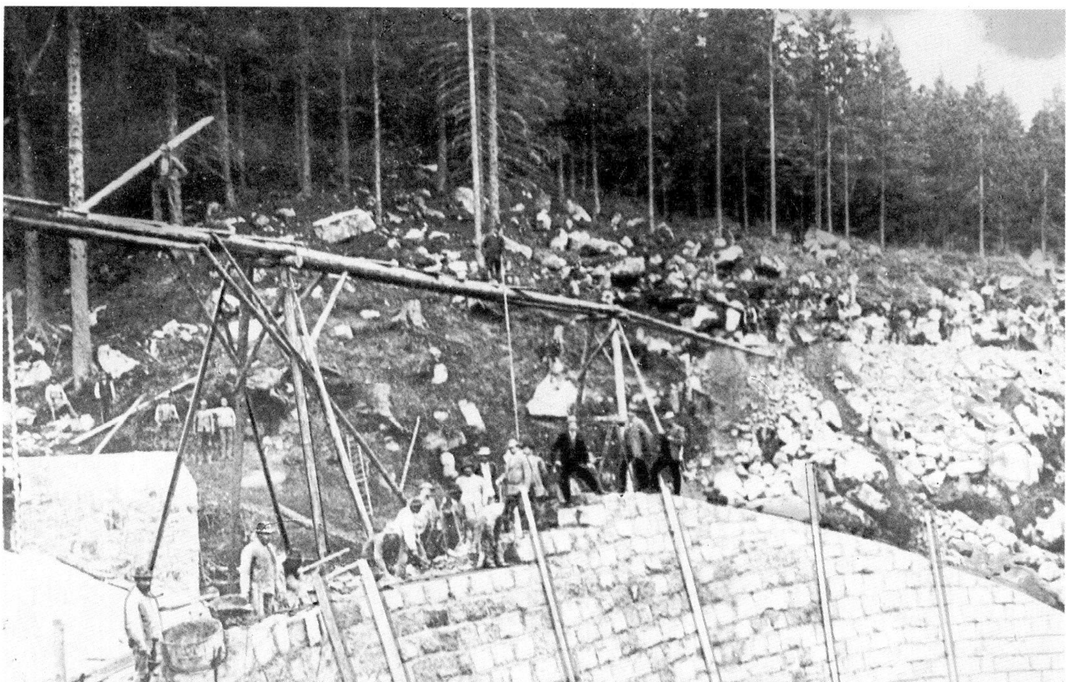

Bild 2.14. Beim Bau einer Stütz-Mauer an der Brockenstrecke. *Foto: Sammlung Becker*

Bahnhof Benneckenstein

Herrn Oskar Meyer

beehrt sich zu der am 15. d. Mts.,
1 Uhr 15 M., von Nordhausen
abgehenden

Eröffnungs-Fahrt

der Teilstrecke

Netzkater-Benneckenstein

ergebenst einzuladen

Die Betriebsleitung.

Ilfeld, den 12. Septbr. 1898.

Diese Karte dient gleichzeitig als Fahrtausweis.

L. Lohoff, Benneckenstein.

Bild 2.15. Einladungsbillet zur Eröffnungsfahrt Netzkater–Benneckenstein. *Foto: Sammlung Becker*

Nordhausen-Wernigeroder Eisenbahn.

Bekanntmachung.

Am Montag, den 27. März cr., ist der

Betrieb

auf der Gesamtstrecke Nordhausen-Wernigerode

nach besonderem Fahrplan aufgenommen.

Der Fahrplan wird auf den Stationen zum Aushang gebracht.

Vom gleichen Tage ab kommen die Tarife des Binnen-Verkehrs und der direkten Verkehre für die Beförderung von Personen und Gütern im vollen Umfange zur Einführung.

Nähere Auskunft erteilen die Stationen.

Wernigerode, den 25. März 1899.

Die Betriebs-Direktion.

Bild 2.16. Bekanntmachung im „Wernigeröder Tageblatt".
Foto: Sammlung Becker

gierungsbaumeister Morgenstern, Bauführer Niemann und der Meteorologe Dr. Stade eingefunden. Beim Bau der Brockenstrecke wurde überhaupt ein ungewohnter Aufwand getrieben. Eine Kompanie des I. Eisenbahnregiments Berlin-Schöneberg kam zum Einsatz – wovon noch heute der an der Brockenstrecke stehende „Soldatenstein" (oder „Berthastein") zwischen Schierke und dem Bahnhof Goetheweg zeugt. Neben bayerischen Landsleuten waren zeitweilig auch ausländische Arbeiter aus Italien und Kroatien eingesetzt.

Die Arbeit an der Strecke zum Gipfel des Harzes war wegen des rauhen Klimas sehr schwer. Granitfelsen mußten gesprengt und das Brockenmoor überwunden werden. Allen Schwierigkeiten zum Trotz wurde die Brockenstrecke noch rechtzeitig vor dem Wintereinbruch fertig. Dazu hieß es:

„Die erste Probefahrt auf der neuerbauten Brockenstrecke hat am 4. Oktober 1898 stattgefunden, nachdem am Vortage das einige Wochen hindurch mit dem Vorstrecken des Geleises der Bahn beschäftigt gewesene Kommando des Eisenbahnregiments Nr. I seine Arbeiten auf dem Brocken vollendet hatte. Nach zweistündiger Fahrt vom Bahnhof Schierke traf der Zug mit den von der Vereinigten Eisenbahnbau- und Betriebsgesellschaft, der Erbauerin der Harzquerbahn, geladenen Gästen ein. Außer dem Direktor der Gesellschaft, Herrn Ströhler, und seinen Beamten hatten sich auch Vertreter der staatlichen und fürstlichen Behörden, Offiziere des erwähnten Kommandos sowie Vertreter des Brockenobservatoriums nebst ihren Damen eingefunden. Nach dem feierlichen Akt des Einschlagens des letzten Nagels in das Bahnhofsgleis fand im Brockenhotel ein Frühstück zu etwa 50 Gedecken statt, bei dem u. a. der Tätigkeit des Kommandos des Eisenbahnregiments, Hauptmann Duvernoh und seiner Offiziere, sowie des Erbauers der Brockenbahn, Abteilungsbaumeister Morgenstern und seiner Mitarbeiter, des Regierungsbauführers Niemann und des Bauaufsehers Schraml ehrend gedacht wurde. Ein Tänzchen, zu dem einige Arbeiter der Brockenbahn die Musik ausführten, hielt bis gegen Abend die Festteilnehmer zusammen, die dann mittels Extrazuges nach Schierke befördert wurden."

Schon einen halben Monat vorher, am 15. September 1898, war der Abschnitt Netzkater–Benneckenstein fertiggestellt und für den Güter- und Personenverkehr freigegeben worden. Die letzte Baulücke – zwischen Sorge und Elend – wurde am 14. Dezember 1898 geschlossen. Nach Erledigung der Restarbeiten konnte die gesamte Harzquer- und Brockenbahn am 27. März 1899 für den Verkehr freigegeben werden.

3. Betrieb und Verkehr, Projekte und Veränderungen auf der NWE

3.1. Nach der Inbetriebnahme

Von Anfang an spielte der Ausflugsverkehr eine hervorragende Rolle. Er prägte das Bild der Harzquer- und Brockenbahn maßgeblicher als der unspektakuläre Güterverkehr, für den man immer neue Einnahmequellen zu erschließen versuchte.
So teilte die Betriebsleitung am 28. Juli 1899 mit, daß ab sofort die Beförderung von Langholz und anderen außergewöhnlich langen Gegenständen bis zu 24 m Länge und 2 m Breite möglich sei.
Die Betriebseinnahmen der ersten Monate waren zufriedenstellend. Wurden im ersten Monat des vollen Betriebs 22140 Mark erzielt, waren es im zweiten Monat schon 59206 Mark.

Die Fahrpreise wurden nach den damals gültigen Tarifen berechnet. Es gab einfache Fahrkarten, Hin- und Rückfahrkarten, Sonntagsrückfahrkarten, Wanderkarten und Sportkarten (insbesondere für den Winterverkehr). Nur für einfache Fahrkarten gab es keine Preisermäßigungen. Preisermäßigungen beispielsweise beim Brockenverkehr sahen so aus: Eine einfache Fahrt Wernigerode–Brocken kostete 3,00 Mark, eine Hin- und Rückfahrkarte dagegen nur 4,00 Mark.
Und solche Ausflugsfahrten wurden sehr stark in Anspruch genommen. Am 2. Pfingstfeiertag 1899 beispielsweise hatte die Harzquerbahnpost 28 kg Postkarten vom Brocken aus zu Tale zu befördern!
Wegen der starken Inanspruchnahme der Brocken-

Bild 3.1. Ein Brockenzug im Eckerloch oberhalb von Schierke. *Foto: Sammlung Becker*

Bild 3.2.
Ein Personenzug auf der Brockenstrecke.
Foto: Sammlung Becker

Bild 3.3. Der Brocken Mitte der 20er Jahre. *Foto: Sammlung Becker*

Bild 3.4. Ein Zug auf dem Brocken, um 1960. *Foto: Habermann*

Bekanntmachung.

Vom 16. ds. Mts. ab ist der Betrieb auf der Strecke Drei-Annen-Hohne-Brocken **eingestellt** worden; die Stationen Schierke, Goetheweg und Brocken sind für den Personen-, Gepäck- und Güter-Verkehr von genanntem Zeitpunkte ab bis zum 1. Mai voraussichtlich 1901 **geschlossen.**

Wernigerode, den 22. Oktober 1900.

Die Betriebs-Leitung
der Nordhausen-Wernigeroder Eisenbahn.

Bild 3.5.
Zeitungsmeldung im Wernigeröder Tageblatt.
Foto: Sammlung Becker

strecke gab die NWE dem Drängen der Harz-Club-Vereine nach, einen Bahnhof am Goetheweg einzurichten. Ursprünglich schon für das Frühjahr vorgesehen, wurde er am 17. Juli 1900 eingeweiht und in Betrieb genommen. Die Baukosten für die Bahnanlage, die Weiche und die Gleise in Höhe von 25 000 Mark übernahm die NWE, während die Harz-Club-Vereine für das 3500 Mark teure Bahnhofsgebäude aufkommen wollten.

Der Brockenverkehr stieg im Laufe der Zeit derartig an, daß in der Zeit nach dem ersten Weltkrieg die Züge nochmals hinunter nach Schierke mußten, um

Bild 3.6. Hexenspuk im Jahre 1932: Ein Walpugiszug im Bahnhof Wernigerode. *Foto: Sammlung Becker*

Bild 3.7. Bahnpoststempel aus den 20er Jahren.
Foto: Sammlung Flachs

die dort noch wartenden Menschen – die z. T. mit Reisebussen hierher gekommen waren (dahinter war die Brockenchaussee zu steil) – aufzunehmen.
Auf dem Brocken bot sich den Fahrgästen neben der wundervollen Aussicht eine ganze Reihe touristischer Attraktionen: das Brockenhotel, ein Aussichtsturm, das schon erwähnte Observatorium sowie das Wolkenhäuschen, eine Erinnerungsstätte an den Goethe-Besuch im Dezember 1777. Weitere Sehenswürdigkeiten waren die Teufelskanzel, ein auffällig großes Granitsteingebilde, und der botanische Garten mit seltenen Gebirgspflanzen.
Allerdings konnte man nur vom 30. April bis zum 15. Oktober den Brocken befahren. Die Schneemassen des Winters waren mit der damaligen Technik nicht zu bewältigen. Der Schnee lag so hoch, daß Skiläufer über den zugeschneiten Brockenbahnhof hinwegfuhren, ohne ihn bemerkt zu haben! Nur einmal, bereits im Winter 1899, war der Versuch unternommen worden, den Brocken mit einem Zug zu erklimmen. Der Aufwand war jedoch viel zu hoch, und weitere Versuche unterblieben.
Alljährlich begann der Zugverkehr zum Brocken am 30. April. Um abenteuerlustigen Fahrgästen die

Bild 3.8. Ein Sonderbus zur Walpurgisfeier auf dem Brocken, um 1930. *Foto: Sammlung Becker*

Bild 3.9.
Noch ein Walpurgiszug
in Wernigerode!
Foto: Sammlung Röper

Nordhausen-Wernigeroder Eisenbahn.

Im August d. J. sollen **an den Wochentagen** nachfolgende

Sonderzüge

auf der Strecke **Wernigerode-Brocken** verkehren:

8^{50}	Vorm.	ab	Wernigerode (Staatsbahnhof)	an	2^{40}	Nachm.
8^{54}	,,	,,	Westernthor	ab	2^{35}	,,
9^{01}	,,	,,	Hasserode I	,,	2^{30}	,,
9^{04}	,,	,,	Hasserode II	,,	2^{26}	,,
9^{11}	,,	,,	Hasserode Bahnhof	,,	2^{20}	,,
9^{18}	,,	,,	Steinerne Renne	,,	2^{11}	,,
9^{47}	,,	,,	Drei-Annen-Hohne	,,	1^{38}	,,
10^{13}	,,	,,	Schierke	,,	1^{06}	,,
10^{51}	,,	an	Brocken	,,	12^{15}	,,

Wernigerode, den 5. August 1899.

Die Betriebs-Direktion.

Bild 3.10. Verkehrswerbung: Hinweis auf Sonderfahrten. *Foto: Sammlung Becker*

Bild 3.11. Angekommen: Walpurgiszug auf dem Brocken in den 30er Jahren. *Foto: Sammlung Becker*

Möglichkeit zu bieten, an der Walpurgisfeier auf dem Brocken teilzunehmen, eröffnete ab 1901 ein Sonderzug, der sogenannte „Walpurgiszug", die Saison. 16.50 Uhr in Wernigerode startend, war die Ankunft des Zuges im Brockenbahnhof für 19.40 Uhr avisiert. Alle Wagen waren mit Tannengrün und Reiserbesen geschmückt, die Fahrgäste hatten sich als Hexen und Teufel kostümiert. Die staunende Bevölkerung Wernigerodes stand dichtgedrängt an den Gleisen, zumal die Spukgestalten den Kindern Bonbons zuwarfen! Vorn, beidseits der Rauchkammertür der Lokomotive, schauten eine Hexe und ein Teufel grimmig drein, aus den Zugfenstern winkten Mohren, Indianer und Harlekine... Musikkapellen im Zug sorgten für Stimmung. Auf dem Brocken angekommen, begab sich die ganze Gesellschaft in die festlich geschmückten Räume des Brockenhotels, wo alle untergebracht waren. Nach durchzechter Nacht, früh 9.00 Uhr auf dem Brockenbahnhof startend, lief der Zug mit seiner verkaterten Fracht um 11.50 Uhr wieder in Wernigerode ein...

3.2. Projekte und Erweiterungen

Weitere Projekte hatten zur Diskussion gestanden. Noch 1899 plante die NWE den Bau einer schmalspurigen Strecke von Drei Annen Hohne nach Elbingerode. Und für eine Gleisverbindung zwischen Eisfelder Talmühle und Stiege, die von der NWE und der GHE gewünscht wurde, waren schon im Mai 1900 die Vorarbeiten abgeschlossen. Genehmigt wurde die zur GHE gehörende Abzweigung am 18. April 1905, und fertiggestellt werden konnte sie am 3. Juli 1905. Zwölf Tage später ging sie in Betrieb, eingeweiht durch einen Eröffnungszug, dem u.a. beide Salonwagen der NWE und der GHE angehörten. Die NWE hatte sich an den Baukosten mit einer durch Anleihen beschafften Summe von 100000 Mark beteiligt. Im September des gleichen Jahres wurde auch das neue Empfangsgebäude des Bahnhofs Eisfelder Talmühle fertig, um zukünftig als Gemeinschaftsbahnhof benutzt werden zu können. Der Bahnhof wurde jeweils zur Hälfte mit Personal beider Bahnverwaltungen besetzt. Desgleichen teilte man sich in die Kosten der Unterhaltung des Bahnhofs. Als nach dem ersten Weltkrieg auf dem Abschnitt Eisfelder Talmühle–Stiege die Gewinne immer weiter zurückgingen, bot ihn die GHE 1940 endlich der NWE zum Kauf an. Doch das Geschäft kam nicht zustande.

Ein anderes, allerdings erfolgloses Projekt war das einer Strecke von Wernigerode über Benzingerode nach Blankenburg, Thale und Quedlinburg. Dieser

Bild 3.12. Das Gasthaus Drei Annen um 1900. *Foto: Sammlung Becker*

Abschrift.

Vertrag.

zwischen der

Direktion der Nordhausen-Wernigeroder Eisenbahn-Gesellschaft in Wernigerode, nachstehend „Harzquerbahn" genannt,

einerseits

und

a) dem Vorstande der Südharz-Eisenbahn-Gesellschaft in Berlin,
b) der Centralverwaltung für Sekundärbahnen Herrmann Bachstein in Berlin, als Betriebsführerin der Südharzbahn,
zu a und b nachstehend „Südharzbahn" genannt,

andererseits

ist unter Aufhebung des Vertrages vom $\frac{\text{30. September}}{\text{8. Oktober}}$ 1912 folgender

Vertrag

geschlossen worden:

§ 1.

1. Die Harzquerbahn und die Südharzbahn unterhalten auf Bahnhof Sorge eine Gleisverbindung zwischen ihren Eisenbahnlinien in der aus anliegendem Plane, welcher einen besonderen Bestandteil dieses Vertrages bildet, ersichtlichen Weise.

2. Es herrscht bei den beiden Vertragschließenden Übereinstimmung darüber, daß die Verbindung der beiderseitigen Bahnen
   a) dem Personenverkehr dienen soll, derart, daß bei Anschlußzügen (§ 3) ein direkter Übergang ganzer Personenzüge oder einzelner Personenwagen zwischen Wernigerode und Braunlage und umgekehrt stattfindet und
   b) dem Wechselgüterverkehr zwischen den Stationen der Südharzbahn und der Harzquerbahn, sowie zwischen den Stationen der ersteren und der Gernrode-Harzgeroder Eisenbahn dienstbar gemacht wird.

3. Die Vertragschließenden verpflichten sich gegenseitig, etwaige Bestrebungen auf Freigabe oder Ausbau der Bahnverbindung für den Durchgangsgüterverkehr nach und von den anschließenden Normalspurbahnen, mögen dieselben von wem immer ausgehen, unter keinen Umständen zu unterstützen und mit Bezug auf die Bestimmungen dieses Vertrages und unter Hinweis darauf, daß der Gleisanschluß für den Durchgangsgüterverkehr nicht gebaut und nicht eingerichtet ist und ein Umbau der vorhandenen Anlagen bei den sehr beengten Raumverhältnissen in Sorge ganz unverhältnismäßig hohe Kosten verursachen würde, entschieden abzulehnen.

   Sollten infolge der Einführung des Wechselgüterverkehrs bauliche Veränderungen oder Ergänzungen der bestehenden Bahnanlagen in Sorge notwendig werden, so bleibt bezüglich der projekt- und anschlagsmäßigen Ausführung, sowie der Verteilung der Bau- und Unterhaltungskosten spätere Vereinbarung vorbehalten.

§ 2.

Die in dem im § 1 genannten Plane mit G bezeichnete Stelle bildet die Eigentums-, Unterhaltungs- und Haftpflichtgrenze zwischen der Harzquerbahn und der Südharzbahn (vergl. jedoch § 8 dieses Vertrages). An der fraglichen Stelle in der Natur ist eine Tafel mit der Aufschrift „Grenze" aufgestellt. Demgemäß geht je von der Einmündungsweiche ab bis zu der fraglichen Grenze das Eigentum an der Bahnverbindung auf die Harzquerbahn bezw. die Südharzbahn über und hat jede Partei die Unterhaltung und Erneuerung ihres Teiles der Anlage auf eigene Kosten zu bewirken. Ausgeschlossen von der getrennten Unterhaltung und Erneuerung sind nur die Verbindungen zwischen den beiderseitigen Sicherheitsanlagen. Die Erhaltung und Erneuerung der Sicherheitsanlagen übernimmt jeweils nach vorherigem Benehmen mit der Südharzbahn, welche die Hälfte der hierfür entstehenden Kosten zu tragen hat, die Harzquerbahn.

Die Erhaltung und Erneuerung der vorgenannten Grenztafel erfolgt ebenfalls auf gemeinschaftliche Rechnung durch die Harzquerbahn (wegen der Haftpflicht siehe § 8).

Bild 3.13. Titelseite des Vertrags zwischen NWE und SHE.
Quelle: STA Magdeburg KD Blankenburg 3269

Bild 3.14.
Blick durch die Straßenüberführung der SHE bei Sorge entlang dem NWE-Gleis in Richtung Elend.
Foto: Sammlung Becker

Plan einer „Harzgürtelbahn" führte zu heftigen Streitereien unter den betroffenen Städten, die entweder eine Normal- oder eine Schmalspurbahn oder überhaupt keinen Bahnanschluß wünschten. Die HBE, die in dieser Bahn ein Konkurrenzunternehmen witterte, polemisierte gegen eine Normalspurstrecke. Trotzdem konnte im Januar 1900 von der preußischen und der braunschweigischen Landesregierung die Konzession zum Bau einer Bahnlinie – in Meterspur – von Wernigerode über Blankenburg nach Thale erreicht werden. Die bereits harzerprobte „Eisenbahnbau- und Betriebsgesellschaft Berlin" sollte den Bau der Strecke übernehmen und begann sogleich mit den Projektierungs- und Vermessungsarbeiten. Wegen Finanzierungsproblemen verfiel jedoch dieser Plan. Die HBE erhielt derweilen 1905 eine neue Konzession zum Bau einer Normalspurbahn Blankenburg–Thale mit einem Abzweig nach Quedlinburg.
Etwa zur gleichen Zeit entstand auch der Plan, die westlich des Südabschnitts der NWE gelegenen Orte mittels einer Eisenbahn zu erschließen. Daraus wurde dann die seit 1899 bestehende Südharzeisenbahn, die als Konkurrenzunternehmen galt. Erst 1913 schuf man eine Gleisverbindung zwischen SHE und NWE in Sorge.
Ebenfalls 1913 kam es zu einem weiteren Projekt einer Nord-Süd-Bahn. Als Teil der Strecke Hamburg

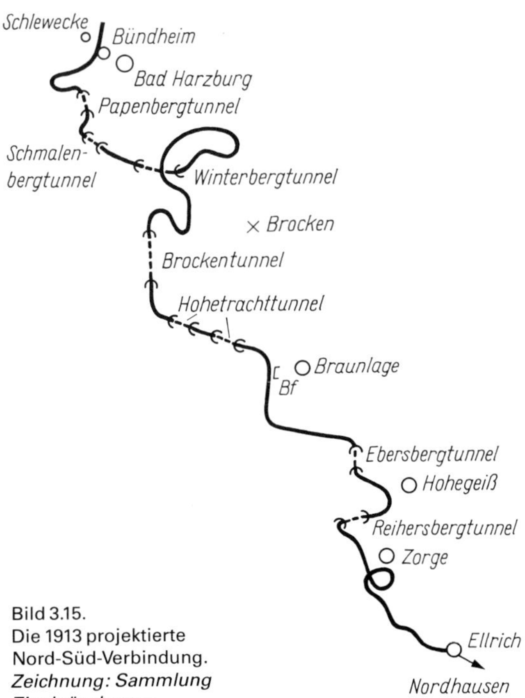

Bild 3.15.
Die 1913 projektierte Nord-Süd-Verbindung.
Zeichnung: Sammlung Zieglgänsberger

–München stellte Oberingenieur Bütow aus Braunschweig in einer Denkschrift den normalspurigen Entwurf des Abschnitts Bad Harzburg–Braunlage–Nordhausen vor. Entsprechend den Vorschriften für Hauptbahnen durften die Strecken nicht steiler als 1 : 40 geneigt sein, der kleinste Bogenhalbmesser hätte 300m betragen. Die Baukosten des dann verworfenen Projekts hätten 32 Millionen Mark betragen! Die Streckentrassierung sollte so aussehen: Bad Harzburg–Tunnel im Papenberg und Bogentunnel durch den Schmalenberg zum Radautal–Bogenkehre und Viadukt am Diebessteig zum Molkenhaus–Scharfenstein–Tunnel durch das Brockenmassiv–Okertal–zweimalige Durchtunnelung der Hohen Tracht–Braunlage–Brunnenbachstal (Haltestelle beim Bahnhof der SHE)–Hölltal–Ebersbergtunnel zum Wolfbachtal–Reihersbergtunnel in das Steinbachstal – Tal der Oberzorge – Staufenberg – Schraubenkurve bis Zorge–Weiterführung auf der zweigleisig auszubauenden, normalspurigen Kleinbahn Ellrich–Zorge und Einfädelung in die bereits bestehende Hauptbahn Ellrich–Nordhausen.

3.3. Betrieb, Geschäft und weitere bauliche Veränderungen bis zum ersten Weltkrieg

Vom 1. Juni 1902 an verkehrten täglich fünf Züge in jeder Richtung. Und während der Saison fuhren bis zu sieben Züge auf den Brocken. Die Ansprüche wuchsen und damit auch die Anforderungen an die Anlagen der NWE.

Im Juli 1906 mußte der Bahnhof Steinerne Renne umgebaut werden. Dabei entstand auch ein neues Empfangsgebäude. 1910 wurde – an steigungsgünstiger Stelle fast genau in der Mitte zwischen den Bahnhöfen Steinerne Renne und Drei Annen Hohne – die Blockstelle Drängetal gebaut. Mit einer Gleisumfahrung und einem Rückdrückgleis versehen, diente sie der Kreuzung von Zügen.

Um den Eisenbahnbetrieb sicher und reibungslos ablaufen zu lassen, galten bei der NWE die Vereinfachten Fahrdienstvorschriften, das Vereinfachte Signalbuch und die Vereinfachte Vorschrift über die Bedienung der Fernmelde- und Sicherungsanlagen. Waren die Sicherungseinrichtungen in den Anfangsjahren noch behelfsmäßig, so gab es später Erweiterungen und Verbesserungen – erstmals 1910 und 1912, als fast alle Bahnhöfe Formsignale erhielten. Sämtliche Blockstellen und Bahnhöfe bekamen Morseapparate. Die zentrale Morsestelle befand sich im Verwaltungsgebäude in Nordhausen, wo später auch eine Telefonzentrale mit entsprechenden Verbindungen zu allen Betriebsstellen der NWE eingerichtet wurde. Zug- und Wagenmeldungen sowie Dienstfernschreiben gingen über den Morseapparat.

Noch bevor am 31. März 1908 der Pachtvertrag zwischen der NWE und der „Eisenbahnbau- und Betriebsgesellschaft Berlin“ ausfiel und die Harzquerbahn durch die in Nordhausen ansässige Direktion unter Direktor Ufflacker in eigene Regie übernommen wurde, kam es zu neuerlichen Streitigkeiten.

Es hatte mit der Gemeinde Wiegersdorf begonnen, die erfolgreich um eine Befreiung von der Zinsgarantie nachsuchte. Ihr Gemeindeschulze hatte die Garantie ohne Gemeindeermächtigungsbeschluß übernommen! Folgerichtig wurde am 25. Februar 1905 der bisherige Bahnhofsname Ilfeld Wiegersdorf in Ilfeld geändert. Im gleichen Jahr prozessierten die Stadt Benneckenstein und die Gemeinde Hasserode beim Landgericht Halberstadt um eine Rückzahlung der geleisteten Zinsgarantien, da die NWE ihre Zusagen nicht erfüllt hätte: Zum einen führe die Bahn nicht – wie versprochen – als Straßenbahn durch Hasserode, zum anderen fühlte sich Benneckenstein durch das Verbindungsgleis Eisfelder Talmühle–Stiege geschädigt. Erfreulicheres tat sich in Nordhausen, wo am 1. Juli 1913 ein neues, attraktiveres Empfangsgebäude eingeweiht wurde. Der Personenbahnhof war als Kopfbahnhof umgestaltet worden. Getrennt davon wurde der Rangierbahnhof mit der Rollbockanlage errichtet. Dadurch konnten die Rangierarbeiten von nun an ohne jegliche weitere Beeinträchtigung des Reiseverkehrs ablaufen. Ebenfalls in diesem Zusammenhang erfolgte eine generelle Erneuerung aller vorhandenen Gleisanlagen.

Eine spezielle, 1 : 16 geneigte „Teststrecke“ an der Trasse von Drei Annen Hohne in Richtung Schierke wurde 1915 erbaut. Hier führte das Württembergische Eisenbahnregiment Tests mit zwei Lokomotiven durch.

Am 1. April 1916 verlegte die Direktion der NWE ihren Sitz von Nordhausen nach Wernigerode. Der Grund hierfür war ein organisatorischer, zumal sich in Wernigerode die Reparaturwerkstatt für alle Fahrzeuge befand und der ständig anwachsende Verkehr – besonders zum Brocken – von hier aus besser zu überwachen war, als im 60km entfernten Nordhausen.

Zwei Jahre später schied Direktor Ufflacker aus. Der spätere Betriebsdirektor Scharnhorst übernahm die Funktion eines technischen Mitglieds der Direktion. Noch im gleichen Jahr wurde er mit der Leitung der Harzquer- und Brockenbahn betraut, die er bis 1949 behielt.

Bild 3.16. Der Bahnhof Steinerne Renne vor dem Umbau. *Foto: Sammlung Becker*

Bild 3.17. Der Kreuzungsbahnhof Drängetal um 1912. Die Lokomotive trug die Nummer 31 oder 32. *Foto: Sammlung Becker*

Bild 3.18. Diese alte Ansichtskarte zeigt den Bahnhof Elend. *Foto: Sammlung Zieglgänsberger*

Bild 3.19. Eisenbahndirektor Eduard Scharnhorst.
Foto: Sammlung Becker

3.4. Veränderungen nach 1920

Die Zeit nach dem ersten Weltkrieg brachte eine Reihe baulicher Veränderungen mit sich. 1921 wurden das im Thumkuhlental befindliche Schotterwerk stillgelegt und das Ladegleis abgebaut. 1922 kam es zur Stillegung des Haltepunkts Talbrauerei sowie des Haltepunkts Hasserode II an der Frankenfeldstraße in Wernigerode (seit 1901 von einem Gastwirt betreut). Ebenfalls 1922 wurde der Bahnhof Hasserode umgebaut. Im Zusammenhang mit neuen Anschlußgleisen erhielten die Hauptgleise eine neue Linienführung.

Im gleichen Jahr mußte das stark verwitterte Holzgebäude des Bahnhofs Goetheweg einem massiven Gebäude weichen. Das alte, auch aus Holz bestehende Empfangsgebäude auf dem Brocken wurde 1923 durch ein modernes, attraktiveres Gebäude aus Granitsteinen ersetzt. Der Entwurf für dieses Bauwerk stammte von dem Architekten Schmidt aus Görlitz.

Und der zwischen Altentor und Niedersachswerfen gelegene Haltepunkt Krimderode, bisher ohnehin nur mit einer Sitzbank versehen, wurde im gleichen Jahr aufgehoben. Da diese Bank gelegentlich durch „böse Bubenhände" verschleppt worden war, hatte man im Volksmund oft vom „geklauten Bahnhof" gesprochen.

Bild 3.20.
Eine wilde Kulisse: Felseinschnitt im Drängetal.
Foto: Sammlung Becker

Dann begann wieder die Zeit der Projekte und Ideen. Im August 1924 wurde im „Wernigeröder Tageblatt" berichtet, daß ein Kreis von Interessenten aus der Industrie das Projekt einer Normalspurbahn Hasselfelde – Trautenstein – Benneckenstein diskutierte. Diese Bahn hätte gleichzeitig die Verbindung Stiege –Eisfelder Talmühle ersetzen sollen. Auch eine mögliche Dreischienenbahn war im Gespräch. Eisenbahndirektor Scharnhorst von der NWE gab allerdings zu bedenken, daß solch eine Bahn viel zu teuer und überdies nicht rentabel wäre. Zum Vergleich wurde die negative Bilanz auf dem Abschnitt Stiege –Eisfelder Talmühle angeführt: Im April und Mai 1924 wurden hier nur 30 bzw. 42 Wagenladungen abgefertigt. Die Zahl der Fahrgäste lag im gleichen Zeitraum bei 322 bzw. 326. Ein Grund für die Unwirtschaftlichkeit des Nahverkehrs seien die ungünstigen, von der DRG verordneten Staffelpreise gewesen, hieß es. Damit unterblieb ein Umbau der Strecke Nordhausen–Ilfeld, und es mußte weiterhin Rollbockverkehr gefahren werden.
Ebenfalls 1924 tauchte der Gedanke auf, die gesamte NWE oder wenigstens die Teilstrecke Drei Annen Hohne–Brocken zu elektrifizieren. Damals kaum zu lösende finanzielle Probleme verhinderten allerdings eine ersthaftere Diskussion dieses Plans. Als die Harzquerbahn am 27. März 1924 ihr 25jähriges Betriebsjubiläum feierte, fehlte es nicht an Ehrungen und Würdigungen. In der Festschrift hieß es: „Ein Vierteljahrhundert ist es her, seitdem die einzigartige, romantische Schönheit unseres Gebirges für jedermann erschlossen ist. Seitdem Handel und Wandel sich in früher ungeahntem Maße gehoben, seitdem Gebirgsstädte und Dörfer, die noch vor 15 Jahren den Dornröschenschlaf schliefen, zu zum Teil weltbekannter Bedeutung aufgeblüht sind..."

Tabelle 3.1.
Anschlußgleisstatistik bei der NWE

Jahr	Zahl der Anschließer
1912	17
1921	20
1924	23
1929	22

Der Personalbestand war ständig angewachsen: Im Jahre 1925 hatte die NWE bereits 100 Beamte und 150 Arbeiter. Und während der Saison erhöhte sich der Bestand auf insgesamt bis zu 275 Eisenbahner! Die Leitung des Betriebs – in Abhängigkeit vom Aufsichtsrat und von den staatlichen Stellen der Bahnaufsicht – verblieb auch weiterhin in den Händen des Betriebsdirektors und seines Stellvertreters.

Tabelle 3.2. Privatanschlußgleise im Jahre 1924

Nummer	Anschließer
1	Max Goldschmidt jun. Eisen- und Metallhandlung, Nordhausen, normalspuriger Anschluß ab Umladebahnhof Nordhausen
2	Rudolph Schulze & Co., Baumaterialien Nordhausen normalspuriger Anschluß ab Umladebahnhof Nordhausen
3	F. W. Wolfram Eisengroßhandlung Nordhausen, normalspuriger Anschluß ab Umladebahnhof Nordhausen
4	Wilhelm Tolle, Baumaterialien Nordhausen, schmalspuriger Anschluß ab Güterbahnhof Nordhausen
5	Tiefbau- und Kälteindustrie A.G. vorm. Gebhardt & König, Nordhausen, schmalspuriger Anschluß ab Kilometer 1,2
6	A. & F. Probst G.m.b.H. Gipswerke, Niedersachswerfen, schmalspuriger Anschluß ab Kilometer 8,2 + 2
7	Gipswerke Kaselitz A.G. Niedersachswerfen, schmalspuriger Anschluß ab Kilometer 10,0 + 30
8	Gewerkschaft Wentzelzeche, Teutschental (Steinkohlenbergbau Netzkater), schmalspuriger Anschluß ab Kilometer 13,5 + 33,3
9	Fürstl. Stolberg-Wernigerödische Kammer Wernigerode, (Grauwackebrücke im Ilfelder Tal), schmalspuriger Anschluß ab Kilometer 15,0 + 2
10	Wilhelm Baumgarten, Kohlenhandlung Benneckenstein, schmalspuriger Anschluß ab Bf Benneckenstein
11	Sebastian Baumgarten, Zimmermeister Benneckenstein, schmalspuriger Anschluß ab Bf Benneckenstein
12	Oberharzer Granitwerke G.m.b.H. Barsinghausen (Granitwerk Knaupsholz), schmalspuriger Anschluß ab Kilometer 3,54 (Brockenstrecke)
13	Transatlantische Handels AG Wernigerode-Hasserode, schmalspuriger Anschluß ab Kilometer 58,9 + 30
14	Christian Niewerth, Sägewerk Wernigerode-Hasserode, schmalspuriger Anschluß ab Bf Hasserode
15	Ferdinand Karnatzki A.G. Kakao- und Schokoladenfabrik Wernigerode-Hasserode, schmalspuriger Anschluß ab Bf Hasserode
16	Heidenauer Papierfabrik A.G. Heidenau Zweigniederlassung Wernigerode, schmalspuriger Anschluß ab Kilometer 58,5 + 50
17	Gebrüder Marschhausen, Papierfabrik Wernigerode-Hasserode, schmalspuriger Anschluß ab Kilometer 57,6
18	Mauls Kakao- und Schokoladenfabrik A.G. Wernigerode, schmalspuriger Anschluß ab Umladebahnhof Wernigerode
19	Gebrüder Brecht, Sägewerk Wernigerode, schmalspuriger Anschluß ab Umladebahnhof Wernigerode
20	A. Dieck Farbenfabrik Wernigerode, schmalspuriger Anschluß ab Umladebahnhof Wernigerode
21	Ernst Rosenthal Nachf. Kohlenhandlung Wernigerode, schmalspuriger Anschluß ab Kilometer 0,2 + 1,9 des Verbindungsgleises vom Güter- zum Umladebahnhof
22	J. G. Hering & Co., Sägewerk Wernigerode, schmalspuriger Anschluß ab Güterbahnhof Wernigerode (Westerntor)
23	H. F. Rhin Futter- und Düngemittelgroßhandlung Wernigerode, schmalspuriger Anschluß ab Kilometer 60,1

3.5. Werkstatt und Bahnmeisterei

Als nach dem ersten Weltkrieg wieder bessere Betriebsergebnisse verzeichnet werden konnten, mußte auch etwas für die dauernd im Einsatz befindlich gewesenen Fahrzeuge getan werden. So entschloß sich die Verwaltung der NWE zu einer Erweiterung und Überholung der nicht mehr ausreichenden Werkstatt am Güterbahnhof Westerntor. Diese besaß außer einem Ausbesserungsstand für Lokomotiven noch vier Anheizstände. Für die Überholung der Reisezugwagen gab es in einem besonderen Gebäude einen Stand für Ausbesserungen und einen weiteren für Lackierarbeiten, während Ausbesserungsarbeiten an Güterwagen in der Regel ohne Arbeitsgrube im Freien ausgeführt werden mußten. Deshalb also mußte eine Werkstatt geschaffen werden, die es ermöglichte, die Fahrzeuge während des Winters generalzuüberholen.

Der in den Jahren 1925/26 ausgeführte Neubau war insofern schwierig, als er aufgrund fehlenden Geländes nur auf dem bereits bebauten Territorium im Bereich des Bahnhofs Westerntor errichtet werden konnte. Dabei mußte die alte Werkstatt teilweise um- und unterbaut werden. Da hier der Betrieb so lange wie möglich aufrechterhalten werden sollte, kam der Neubau nur etappenweise unter laufendem Betrieb voran. Die am 20. Dezember 1926 in Dienst genommene Werkstatt besaß folgende Funktionsbereiche, die im wesentlichen heute noch bestehen: die

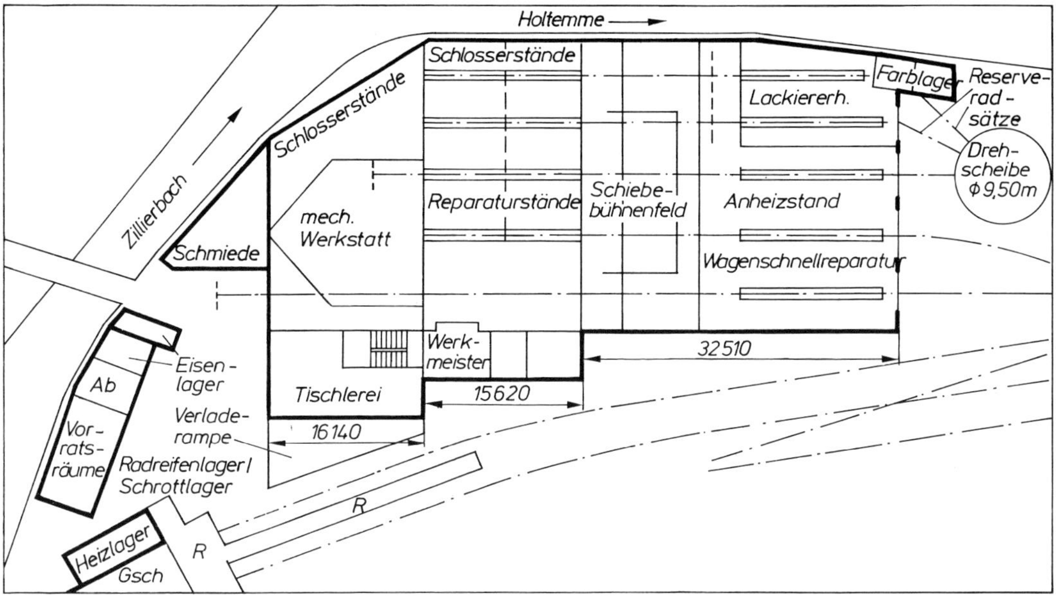

Bild 3.21. Grundriß der neuen Ausbesserungswerkstatt in Wernigerode: Haupthalle mit Reparaturständen für Lokomotiven und Wagen (davon vier mit Arbeitskanälen), zwei Hubstände zum Anheben der Loks, zwei Arbeitskanäle zur Schnellausbesserung. Mechanische Werkstatt mit Gruppenantrieb (Transmission), 5-t-Kran, Radsatzdrehbank und Rundfeuer zum Aufziehen der Bandagen auf die Radsätze. Schmiede (auch Anfertigung/Reparatur von Tragfedern und Aufarbeitung von Siede-/Heizrohren) mit zwei Schmiedefeuern und einem Rundfeuer mit mechanischem Gebläse, sowie mit Preßluftschmiedehammer. Oberes Stockwerk mit Werkstatt für Stark- und Schwachstromarbeiten, Sattlerei, Wasch- , Umkleide- und Versammlungsraum. *Zeichnung: Sammlung Röper*

Bild 3.22. Das neue Werkstattgebäude. *Foto: Sammlung Becker*

Haupthalle als eigentliche Reparaturwerkstatt, eine Schmiede, eine Tischlerei, das Lagergebäude sowie – im oberen Stockwerk – Werkstatträume u.ä., außerdem im Kellergeschoß Trafostation und Heizungsanlage. Als besonders schwierig hatte sich die Installation des Kranes erwiesen.

Nachdem die neue Werkstatt fertiggestellt war, kam sie einem kleinen Reichsbahnausbesserungswerk gleich. Selbst Kesselreparaturen und das Auswechseln der Feuerbuchsen wurden in der eigenen Werkstatt vorgenommen. Die erforderlichen, gesetzlich vorgeschriebenen Kesselprüfungen und Abnahmen führten der Direktor der Harzquerbahn bzw. dessen Stellvertreter aus. Größere Arbeiten, wie beispielsweise die Umstellung der Fahrzeuge von der Körting-Bremse auf die Hardy-Bremse konnten, auf einen längeren Zeitraum verteilt, reibungslos in das Gesamtprogramm aufgenommen werden.
Zur Verkürzung der Reparatur-Standzeiten wurde 1936 von der Firma M.A.N. ein 20-t-Werkstattkran mit zwei Laufkatzen in der Haupthalle installiert, mit dem das Anheben von Lokomotivkesseln, Tendern und Achsen problemlos möglich war. Dieser Kran konnte seitlich über fünf Reparaturstände gefahren werden.
Die täglichen Untersuchungen der Reisezüge auf Funktionstüchtigkeit der Bremsen, der Beleuchtung und der Heizung wurden von den Beschäftigten der Werkstatt nach einem hierfür erarbeiteten Plan ausgeführt. Die Innen- und Außenreinigung der Reisezüge geschah in Nordhausen und Wernigerode durch eigens hierfür eingestellte Reinigungskräfte. Geleitet wurde die Werkstatt von einem Werkmeister und zwei Werkführern. Zu ihr gehörten weiterhin ein Magazinverwalter und eine Schreibkraft. Beide unterstanden direkt der Verwaltung. Im Winterhalbjahr 1930 beispielsweise waren 45 Handwerker beschäftigt – gegenüber nur 33 im Sommer. Die im Sommer frei werdenden Handwerker wurden als Verstärkungskräfte, meist als Lokheizer oder Betriebsarbeiter, eingesetzt. Die Sommermonate dienten den in der Werkstatt verbliebenen Schlossern verstärkt zur Vorbereitung von Tausch- und Ersatzteilen für Lokomotiven und Wagen, wie Tragfedern, Puffer, Kupplungen, Armaturen usw. für die Winterreparaturzeit. Auch Teile für die Oberbauunterhaltung sowie Weichen und Signaleinrichtungen wurden hier instandgesetzt.
Für die Unterhaltung der Gleise der Harzquerbahn sorgten bis 1951 drei Bahnmeistereien, in Nordhau-

Bild 3.23. Die Haupthalle. Im Vordergrund die Schiebebühne. *Foto: Sammlung Becker*

Bild 3.24.
Überarbeitete Radsätze in der Werkstatt.
Foto: Sammlung Becker

sen (Bm I), Benneckenstein (Bm II) und Wernigerode (Bm III). Die beiden ersteren besaßen je eine Rotte, während die Bm III über zwei Rotten verfügte (da sie ja noch die Brockenstrecke zu unterhalten hatte). In den Sommermonaten waren die Männer der Brokkenrotte meist im Bahnhof Goetheweg bzw. in Schierke in festen Unterkünften untergebracht. Gearbeitet wurde von Montag bis Freitag, und mit dem letzten planmäßigen Freitagszug fuhren die Arbeiter ins Wochenende.
Alle Arbeiten an der Strecke mußten mit der Hand, also mit Schaufel und Steingabel, ausgeführt werden. Die Gleise wurden mit der Stopfhacke gestopft: Vier Mann, in einer Reihe nebeneinander im Gleis, verrichteten diese schwere Arbeit.

3.6. Verkehrswerbung für den Reiseverkehr

Betriebsdirektor Scharnhorst, seit 1918 mit der Leitung der Harzquerbahn betraut, schuf sich dadurch besondere Verdienste, daß er „seine" Bahn gerade für den Reiseverkehr attraktiver machte. Um Vereinbarungen über den Fremdenverkehr in den Harz zu treffen, besuchte er ab 1930 Reisebüros in Großbritannien, Frankreich, Dänemark, in den Niederlanden und in der Schweiz. Daran schlossen sich Verhandlungen mit der DRG an, „schnellfahrende Züge" über Wernigerode zu leiten.
Daraufhin fuhr im Sommerhalbjahr täglich ein Zugpaar von Hamburg über Hildesheim, Goslar, Bad Harzburg, Wernigerode, Halberstadt, Magdeburg nach Berlin und zurück. In der Folgezeit verkehrten sogar Kurswagen von bzw. nach Amsterdam, Paris und Brüssel. Den Reisenden wurden nicht nur romantische Fahrten auf den Gleisen der NWE geboten, es stand auch ein gut funktionierender Kraftverkehr zur Verfügung, der ansonsten schwer erreichbare Ziele anfuhr und so das Verkehrsangebot erweiterte.
In den Spitzenmonaten Juni, Juli und August wurden die Hauptreisezüge mit drei Mallet-Lokomotiven und zehn Reisezugwagen ab Wernigerode gefahren! Zwei Loks fuhren an der Spitze des Zuges, und die dritte Maschine leistete Schiebedienst. Die Züge wurden zum Teil im Abzweigebahnhof Drei Annen Hohne getrennt. Ein Zugteil fuhr nach Nordhausen weiter, während der größere Zugteil mit zwei Lokomotiven seine Fahrt zum Brocken fortsetzte. Täglich zwischen 7.00 Uhr und 16.00 Uhr fuhren jeweils sechs Zugpaare von Wernigerode zum Brocken und zurück.
Pro Tag wurden bis zu 5000 Reisende zum Brocken befördert! Ein Schwerpunkt war in jedem Jahr der

Bild 3.25.
Werbeplakat für Gesellschaftsfahrten.
Foto: Sammlung Becker

Bild 3.26.
Souvernirs, Souvenirs...
Aufkleber für's Reisegepäck.
Foto: Sammlung Becker

Pfingstverkehr. Von den Anschlußbahnhöfen in Wernigerode, Nordhausen und Drei Annen Hohne (Halberstadt-Blankenburger Eisenbahn) mußten Entlastungszüge, Vor- und Nachzüge zum Anschluß an die Brockenzüge gefahren werden. Selbst der Eisenbahn-Kraftverkehr der NWE wurde eingesetzt, um Anschlußreisende nach Schierke zu bringen.

Auch Sonderfahrten nach Schierke zur „Wildfütterung" bzw. zum „Hirschebrüllen" wurden von der Harzquerbahn organisiert, hatte doch der Bahnhofswirt in Schierke unmittelbar gegenüber dem Bahnhof eine Wildfütterung angelegt. Nach Absprache mit dem Wirt verkehrten nun Extrazüge nach Schierke. Dort wurde den Teilnehmern ein Abendbrot geboten, und bei einem Gläschen „Hasseröder Bier" wartete man auf den Beginn der Wildfütterung. Von den Fenstern der Bahnhofsgaststätte aus war das Herannahen des Wildes gut zu beobachten.

Bild 3.27. Plakatwerbung der NWE. *Foto: Sammlung Becker*

Waren die „Stammgäste des Waldes" dann alle erschienen, schaltete der Wirt kurzzeitig Scheinwerfer ein, damit die Zuschauer das Wild aus nächster Nähe sehen konnten. Zum Hirschebrüllen mußte man allerdings eine Wanderung in die Tiefe des Waldes machen, wo sich die brünstigen, kapitalen Hirsche gegenüberstanden und rivalisierten.
Auch in der verkehrsarmen Zeit war man bemüht, dem Publikum Sonderfahrten zu bieten und solcherart das Geschäft zu beleben. Während in den Sommermonaten die Reisezüge ständig überfüllt waren, ging der Reiseverkehr vom Herbst bis zum Frühjahr spürbar zurück. Deshalb ließ man sich hier einiges zur Verkehrswerbung einfallen.
Bei jedem Fahrplanwechsel wurden besondere Aushangfahrpläne einschließlich der An- und Abfahrzeiten der Normalspurzüge in Nordhausen und Wernigerode gedruckt und an alle Hotels, Ferienheime und öffentliche Dienststellen wie Post und Sparkassen im Einzugsbereich der Harzquerbahn verteilt. Weiterhin ließ man Taschenfahrpläne drucken, die ebenfalls kostenlos verteilt wurden und an allen Fahrkartenschaltern zu haben waren. Um die Bekanntheit der Bahn zu steigern, wurden auch Anstecknadeln mit den Symbolen des „Harzer Rollers" ausgegeben.
Eigentlich ist der „Harzer Roller" ein Kanarienvogel aus dem Oberharz. Eine ganze Anzahl von ihnen konnte und kann man bei dem zu Pfingsten in Benneckenstein stattfindenden „Finkenschlagen" bewundern. Der „Harzer Roller" diente der NWE als Erkennungsemblem, mit dem u.a. die Harzquerbahn-Busse versehen wurden.
Inserate in der Tagespresse machten auf kurzfristig geplante Sonderfahrten aufmerksam. Solche Aktionen hatten immer einen sehr guten Erfolg. Es wurden auch „Gutscheinmarkenhefte" im Wert von 50 Mark herausgegeben, die eine bestimmte Preisermäßigung enthielten. Der Reisende konnte damit Fahrkarten zu Fahrtzielen seiner Wahl lösen.

Bild 3.28.
Relief am Bahnhof Wernigerode.
Foto: Sammlung Becker

Bild 3.29.
Notgeld der NWE in der Inflationszeit.
Foto: Sammlung Becker

Mit den Kurverwaltungen sowie den Hotels in Schierke, Drei Annen Hohne (früher Beckers Hotel) und in Elend wurden Verträge abgeschlossen und für die Fahrgäste sogenannte Kaffeefahrten organisiert. Das gleiche geschah in ähnlicher Form auch in Nordhausen. Hier führten Sonderfahrten bis zum Bahnhof Netzkater. Durch entsprechende Werbung wurden diese Kaffeefahrten rechtzeitig bekanntgegeben. Fahrkartenausgaben, Reisebüros und Kurverwaltungen hielten Fahrkarten bereit, die zu Hin- und Rückfahrt einschließlich Kaffee- und Kuchengenuß berechtigten. So fuhr man z.B. nach Schierke,

Bild 3.30
Notgeldscheine.
Foto: Sammlung Becker

trank hier gemütlich Kaffee und wanderte dann, soweit es das Wetter zuließ, durch das Elendstal zum Bahnhof Elend, um von dort die Heimfahrt anzutreten.
In der kalten Jahreszeit waren es vor allem die Wintersportler, die mit der Harzquer- und Brockenbahn fuhren. In der Hauptsache war Schierke als Wintersportort bekannt und beliebt. Alljährlich fanden hier internationale Bobrennen statt. Auch der Skiklub veranstaltete die verschiedensten Wintersportfeste. Sportler aus allen größeren Städten kamen nach Wernigerode und fuhren mit der NWE zu den Sportstätten. Da ja während der Winterzeit die Brockenstrecke ab Drei Annen Hohne nicht befahren wurde, mußte zu den besonderen Höhepunkten des Wintersports die Strecke bis Schierke, in vielen Fällen bis zum Eckerloch (einer Bedarfshaltestelle nahe der Sprungschanze), passierbar gemacht werden. Dies konnte vielfach nur durch Freischaufeln der Gleise erreicht werden. Alle verfügbaren Männer – auch aus den Büros! – wurden hierzu eingesetzt. Mit Extrazügen, die teilweise einen festen Fahrplan hatten, beförderte die Harzquerbahn Tausende Wintersportler in die Schneegebiete.
Auch die planmäßigen Züge wurden verstärkt und besonders Gepäck- oder auch geschlossene Güterwagen für den Transport der vielen Schlitten und Schneeschuhe angehängt. Natürlich wurden die Züge gut geheizt, zum Teil mittels eines Heizkesselwagens.

3.7. Kraftverkehr

Als der Personenkraftverkehr zu einer ernsthaften Konkurrenz der Eisenbahn zu werden drohte, handelte die NWE konsequent: 1926 entschloß man sich, eisenbahneigene Kraftomnibusse einzusetzen. Damit begann der Linienverkehr, der nach festen, mit den zeitlichen Vorgaben des reinen Eisenbahnverkehrs abgestimmten Fahrplänen verlief. Zur Unterbringung der Fahrzeuge diente in Nordhausen eine neuerbaute Garage, während in Wernigerode vorerst die Halle der neuen Werkstatt genutzt wurde.
Ab 1927 wurden folgende Linien befahren:
1. Wernigerode–Hasserode (–Bahnhof Steinerne Renne)
2. Nordhausen–Neustadt–Ilfeld–Rothehütte–Benneckenstein
3. Nordhausen–Petersdorf–Neustadt
4. Nordhausen–Leimbach–Urbach–Bielen–Nordhausen
5. Nordhausen–Uthleben

Als am gewinnbringendsten erwies sich der Ausflugsverkehr. So schränkte man ab 1929 den Linienverkehr ein und forcierte statt dessen den Rundfahrtbetrieb. Nun waren Ganz- oder Halbtagsfahrten nach dem Kyffhäuser, ins Bode- und ins Selketal, rund um den Brocken, zum Wiesenbecker Teich und zum Romkerhaller Wasserfall an der Tagesordnung. Der Ausflugsverkehr entwickelte sich derart günstig, daß der Omnibuspark vergrößert werden mußte.

Bild 3.31. Omnibusse der NWE auf dem Marktplatz von Wernigerode, etwa 1932. *Foto: Sammlung Becker*

Bild 3.32.
Vor der Rundfahrt: NWE-Bus Nr. 17 vor dem Rathaus von Wernigerode.
Foto: Sammlung Becker

Bild 3.33.
NWE-Bus Nr. 2 als Linienbus in Hasserode.
Foto: Sammlung Becker

Bild 3.34. Und noch ein NWE-Bus, hier vor dem Nordhäuser Rathaus. *Foto: Sammlung Becker*

Die ehemaligen NWE-Linien Urbach–Bielen–Nordhausen und Nordhausen–Uthleben wurden deshalb an einen anderen Kraftverkehrsbetrieb abgegeben.

Später kam noch der Touristenverkehr nach Nord- und Süddeutschland, ja bis nach Österreich hinzu. Speziell für den Kraftverkehr wurden Werbefaltblätter gedruckt und über Reisebüros, Kurverwaltungen und Fahrkartenausgaben verteilt. Große Plakate wiesen auf Omnibus-Sonderfahrten hin. Und jeden Morgen gegen 8.00 Uhr standen auf dem Wernigeroder Nicolaiplatz mehrere Busse für Rundfahrten bereit.

Der Kraftverkehr gehörte auch zum Service der NWE für den internationalen Reiseverkehr in den Harz: Liefen die Züge der Weitgereisten in den Wernigeroder Normalspurbahnhof ein, standen die Omnibusse der Harzquerbahn vor dem Bahnhofsgebäude, geschmückt mit Fähnchen der jeweiligen Herkunftsländer der Touristen. Wer solcherart in sein Hotel gebracht wurde, zweifelte nicht an der Leistungsfähigkeit der rührigen NWE. Natürlich wurde in diesem Zusammenhang auch ein passender Werbeslogan gedichtet: „Auf Straßen und Schienen – wir dienen"...

Die letzte Neuerung war die Eröffnung der Kraftomnibuslinie Wernigerode–Schierke im Mai 1935. Mit dem zweiten Weltkrieg und der Requirierung sämtlicher Busse ging die Ära des Kraftverkehrs zu Ende.

3.8. Bis zum Ende des zweiten Weltkriegs

Pläne zum Ausbau oder zu einer Erweiterung der Harzquerbahn waren immer im Gespräch. 1925, als die Reichsregierung einen „Plan zur Hebung des Harzer Erzbergbaus" vorlegte, erwog man den Bau einer Bahn von Blankenburg über Günthersberge nach Stolberg. Die Erzausbeute erwies sich jedoch als zu gering, und so unterblieb auch der Bahnbau. Umbauten von Anlagen der NWE wurden noch in den 20er Jahren vorgenommen: 1926 wurde der Bahnhof Benneckenstein umgebaut. Zwei Jahre später, im September 1928, stellte man die zweigleisige Steinverladerampe oberhalb des Bahnhofs Wernigerode-Hasserode fertig. Verschiedene Firmen verluden hier fortan Steine aller Art auf aufgebockte Normalspurwagen. Und 1933/34 wurde der Haltepunkt Nordhausen-Altentor umgebaut.

Ein größeres Objekt war der Neubau des Bahnhofs Wernigerode Westerntor, der am 1. Juli 1936 abgeschlossen werden konnte. Bedingt durch den zunehmenden Verkehr war eine Zusammenlegung des

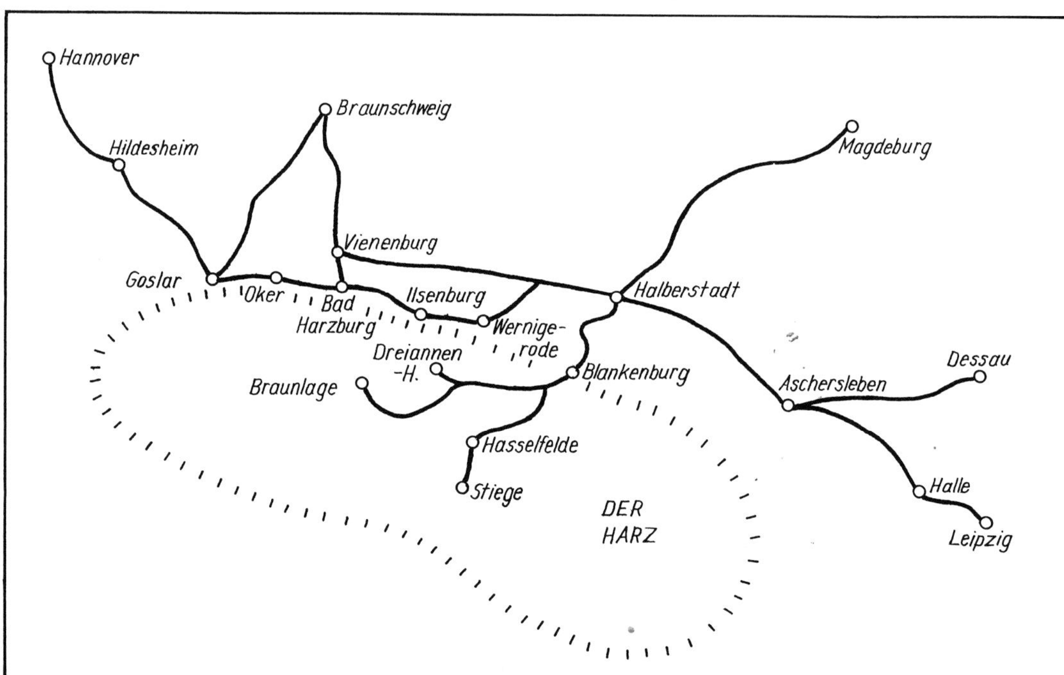

Bild 3.35. Die projektierten Schnellverkehrslinien in den Harz, Stand 1940.
Quelle: STA Magdeburg KD Blankenburg 3218, S. 221 r

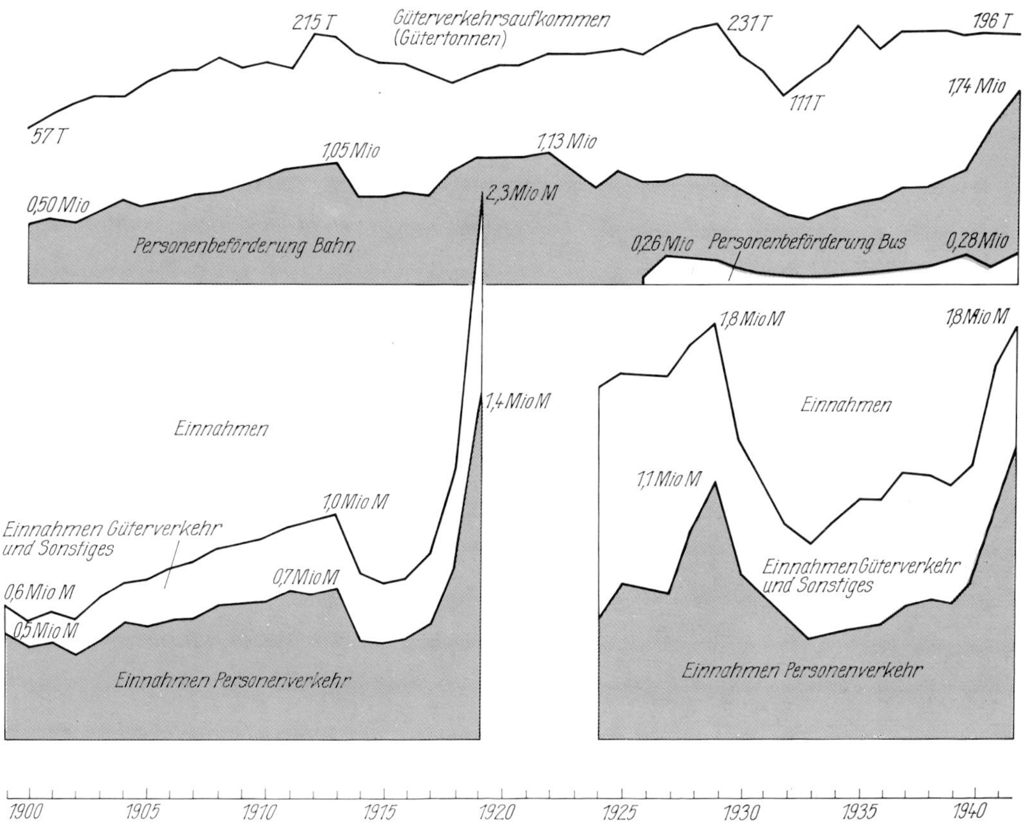

Bild 3.36. Beförderungsleistungen und Betriebsergebnisse der NWE.

Personen- und Güterbahnhofs notwendig geworden. Gleichzeitig sollten die Anlagen modernisiert werden. Damit im Zusammenhang stand eine neue Streckenführung zwischen Wernigerode Westerntor und Wernigerode Hauptbahnhof. Nur so konnte die Straße Unter den Zindeln, an der sich der neue Bahnhof befinden sollte, entlastet werden. Ein vollkommen neues Bahnhofsgebäude wurde errichtet. Verantwortlich für die eigenwillige Gestaltung zeichnete der Hamburger Architekt Höger, der sich in seiner Heimatstadt mit dem „Chile-Haus" einen Namen gemacht hatte. Im Zusammenhang mit dem Neubau und der Umtrassierung wurde auch der Überweg Westerntor rekonstruiert. Das sicherheitstechnisch unzureichende Klappschild wich nun der bereits erwähnten moderneren Blinklichtanlage. Das Empfangsgebäude erhielt eine kleines, elektromechanisches Stellwerk, und in beiden Richtungen standen Lichthauptsignale. Weiterhin traf man Vorkehrungen, um die Strecke von Wernigerode Hauptbahnhof bis Wernigerode-Hasserode mit Streckenblock auszurüsten. Dazu kam es jedoch wegen des Krieges nicht mehr.

Unmittelbar nach Fertigstellung des neuen Bahnhofs begannen die Umgestaltung des Endbahnhofs Wernigerode und die Umverlegung der Strecke Wernigerode Westerntor–Wernigerode Hbf. Am 15. Dezember 1939 waren die Bauarbeiten abgeschlossen, und der neue Endbahnhof konnte in Betrieb gehen. Jetzt war ein direktes Umsteigen zwischen den Zügen der Schmal- und Normalspur möglich, ohne daß die Straße vor dem Bahnhof überquert werden mußte. Geplant und bereits mit den zuständigen Stellen der DRG abgesprochen war, für den Haupt-

bahnhof um einige Meter zurückversetzt ein neues Empfangsgebäude zu errichten. Mit diesem ebenfalls nicht verwirklichten Projekt sollte erreicht werden, daß Reisende aus ankommenden Zügen der Hauptbahn am gleichen Bahnsteig in Züge der Harzquerbahn umsteigen konnten.
Daneben gab es in den 30er Jahren einige weitere Projekte, die im Zuge des sich entwickelnden Massentourismus entstanden waren. Der Kreis Blankenburg bemühte sich – genau wie andere Kreise – um eine Trassenführung der geplanten normalspurigen Nord-Süd-Bahn über ihr Gebiet, also über den Harz hinweg. Die Strecke sollte von Hamburg über Braunschweig bis Wernigerode herangeführt werden. Bis hierher hätten bereits bestehende Eisenbahnstrekken genutzt werden können. Über den Harz hätte allerdings eine Normalspurtrasse gebaut werden müssen. Man griff auf das Projekt der HBE von 1905 zurück (Bahnlinie-Wernigerode–Blankenburg) und überarbeitete dieses entsprechend den Erfordernissen des modernen Verkehrs. Niveaugleiche Kreuzungen von Straße zu Schiene hätte es nun nicht mehr gegeben.
In Blankenburg wäre die neue Bahn auf die bestehenden HBE-Gleise getroffen. Im Zuge eines Neubaus, der die Spitzkehre Michaelstein unnötig gemacht hätte, wäre es dann auf der zweigleisig auszubauenden Strecke der HBE weitergegangen. Von Hüttenrode Richtung Süden hätte eine neue Strecke gebaut werden müssen, die im Bodetal bei Wendefurt auf größere Schwierigkeiten getroffen wäre. Hier war – entgegen den ersten Vorstellungen, die Bahn über die Sperrmauer der in Planung befindlichen Rappbodetalsperre zu führen – eine Streckenführung auf einem 700 m langen Viadukt unterhalb Wendefurts erforderlich geworden. Diesem sollte sich ein 500 m langer Tunnel durch den Berg der Ruinenstätte Schönburg anschließen, bevor der Bahnhof Bodetal (projektierte Bahnsteiglänge 740 m) erreicht worden wäre. Anschließend hätte ein 375 m langer Tunnel gebaut werden müssen, durch den die Strecke zum Bahnhof Hasselfelde (projektierte Bahnsteiglänge 800 m) führen sollte. Nach Überquerung der Hassel wäre es parallel der GHE-Strecke nach Stiege gegangen, wo ebenfalls ein neuer Bahnhof (projektierte Bahnsteiglänge 500 m) vorgesehen war. Weitergegangen wäre es dann auf der GHE-Trasse bis Eisfelder Talmühle. Die gesamte Strecke sollte durch die HBE übernommen werden. Die NWE wehrte sich dagegen, da sie im Falle der Verwirklichung dieses Planes auf dem südlichen Streckenabschnitt nicht mehr wettbewerbsfähig gewesen wäre. 1942 wurde der Plan jedoch endgültig aufgegeben – Regierungsstellen zeigten kein Interesse mehr dafür.
Die schreckliche Kriegs- und Rassenpolitik des faschistischen Deutschland hatte auf makabre Art und Weise auch Einfluß auf Geschäft und Betrieb der NWE. Nicht nur, daß der Bahnbetrieb ab 1940 eingeschränkt wurde und Verwundetenzüge zu den Lazaretten des Oberharzes fuhren, die zuvor Hotels und Pensionen waren – für die Anlage unterirdischer Raketenbauanlagen mußte die Harzquerbahn KZ-Häftlinge und Materialien transportieren. Mit Hilfe von Häftlingskolonnen wurde von Niedersachswerfen aus ein etwa 2,5 km langes Gleis nach Harzungen zum dortigen Gefangenenlager gebaut, das nach dem Krieg abgebaut wurde. Niedersachswerfen und Ilfeld (hier entstand ein zweiständiger Lokschuppen) erfuhren noch in den letzten Kriegsjahren Gleiserweiterungen. Ein Kreuzungsgleis in Krimderode folgte. Erst die totale Niederlage des deutschen Faschismus beendete diese unrühmliche Etappe in der Geschichte der Harzquer- und Brockenbahn.

3.9. Betriebsstörungen auf der NWE

Witterungsschäden und Betriebsunfälle hat es bei allen Bahnen gegeben. Auch die Harzquer- und Brokkenbahn macht da keine Ausnahme. Im Gegenteil war und ist sie durch ihre exponierte Trassenführung in einer von jähen Wetterwechseln gekennzeichneten Landschaft gesonders gefährdet.
Im dritten Jahr nach Betriebseröffnung, am 28. Mai 1902, entgleiste der Frühzug beim Haltepunkt Krimderode infolge eines Schienenbruchs: Die Lokomotive stürzte um, zwei Wagen schoben sich quer zum Gleis. Es entstand erheblicher Sachschaden, während die Fahrgäste mit leichten Verletzungen davonkamen.
Am 8. Juni 1905 unterspülte und zerstörte das Hochwasser der Holtemme das Verbindungsgleis vom Güterbahnhof Wernigerode Westerntor zur Umladung.
Schwerer Personenschaden war am 1. Dezember 1920 zu beklagen, als die Lokomotive Nr. 31 am Kilometer 48,9 nahe dem Gasthof Drei Annen entgleiste und gegen das Felsgestein prallte. Der Lokführer wurde getötet und der Heizer schwer verletzt.
Der schwerste Unfall in der Geschichte der Harzquerbahn ereignete sich am 6. Juli 1927. Infolge eines Wolkenbruchs wurde der Bahndamm von den abfließenden Wassermassen unterspült, so daß ein Reisezug, dessen Lokomotive zunächst probehalber die Stelle ohne den Zug befahren hatte, kurz vor der

Bild 3.37. Blick auf die Unfallstelle Thumkuhlental im Jahre 1927. *Foto: Sammlung Röper*

Bild 3.38.
Abbrennen der Kupplung des abgestürzten Wagens.
Foto: Sammlung Röper

Bild 3.39.
Nur noch Schrott:
Lokomotive 12, Gepäckwagen 153, Reisezugwagen 8.
Foto: Sammlung Becker

Thumkuhlental-Brücke abstürzte. Sechs Menschen fanden den Tod. Auch der Materialschaden war groß: Die Lokomotive Nr. 12, ein Gepäckwagen und ein Personenwagen mußten an Ort und Stelle zerschnitten und verschrottet werden. In dem Gerichtsprozeß wurde später „höhere Gewalt" festgestellt – ein Verschulden der Betriebsführung konnte nicht und in keinem Falle bewiesen werden.
Durch die Kriegshandlungen im Harz wurden 1944/45 zwei Triebwagen beschädigt. Beschädigungen während der Bombenangriffe erlitten auch die Dampflokomotiven und Wagen. Alle Schäden konnten wieder behoben werden. Völlig zerstört wurden jedoch der Bahnhof Goetheweg, das Brockenhotel und die Bodebrücke bei Sorge. Die Reparaturarbeiten wurden bereits im Herbst 1945 ausgeführt. Und im Parterre des 1935/36 erbauten Fernsehturms auf dem Brocken wurde zwischenzeitlich eine provisorische Gaststätte für die Brockenbesucher eingerichtet.

4. Die Harzquer- und Brockenbahn von 1945 bis zur Gegenwart

4.1. Bis zur Übernahme durch die Deutsche Reichsbahn

Nachdem die wesentlichen Kriegsschäden beseitigt waren (insbesondere an der Brücke in Sorge), begann 1945 ein vereinfachter bzw. eingeschränkter Bahnbetrieb. Zunächst verkehrte an drei Tagen pro Woche je ein Zugpaar. Sonntags ruhte der Betrieb. Bedarfsgüterzüge gab es kaum, befanden sich doch Wirtschaft und Industrie auf dem Tiefpunkt. Doch unmittelbar nach Kriegsende trug man dem Berufsverkehr insoweit Rechnung, als der Haltepunkt Krimderode wieder eingerichtet wurde. Später erhielt er eine Wartehalle.
Im Zuge der Reparationsleistungen abgebaut wurde 1946 die Gernrode-Harzgeroder Eisenbahn. Das noch verbleibende Reststück Eisfelder Talmühle–Hasselfelde erhielt die Harzquerbahn. In diesem Zusammenhang wurde auch ein altes Projekt wieder hervorgeholt: die Umverlegung der Harzquerbahn von Benneckenstein direkt nach Hasselfelde und von dort aus über Stiege der Anschluß nach Eisfelder Talmühle an die bisherige Strecke. Fünf Varianten wurden erarbeitet, aber der Mangel an Baumaterial ließ alle derartigen Überlegungen praktisch scheitern.
Gleich zu zwei wesentlichen Betriebsstörungen kam es 1948. Bei dichtem Nebel stießen die Lokomotiven 21 und 61 im Bahnhof Nordhausen zusammen. Und am 14. Januar war infolge der starken Schneeschmelze die Behrebrücke zwischen Ilfeld und Netzkater weggerissen worden. Der Eisenbahnbetrieb wurde unterbrochen und die Strecke von Kilometer 12,6 bis 13,3 gesperrt. Personenverkehr war nur noch mit Umsteigen möglich. Ein Güterverkehr war ausgeschlossen. Sämtliche Frachten von und nach Stiege und Hasselfelde mußten nun den längeren Weg über Wernigerode–Benneckenstein nehmen. Lokomotiven, die in die Wernigeroder Reparaturwerkstatt mußten, wurden mittels eines speziellen Culemeyer-Tiefladers an der Unterbrechungsstelle über die Fernverkehrsstraße F 4 zwischen Ilfeld und Hasselfelde gebracht und wieder auf die Gleise gesetzt. Am 31. Dezember 1949 fuhr ein Sonderzug von Wernigerode nach Nordhausen als erster ohne Umsteigebetrieb durch. Und ab 1. Januar 1950 war die Brücke wieder voll in Betrieb.
Genau in diese Zeit fiel der 50. Geburtstag der Bahn. Die vormalige Privatgesellschaft wurde aufgrund des Volksentscheids vom 15. August 1948 enteignet und den Landesbahnen Sachsen-Anhalt GmbH zugeordnet. Direktion und Verwaltung unterstanden nun der Landesregierung.
Am 14. Mai 1949 konnte auch die Brockenstrecke wieder eröffnet werden. Anfänglich nur sonntags, später auch sonnabends, fuhr je ein Zugpaar zum Gipfel des höchsten Harzer Berges. Da alle Telefonleitungen zerstört waren, blieb es zunächst bei einem behelfsmäßigen Betrieb. Der diensthabende Eisenbahner des Brockenbahnhofs hatte sich im Bahnhof Schierke zum Dienst zu melden und mußte dann zu Fuß den Brocken erklimmen! Auch der Bahnhof Goetheweg ging wieder in Betrieb. Eine Wellblechhütte wurde aufgestellt und ein Telefon an die inzwischen verlegte Fernsprechleitung angeschlossen. Regulärer Zugverkehr konnte jedoch erst nach der endgültigen Reparatur des Bahnhofs Brocken 1951 wieder aufgenommen werden, vorerst allerdings nur mit eingeschränktem Fahrplan.
Mit der Übernahme aller Landesbahnen durch die Deutsche Reichsbahn kam die ehemalige NWE 1950 zur Reichsbahndirektion Magdeburg und unterstand nun dem Reichsbahnamt Halberstadt. Gleichzeitig gab es einige Strukturveränderungen. Eine Reihe von Bahnhöfen wurden selbständige Dienststellen: Wernigerode Westerntor (diesem unterstanden der Endbahnhof Wernigerode und Wernigerode-Hasserode), Elend (diesem unterstanden Sorge und Schierke), Ilfeld (diesem unterstand Eisfelder Talmühle), Nordhausen (diesem unterstanden Nordhausen Altentor und Krimderode) und schließ-

Bild 4.1. Personenzug auf der Brücke bei Ilfeld. *Foto: Krause*

lich auf der ehemaligen GHE-Strecke Hasselfelde, dem Stiege unterstand.
Die Werkstatt wurde zum Bahnbetriebswerk, die Wagenreparatur unterstand künftig dem Bahnbetriebswagenwerk Halberstadt. Eingerichtet wurde das Bahnbetriebswerk Wernigerode Westerntor mit den Lokomotiveinsatzstellen Wernigerode, Nordhausen, Benneckenstein, Hasselfelde und Gernrode – letztere zur Betriebsführung auf der Selketalbahn.
Anders als zu NWE-Zeiten, als drei Bahnmeistereien bestanden, war nun für die Harzquer- und Brockenbahn nur noch die Bahnmeisterei Wernigerode zuständig, deren Verantwortungsbereich auch die Normalspurstrecken Heudeber-Danstedt – Ilsenburg und Heudeber-Danstedt–Osterwieck umfaßte. Je ein oder zwei Rotten waren in Nordhausen, Benneckenstein und Wernigerode untergebracht. Diejenigen Handwerker, die noch unter Leitung der NWE-Werkstatt gearbeitet hatten und nicht zur Bahnmeisterei Wernigerode kamen, gehörten nun zu anderen Dienststellen der Deutschen Reichsbahn (z. B. zur Starkstrommeisterei Halberstadt und zur Signal- und Fernmeldemeisterei Güsten) bzw. zu deren Außenstellen in Wernigerode.
Am 1. April 1950 wurde im Bahnhof Wernigerode Westerntor eine Zugleitung gebildet, die den gesamten Betriebsablauf in betrieblicher und verkehrlicher Sicht zu überwachen und zu koordinieren hatte.

4.2. Betrieb, Verkehr und Veränderungen nach 1950

Ihre erste größere Bewährungsprobe nach Übernahme durch die Deutsche Reichsbahn bestand die Harzquerbahn während der ersten Deutschen Wintersportmeisterschaften vom 28. Februar bis 3. März 1950 in Schierke. Die eigenen Fahrzeuge reichten nicht aus. Von der thüringischen Meterspurbahn Eisfeld–Unterneubrunn (später Schönbrunn) kam deshalb sogar ein ganzer Zug einschließlich zweier Lokomotiven als Verstärkung nach Wernigerode. Die hier beginnenden Wintersportzüge fuhren nach Schierke und weiter bis zum Eckerloch. In der Folgezeit wurde der Streckenabschnitt bis Schierke grundsätzlich auch zur Winterzeit befahren.
Ein Meilenstein in der Geschichte der Harzquer- und Brockenbahn war die Übernahme der Babelsberger Neubaulokomotiven von 1954 bis 1956. Bis dahin waren Erhaltungsreparaturen zuerst im Raw Blankenburg (1951 bis 1953) und anschließend im Raw Görlitz Schlauroth ausgeführt worden. Kleinere Re-

Bild 4.2.
Ein Zug in einem freigeschaufelten Abschnitt. Bei hohen Schneewehen half ansonsten nur das Rezept: mit mehrmaligem Anlauf und Volldampf – hindurch!
Foto: Sammlung Becker

Bild 4.3. Ein Blick in die Werkstatt: hier die Haupthalle mit dem Laufkran. *Foto: Sammlung Becker*

Bild 4.4.
Auf der Brockenstrecke: die Schneeschleuder im Einsatz.
Foto: Steinke

paraturen erfolgten direkt bei der Harzquerbahn. Mit der Lieferung der neuen Lokomotiven wurde auf dem Gelände das Bahnhofs Wernigerode der ehemalige Normalspur-Lokschuppen so umgebaut, daß auf den drei Gleisen insgesamt sechs Neubauloks aufgestellt werden konnten. Die Bekohlungsanlagen in Wernigerode und Nordhausen mußten erweitert und modernisiert werden. Zusätzlich dazu wurden ein Gebäude für die Lokleitung und ein neues Sozialgebäude errichtet.
Mit der Einführung des Dispatcherdienstes bei der Deutschen Reichsbahn wandelte man die bisherige Zugleitung der Harzquerbahn am 1. Januar 1956 in eine Dispatcherleitung um. Nun unterstand sie dem Reichsbahnamt Aschersleben (das vorherige Reichsbahnamt Halberstadt war inzwischen aufgelöst worden). Neben der betrieblichen Überwachung war die Dispatcherleitung auch zum Einsatz von Sonderzügen berechtigt.
Im Zusammenhang mit dem Einsatz der schweren Neubaulokomotiven waren 1956/57 Oberbauerneuerungen bzw. -verstärkungen dringend notwendig geworden. Das betraf die gesamte Strecke einschließlich des Abschnitts zum Brocken. Hierhin verkehrten ab 1956 täglich drei Zugpaare – ein Jahr später waren es doppelt so viele. Dennoch reichte dies in der Folgezeit nicht aus. Man behalf sich damit, daß die Brockenzüge auf acht Reisezugwagen verstärkt wurden. Seit dem Herbst 1961 wird die Brockenstrecke allerdings nur noch für Versorgungsfahrten genutzt.
Weitere Veränderungen und Erneuerungen kennzeichneten die 50er und 60er Jahre: Bereits 1958 war der noch bestehende Restabschnitt der ehemaligen Südharzbahn zwischen Sorge und Tanne – zwischenzeitlich als Anschlußstrecke genutzt – abgebaut worden. Gelegentlich hatte es auf dieser Strecke noch Versorgungsfahrten durch Fahrzeuge der Harzquerbahn gegeben. Am 15. Juli 1962 schließlich wurde der Bahnhof Sorge zum Haltepunkt. Weichen, Gleise und sonstige Anlagen mußten abgebaut werden.
1960 wurde der ehemalige GHE-Abschnitt Eisfelder Talmühle–Hasselfelde so überholt, daß auch hier die schweren Neubauloks eingesetzt werden konnten. Im gleichen Jahr, am 26. Mai, wurde die Bahnpostbeförderung auf der Harzquerbahn eingestellt. Die letzten Züge waren: 1235 (Wernigerode–Nordhausen), 1239 (Nordhausen–Wernigerode), 1234 (Wernigerode–Nordhausen) und 1242 (Nordhausen –Wernigerode). Bis 1962 aufrechterhalten wurde die Bahnpostbeförderung zwischen Nordhausen und Ilfeld.
Nach erfolgversprechenden Probefahrten mit den Babelsberger Neubaulokomotiven wurde 1963/64 auf der gesamten Harzquerbahn der Rollwagenver-

kehr eingeführt, Wernigerode und Nordhausen erhielten entsprechende Rollwagenanlagen.

4.3. Abbauten, Umbauten und Unfälle in den 60er und 70er Jahren

Wegen Personalmangels mußten zwei weitere Bahnhöfe zu Haltepunkten „degradiert" werden: Niedersachswerfen im September 1964 und Stiege im Jahre 1967. Aus dem gleichen Grunde stellte man den seit 1914 existierenden Fahrkartenverkauf auf dem Haltepunkt Wernigerode Kirchstraße im August 1973 ein.
Aufgehoben und weitestgehend abgebaut wurden die Holzverladestellen Allerbach (1965) und Kälberbruch (1967). Zu einer weiteren Anlagenreduzierung kam es am 25. September 1968 mit dem Abbau der Blockstelle Drängetal. Ebenfalls abgebaut wurden 1972/73 die Dreischienenweichen im Spurwechselbahnhof Wernigerode. An ihre Stelle kamen einfache Normalspurweichen.
Im nachfolgenden Jahr ging man an den inzwischen insgesamt dritten Umbau des Überweges Westerntor, der am 4. Mai 1971 abgeschlossen war: Eine Straßenampelanlage in Verbindung mit einer Haltlichtanlage der Deutschen Reichsbahn wurde installiert. Die Auslösung erfolgt über Schienenkontakt.
Weitere Abbauten folgten. Am 16. März 1974 wurde das Empfangsgebäude des ehemaligen Bahnhofs Sorge abgerissen. Ebenfalls abgerissen werden mußte das Verbindungsgleis vom Bahnhof Wernigerode Westerntor zum Umladebahnhof, da es die vielbefahrene Ochsenteichstraße gekreuzt hatte. Nach größeren Baumaßnahmen (u.a. Brückenneubau über die Holtemme) konnte am 14. September 1975 die neue Trasse vom Hauptbahnhof Wernigerode entlang der Hauptbahnstrecke nach Ilsenburg bis zum Umladebahnhof in Betrieb genommen werden. Nachteilig ist nur, daß alle Überführungsfahrten den „Umweg" über den Hauptbahnhof machen müssen.
Aus diesen Jahren sind leider auch mehrere Unfälle zu vermelden. Ein größerer Unfall ereignete sich am 18. Mai 1968 am Kilometer 5,38 bei Niedersachswerfen. Ein Güterzug mit drei aufgerollten Normalspurwagen sowie ein Gepäckwagen entgleisten infolge überhöhter Geschwindigkeit. Die Lokomotive 997244 kippte um, und die Wagen rollten an der Maschine vorbei, entgleisten und kippten ebenfalls zur Seite. Wie durch ein Wunder erlitt bei diesem Unfall das Betriebspersonal nur relativ leichte Verletzungen.
Einen weiteren Unfall gab es am 13. März 1977 am Kilometer 20,41 in der Nähe des Bahnhofs Tiefenbachmühle. Infolge eines Schienenbruchs entgleisten die Lokomotive 997245 sowie zwei Reisezug-

Bild 4.5.
Beim Bau der Holtemmenbrücke in Wernigerode.
Foto: Röper

Bild 4.6. Das neue Gebäude der Lokleitung in Wernigerode im Jahre 1974. *Foto: Rejke*

wagen und stürzten die Böschung hinab. Ein Reisender wurde getötet, während das Lokpersonal mit dem Schrecken davon kam, obwohl sich die Lokomotive mehrmals überschlagen hatte. Einer der Wagen mußte verschrottet werden, während die Lok und der zweite Reisezugwagen wieder aufgearbeitet werden konnten.

Ein weiterer Unfall ereignete sich am 6. Dezember 1978. Ein mit Nordhäuser Korn beladener Lkw kollidierte bei Nordhausen mit einem Personenzug, gezogen von der 997239. Der Lkw stürzte um, und ein Gepäckwagen entgleiste.

Am 21. August 1994 stießen ein zu Tal fahrender Zug mit der Lok 99 7222 und ein bergwärts fahrender Zug mit der Lok 199 892 infolge menschlichen Versagens zwischen der Kreuzungsstelle Drängetal und dem Bahnhof Steinerne Renne zusammen. Es gab 38 Verletzte, davon 6 Schwerverletzte.

4.4. Die letzten Jahrzehnte

Die Harzquerbahn, die nach dem Beschluß des Ministeriums für Verkehrswesen von 1973 zu einer erhaltungswürdigen Touristikbahn erklärt wurde und als technisches Denkmal galt, wurde auch nach ihrem 75jährigen Jubiläum weiter gepflegt und erneuert. Dazu gehörten die Modernisierung des Reisezugwagenparks, der Bau neuer Gepäckwagen und die Umstellung der Fahrzeuge auf Druckluftbremsen.

Nach dem Wiederaufbau der alten GHE-Strecke Straßberg–Stiege, die am 3. Juni 1984 den Reisezugverkehr aufnahm, steigerte sich zunächst das gesamte Verkehrsaufkommen, vor allem im Güterverkehr auf dem Südabschnitt nach Nordhausen.

Bereits 1977 war der vereinfachte Nebenbahndienst für die gesamte Harzquerbahn eingeführt worden, der gleichermaßen für den neuen Abschnitt galt und eine bemerkenswerte Personaleinsparung mit sich brachte. Zugleich war die Dispatcherzentrale aufgelöst worden, deren Aufgaben Zugleiter in den Bahnhöfen Wernigerode-Westerntor und Nordhausen-Nord übernahmen. Die Anlagen der Bahn erfuhren und erfahren weitere Veränderungen. Am 4. August 1980 wurden im Bahnhof Drei Annen Hohne neue Lichtsignale in Betrieb genommen, weitere in anderen Bahnhöfen folgten. Verschiedene kleinere Brücken wurden erneuert, Hochbauten renoviert bzw. rekonstruiert, und in mehreren Bahnhöfen wurden Rückfallweichen eingebaut.

Bild 4.7. Die Brockenstrecke als Kolonnenweg. *Foto: Zieglgänsberger*

Wegen Einsturzgefahr mußte der Lokschuppen am Hauptbahnhof in Wernigerode am 4. Februar 1982 gesperrt werden. Der Wiederaufbau verzögerte sich. Erst zu Beginn des Jahres 1986 begann die Hochbaumeisterei mit dem Abriß. Im Oktober 1989 wurde dann mit dem Bau der Fundamente begonnen. Im Frühjahr darauf setzte man die Betonstützen und Fertigteilbetonwände. Ein halbes Jahr später war das Dach fertig, und 1991 begann der Innenausbau. Drei Gleise, eines davon zusätzlich für Regelspur nutzbar, waren eingebaut worden.
1984 begannen die Brückenmeisterei Magdeburg-Buckau und der Schachtbau Nordhausen, das Bruchsteingewölbe des Thumkuhlenkopf-Tunnels im Drängetal zu rekonstruieren. Neben der Verfestigung der Tunnelwände durch Zementmilch wurden im Bereich der Portale das Mauerwerk neu verankert und die schadhafte Isolierung durch PVC-Folie ersetzt. Diese Arbeiten, ausgeführt mit Hilfe eines neuartigen Instandsetzungsgerüstwagens für Schmal- und Regelspur, wurden im Laufe des Jahres 1985 beendet.
Am 21. November 1988 traf die erste von 10 umgebauten Dieselloks ex V 100, ex 112 als 199 863 in Wernigerode ein. Damit sollten die schon alternden Dampflokomotiven nach und nach ersetzt werden.
Die politische Wende in der DDR im Herbst des Jahres 1989 brachte auch für die Harzer Schmalspurbahnen neue Bedingungen. Einst in privatem Besitz, waren sie 1949/50 der Deutschen Reichsbahn zugefallen. Die Aktienmehrheiten lagen in den Händen des Landes Sachsen-Anhalt und der Kommunen, die damals an der wirtschaftlichen Erschließung ihres Gebietes interessiert waren. Die Deutsche Bundesbahn wie auch die Deutsche Reichsbahn waren aber an der weiteren Erhaltung dieser damals unwirtschaftlichen Bahnen nicht interessiert. So meldeten sich Anfang 1991 Sanierer und Investoren zu Wort, welche alle Strecken bis auf die Verbindung Wernigerode–Brocken stillegen und letztere mit modernen Dieseltriebwagen betreiben wollten.
Da trat die Interessengemeinschaft Harzer Schmalspur- und Brockenbahn e. V. an die Öffentlichkeit. Diese Gemeinschaft hatte sich bereits 1988 zu formieren begonnen. Im März 1990 gründeten junge

Bild 4.8. Arbeiten am Gleisbett des Bahnhofs Brocken. *Foto: Zieglgänsberger*

Eisenbahner die Interessengemeinschaft in ihrer heutigen Form, der Eisenbahnfreunde aus allen Ländern beitreten können. Es gelang, einen europaweiten Protest gegen die Stillegung und den ausschließlichen Dieselbetrieb auszulösen.
Sodann legte die Interessengemeinschaft den Landesregierungen von Sachsen-Anhalt und Thüringen sowie interessierten Kommunen ein eigenes Betriebskonzept vor, bei dem der Dampfbetrieb weiterhin dominieren sollte, da er die Attraktivität der Harzer Schmalspurbahnen ausmacht.
Schließlich entstand mit Wirkung vom 1. Februar 1993 als erste private Eisenbahngesellschaft in den neuen Bundesländern die »Harzer Schmalspurbahnen GmbH« (HSB). Ihr gehören die drei Landkreise Wernigerode, Quedlinburg und Nordhausen sowie 17 Anliegerkommunen und die Kurbetriebsgesellschaft Braunlage an. Die Deutsche Reichsbahn unterstützte die HSB mit 20 Mill. DM Anschubfinanzierung. Die HSB verpflichteten sich, das gesamte Schmalspurnetz weiterhin zu betreiben und 370 Bedienstete zu übernehmen, 30 blieben bei der DR. Die Länder Sachsen-Anhalt und Thüringen bekräftigten ihre Bereitschaft, die Verluste der HSB zunächst zu übernehmen, in einem Vertrag, der am 25. Mai 1994 in Drei Annen Hohne unterzeichnet wurde. Danach trägt Sachsen-Anhalt 10 Mill. und Thüringen 2 Mill. DM der jährlichen Verluste. In dem Aufsichtsrat der HSB übernahm der Landrat von Wernigerode den Vorsitz.
Der Brocken genießt gegenüber den anderen Harzlandschaften eine Sonderstellung in mancher Hinsicht. Er ist mit 1142,5 m der höchste Berg Nord- und Mitteldeutschlands. Oberhalb der Baumgrenze, hier etwa über 1000 m, herrscht ein subalpines Klima, das eine besondere Flora hervorgebracht hat, wozu als Eiszeitrelikte die Brockenanemone und die Zwergbirke gehören. Aufgrund dieses Klimas entstand 1890 durch Initiative der Universität Göttingen der erste Alpengarten Europas.
Im Sagenkreis des Harzes spielt die Walpurgisnacht, der Tanz der Hexen und Teufel auf der Brockenkuppe, eine zentrale Rolle. In Goethes Faust wurde ihr ein literarisches Denkmal gesetzt, und als

Bild 4.9. Die Brockenkuppe 1991: Sendeanlagen der Deutschen Bundespost und die sogenannte Brockenmoschee.
Foto: Zieglgänsberger

Heinrich Heine 1824 seine Harzreise unternahm, nannte er den Brocken »den deutschen Berg«.
Schon zu Beginn des 19. Jahrhunderts bestand neben dem Wolkenhäuschen, in dem Goethe übernachtete, ein kleines Gasthaus. Hundert Jahre später befand sich auf dem Gipfel ein ansehnliches Hotel, zu dem sich ein Aussichtsturm, eine Wetterstation und in den 30er Jahren der erste Fernsehgroßsender der Welt gesellten. Kurz vor Ende des zweiten Weltkrieges wurden die Brockengebäude, zu denen auch das Bahnhofsgebäude der NWE rechnet, durch Luftangriffe zerstört oder stark beschädigt. Nur wenige 100 m von der Brockenkuppe enfernt, hatten die Alliierten die Demarkationslinie zwischen britischer und sowjetischer Besatzungszone gezogen. Nach dem teilweisen Wiederaufbau des Fernsehsendegebäudes, in dem sich nun auch ein Hotel befand, und der Reparatur der Bahnanlagen nahm die Brockenbahn 1949 ihren Betrieb wieder auf. Der Touristenstrom von Osten her hatte etwa die Vorkriegszahlen erreicht. Diese Entwicklung wurde unterbrochen, als am 13. August 1961 die Mauer errichtet wurde.

Zwei Tage später fuhr nachmittags der letzte Zug vom Brocken zu Tal. Der Berg wurde zum militärischen Sperrgebiet erklärt. Aufgrund seiner exponierten Lage diente er den Militärs zur »Aufklärung«. Neue Gebäude, so z. B. die »Brockenmoschee« der Staatssicherheit und funktechnische Anlagen entstanden. Den Naturschutz beachtete man kaum. Die Brockenkuppe wurde teilweise mit Kalkschotter bedeckt, und zum Schluß umgürtete man die Anlagen mit einer 2,7 km langen, 3,6 m hohen, aus 2430 Stück Betonteilen bestehenden Mauer, in der es wie bei Festungen ein Eisenbahntor gab.
In den folgenden Jahren fuhr noch in den Sommermonaten gelegentlich ein Rollwagengüterzug zum Brocken, um Heizöl für den Sender und Briketts für die dort stationierte sowjetische Einheit zu transportieren. Erst später mußte die Bahn Materialien für den Mauerbau (Kalkschotter aus Rübeland und Betonteile) und für den Bau der Gebäude nach oben bringen. Jeder Zug mußte bei der Kommandantur der Grenztruppen angemeldet werden und wurde von zwei bewaffneten Grenzsoldaten begleitet.

Bild 4.10.
Y-Schwellen auf der Brockenstrecke.
Foto: Zieglgänsberger

Nach Fertigstellung der Anlagen stellte man den Zugverkehr 1986 ganz ein, und die Gleisanlagen wurden sich selbst überlassen.
Unmittelbar nach der politischen Wende in der DDR »erstürmten« Bürgerrechtler und einige tausend Wanderlustige die »Brockenfestung«. Auf ihr dringendes Verlangen wurde das Tor geöffnet, und die Kuppe konnte wieder betreten werden.
Es stellte sich nun die Frage, ob die Bahn wieder zum »Vater Brocken« fahren sollte. In den fünf Jahren der Betriebsruhe war das Gleis ohne Pflege geblieben, und man sprach schon über den Abriß.
Besonders im oberen Teil, an der Brockenspirale, waren die Schwellen stark verrottet. Den letzten Teil der Spirale hatten die Grenztruppen zum sog. Kolonnenweg ausgebaut, indem sie Betonplatten auf die Schwellen legten. Auf etwa der halben Strecke mußten der gesamte Oberbau und die Wasserdruchlässe erneuert werden. So erhielt auch die Eckerlochbrücke eine neue Betonauflage. Anfang der 80er Jahre waren ab Schierke auf einigen Streckenabschnitten Stahlschwellen eingebaut worden, so daß hier eine Überarbeitung des Gleises ausreichte.
Nun begann die Diskussion um den Wiederaufbau. Dazu muß gesagt werden, daß das Brockengebiet auf der Seite Sachsen-Anhalts und Niedersachsens inzwischen zum Nationalpark erklärt worden war. Nur ein gelenkter Tourismus kann in einem solchen Gebiet zugelassen werden. Und so kam es, daß Umweltschützer sich gegen die Brockenbahn wandten.
Schließlich gab das Land Sachsen-Anhalt grünes Licht für den Wiederaufbau. Der Naturschutzbund Deutschlands LV Sachsen-Anhalt rief das Verwaltungsgericht in Magdeburg an, um einen Baustopp durch eine einstweilige Verfügung zu erwirken. Dieses Ansinnen wurde jedoch abgewiesen, so daß am 17. Juni 1991 der damalige Wirtschaftsminister Sachsen-Anhalts, Dr. Horst Rehberger, in Schierke symbolisch die erste Schwelle einbaute. Den Ausbau übernahmen der Gleisbaubetrieb Magdeburg der Deutschen Reichsbahn und die Firma Schreck-Mieves GmbH aus Braunschweig.
Als die ersten Diesellokomotiven der Baureihe 199.8 vor Bauzügen die Brockenstrecke befuhren, kam es auf dem oberen Teil zu mehreren Entgleisungen.

Bild 4.11.
Am 15. September 1991: der erste Zug nach der Wende auf dem Weg zum Brocken. *Foto: Machel*

Nach Einziehen von Quereisen und dem Einsatz von Dampflokomotiven verliefen die Baumaterialtransporte und die Arbeiten zur Profilfreimachung der Strecke im Wald planmäßig. Dann versuchten Umweltschützer, durch Blockieren der Strecke mit Baumstämmen und Betonteilen die Bauarbeiten aufzuhalten. Der Lokführer eines Materialzuges konnte im letzten Augenblick bremsen und so eine Entgleisung verhindern.
Die Arbeiten liefen trotzdem ohne große Schwierigkeiten weiter. Große Schienenlängen, in der Regel Profil S 33 MHU, beförderte man auf zwei oder vier Rollenfahrzeugen, die mit 6 m langen Kuppelstangen verbunden waren und gewöhnlich von den Lokomotiven 199 877-2 und 199 892-1 gezogen wurden. Planierfahrzeuge und Greifer mit Zweiwegefahrwerk sowie die bewährte Unima II arbeiteten auf der Strecke. Am Brockenbahnhof und auch in moorigen Gebieten wurden wegen der besseren Stabilität der Gleislage Y-Schwellen verlegt.
Am 15. September 1991 eröffnete der Traditionszug der Harzquerbahn mit den Lokomotiven ex NWE 13

Bild 4.12.
Ankunft des ersten Zuges auf dem Brocken.
Foto: Machel

Bild 4.13.
Ersttagsbrief des Deutschen Modelleisenbahn-Verbands der DDR anläßlich der 75-Jahr-Feier der Harzquerbahn.
Foto: Sammlung Röper

Bild. 4.14. Der Jubiläumszug am Bahnhof Wernigerode Westerntor. *Foto: Barkowksy*

Bild 4.15. Vor Betriebsbeginn befährt die Schneeräumeinheit die Brockenstrecke (Februar 1994). *Foto: Zieglgänsberger*

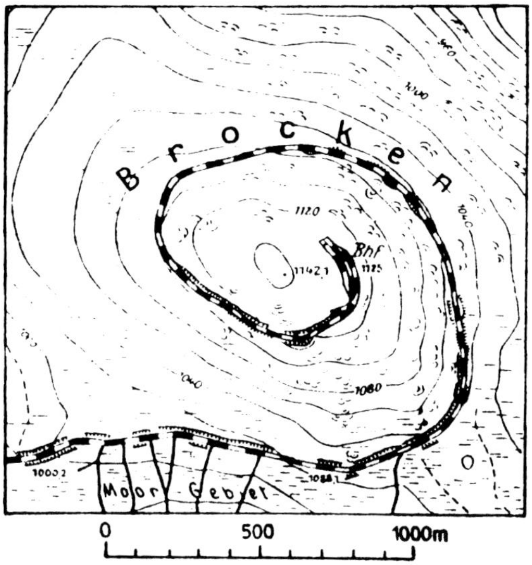

Bild 4.16. Die Brockenspirale *(aus: Geographische Berichte).*

und ex NWE 21 die Strecke. Ein weiterer Zug aus Wernigerode folgte.
Zwei Nächte vor der Eröffnung hatten Unbekannte versucht, den Verkehr zu unterbrechen, indem sie ein 70 cm langes Gleisstück aus der Strecke heraussägten und Hindernisse auf die Schienen legten. Der Schaden konnte jedoch rechtzeitig behoben werden, und in der Nacht vor der Eröffnung befuhr ein SKL mehrmals die Strecke, um weitere Anschläge zu verhindern.
Bis zur Aufnahme des fahrplanmäßigen Zugverkehrs am 1. Juli 1992 fuhren an den Wochenenden noch einige Sonderzüge zum Bf Brocken. Der Sommerbetrieb begann mit vier Zugpaaren, die aber nicht ausreichten, so daß einige zusätzliche Züge verkehrten. Im Sommerfahrplan 1994 fuhren immerhin acht Reisezüge auf den Gipfel, davon fünf aus Wernigerode und einer aus Nordhausen.
Das Ausweichgleis am Haltepunkt Goetheweg und die Kreuzungsstelle Drängetal wurden wieder in Betrieb genommen, um die Zugfolge verdichten zu können. Die Kreuzungsstelle ist mit Rückfallweichen (im Sommerbetrieb) und einer Solaranlage zur Elektroenergieversorgung der Signale ausgestattet. Sie ging am 17. Mai 1993 in Betrieb.
Die Brockenstrecke in Zahlen:

Drei Annen Hohne	km 0,0	Höhe ü. NN 542 m
Schierke	5,36	687
Hp Eckerloch	10,35	855
Hp Goetheweg	13,55	955
Brocken	18,96	1125

Der Haltepunkt Eckerloch war kurzzeitig zu den Wintersportmeisterschaften in Schierke 1950 eingerichtet worden. Die Bahnsteigschwelle ist heute noch vorhanden.

4.5 Oldtimer-Zugfahrten

Aus Anlaß des 75jährigen Bestehens der Harzquer- und Brockenbahn im Jahre 1974 wurde ein Oldtimerzug zusammengestellt, bestehend aus einer der ältesten noch im Dienst befindlichen Lokomotive der Deutschen Reichsbahn, der Mallet-Lokomotive 99 5903 mit der alten NWE-Betriebsnummer 13, sowie aus einem Gepäck-Personenwagen und drei Reisezugwagen der ältesten Baujahre. Dieser Oldtimerzug fuhr als Jubiläumszug von Nordhausen nach Wernigerode. Anschließend fuhr er noch vier Wochen lang täglich, um alle Eisenbahnfreunde zufriedenzustellen.
Von der Gewerkschaft wurde angeregt, diesen Oldtimerzug auch weiterhin für die vielen Urlauber in den Sommermonaten verkehren zu lassen. Die Anregung fiel auf fruchtbaren Boden. Nun rollte der Zug auch bei den verschiedensten Sonderfahrten. Bei der Einweihung des neuerbauten Streckenabschnitts zwischen Stiege und Straßberg am 30. November 1983 fuhr er über die neue Strecke.
Planmäßig verkehrt dieser Zug in den Sommermonaten jeweils am Dienstag und am Freitag bis nach Benneckenstein. Während des Unterwegshalts in Drei Annen Hohne kann ein Frühstück eingenommen werden. Da der Zug schon bei der Jubiläumsfahrt am 27. März 1974 mit Lautsprecheranlagen in jedem Wagen ausgestattet wurde, können die Urlauber jetzt mit Harzer Folkloremusik unterhalten werden und Hinweise auf die Landschaft erhalten. Die starke Nachfrage spricht für die große Beliebtheit dieser Harzquerbahn-Attraktion.
Eigentlich untypisch, aber sehr originell war die Harzquerbahn während der 750-Jahrfeier von Wernigerode am 1. Juli 1979 dabei. Im großen Festumzug wurde mittels eines Straßenrollers die Mallet-Lokomotive 11 – die älteste noch in Betrieb stehende Lok der Deutschen Reichsbahn – mitgeführt, besetzt mit Personal in historischen Uniformen...!

5. Die Fahrzeuge der Harzquer- und Brockenbahn

5.1. Dampflokomotiven

Die NWE-Lokomotiven 1, 2 und 3 waren bereits beim Bau der Strecke eingesetzt – zwei von ihnen auf der Nordhäuser und eine auf der Wernigeroder Seite. Dazu kam eine Krauss-Lokomotive der Baufirma im nördlichen Abschnitt, die später wieder abgezogen wurde. Die drei NWE-Maschinen verblieben als Rangierlokomotiven in Wernigerode bzw. Nordhausen. Für die teilweise recht steilen Stellen waren jedoch

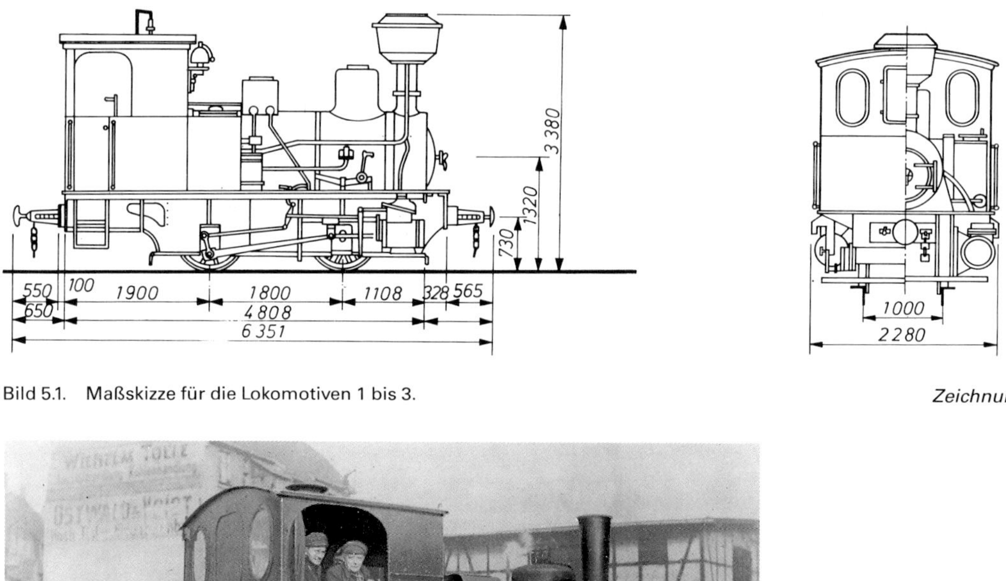

Bild 5.1. Maßskizze für die Lokomotiven 1 bis 3. *Zeichnung: Dill*

Bild 5.2.
Lokomotive mit der ehemaligen Betriebsnummer 1.
Foto: Sammlung Röper

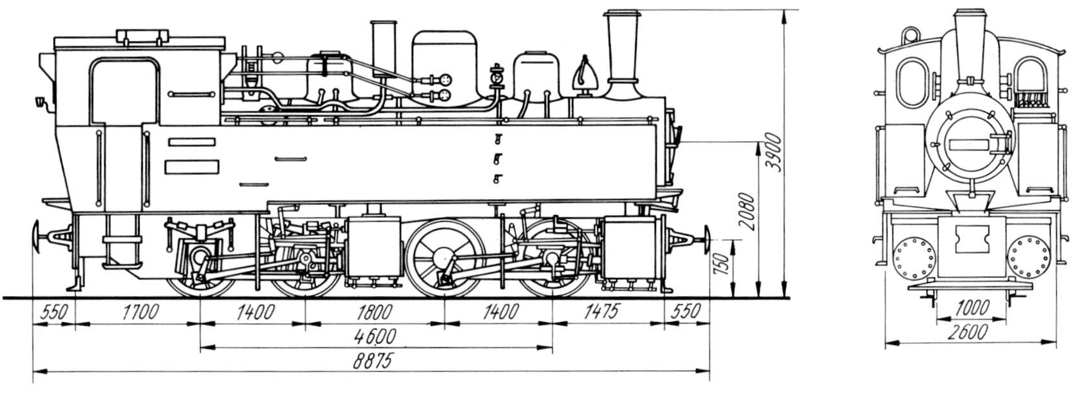

Bild 5.3. Maßskizze für die Lokomotiven 11 bis 22. *Zeichnung: Dill*

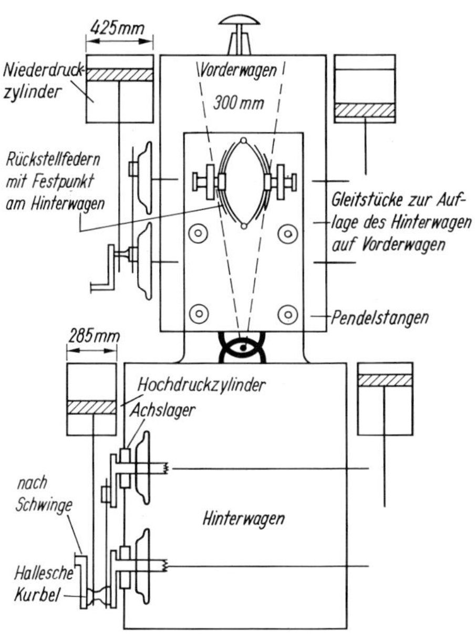

Bild 5.4. Darstellung eines Mallet-Fahrgestells.
Zeichnung: Becker

leistungsstärkere Lokomotiven vonnöten, die auch in der Lage sein mußten, die engen Gleisbögen zu befahren. Dazu wurden zwischen 1897 und 1901 zwölf kurvenbewegliche Mallet-Lokomotiven (B + Bn4vt) angeschafft. So konnten unter einem genügend großen Kessel zwei Zwillingsdampfmaschinen (Hoch- und Niederdruck) untergebracht werden. Die leistungsstarken 350-PS-Maschinen waren in der Lage, eine Zuglast von 86 t bei einer Steigung von 1 : 30 zu befördern und den kleinsten Bogenhalbmesser der Strecke von lediglich 60 m beim Bahnhof Steinerne Renne mühelos zu durchfahren. Mit dem Einsatz von DR-Neubaulokomotiven ab 1954 kamen die verbliebenen fünf Mallets zur Selketalbahn. Es sind die letzten betriebsfähigen Lokomotiven dieser Bauart bei der DR. Die ehemaligen Nummern 11 und 18 (spätere 13) kehren regelmäßig wechselweise in den Sommermonaten zur Harzquerbahn zurück, um hier die Oldtimerzüge zu befördern.

Als zu schwer erwiesen sich die beiden 1909 gelieferten Mallet-Lokomotiven 31 und 32. Die Nr. 32 wurde nach einem Unfall außer Betrieb gesetzt, die Nr. 31 vermutlich nach Bolivien verkauft.

Ganz anders war es bei den Lokomotiven 6 und 7. 1914 gebaut, wurden sie auf einer Versuchsstrecke nahe dem Bahnhof Drei Annen Hohne im Rahmen eines Manövers des Württembergischen Eisenbahnregimentes für die Heeresfeldbahnen getestet. Die 6, eine Heißdampfmaschine mit drei Kuppelachsen, kam 1917 zur NWE, die 7, als Naßdampfmaschine ausgebildet, folgte erst 1920. Beide dienten als Rangierlokomotiven, vor allem für die Rollbockzüge im Raum Wernigerode, sowie nach 1945 auch als Zugloks bei der Selketalbahn. Bei den Bauarbeiten am Verbindungsstück Stiege–Straßberg waren beide Maschinen als Bauloks im Einsatz.

Als Ersatz für die sechs Mallets, die während des ersten Weltkriegs zu den Heeresfeldbahnen gingen, wurden 1914 zwei neue Henschel-Lokomotiven erworben. Die vierfach gekuppelten Maschinen mit je einer Laufachse hinten und vorn waren jedoch unge-

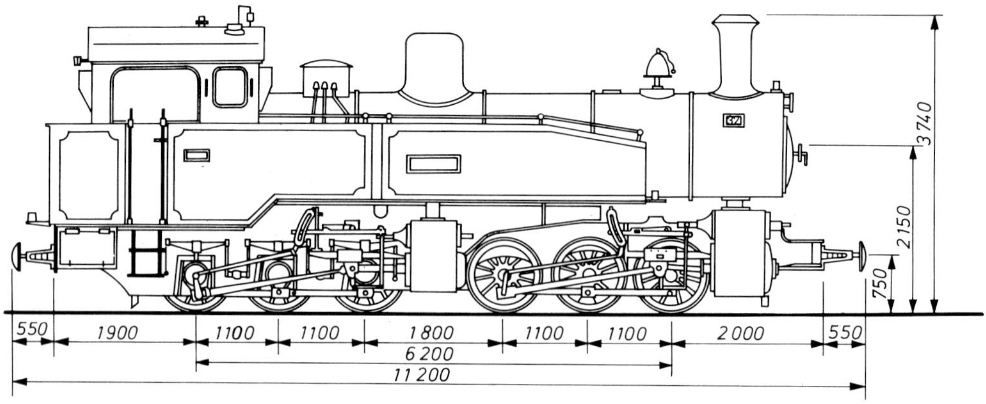

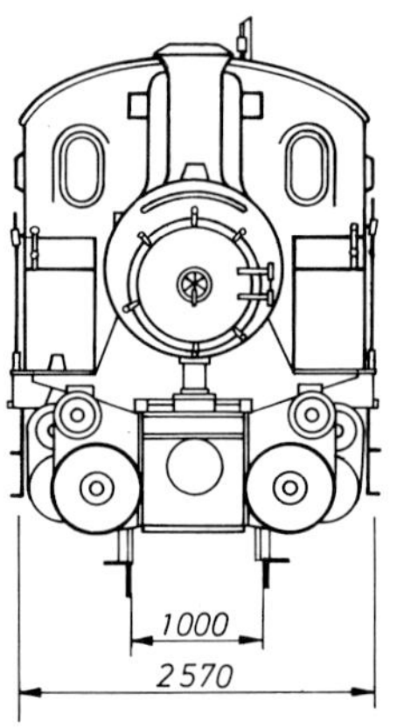

Bild 5.5.
Maßskizze für die Lokomotiven 31 und 32.
Zeichnung: Dill

eignet. Sie mußten verkauft werden und wurden später für die Lübeck-Büchener-Eisenbahn auf Normalspur umgebaut.
Im wesentlichen konzentrierte man sich bei den Neuanschaffungen auf Mallet-Maschinen. Die 51 und die 52, ausgerüstet mit je zwei Kuppelachsen und je einer Laufachse hinten und vorn, liefen übrigens wegen ihrer hohen Anhängelast (105t) meist auf der Brockenstrecke. Die tatsächliche Leistung dieser Borsig-Lokomotiven blieb allerdings hinter den Erwartungen zurück – die Störanfälligkeit war ziemlich hoch.
Eine sehr gute Maschine war die 21^{II}, eine nach neuesten Erkenntnissen konzipierte, dreifach gekuppelte Lokomotive mit zwei Laufachsen. Zur Auslieferung weiterer Triebfahrzeuge dieser Bauart, die zur

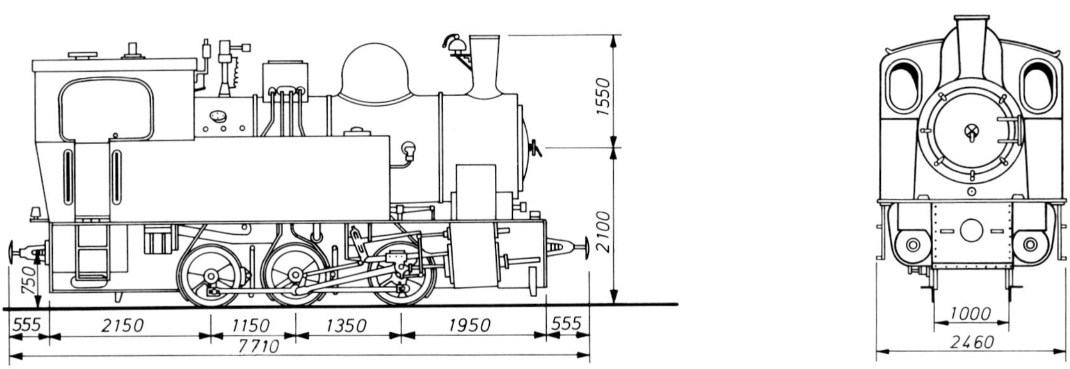

Bild 5.6. Maßskizze für die Lokomotiven 6 und 7. *Zeichnung: Dill*

Bild 5.7.
Die ehemalige Lok 7
im Juni 1981.
Foto: Sprang

Schmalspur-Einheitslokomotive werden sollte, kam es jedoch infolge des zweiten Weltkriegs nicht mehr. Zur Aufstockung des Bestands wurden 1951/52 einige Schmalspurlokomotiven anderer Bahnen nach Wernigerode umgesetzt. Sie dienten nur als Rangierloks.

Für den Rangierdienst auf dem Spurwechselbahnhof Nordhausen waren von der NWE nacheinander zwei gebrauchte zweiachsige Normalspurlokomotiven gekauft worden. Ab 1960 versah dort eine Diesellok den Rangierdienst.

Nach der Übernahme der NWE durch die Deutsche Reichsbahn erteilte diese dem VEB Lokomotivbau „Karl Marx", Babelsberg, den Auftrag, eine leistungsfähige 1000-mm-Tenderlokomotive zu entwikkeln. Vorbild war die Einheitslokomotive von Schwartzkopff, von der 1931 drei Stück gebaut worden waren. Sie galten als die stärksten Schmalspurlokomotiven in Deutschland. Eine dieser Maschinen kam 1966 zur Harzquerbahn.

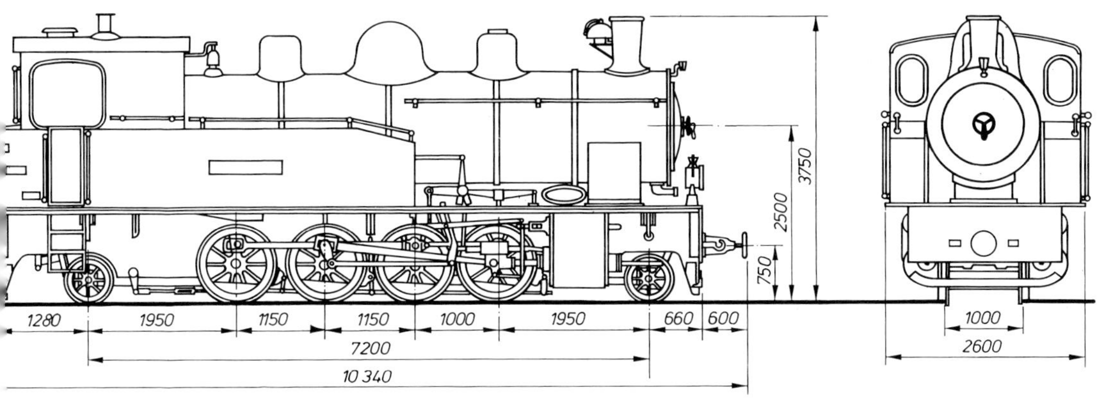

Bild 5.8. Maßskizze für die Lokomotiven 41 und 42. *Zeichnung: Dill*

Die Fahrzeuge

Tabelle 5.1. Die Dampflokomotiven der NWE

NWE-Nummern Numerierung I	II	III	DR-Nummer	Bauart	Baujahr	Fabr.-Nr.	Hersteller	Einsatzzeit	Bemerkungen
1			99 5804	Bn2t	1896	163	Güstrow	1897 bis 1960	1966 +, 1)
2			–	Bn2t	1896	164	Güstrow	1897 bis 1939	1939 +, 2)
3			99 5803	Bn2t	1896	165	Güstrow	1897 bis 1961	1961 nach Reichenbach/Vogtl., 1967 +, 1)
6			99 6101	Ch2t	1914	12879	Henschel	1917	1917 Kauf von Heeresfeldbahn
7			99 6102	Cn2t	1914	12880	Henschel	1920	1920 von NKB
11			99 5901	B + Bn4vt	1897	258	Jung	1897 bis 1956	1956 nach Gernrode
12			–	B + Bn4vt	1897	259	Jung	1897 bis 1914	3)
13			–	B + Bn4vt	1897	260	Jung	1897 bis 1914	3)
14		12	99 5902	B + Bn4vt	1897	261	Jung	1897 bis 1956	1956 nach Gernrode
15			–	B + Bn4vt	1897	184	Güstrow	1897 bis 1914	3)
16			–	B + Bn4vt	1897	185	Güstrow	1897 bis 1914	3)
17			–	B + Bn4vt	1897	186	Güstrow	1897 bis 1914	3)
18	13		99 5903	B + Bn4vt	1898	345	Jung	1897 bis 1956	1956 nach Gernrode
19			–	B + Bn4vt	1898	346	Jung	1898 bis 1914	3)
20	12		–	B + Bn4vt	1901	463	Jung	1901 bis 1927	1927 verunglückt
21	15		99 5904	B + Bn4vt	1901	464	Jung	1901 bis 1956	1990 +
22	16	14	99 5905	B + Bn4vt	1901	465	Jung	1901 bis 1956	1972 +
31			–	C + Ch4vt	1909	3939	O & K	1910 bis 1921	nach Bolivien an eine Zinnmine
32			–	C + Ch4vt	1909	3940	O & K	1910 bis 1921	1922 +
41			–	1D1n2t	1913	13569	Henschel	1915 bis 1917	1917 zur LBE 4), dann zu KLS
42			–	1D1n2t	1913	13570	Henschel	1915 bis 1917	1917 zur LBE 4), dann zu OHE
41..			99 5906	B + Bn4vt	1918	2052	Karlsruhe	1920 bis 1956	1956 Gernrode
51			99 6011	1B + B1n4vt	1922	11382	Borsig	1923 bis 1956	1963 an GMWE, 1967 +
52			99 6012	1B + B1n4vt	1923	11831	Borsig	1924 bis 1956	1964 +
61			–	Bn2t	1899	1209	Hohen-zollern	1925 bis 1934	1925 von Stralsund–Tribsees, 1934
61..			98 6213	Bn2t	1908	6947	Borsig	1934 bis 1960	1934 von BHE, 22. 8. 1960 +
21..			99 6001	1C1h2t	1939	1875	Krupp	1939	1956 nach Gernrode
–			99 5001	Bh2t	1925	11870	Borsig	1957 bis 1963	1957 von Spremberg, 1967 abgestellt, 1972 aufgearbeitet nach Frankreich
–			99 5201	Bn2t	1938	13178	O & K	1957 bis 1963	1957 von Spremberg, 1967 abgestellt, 6. 11. 1968 +
71			99 5631	C1n2t	1890	zwischen 2456	S & K	1952 bis 1958	1952 von HHE, 1958 an FKB
72			99 5632	C1n2t	1890	und 2467		1953 bis 1956	1952 von HHE, 1956 an FKB, 6. 1. 1959 +
–			99 7222	1E1h2	1931	9921	Schwartz-kopff	1966	1966 von Eisfeld ex 99 222
–			99 7231	1E1h2	1954	134008	LKM	1973	1973 von Eisfeld
–			99 7232	1E1h2	1954	134009	LKM	1954 z	1956 zur GMWE, 1960 zurück nach Wernigerode
–			99 7233	1E1h2	1954	134010	LKM	1954	1956 zur GMWE, 1958 zurück nach Wernigerode
–			99 7234	1E1h2	1954	134011	LKM	1954 z	1956 zur GMWE, 1957 an Eisfeld, 1973 zurück nach Wernigerode
–			99 7235	1E1h2	1954	134012	LKM	1973	1973 von Eisfeld
–			99 7236	1E1h2	1955	134013	LKM	1973	1973 von Eisfeld
–			99 7237	1E1h2	1955	134014	LKM	1956	
–			99 7238	1E1h2	1956	134015	LKM	1956	
–			99 7239	1E1h2	1956	134016	LKM	1956	
–			99 7240	1E1h2	1956	134017	LKM	1956	
–			99 7241	1E1h2	1956	134018	LKM	1956 z	

NWE-Nummern Numerierung I II III	DR-Nummer	Bauart	Baujahr	Fabr.-Nr.	Hersteller	Einsatzzeit	Bemerkungen
–	99 7242	1E1h2	1956	134019	LKM	1956 z	
–	99 7243	1E1h2	1956	134020	LKM	1956	
–	99 7244	1E1h2	1956	134021	LKM	1956	
–	99 7245	1E1h2	1956	134022	LKM	1956	
–	99 7246	1E1h2	1956	134023	LKM	1956 z	
–	99 7247	1E1h2	1956	134024	LKM	1956 z	

1) nach 1946 kurzzeitig als Zuglok auf der ehemaligen GHE
2) Verschrottung wegen schadhaften Kessels
3) im ersten Weltkrieg an Heeresfeldbahnen nach Frankreich abgegeben
4) auf Normalspur umgebaut
z = zurückgestellt von Reparaturen und Untersuchungen

Bild 5.9.
Die Lokomotive 99 5906 trug seinerzeit die Nummer 41[II].
Foto: Becker

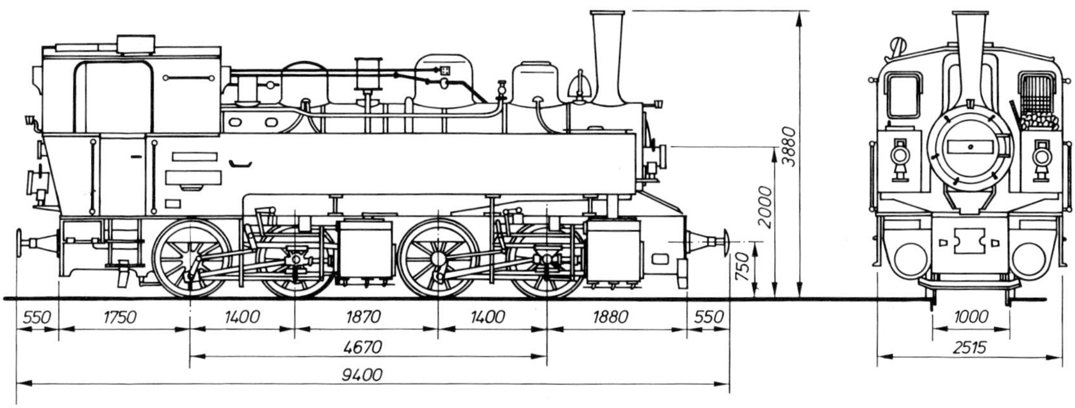

Bild 5.10. Maßskizze der Lok 41[II]. *Zeichnung: Dill*

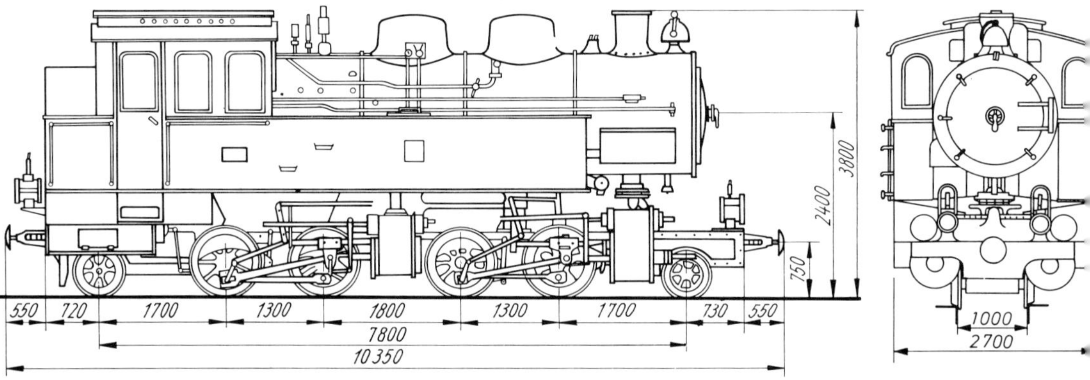

Bild 5.11. Maßskizze der Lokomotiven 51 und 52 (Wasserkästen später verlängert). *Zeichnung: Dill*

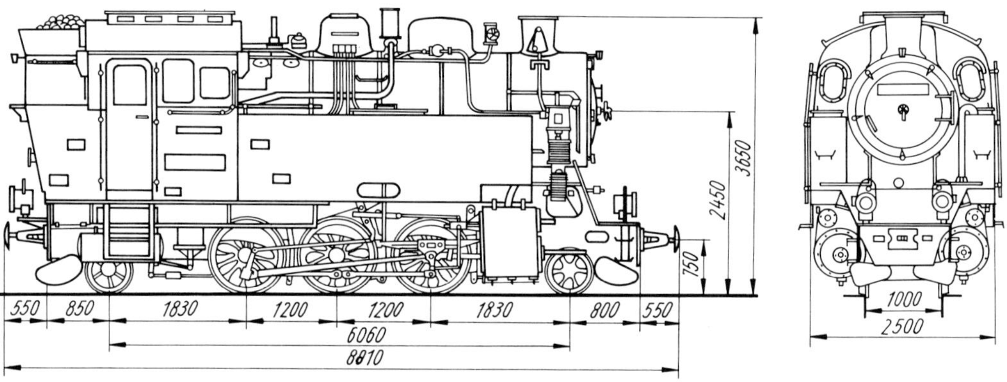

Bild 5.12. Maßskizze der Lok 21[II]. *Zeichnung: Dill*

Bild 5.13.
Die Lokomotive 21.
Foto: Sammlung Becker

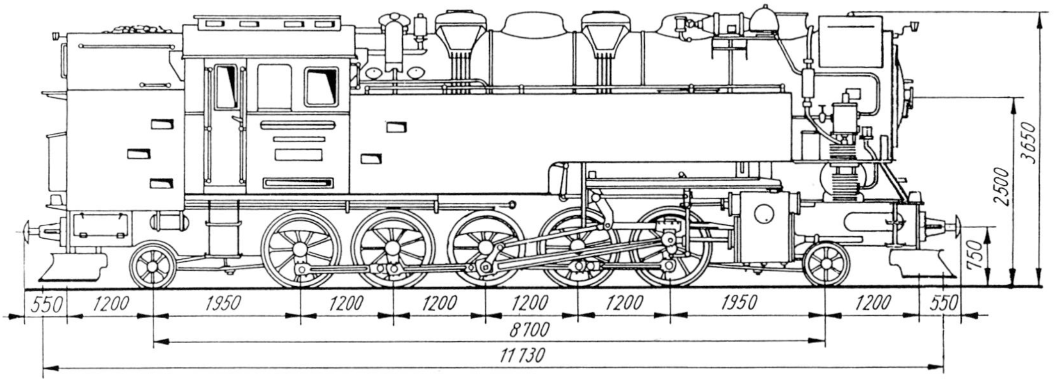

Bild 5.14. Maßskizze der Lokomotive 99 231 bis 99 247.
Zeichnungsentwurf: Taege

Bild 5.14a. Im Februar 1993 wurden die Fahrzeuge binnen weniger Stunden mit neuen Eigentumszeichen versehen. *Foto: Zieglgänsberger*

LKM baute von 1954 bis 1956 17 Lokomotiven der neuen Baureihe $99^{23\text{-}24}$, von denen zwölf Stück sofort in den Harz geliefert wurden. Die restlichen Lokomotiven folgten bis 1973, nachdem sie zuvor im Thüringer Wald Dienst getan hatten.

Probleme mit den Neubauloks gab es allerdings beim Durchfahren des engen Bogens am Bahnhof Steinerne Renne. Häufig entgleiste die führende Kuppelachse, und die dritte Achse (Treibachse) hob von der Schienenkrone ab. Tests der VES-M Halle auf dem Bahnhof Wernigerode Westerntor führten zu folgenden Änderungen, die alle Beanstandungen aus der Welt räumten: Die Rückzugfedern der Drehgestelle wurden abgeschwächt, und die Treibachse erhielt einen breiteren Radreifen (150 mm). Die Kuppelachsen behielten allerdings ihre 125 mm breiten Laufflächen. Auf den Spurkranz der Treibachse wurde verzichtet. Alle anderen Achsen waren seitlich verschiebbar. Trotz ihrer äußerlichen Ähnlichkeit mit der Einheitslokomotive besitzen die neuen Maschinen alle Merkmale moderner Neubauloks: geschweißte Kessel, Längskessel aus einem Schuß, Mischvorwärmanlage statt Oberflächenvorwärmer und vollständig geschweißte Blechrahmen.

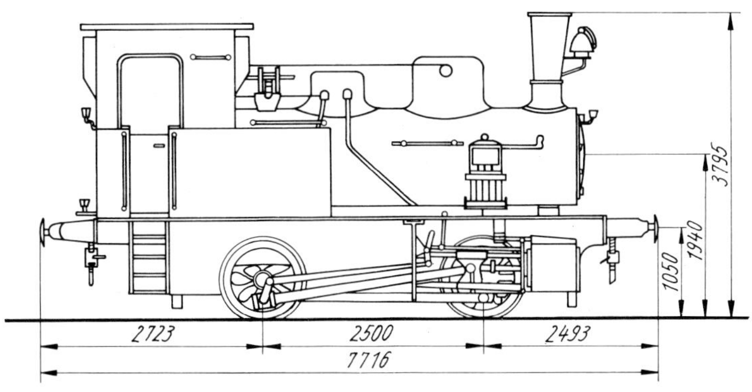

Bild 5.15.
Maßskizze der normalspurigen Lok 61.
Zeichnung: Dill

Tabelle 5.2. Technische Daten der NWE-Dampflokomotiven

NWE-Nummer	1 bis 3	6	7	11 bis 22	31	41	41..
Bauart	Bn2t	Ch2t	Cn2t	B + Bn4vt	C + Cn4vt	1D1h2t	B + Bn4vt
Höchstgeschwindigkeit km/h	30	30	30	30			30
Zylinderdurchmesser mm	300	430	400	$2\,\frac{285}{425}$	$2\,\frac{380}{600}$	500	$2\,\frac{230}{425}$
Kolbenhub mm	450	400	400	500	500	500	500
Steuerung	Ha	Ha	Ha	Ha	Ha	Ha	Ha
Kesseldruck MPa (kp/cm^2)	1,0 (10)		1,4 (14)	1,4 (14) 3)	1,2 (12)	1,4 (14)	1,2 (12)
Rostfläche m^2	0,7	1,4	1,5	1,388	1,9	2,0	1,356
Heizfläche Feuerbuchse m^2	3,1	4,76	5,08	5,24	7,15	7,1	5,57
Heizfläche gesamt m^2	38	51,36	69,65	61,34	110,6	87	67,87
Wasservorrat m^3	1,83	4,0	4,0	5,0	6,0	6,0	3,77
Kohlevorrat t	1,5	1,1	1,1	1,5	2,0	1,6	1,1
Treibrad-Durchmesser mm	900	800	800	1000	1000	1000	1000
Laufrad-Durchmesser mm	–	–	–	–	–	600	–
Achsstand gesamt mm	1700	2500	2500	4600	6200	7300	4670
Länge über Puffer mm	6250	7734	7734	8875	11300	10400	9400
Breite mm	2436	2500	2500	2600	2650	2600	2700
Lokhöhe über SO mm	3270	3650	3650	3900	3740	3750	3800
Lokmasse leer	12,4	26	26	28	44	38,6	28,5
Lokmasse betriebsfähig t	16	32	32	36	54	48	36
Zugkraft kN (Mp)	26,5 (2,7)	76,0 (7,8)	65,9 (6,7)	55,8 (5,7)	127,4 (13,0)	102,9 (10,5)	46,8 (4,8)
Induzierte Leistung kW (PS)	115 (155)	280 (380)	220 (300)	190 (255)	370 (500)		200 (270)

1) DR-Nummern 99 7231 bis 99 7247
2) DR-Nummern 99 7222
3) 1,4 MPa mit neuen Kesseln seit 1924/1926, vorher 1,2 MPa
4) 99 7232 bis 99 7234 und 99 7238 bis 99 7247 mit Krauss-Helmholtz-Lenkgestellen mit Beugniot-Hebeln zwischen 1. und 2. Kuppelachse; 99 7231 und 99 7235

Im Herbst 1963 nahm die VES-M Halle eine leistungstechnische Untersuchung einer dieser Lokomotiven hinsichtlich des Einsatzes für den Rollwagenverkehr vor. Die Versuchsfahrten mit der 99 7233 fanden auf der 33‰ geneigten Brockenstrecke statt. Gebremst wurde mit der 99 7232 mit vereinfachter Riggenbach-Gegendruckbremse. Die Messungen erfolgten in einem Reisezugwagen, der als Behelfsmeßwagen umgerüstet worden war. Es ergab sich ein Wirkungsgrad von 5,5%.
Ab 1976 wurden die Lokomotiven im Raw Görlitz auf Ölhauptfeuerung umgebaut. Probleme auf dem Energiesektor zwangen jedoch später zum Rückbau auf die alte Rostfeuerung.
Aber es waren nicht nur reine „Harzquerbahn-Lokomotiven", die im Laufe der Jahre zum Einsatz kamen. 1957 übernahm die Bahn die Lokomotiven 11 und 12 der ehemaligen Spremberger Stadtbahn, zweiachsige Maschinen, die aber nur im Rangierdienst einsetzbar waren. Als gänzlich ungeeignet für den Gebirgsdienst, aber beschränkt zu verwenden für den Rollbockverkehr waren zwei französische Lokomotiven, die 1952/53 aus Hildburghausen kamen. Im Raw Blankenburg erhielten sie neue Kessel, wurden dann aber an die FKB weitergegeben.

5.2. Triebwagen und Diesellokomotiven

Im Interesse einer attraktiveren und wirtschaftlicheren Personenbeförderung beschaffte die Harzquerbahn in den 30er Jahren – wie viele andere Privatbahnen auch – dieselelektrische Triebwagen.
Der 1935 gelieferte erste Wagen (T 1) besaß ein Personenabteil und war mit einer Außen-Koks-Warmwasserheizung ausgerüstet. Die NWE steuerte den Beiwagen 14 bei, indem sie den hisherigen Reisezugwagen mit einem kleinen Packabteil und ebenfalls einer Außen-Koks-Warmwasserheizung versah. Triebwagen und Beiwagen waren rot lackiert. Bereits die erste Probefahrt am 1. Februar 1936 verlief so gut, daß die Triebwageneinheit sofort in Betrieb gehen konnte. Die interessierte Öffentlichkeit – namentlich das „Wernigeröder Tageblatt" – regi-

51 u. 52 1B + B1h4vt	21.. 1C1h2t	61.. Bn2t	1) 1E1h2t 4)	2) 1E1h2t
30	50	40	40	40
$2\,\frac{360}{560}$	420	320	500	500
400	500	500	500	500
Ha	Ha	Gooch	Ha	Ha
1,4 (14)	1,4 (14)	1,2 (12)	1,4 (14)	1,4 (14)
1,99	1,56	0,95	1,4	1,78
9,05	7,36	4,25	10,4	7,7
85,89	72,00	56,2	95,5	95,9
6,0	5,0	3,5	8,0	8,0
2,5	2,0	1,4	4,0	3,0
850	1000	1000	1000	1000
600	600	–	550	550
7800	6060	2500	8700	8700
10350	8910	7716	12500	11636
2860	2600	2600	2645	2645
3800	3650	3795	3650	3650
43,5	37,84	18,5	48	50,11
53	47,58	24	61	65,8
86,2 (8,8)	72,5 (7,4)	35,5 (3,6)	102,9 (10,5)	102,9 (10,5)
480 (650)	400 (540)		515 (700)	515 (700)

bis 997237 mit Krauss-Helmholtz-Drehgestellen, ab 1974 Beugniot-Hebel

strierte nur Vorteile gegenüber dem herkömmlichen Dampflokbetrieb:

„Die Betriebsführung der Nordhausen-Wernigeroder Eisenbahn gab uns gestern die Gelegenheit, zusammen mit den Mitgliedern des Vorstandes und des Aufsichtsrates an einer Probefahrt mit dem neuen Triebwagen der NWE teilzunehmen. Das neue Fahrzeug, das das Zeichen T 1 trägt, stand mit dem inzwischen in den Werkstätten der NWE fertiggestellten Anhänger-Personenwagen im Schmuck von Fähnchen und frischem Tannengrün auf dem Güterbahnhof zum Empfang der Gäste bereit. Das gefällige satte Rot, das beide Wagen gewissermaßen ,Ton in Ton' als Teile eines zusammenhängenden Ganzen schon äußerlich erkennen läßt, dürfte einmalig und erstmalig im Harze einem öffentlichen Schienenverkehrsmittel beigelegt worden sein. Erstmalig und einmalig aber wie die Farbe ist auch die Konstruktion dieses Verkehrsmittels. Die Konstrukteure mußten sich mit folgenden, durch die besonderen Verhältnisse des Harzes bedingten Gegebenheiten abfinden. Einmal handelt es sich um eine Bahn mit einer Spurweite, die unter der normalen Spurweite liegt; weiter ist auf der Strecke eine fast ständige Steigung von 1 : 30 zu überwinden, und schließlich mußte eine kurvenreiche Gebirgsstrecke, die besondere Anforderungen an Material und Konstruktion stellt, berücksichtigt werden. All diesen Umständen ist bei der Planung und Konstruktion des Wagens Rechnung getragen worden. In weitschauender Weise war die Direktion der NWE schon seit langer Zeit bemüht, die Strecke an den kurvenreichsten Stellen, soweit das Gelände es überhaupt gestattet, zu begradigen und zum größten Teil mit einem neuen Oberbau zu versehen. Dennoch blieb eine große Zahl von technischen Fragen zu klären, die nur im engsten Einvernehmen zwischen Betriebsführung und Erbauerfirma gelöst werden konnte.

Die Fahrt, die wir gestern unternahmen, hinterließ den Eindruck, daß es sich bei diesem Triebwagen um eine Konstruktion handelt, die alle Errungenschaften der modernen Technik sinnreich und zweckmäßig verbindet mit den Erfordernissen des modernen Reiseverkehrs, nämlich Sicherheit, Bequemlichkeit und Schnelligkeit.

Wir befuhren die bekannte Strecke über Drei Annen Hohne, Sorge, Benneckenstein nach Nordhausen. Wie oft sahen wir unterwegs überraschte Menschen, die erstaunt stehen blieben als sie das Hupen- und Läutesignal des Triebwagens vernahmen und das neue Verkehrsmittel dann selbst in forscher Fahrt sahen. Jawohl: es war eine forsche, eine schnelle Fahrt, die wir erlebten. Die Strecke von Wernigerode bis Nordhausen durchfuhren wir, mit allerdings nur zwei Aufenthalten, in 1 Stunde und 43 Minuten. Und wir haben uns alle sehr wohl gefühlt. Es war naheliegend, daß wir uns auch nach einigen technischen Einzelheiten erkundigten. Wir nahmen, was bei normalem Betrieb selbstverständlich nicht möglich und nicht gestattet ist, neben dem Fahrer Aufstellung, und auf alle Fragen, die man als Laie stellen kann, erhielten wir erschöpfende Auskunft von Direktor Scharnhorst.

Zuerst die Frage der Sicherheit: wir fragten, wie es sei, wenn aus irgendeinem Grunde der Fahrer vielleicht auf voller Fahrt unwohl oder ohnmächtig werde und er die auf das einfachste Maß beschränkten technischen Griffe nicht mehr ausführen könne. Die Antwort gab uns die Praxis selbst. In dem Augenblick, wo der Fahrer die Hände von den auf seinem Schaltbrett angebrachten Griffen wegnimmt, schaltet sich selbsttätig die Maschine ab und der Wagen bleibt auf die denkbar kürzeste Entfernung stehen. Man nennt diese moderne Sicherheitseinrichtung die ,Totmann-Einrichtung'. Auf den Gefällestrecken

fährt der Wagen im Leerlauf. Wir erreichten auf diese Weise auf der Gefällestrecke zwischen Niedersachswerfen und Ilfeld eine Geschwindigkeit von 50–60 km/h. Die Bremse, die auf das empfindlichste reagiert, ist eine unbedingt wirksame Luftsaugebremse, deren Wirkung zusätzlich noch durch die Betätigung der Handbremse erhöht werden kann. Über die Frage der Bequemlichkeit brauchten wir uns Erläuterungen nicht geben zu lassen; denn das auch in dieser Frage Erreichte empfand jeder der Fahrtteilnehmer im wahrsten Sinne des Wortes ‚am eigenen Leibe'. Die elektrisch und mit Warmwasserheizung gewärmten Wagen, der Triebwagen sowohl auch der Anhänger, sind so prächtig gefedert, daß man weder Schienenstöße, die ja ohnehin kaum vorkommen, noch Kurvenfahrten empfindet. Der Blick durch die großen Aussichtsfenster ist nicht mehr durch Rauchwolken beeinträchtigt; eine Rauchbelästigung fällt ja beim diesel-elektrischen Betrieb überhaupt fort. Zudem ist oben auf dem Dache eine Ventilatoren-Anlage angebracht, welche für beste und dauernde Belüftung und Entlüftung sorgt. Die Sitze selbst sind, wie es wahrer Dienst am Kunden verlangt, behaglich und bequem.
Wir wünschen dem neuen Triebwagen zu seiner planmäßigen Indienststellung aufrichtig:

Gute Fahrt."

Die nächsten zwei, 1938 gelieferten Triebwagen T 2 und T 3 erhielten statt des Personenabteils nur ein kleines Gepäckabteil. Neu waren der stärkere Motor und eine Warmwasserölheizung. Jetzt konnten mühelos bis zu vier Wagen befördert werden. Zwei der Triebwagen waren in Wernigerode und einer in Benneckenstein stationiert. Zeitweise trug man sich gar mit dem Gedanken, mit diesem Wagen einen Eilzugbetrieb einzurichten: Die 60 km zwischen Wernigerode und Nordhausen hätten dann in zwei Stunden bewältigt werden können.
Ein Einzelstück aus jüngster Zeit ist die Diesellok der Baureihe V 30. Sie stammt aus einer Serie von insgesamt 30 Maschinen, die für den leichten Strecken- und Rangierdienst nach Indonesien geliefert wurden. Die Testlok, schon 1966 auf den Harzstrecken für gut befunden, kam 1970 zur Harzquerbahn und wird seitdem im Rangierdienst und für Arbeitszüge eingesetzt. Auch beim Bau der Verbindungsstrecke Straßberg–Stiege zur Selketalbahn war sie dabei.
Von der 1983 auf Normalspur umgebauten Reststrecke der Spreewaldbahn trafen am 26. März 1983 zwei kleine Dieselloks der Baureihe V 10 C (LKM) in Wernigerode ein. Die Maschinen, die 199 005 und die 199 006, die in Cottbus im Rollwagengüterverkehr Dienst taten, sind jetzt im Bw Wernigerode Westerntor und in der Lokeinsatzstelle Gernrode im Rangierdienst eingesetzt.

Tabelle 5.3. Die Triebwagen und Diesellokomotiven der NWE

NWE-Nummer	DR-Nummer	Baujahr	Leistung kW	Hersteller	Bemerkungen
T 1	137 561	1935	300	MAN/B&B	1961 zur Spreewaldbahn 1963+
T 2	137 565	1938	380	MAN/B&B	1962+ Raw Wittenberge
T 3	137 566	1938	380	MAN/B&B	historisches Fahrzeug
	187 011	1955	2 x 107	Talbot	ex Langeooger Inselbahn
	187 012	1955	2 x 154	Fuchs	ex Langeooger Inselbahn
	187 013	1955	2 x 107	Talbot	ex Langeooger Inselbahn
	187 015	1996	242	Wittenberge	
	199 301	1966	265	LKM	ex V 30 001, ex 103 901 z
	199 005	1964	75	LKM	ex Spreewaldbahn[1,2]
	199 006	1964	75	LKM	ex Spreewaldbahn[1,2]
	199 010	1934	92	Schwarzkopff	ex Kö 4325 z
	199 011	1935		Jung	ex Kö 4639 z
	199 012	1934		BMAG	ex Kö 4113
	199 861	1969	900	LEW	ex V 100/110
	199 863	1969	900	LEW	ex V 100/110[3] z
	199 870	1969	900	LEW	ex V 100/110[3]
	199 871	1969	900	LEW	ex V 100/110 U
	199 872	1969	900	LEW	ex V 100/110
	199 874	1969	900	LEW	ex V 100/110 U
	199 877	1969	900	LEW	ex V 100/110
	199 879	1969	900	LEW	ex V 100/110[3] z
	199 891	1969	900	LEW	ex V 100/110[3]
	199 892	1969	900	LEW	ex V 100/110

1) Kam 1970 vom Spanplattenwerk Gotha
2) Dauerleihgabe an IG HSB 199 006 Ersatzteilspender für 005
3) Diese Diesellok wurde im Sept. 1998 an Adtranz verkauft

U Umbau für Rollbockbetrieb bei Adtranz Kassel
z Zurückgestellt von Reparaturen und Untersuchungen

Nachdem sich zwei auf Meterspur umgebaute Dieselkleinlokomotiven der Baureihe 100 (Kö II) auf der Industriebahn in Halle-Turmstraße gut bewährt hatten, traf am 2. Dezember 1984 in Wernigerode eine solche Lok mit der Betriebsnummer 199 010 ein, der 1990 noch zwei weitere Maschinen folgten, Betriebsnummern 199 011 und 199 012. Alle drei Maschinen sollen im Rangierdienst in Wernigerode, Nordhausen und Gernrode eingesetzt werden.

In der zweiten Hälfte der achtziger Jahre erwartete man auf den Harzer Schmalspurbahnen eine weitere Zunahme des Güterverkehrs. Da die 1'E1'-Dampflokomotiven aber ihrem Alter Tribut zu zollen begannen, mußte man an neue Lokomotiven denken. Infolge der seinerzeitigen verstärkten Elektrifizierung bei der DR waren Diesellokomotiven der Baureihe 110 (ex V 100) freigeworden, von denen man einige auf 1000 mm Spurweite umbauen wollte. 30 Loks sollten im Harz zum Einsatz kommen.

Die politische Wende im Herbst 1989, die der Eisenbahn einen erheblichen Rückgang des Güterverkehrs brachte, sorgte dafür, daß bis 1991 lediglich zehn umgebaute Lokomotiven der Baureihe 110 in den Harz kamen. Da die höchstzulässige Achsfahrmasse 10 t betrug, erhielten die Lokomotiven dreiachsige Drehgestelle mit neuartigen Antriebselementen. Obwohl die Räder der Maschine einen Durchmesser von nur 850 mm (beim Ausgangsmuster sind sie 1000 mm groß) haben, ist die 199.8 höher als die 110. Als Antrieb dient ein etwas leistungstärkerer Motor von 900 kW. Um die engen Gleisbögen bis herab zu 50 m Radius befahren zu können, erhielt der mittlere Radsatz jedes Drehgestells keinen Spurkranz. Die Loks haben zwei Kupplungen: in 750 bis 760 mm über Schienenoberkante die übliche Harzkupplung und etwa 290 mm tiefer die Trichterkupplung, die zur Aufnahme der Kuppelstangen zu den Rollfahrzeugen dient.

Die Umbauarbeiten führte das Raw Stendal aus. Als erste Lok traf die 199 863 am 21. November 1988 im Harz ein. Im Volksmund hatten die Maschinen schnell ihren Spitznamen weg – da sie die anderen Schmalspurfahrzeuge überragten, und wegen ihres roten Anstrichs heißen sie „Rotes Kamel".

Die Höhe über Schienenoberkante beträgt 4355 mm, die größte Breite 3140 mm und die LüP 13560 mm, die Dienstmasse 60 t. Zwei Lokomotiven haben für den Gütertransport mit modernen Rollböcken entsprechende Zug- und Stoßvorrichtungen erhalten.

Testfahrzeuge auf der Harzquer- und Brockenbahn

Abgesehen von den beiden Lokomotiven, die 1914 nahe dem Bahnhof Drei Annen Hohne vom Militär getestet wurden, erprobte man später auch Fahrzeuge mit anderen Antriebskonzepten.

1925 ließ die Firma AEG einen neuen Öltriebwagen testen, der zum Export nach Brasilien bestimmt war.

Bild 5.16.
Der Triebwagen T 1, hier noch während des Baus.
Foto: Sammlung Becker

Bild 5.18. Der Triebwagen T 1 mit Beiwagen in voller Fahrt. *Foto: Sammlung Becker*

Bild 5.19 Innenansicht des Führerhauses des T 1. *Foto: Sammlung Becker*

Tabelle 5.4.
Umbaumaßnahmen an den Neubaulokomotiven

DR-Nummer 1)	Umbau auf Ölhauptfeuerung	Rückbau auf Rostfeuerung
99 0 244	2)	26. 2. 1983
99 0 234	18. 8. 1977	4. 11. 1983
99 0 237	20. 7. 1977	1. 12. 1983
99 0 240	21. 10. 1977	22. 4. 1983
99 0 235	6. 1. 1978	3. 9. 1983
99 0 245	27. 4. 1978	26. 7. 1983
99 0 236	22. 7. 1978	1. 6. 1983
99 0 231	21. 10. 1978	6. 8. 1983
99 0 238	19. 1. 1979	29. 3. 1983
99 0 241	19. 5. 1979	15. 1. 1984
99 0 239	1. 8. 1979	25. 9. 1983
99 0 243	20. 10. 1979	10. 2. 1983
99 0 242	11. 1. 1980	25. 2. 1984
99 0 232	9. 5. 1980	21. 12. 1982
99 0 247	23. 7. 1980	28. 5. 1983
99 0 233	1. 12. 1980	12. 4. 1984
99 0 246	2. 2. 1981	17. 12. 1983

1) „0" bei Ölhauptfeuerung wird durch „7" bei Rostfeuerung ersetzt
2) nach Probefahrten am 25./26. 8. 1976 ab 10. 9. 1976 drei Monate Probebetrieb

Ein Jahr später folgten Probefahrten mit einem Schienenbus für Venezuela.
1927 schließlich wurde eine von der „Fürst Stolberg Hütte" erbaute kleine Diesellokomotive auf den Strecken der Harzquer- und Brockenbahn getestet.

Das vorerst letzte Testfahrzeug war die bereits erwähnte dreiachsige Diesellok der Baureihe V 30. Lange blieb die Diesellok der Baureihe V 30, jetzt 199 301-3, das letzte Testfahrzeug.

Bild 5.20.
Der Triebwagen T 3.
Foto: Heuer

Bild 5.21.
Die Diesellok 199 301
(ex V 30).
Foto: Zieglgänsberger

Bild 5.22.
Das neueste Fahrzeug der HSB, Triebwagen 187 015 (Wittenberge 1996), in Ilfeld.
Foto: G. Zieglgänsberger 1997

Bild 5.23.
Probefahrt oberhalb des Bahnhofs Steinerne Renne.
Foto: Sammlung Mahrholz

Bild 5.24.
Die Diesellokomotive der Baureihe 199.8.
Foto: Zieglgänsberger

5.3. Der Wagenpark

Reisezugwagen

In Anbetracht der bogenreichen Streckenführung beschaffte die „Eisenbahnbau- und Betriebsgesellschaft Berlin“ für die Personenbeförderung auf der NWE ausschließlich Drehgestellwagen. Bis zum Jahre 1900 wurden insgesamt 45 Wagen gekauft. Die Erstaustattung von 1897/98 stellten fünf BC- und 21 C-Wagen der Firma Herbrandt dar, die an jeder Wagenseite über zwölf Fenster verfügten und deshalb „Aussichtswagen“ genannt wurden. Neben 14 Reisezugwagen aus Hannover waren fünf „Sommerwagen“ aus Weimar hinzugekommen – gedeckte Wagen mit halbhoher, hölzerner Bordwand, die an beiden Stirnseiten Einstiegbühnen besaßen.
Der Reisekomfort verbesserte sich, als 1910 die Hannoversche Beleuchtungsindustrie GmbH Ricklingen in die meisten Wagen Azetylenbeleuchtung einbaute und damit die bis dato gebräuchliche Kerzenbeleuchtung ersetzte. Dennoch sollte es noch bis 1922 dauern, bis sich die moderne elektrische Zugbeleuchtung durchgesetzt hatte.
Ebenfalls 1910 erwarb die NWE – zeitgleich mit den zwei schweren Mallet-Sechsachsern – neun große Reisezugwagen mit Seitengang aus Görlitz, die teilweise für alle drei Wagenklassen ausgelegt waren (ABC-Wagen). Die I. und II. Wagenklasse der NWE verfügte über Polsterbänke, während sich die III. Klasse mit Holzlattensitzen begnügen mußte. Da die Görlitzer Wagen sich jedoch als zu schwer erwiesen, wurden sie 1918 an die Warschauer Zubringerbahn verkauft. Dort waren sie noch 1942 im Einsatz. Als Ersatz dafür dienten fünf große BC-Wagen (z. T. auch ABC), die 1922 von der Waggonfabrik Wismar kamen. Sie verfügten über eigene Lichtmaschinen, mit denen sie alle im Zug laufenden Wagen mit elektrischer Energie für die Beleuchtung versorgen konnten.
Eine Besonderheit war der 1924 erworbene, neuentwickelte Ganzstahlwagen aus Wismar (Betriebsnummer 21^{II}), der zuvor Ausstellungsstück auf einer technischen Messe war. Infolge seiner ungewöhnlich großen Länge verfügte er über Schwenkpuffer, die besondere Vorsicht beim Rangieren geboten.
Als Ersatz für die Wagen der ersten Generation – die nun teilweise ausgemustert und verschrottet wurden – kaufte die NWE zwischen 1926 und 1930 neue Fahrzeuge bei verschiedenen Herstellern. Die ehemaligen Sommerwagen wurden sämtlichst abgestellt oder zu OO-Wagen umgebaut. Dringend notwendig war damit eine Umnumerierung der verbleibenden Wagen geworden, die etwa 1930 erfolgte.
Eine wesentliche technische Verbesserung von NWE-Wagen bis zum zweiten Weltkrieg war der Umbau der Wagen 71 bis 75 in den Jahren 1937/38. Nachdem sie 1925 bereits mit neuen Wagenkästen aus Hannover versehen worden waren, erhielten sie nun neue Drehgestelle der Wismarer Einheitsbauart.
Nach 1945 verblieb ein Reisezugwagen der Südharzbahn, der als Kurswagen zwischen Braunlage und Wernigerode verkehrte, bei der Harzquerbahn. Er erhielt hier die Nummer 64.
Nach dem Wiederaufbau der Strecke Straßberg–Stiege erhöhte sich der Bedarf an Gepäckwagen. Zunächst wurden im Raw Wittenberge, BT Perleberg, aus alten G-Wagen sechs neue Gepäckwagen gebaut. Mit dem 904-164 begann der Bau von vierachsigen Gepäckwagen.

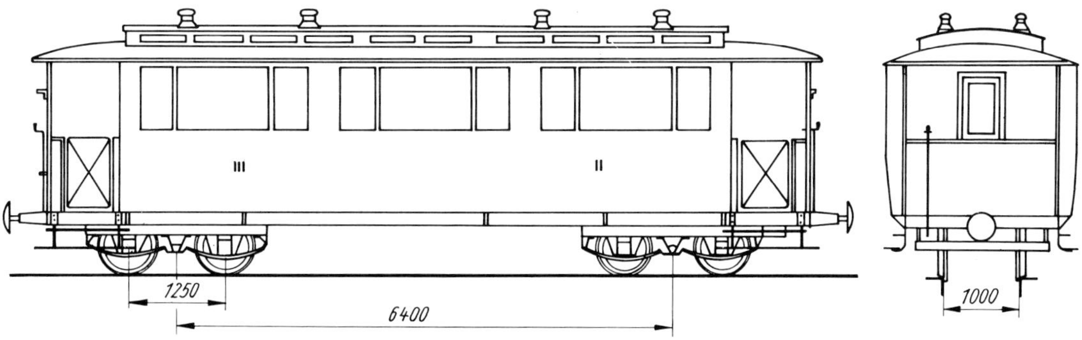

Bild 5.25. Maßskizze für die Wagen 63 und 64 von 1912. *Zeichnung: Bollmann*

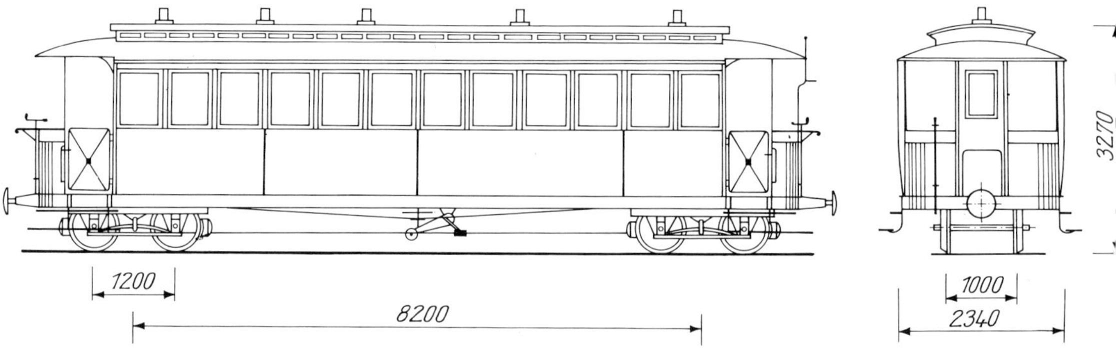

Bild 5.26. Maßskizze für die Wagen 1 bis 5 von 1912. *Zeichnung: Bollmann*

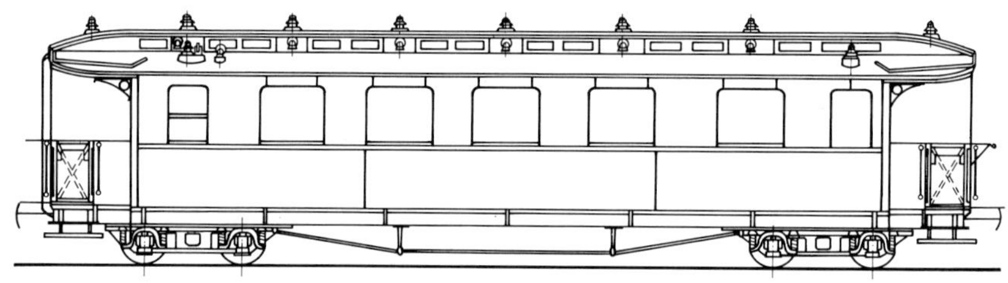

Bild 5.27.
Die Wagen 21 bis 29 von 1912.
Zeichnung: Kieper

Bild 5.28.
Der Wagen 900472 gehörte zur Lieferserie der Wagen 11 bis 15.
Foto: Rejke

Bild 5.29.
Der Wagen 900 483
aus der Wagenserie
33 bis 50.
Foto: Rejke

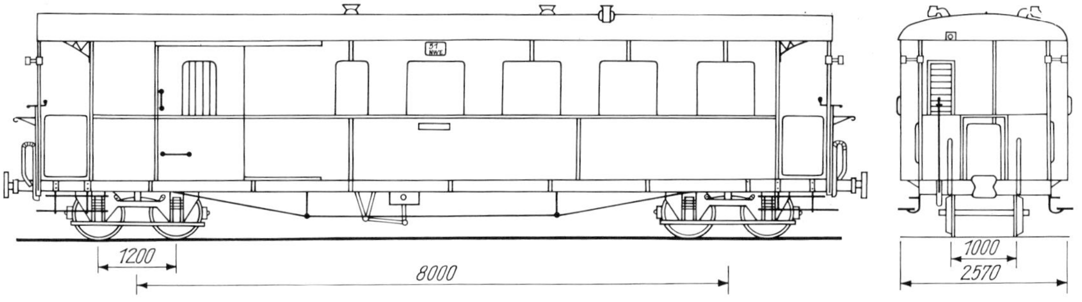

Bild 5.30. Maßskizze des Gepäck-Personenwagens 51. *Zeichnung: Bollmann*

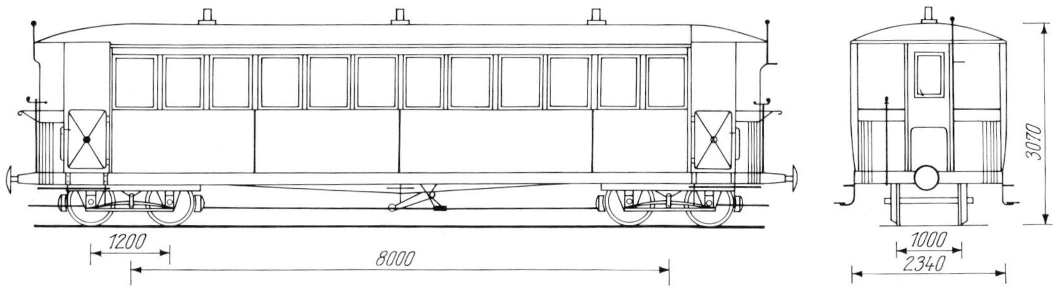

Bild 5.31. Maßskizze für die Wagen 101 bis 116 von 1912. *Zeichung: Bollmann*

Bild 5.32. Der Wagen 900455. *Foto: Rejke*

Bild 5.33. Modernisierungswagen mit HSB-Anschrift. Das Nummernsystem der DR behielt man bei (April 1994).
Foto: Zieglgänsberger

Tabelle 5.5. Reisezugwagenbestand 1912

NWE-Nummer	Gattung	Hersteller	Baujahr	Drehzapfenabstand mm	Drehgestellachsstand mm	Anzahl der Plätze			Bemerkungen
						I.	II.	III.	
						Klasse			
1	BC	Köln	1897	8200	1200		23	23	
2	BC	Köln	1897	8200	1200		23	23	
3	BC	Köln	1897	8200	1200		23	23	um 1926 +
4	BC	Köln	1897	8200	1200		23	23	
5	BC	Köln	1897	8200	1200		23	23	
21	ABC	Görlitz	1910	9500	1500	6	6	28	
22	ABC	Görlitz	1910	9500	1500	6	6	28	
23	ABC	Görlitz	1910	9500	1500	6	6	28	
24	ABC	Görlitz	1910	9500	1500	6	6	28	
25	ABC	Görlitz	1910	9500	1500	6	6	28	1918 verkauft
26	ABC	Görlitz	1910	9500	1500	6	6	28	
27	ABC	Görlitz	1910	9500	1500	6	6	28	
28	ABC	Görlitz	1910	9500	1500	6	6	28	
29	ABC	Görlitz	1910	9500	1500	6	6	28	
51	C	Köln	1897	8200	1200			48	
52	C	Köln	1897	8200	1200			48	1925 neue
53	C	Köln	1897	8200	1200			48	Wagenkästen
54	C	Köln	1897	8200	1200			48	und neue Nummern
55	C	Köln	1897	8200	1200			48	71 bis 75
61	C	Hannover	1899	6400	1250			48	
62	C	Hannover	1899	6400	1250			48	
63	BC	Hannover	1899	6400	1250		16	32	
64	BC	Hannover	1899	6400	1250		16	32	
71	BC	Hannover	1900	8000	1250		16	32	
72	BC	Hannover	1900	8000	1250		16	32	
81	BC	Hannover	1900	8000	1250		16	32	
82	BC	Hannover	1900	8000	1250		16	32	
83	BC	Hannover	1900	8000	1250		16	32	
84	BC	Hannover	1900	8000	1250		16	32	mit Oberlicht-
85	BC	Hannover	1900	8000	1250		16	32	dachaufbau
86	BC	Hannover	1900	8000	1250		16	32	
87	BC	Hannover	1900	8000	1250		16	32	
88	B	Hannover	1900	8000	1250		32		1905 Salonwagen
101	C	Köln	1897	8000	1200			48	
102	C	Köln	1897	8000	1200			48	
103	C	Köln	1897	8000	1200			48	
104	C	Köln	1897	8000	1200			48	
105	C	Köln	1897	8000	1200			48	
106	C	Köln	1897	8000	1200			48	
107	C	Köln	1897	8000	1200			48	
108	C	Köln	1897	8000	1200			48	
109	C	Köln	1897	8000	1200			48	vor 1930 +
110	C	Köln	1897	8000	1200			48	
111	C	Köln	1898	8000	1200			48	
112	C	Köln	1898	8000	1200			48	
113	C	Köln	1898	8000	1200			48	
114	C	Köln	1898	8000	1200			48	
115	C	Köln	1898	8000	1200			48	
116	C	Köln	1898	8000	1200			48	
201	SS	Weimar	1899	7000	1200			48	
202	SS	Weimar	1899	7000	1200			48	
203	SS	Weimar	1899	7000	1200			48	Sommerwagen,
204	SS	Weimar	1899	7000	1200			48	1926 +
205	SS	Weimar	1899	7000	1200			48	

Bild 5.34. Der ehemalige Eisfelder Wagen mit der Nummer 900523. *Foto: Rejke*

Nach der Übernahme der Privatbahnen durch die Deutsche Reichsbahn wurden neue Wagennummern eingeführt. In der Regel geschah dies, indem man lediglich die Zahlen 100 oder 101 vor die bisherige Betriebsnummer setzte. So wurde beispielsweise der NWE-Wagen 32 zur 101 32. In der Folgezeit schaffte die Deutsche Reichsbahn die Wagenklassen im Reisezugverkehr der Schmalspurbahnen ab und ließ alle Wagen einheitlich mit Hartpolstersitzen ausstatten.

Eine Bestandserweiterung gab es, nachdem 1952 probeweise zwei Wagen der 750-mm-Bahn Zittau–Oybin in den Harz umgesetzt wurden. Es handelte sich um Einheitsreisezugwagen, wie sie in den 30er Jahren in größerer Stückzahl gebaut worden sind. Meterspurige Achsen wurden eingebaut und die Kupplungen den schweren der Harzbahnen angeglichen. Die Wagen bewährten sich gut. Daraufhin kamen nach Streckenstillegungen im sächsischen Raum in den 50er Jahren 16 weitere solcher Umbauwagen in den Harz.

1958 schließlich wurde eine vollkommen neue Numerierung aller Wagen vorgenommen. Reisezugwagen der Meterspurbahnen erhielten als Kennzahl die 900 und die Wagennummer, die sich jetzt nach dem Alter des Wagens richtete. So erhielt der älteste NWE-Wagen von 1897 die Nummer 900451. Der jüngste vom Baujahr 1936 dagegen hieß nun 900518.

Anfang der 60er Jahre kamen weitere fünf Wagen zur Harzquerbahn. Sie waren ursprünglich für die Strecke Eisfeld–Schönbrunn vorgesehen und im Raw Karl-Marx-Stadt mit neuen Wagenkästen versehen worden. Bei der Harzquerbahn erhielten sie die Nummern 900519 bis 900523. Nach der Stillegung der Spreewaldbahn gelangte Anfang 1970 nochmals eine Serie ehemaliger sächsischer Reisezug- und Gepäckwagen nach Wernigerode. Diese Wagen wurden jedoch wegen ihres anderen Brems- und Heizungssystems (Druckluftbremsen und Ofenheizung) nicht eingesetzt, sondern dienten als Ersatzteilspender. Die noch „unversehrten" Wagen sind 1983 aufgearbeitet worden und mit den Wagennummern 900211, 900230, 900242 und 900243 im Einsatz.

Die automatische Saugluftbremse – auch Vakuumbremse genannt – hatte sich als bestgeeignet für extrem lange Gefällestrecken erwiesen. In den Anfangsjahren der NWE dominierte, ebenso wie auf

Bild 5:35. Ein ehemaliger sächsischer Wagen, modernisiert mit der Nummer 900 517, vor dem dreiständigen Lokschuppen in Wernigerode.
Foto: Rejke

Nach über 60 Jahren präsentiert sich wieder ein Neubau von Personenwagen für die Harzquer- und Brockenbahn (Wittenberge 1993).
Foto: G. Zieglgänsberger 1998

Bild 5.37.
Nummer 900511, einer der ersten Wagen des neuen Modernisierungsprogramms ab 1983/84.
Foto: Röper

der SHE und der GHE, das System Körting. Man mußte jedoch erkennen, daß diese Bauart bei sehr starker Beanspruchung – besonders auf der Brokkenstrecke – nicht immer eine volle Bremswirkung gewährleistete. In solchen Fällen mußten die Zugbegleiter die Handbremsen der Fahrzeuge mitbedienen! Erst mit der Einführung der leistungsfähigeren Hardy-Bremse war die erforderliche Sicherheit gewährleistet.

Im Gegensatz zu der Druckluftbremse besteht das Prinzip der Vakuumbremse darin, daß mit Hilfe einer durch den Dampf der Lokomotive betriebenen Vakuumpumpe sowie über Rohre, Schlauchleitungen, Bremsbehälter und Bremshilfsbehälter ein Unterdruck im Bremssystem des gesamten Zuges hergestellt wird. Dieser Unterdruck bleibt während der Fahrt konstant. Bei Bremsungen strömt – durch das Führerbremsventil – Luft in die Bremsbehälter und bewirkt ein Anziehen der Bremsen. Und sollten während der Fahrt Wagen des Zuges abreißen, würde durch den abgerissenen Bremsschlauch Luft einströmen. Der gesamte Zug einschließlich der abgetrennten Wagen käme sofort zum Stehen.

Die Farbgebung der Reisezugwagen war zunächst grün. Zur 75-Jahr-Feier der Bahn im Jahre 1974 wurde der rot-elfenbein-farbene Anstrich eingeführt. Lediglich der Oldtimerzug behielt seine traditionell grüne Farbgebung.

Ende 1983 begann ein umfangreiches Modernisierungsprogramm für die alten Reisezugwagen der NWE. Alle Wagen erhielten neue Wagenkästen, neue Inneneinrichtungen sowie durchgehende Tonnendächer. Ferner wurden alle Wagen mit einer KE-Druckluftbremse ausgerüstet. Dieses Modernisierungsprogramm wurde inzwischen abgeschlossen.

Bis 1949 waren alle Fahrzeuge in eigener Werkstatt repariert und überholt worden. Später wurde das Raw Wittenberge Außenstelle Perleberg mit der Instandhaltung aller Schmalspurwagen der Deutschen Reichsbahn betraut. Heute erfolgen die normalen Untersuchungen und die Behebung kleinerer Schäden weiterhin in Wernigerode.

Gepäck- und Postwagen, kombinierte Wagen

Die Erstausstattung lieferte – genau wie bei den Reisezugwagen – die Kölner Firma Herbrandt. Drei der insgesamt sechs zweiachsigen Gepäckwagen besa-

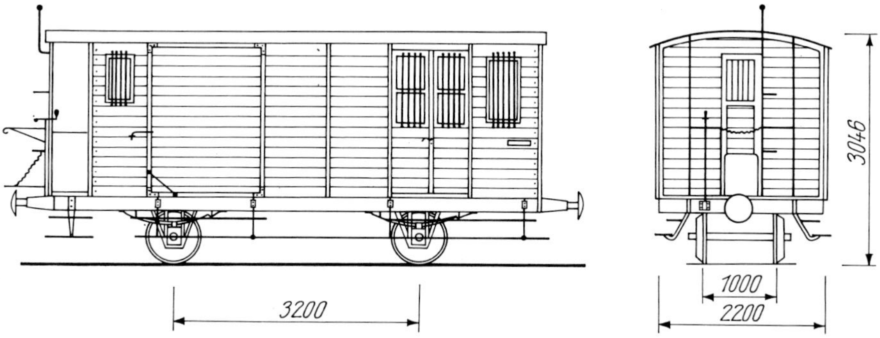

Bild 5.38.
Maßskizze des zweiachsigen Gepäckwagens.
Zeichnung: Bollmann

Bild 5.39.
Der Gepäckwagen 905 152.
Foto: Rejke

ßen ein Abteil für die Postbeförderung. Von den 1900 gelieferten, vier vierachsigen Gepäckwagen hatten wiederum drei ein Postabteil. Diese Wagen waren vorrangig für die durchgehenden Züge zwischen Wernigerode und Nordhausen gedacht. Drei der frühen Fahrzeuge wurden später umgebaut oder dienten anderen Zwecken. Einer, die Nummer 154, endete als Geräteschuppen.

Im Rahmen der Reisezugwagen-Beschaffung von 1929/30 wurden auch zwei kombinierte Wagen geliefert (Nr. 51 und 52), die bereits vom Hersteller mit einem Packabteil versehen worden waren. Den Reisenden standen deshalb nur 31 Sitzplätze (sonst 48) zur Verfügung. Die NWE konnte so in verkehrsschwachen Zeiten oder bei kurzen Zugläufen, z. B. Wernigerode–Schierke oder Nordhausen–Ilfeld, auf die Mitnahme eines gesonderten Gepäckwagens verzichten.

Auch für die Postbeförderung von und nach den Orten an ihrer Strecke und der Umgebung war die NWE zuständig. Die Postabteile besaßen Briefeinwurfschlitze, und ein Postbeamter bearbeitete während der Fahrt die ein- und ausgehende Post. Die Postbeförderung per Bahn endete am 25. Mai 1960. Da sich die kombinierten Gepäck-Personenwagen gut bewährt hatten, rüstete die Bahn 1953 und 1955 in eigener Werkstatt die Reisezugwagen 34 und 35 nachträglich mit je einem Gepäck- und einem Zugführerabteil aus. Die drei noch verbliebenen zweiachsigen Gepäckwagen wurden an die Selketalbahn abgegeben.

Mit dem Zugang ehemaliger sächsischer Reisezugwagen kam 1956 auch ein kombinierter Gepäck-Personenwagen zur Harzquerbahn, so daß nun fünf derartige Wagen im Einsatz waren. Einer davon ist allerdings in Gernrode stationiert, einer verunglückte

Tabelle 5.6. Reisezugwagenbestand 1930

NWE-Nr.	Gattung	Hersteller	Baujahr	LüP mm	Drehzapfenabstand mm	Drehgestellachsstand mm	Bemerkungen
1	BC	Gotha	1926	12730	8800	1200	
2	BC	Gotha	1926	12730	8800	1200	
3	BC	Gotha	1926	12730	8800	1200	
4	BC	Gotha	1926	12730	8800	1200	
5	BC	Gotha	1926	12730	8800	1200	
11	BC	Wismar	1922	14600	9000	1400	mit Lichtmaschinen (Nr. 11–21)
12	BC	Wismar	1922	14600	9000	1400	
13	BC	Wismar	1922	14600	9000	1400	
14	BC	Wismar	1922	14600	9000	1400	
15	BC	Wismar	1922	14600	9000	1400	
21	BC	Wismar	1924	14300	9000	1400	
31	C	Wismar	1926	12600	8600	1200	
32	C	Wismar	1926	12600	8600	1200	
33	C	Wismar	1926	12600	8600	1200	
34	C	Wismar	1926	12600	8600	1200	
35	C	Wismar	1926	12600	8600	1200	
36	C	Wismar	1926	12600	8600	1200	
37	C	Wismar	1926	12600	8600	1200	
38	C	Wismar	1926	12600	8600	1200	
39	C	Wismar	1929	12600	8600	1200	
40	C	Wismar	1930	12600	8600	1200	
41	C	Wismar	1929	12600	8600	1200	
42	C	Wismar	1929	12600	8600	1200	
43	C	Wismar	1929	12600	8600	1200	
44	C	Wismar	1930	12600	8600	1200	
45	C	Wismar	1930	12600	8600	1200	
46	C	Wismar	1930	12600	8600	1200	
47	C	Wismar	1930	12600	8600	1200	
48	C	Wismar	1930	12600	8600	1200	
49	C	Wismar	1930	12600	8600	1200	
50	C	Wismar	1930	12600	8600	1200	
51	BP	Gotha	1928	12600	8600	1200	komb. Gepäck-Personenwagen (Nr. 51–52)
52	BP	Wismar	1929	12600	8600	1200	
62	C	Hannover	1899	11500	6400	1250	
63	C	Hannover	1899	11500	6400	1250	
64	C	Hannover	1899	11500	6400	1250	
71	C	Köln	1897	11850	8000	1200	1925 neue Wagenkästen (Hannover) (Nr. 71–75)
72	C	Köln	1897	11850	8000	1200	
73	C	Köln	1897	11850	8000	1200	
74	C	Köln	1897	11850	8000	1200	
75	C	Köln	1897	11850	8000	1200	
81	BC	Hannover	1900	12200	8000	1250	
82	BC	Hannover	1900	12200	8000	1250	
100	B	Hannover	1900	12200	8000	1250	ex 88 Salonwagen

1974. 1970 kam von der Spreewaldbahn ein weiterer Gepäck-Personenwagen. Wegen seiner beibehaltenen Druckluftbremse lief er zunächst nur innerhalb von Zügen (ohne angeschlossene Bremse). Heute gehört er zu einem der neuen modernisierten Wagenzüge.

Als 1963/64 der Rollwagenverkehr eingeführt wurde, waren auch wieder Gepäckwagen notwendig. Sechs vierachsige, gedeckte Güterwagen wurden zu Güterzuggepäckwagen umgebaut. Sie erhielten Schlitzpuffer für die Kupplungsbäume, und teilweise bekamen sie Zugführerabteile. Im Gegensatz

Tabelle 5.7. Gepäck- und Postwagenbestand 1909

NWE-Nummer	Gattung	Hersteller	Baujahr	Achsstand mm		LüP mm	Gepäckabteil m²	Postabteil m²
151	GP	Köln	1897	3200		7500	12,5	
152	GP	Köln	1897	3200		7500	12,5	
153	GP	Köln	1897	3200		7500	12,5	
154	PP	Köln	1897	3200		7500	6,6	6,5
155	PP	Köln	1898	3200		7500	6,6	6,5
156	PP	Köln	1898	3200		7500	6,6	6,5
				Drehzapfenabstand mm	Drehgestellachsstand mm			
161	PP	Köln	1900	6700	1200	12500	12,2	8,7
162	PP	Köln	1900	6700	1200	12500	12,2	8,7
163	PP	Köln	1900	6700	1200	12500	12,2	8,7
164	GP	Köln	1900	6700	1200	12500	21,0	

Bild 5.40. Auf ehemaligem G-Wagen aufgebauter Gepäckwagen. *Foto: Zieglgänsberger*

zu den weinroten Reisezuggepäckwagen sind sie braun oder grün gestrichen. Einer dieser sechs ehemaligen Güterwagen, der 99-07-02, mußte durch einen Wagen der Strecke Eisfeld–Schönbrunn ersetzt werden, nachdem er 1979 zur Schneeschleuder umgebaut worden war. Ein anderer, der 99-07-04, wurde nach Abstellen des GHE-Triebwagens als Hilfszuggerätewagen in Gernrode stationiert.

Güterwagen

Der weitaus größte Teil des rollenden Materials der NWE diente dem Güterverkehr. Von 1900 bis 1916 wurden etwa 130 Güterwagen verschiedener Bauarten beschafft. Die Palette reichte vom Drehschemelwagen mit einem Achsstand von nur 1400 mm bis hin zum vierachsigen Schienenwagen mit 20 t Trag-

Tabelle 5.8. Reisezugwagenbestand

DR-Nummer ab 1957	ab 1950	NWE-Nummer	Gattung	Hersteller	Baujahr	LüP mm	Drehzapfenabstand mm	Drehgestellachsstand mm	Sitze	Bemerkungen
900451	10171	71	KB4ip	Köln	1897	11850	8000	1200	44	1)
900452	10172	72	KB4ip	Köln	1897	11850	8000	1200	44	1) 5)
900453	10173	73	KB4ip	Köln	1897	11850	8000	1200	44	1)
900454	10174	74	KB4ip	Köln	1897	11850	8000	1200	44	1)
900455	10175	75	KB4ip	Köln	1897	11850	8000	1200	44	1) 2)
900456	10162	62	KB4ip	Hannover	1899	11500	6400	1250	48	1974 2) 3)
900457	10163	63	KB4ip	Hannover	1899	11500	6400	1250	48	1965+
900458	10164	–	KB4ip	Hannover	1899	11500	6300	1300	42	1974 2) 4)
900459	10181	81	KB4ip	Hannover	1900	12200	8000	1250	38	1965+
900460	10183	83	KB4ip	Hannover	1900	12200	8000	1250	38	2) 6)
900461	10185	85	KB4ip	Hannover	1900	12200	8000	1250	32	7) 1967+
900471	10011	11	KB4ip	Wismar	1922	14600	9000	1450	52	13)
900472	10012	12	KB4ip	Wismar	1922	14600	9000	1450	51	
900473	10013	13	KB4ip	Wismar	1922	14600	9000	1450	52	
900474	10014	14	KB4ip	Wismar	1922	14600	9000	1450	52	8)
900475	10015	15	KB4ip	Wismar	1922	14600	9000	1450	45	
900476	10021	21	KB4ip	Wismar	1924	14300	9000	1400	45	13)
900477	10001	1	KB4ip	Gotha	1926	12730	8800	1200	44	
900478	10002	2	KB4ip	Gotha	1926	12730	8800	1200	44	
900479	10131	31	KB4ip	Wismar	1926	12600	8600	1200	38	
900480	10132	32	KB4ip	Wismar	1926	12600	8600	1200	48	
900481	10133	33	KB4ip	Wismar	1926	12600	8600	1200	48	
900482	10136	36	KB4ip	Wismar	1926	12600	8600	1200	46	
900483	10137	37	KB4ip	Wismar	1926	12600	8600	1200	46	
900484	10138	38	KB4ip	Wismar	1926	12600	8600	1200	46	
900485	10003	3	KB4ip	Gotha	1928	12730	8800	1200	44	
900486	10004	4	KB4ip	Gotha	1928	12730	8800	1200	44	
900487	10005	5	KB4ip	Gotha	1928	12730	8800	1200	44	
900488	10139	39	KB4ip	Wismar	1929	12600	8800	1200	46	
900489	10141	41	KB4ip	Wismar	1929	12600	8800	1200	46	9)
900490	10142	42	KB4ip	Wismar	1929	12600	8800	1200	46	
900491	10143	43	KB4ip	Wismar	1929	12600	8800	1200	46	1965+
900492	10161	–	KB4ip	LHB	1929	14800	9000	1300	35	10) seit 1956 Harz
900493	10165	–	KB4ip	LHB	1929	14800	9000	1300	35	10) seit 1955
900494	10166	–	KB4ip	LHB	1929	14800	9000	1300	35	10) seit 1954 Harz, 17.10.85 13)
900495	10167	–	KB4ip	LHB	1929	14800	9000	1300	35	10) seit 1956 Harz, 20.4.86 13)
900496	10168	–	KB4ip	LHB	1929	14800	9000	1300	35	10) 30.12.85 13)
900497	10169	–	KB4ip	LHB	1929	14800	9000	1300	35	10) 22.5.86 13)
900498	10170	–	KB4ip	LHB	1929	14800	9000	1300	35	10) 22.4.86 13)
900499	10140	40	KB4ip	Wismar	1930	12700	8800	1200	36	18.4.85 13)
900500	10144	44	KB4ip	Wismar	1930	12700	8800	1200	46	9) 8.9.84 13)
900501	10145	45	KB4ip	Wismar	1930	12700	8800	1200	40	1978 Rekowagen
900502	10146	46	KB4ip	Wismar	1930	12700	8800	1200	46	11)
900503	10147	47	KB4ip	Wismar	1930	12700	8800	1200	46	8.11.84 13)
900504	10148	48	KB4ip	Wismar	1930	12700	8800	1200	46	9) 29.2.84 13)
900505	10149	49	KB4ip	Wismar	1930	12700	8800	1200	46	
900506	10150	50	KB4ip	Wismar	1930	12700	8800	1200	46	4.10.84 13)
900507	10186	–	KB4ip	LHB	1936	14800	9000	1300	41	10) 3.2.87 13)
900511	10182	–	KB4ip	LHB	1936	14800	9000	1300	42	10) seit 1952 Harz, 18.4.84 13)

noch Tabelle 5.8

DR-Nummer ab 1957	ab 1950	NWE-Nummer	Gattung	Hersteller	Baujahr	LüP mm	Drehzapfenabstand mm	Drehgestellachsstand mm	Sitze	Bemerkungen
900512	10184	–	KB4ip	LHB	1936	14800	9000	1300	43	10) seit 1952 Harz
900513	–	–	KB4ip	LHB	1936	14800	9000	1300	43	10) 14.6.86 13)
900514	–	–	KB4ip	LHB	1936	14800	9000	1300	43	10) 20.6.87 13)
900515	–	–	KB4ip	LHB	1936	14800	9000	1300	43	10) 23.2.87 13)
900516	–	–	KB4ip	LHB	1936	14800	9000	1300	43	10) 13.4.87 13)
900517	–	–	KB4ip	LHB	1936	14800	8500	1300	42	10) 15.3.87 13)
900518	–	–	KB4ip	LHB	1936	14800	8500	1300	43	10) 18.3.90 13)
900519	–	–	KB4ip	LHB	1930	12400	7000	1300	38	12) ex 97-10-75
900520	–	–	KB4ip	LHB	1934	12400	7000	1300	38	12) ex 97-14-06
900521	–	–	KB4ip	LHB	1932	12400	7000	1300	38	12) ex 97-11-27
900522	–	–	KB4ip	LHB	1914	12500	7000	1200	38	12) ex 99-41-04
900523	–	–	KB4ip	LHB	1932	12400	7000	1300	42	12) ex 97-14-14
900211			KB4i	LHB	1934				39	ex Spree 158
900230			KB4i	Werdau	1929				35	ex Spree 116
900242			KB4i	LHB	1932				51	ex Spree 119
900243			KB4i	LHB	1932				37	ex Spree 156

1) 1925 neuer Wagenkasten (Hannover), 1937/38 neues Drehgestell (Wismar)
2) gehört zum Traditionszug
3) ex Arbeitszugbegleitwagen 909-102
4) ex SHE, dann Arbeitszugbegleitwagen 909-103
5) nach Unfall auf Selketalbahn Okt. 1974+
6) 1960 neuer Wagenkasten (Raw Karl-Marx-Stadt)
7) ex Salonwagen Nr. 100, ab 18.6.1848 C Wagen Nr. 85 (ohne Oberlicht)
8) seit Januar 1936 mit Gepäckabteil, ex Beiwagen zum T 1, 4.11.1954 Rückbau
9) überwiegend bei der Selketalbahn
10) ex sächsische Reisezugwagen
11) nach Unfall Bf Tiefenbachmühle 13.3.1977 verschrottet
12) Aufbau im Raw Karl-Marx-Stadt, ursprünglich für Eisfeld vorgesehen, Umbau 1959
13) Modernisierungswagen

Da die Reisezugwagen nicht ausreichten, ließ die HSB bei dem ehemaligen Raw Wittenberge, das Erfahrungen mit dem Aufbau der Modernisierungswagen hatte, neue Wagenkästen auf 4achsige Güterwagenfahrgestelle aufbauen. So konnten 1992 sechs neu aufgebaute Reisezugwagen in Dienst gestellt werden. Sie bekamen die Betriebsnummern 900-441 bis 900-446 und hatten sechs Fenster auf jeder Seite. 1993 folgten nochmals acht Wagen mit sieben Fenstern, die Nummern 900-433 bis 900-440. Sie bekamen seitlich ein gelbes Schrift band mit den Initialen der HSB und deren Telefon- und Faxnummer. Der Wagen 900-433 trägt Werbung für Langnese-Eis, während der 900-434 Werbung für die Hasseröder Bierbrauerei in Wernigerode spazierenfährt.

Tabelle 5.8 a. Neue Reisezugwagen der HSB

HSB-Nummer	Gattung	Hersteller	Baujahr	LüP mm	Sitze	Bemerkungen
900–433	KB	Wittenberge	1993	13750	50	7 Fenster
900–434	KB	Wittenberge	1993	13750	50	7 Fenster
900–435	KB	Wittenberge	1993	13750	50	7 Fenster
900–436	KB	Wittenberge	1993	13750	50	7 Fenster
900–437	KB	Wittenberge	1993	13750	50	7 Fenster
900–438	KB	Wittenberge	1993	13750	50	7 Fenster
900–439	KB	Wittenberge	1993	13750	50	7 Fenster
900–440	KB	Wittenberge	1993	13750	50	7 Fenster
900–441	KB	Wittenberge	1992	12200	40	6 Fenster
900–442	KB	Wittenberge	1992	12200	40	6 Fenster
900–443	KB	Wittenberge	1992	12200	40	6 Fenster
900–444	KB	Wittenberge	1992	12200	40	6 Fenster
900–445	KB	Wittenberge	1992	12200	40	6 Fenster
900–446	KB	Wittenberge	1992	12200	40	6 Fenster

Bild 5.42. Vierachsiger, gedeckter ehemaliger Güterwagen Nr. 904 157 als Güterzuggepäckwagen. *Foto: Röper*

Bild 5.43. Der zweiachsige, gedeckte Güterwagen mit der NWE-Nummer 38 läuft bei der Reichsbahn als 99 02 26. *Foto: Zieglgänsberger*

Bild 5.44. Offener Güterwagen 990308, bei der NWE als 408 bezeichnet. *Foto: Zieglgänsberger*

Bild 5.45.
Steinkübelwagen im Bahnhof Eisfelder Talmühle im Jahre 1959.
Foto: Grunig

fähigkeit. In der Regel waren die mit einem Bremsersitz ausgerüsteten Wagen jedoch zweiachsig und besaßen eine Tragfähigkeit von 10t.
1929/30 baute die NWE in eigener Werkstatt 15 O-Wagen mit je 15t Tragfähigkeit zu Kübelwagen um. Aufgesetzt wurden je zwei Stahlkübel der Firma Krupp. Diese Wagen dienten dem Abtransport des Schotters aus den Steinbrüchen nahe dem Bahnhof Eisfelder Talmühle. In Nordhausen wurden die gefüllten Kübel dann mittels eines Kranes auf Normalspurgüterwagen umgesetzt. Nach 1949 ging eine Reihe von Güterwagen an die Selketalbahn. Als Ersatz dafür kamen Güterwagen von anderen Schmalspurbahnen, beispielsweise von der GMWE und von

der Strecke Eisfeld–Schönbrunn. Als allerdings auf der gesamten Strecke der Rollwagenverkehr eingeführt und der Langholztransport auf die Straße verlagert wurde, mußten viele der jetzt überflüssigen Schmalspurgüterwagen ausgemustert und verschrottet werden. 1982 waren nur noch rund 40 Güterwagen im Bestand. Die meisten davon sind vorwiegend auf der Selketalbahn im Einsatz.

Nachdem mit dem Wiederaufbau der Strecke Stiege–Straßberg der Rollwagenverkehr bis nach Alexisbad und Harzgerode ausgedehnt werden konnte, waren auch die restlichen Schmalspurgüterwagen überflüssig: Der Güterverkehr läuft jetzt fast nur noch über Rollwagen.

Die Farbgebung der Güterwagen war übrigens nicht immer gleich: Während der NWE-Zeit waren sie grau, und nach der Übernahme durch die Deutsche Reichsbahn wurden sie oxidrot lackiert.

Rollböcke, Zwischenwagen und Rollwagen

Rollböcke, so wie sie in den Anfangsjahren der NWE gang und gäbe waren, sind kleine schmalspurige, zweiachsige Fahrzeuge mit 1,5t Eigenmasse. In der Regel besitzen sie keine Bremseinrichtung. Seitlich zwischen den beiden tragenden Achsen des Rollbocks befinden sich die Radauflage für den aufzunehmenden Normalspurwagen und zwei Achshalterbügel, die ein Abrollen des aufgebockten Fahrzeugs verhindern. Jeweils zwei Rollböcke nehmen einen zweiachsigen Normalspurwagen mit einem Achsstand bis zu 7,5m auf.

Die aufgebockten Fahrzeuge wurden untereinander mittels ihrer Kupplung verbunden. Die Verbindung zwischen der Schmalspurlokomotive und der Rollbockeinheit sicherte in den Anfangsjahren der Bahn ein Kuppelbaum. Nach 1922 wurden statt dessen Zwischenwagen eingesetzt, die – mit einer Handbremseinrichtung versehen – als Bremswagen dienten (und dafür mit Rangierpersonal besetzt waren) und gleichzeitig die Verbindung zwischen Schmalspurlok (mit einem Puffer) und Rollbockeinheit (mit zwei Puffern) herstellten. Um den Zug von beiden Seiten rangieren zu können, lief ein weiterer Zwischenwagen am Zugende. Das Bremsgewicht von 13t wurde erreicht, indem man die Zwischenwagen mit Steinen oder Zementblöcken belastete. Andernfalls mußten früher besondere Bremswagen eingestellt werden, deren Funktion heute zusätzliche Schmalspurgüterwagen erfüllen könnten. Für den Dreischienenbetrieb auf der Umladung in Wernigerode wurde ein spezieller Zwischenwagen mit seitlich versetzter Normalspurkupplung eingesetzt.

Mit dem Einsatz leistungsfähigerer Lokomotiven konnte der Rollwagenverkehr aufgenommen werden. Bereits 1952/53 beschaffte Rollwagen mußten damals wegen der unzureichenden Zugkraft der Mallet-Lokomotiven an die Spreewaldbahn abgegeben werden.

Rollwagen sind niedrig gehaltene, vierachsige Schmalspurfahrzeuge mit einer automatischen Luftbremseinrichtung. Die 8t schweren Wagen haben eine Fahrbahnlänge von 9m und verfügen über eine Tragfähigkeit von 40t. Ihr Bremsgewicht beträgt 9t (bei beladenen Normalspurwagen) bzw. 10t (bei leeren Wagen). Auch Rollwagen können nur zweiachsige Normalspurwagen aufnehmen. Befestigt werden diese mittels Vorlegeschuhen und Achshalterketten. Die Rollwagen sind durch kurze Kuppelbäume miteinander verbunden. Durch Schlauchleitungen an Rollwagen und Kuppelbäumen erfolgt der Anschluß an die durchgehende Bremse. Die Kuppelbäume werden in Schlitze der Schmalspurpuffer eingesteckt und befestigt.

Der Bestand wuchs an: Zusätzlich zu den 43 bereits vorhandenen kamen 40 weitere Rollwagen der ehemaligen Spreewaldbahn und von der stillgelegten Strecke Eisfeld–Schönbrunn (Unterneubrunn) hinzu. Da diese Fahrzeuge Druckluftbremsen besitzen, erhielten einige Lokomotiven und Güterzuggepäckwagen zusätzlich Druckluftbremseinrichtungen. Zur Zeit fahren die Güterzüge zwischen Wernigerode und Benneckenstein bzw. zum Brocken mit Druckluftbremsen, während auf der Nordhäuser Seite weiterhin mit Saugluftbremsen gefahren wird.

Spezialfahrzeuge

In den Anfangsjahren ihres Bestehens besaß die NWE einen kleinen, zweiachsigen Güterwagen, welcher bei Entgleisungen als Gerätewagen zum Einsatz kam. Die Ausrüstung bestand lediglich aus mehreren handbetriebenen Zahnstangen- und Schlittenwinden. Dazu kamen die erforderlichen Geräte und Werkzeuge sowie Unterleghölzer verschiedener Abmessungen. Kleinere Entgleisungen im Rangierdienst in Nordhausen machten es jedesmal erforderlich, daß der Gerätewagen von Wernigerode aus 60km über die Strecke gefahren werden mußte.

Deshalb entschloß sich die Verwaltung, einen größeren, vierachsigen G-Wagen zum Gerätewagen umzurüsten und in Wernigerode Westerntor zu stationieren. Der bisherige Gerätewagen wurde nach

Tabelle 5.9. Gepäck- und Postwagenbestand

DR-Nummer ab 1957	ab 1950	NWE-Nummer	Gattung	Hersteller	Baujahr	LüP mm	Drehzapfenabstand mm	Drehgestellachsstand mm	Bemerkungen
902301	10134	34	KBDw4i	Wismar	1926	12480	8600	1200	1)
902302	10135	35	KBDw4i	Wismar	1926	12480	8600	1200	2)
902303	10151	51	KBDw4i	Gotha	1928	12700	8800	1200	3)
902304	10152	52	KBDw4i	Wismar	1929	12700	8800	1200	
902305	10153	–	KBDw4i	LHB	1929	14600	9000	1300	4)
902201	10265	–	KBd4i	LHB	1930	14600	9000	1300	5)
904151	10264	164	KD4	Köln	1900	11200	6700	1200	
904152	10263	163	KD4	Köln	1900	11200	6700	1200	
904153	10261	161	KD4	Köln	1900	11200	6700	1200	
904154	10262	162	KD4	Köln	1900	11200	6700	1200	
904101	–	–	KD4			12700	7500	1500	6)
99-07-01	10496	302	Pwg4	Breslau	1900	11100	7000	1200	7)
99-07-02	–	101	Pwg4	Bautzen	1949	11200	6500	1400	8)
99-07-03	10497	303	Pwg4	Breslau	1900	11100	7000	1200	9)
99-07-04	10495	301	Pwg4	Breslau	1900	11100	7000	1200	10) 17)
99-07-05	–	102	Pwg4	Bautzen	1949	11200	6500	1400	11)
99-07-06	–	103	Pwg4	Bautzen	1949	11200	6500	1400	12)
905151	10281	151	KDwi	Köln	1897	7500		3200	16)
905152	10282	155	KDwi	Köln	1898	7500		3200	16)
905153	10283	156	KDwi	Köln	1898	7500		3200	16)
99-01-83	730025	152	G	Köln	1897	7500		3200	13)
		153	KDwi	Köln	1897	7500		3200	14)
99-01-85	730023	154	G	Köln	1897	7500		3200	15)
905-150	ex 99-02-03		KDaai	Wittenberge	1989	7500		Wagen wurden 1989 im Betriebsteil Perleberg auf Güterwagenfahrgestelle neu aufgebaut. (905-150 bis 905-158)	
905-151	ex 99-02-28		KDaai	Wittenberge	1989	7500			
905-152	ex 99-02-31		KDaai	Wittenberge	1989	7500			
905-153	ex 99-02-26		KDaai	Wittenberge	1989	7500			
905-154	ex 99-02-06		KDaai	Wittenberge	1989	7500			
905-155	ex 99-02-07		KDaai	Wittenberge	1989	7500			
905-156	ex 99-02-08		KDaai	Wittenberge	1989	7500			
905-157	ex 99-02-12		KDaai	Wittenberge	1989	7500			
905-158	ex 99-02-22		KDaai	Wittenberge	1989	7500			
904-161	ex 99-03-89		KD4i		1989	6600		1200	
904-162	ex 99-03-87		KD4i		1989	6600		1200	
902-306	ex 904-011							ex Spreewaldbahn	

1) seit 1953 mit Gepäck- und Zugführerabteil, nach Unfall auf Selketalbahn Oktober 1974+
2) seit 1953 Gepäck- und Zugführerabteil, ab Sept. 1973 Rekowagen
3) gehört zum Traditionszug (grün)
4) ex Sachsen
5) ex Spreewaldbahn, ab Mai 1978 Modernisierungswagen
6) ex Eisfeld-Schönbrunn
7) ex 99-02-52
8) ex 99-71-21, 1979 Umbau als Schneeschleuder (Bw Blankenburg)
9) ex 99-02-53
10) ex 99-02-51 (Hilfszugwagen KD 904-158)
11) ex 99-71-22, 1982 rot, Kioskwagen auf Bf Hasserode
12) ex 99-71-23
13) ab 1912 Krankenwagen, ab 1922 Bw-Werkstattwagen
14) nach Unfall Thumkuhlental Juli 1927+
15) 1934 Umbau als Heizkesselwagen, ab 1965 Geräteschuppen für Wagenausbesserung
16) ausgemustert, der alte 905-152 wurde 99-02-31, der Wagen 905-153 steht als Dauerleihgabe in Darlingerode.
17) 1989 modernisiert

Bild 5.47. Vierachsiger Schienenwagen 99 04 73, bei der NWE ehemals als 254. *Foto: Zieglgänsberger*

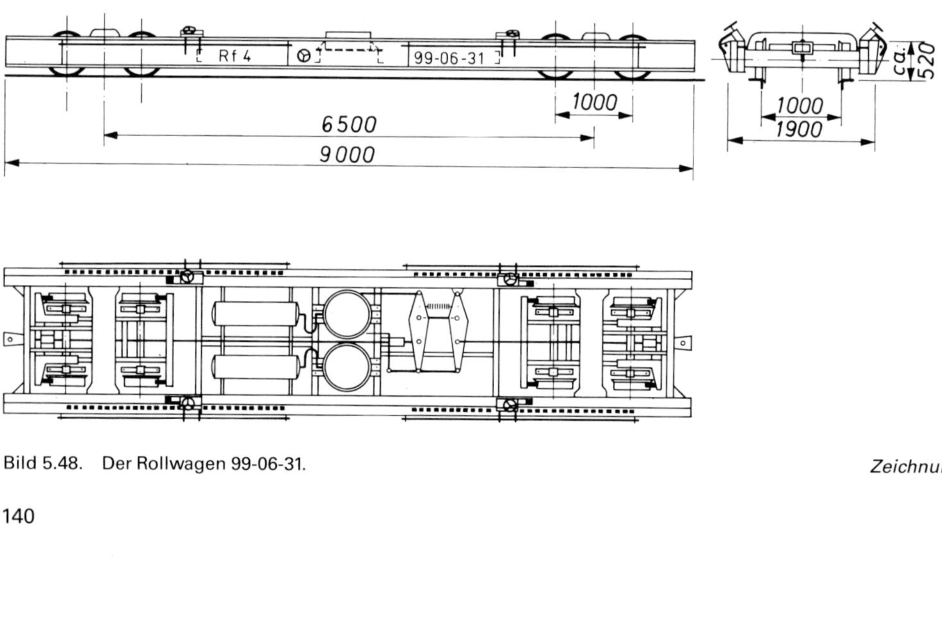

Bild 5.48. Der Rollwagen 99-06-31. *Zeichnung: Uhlemann*

Bild 5.49.
Ein Rollbock der NWE.
Foto: Sammlung Becker

Bild 5.50.
Ein aufgerollter Normalspurwagen auf einem Rollfahrzeug.
Foto: Sammlung Becker

Bild 5.51
Zwischenwagen für den Rollbockverkehr 99-01-89 Ord (offener Rangierdienstwagen)
Foto: Rejke

Bild 5.52.
Drehschemelwagen 990408, bei der NWE als 812 gelaufen.
Foto: Rejke

Nordhausen umgesetzt. Die Ausrüstung des neuen Gerätewagens wurde modernisiert und erweitert, so beispielsweise mit einem Notstromaggregat, einem Schweiß- und Schneidgerät und verbesserten Handwinden verschiedener Hubstärken.

Weitere Spezialfahrzeuge waren ein Krankenwagen, ein Heizkesselwagen und ein Schneepflug. Letzterer war Bestandteil eines Spezialzugs: Der mit einem Spitzpflug versehenen Lokomotive folgten ein Personenwagen für die Mannschaft, der seitlich offene

Bild 5.53.
Ein ehemaliger Reisezuggepäckwagen als Werkstattwagen 99 01 83.
Foto: R. Preuß

Bild 5.54. Der Gerätewagen 99 01 80 gehört zum Feuerlöschzug. *Foto: Sammlung Becker*

Tabelle 5.10. Güterwagenbestand 1909

Lfd.-Nr.	NWE-Nummer	Stück	Gattung	Hersteller	Baujahr	LüP mm	Drehzapfenabstand mm	Drehgestellachsstand mm	Tragfähigkeit t	Ladefläche m²
1	206 bis 210	5	SS	Weimar	1899	11 290	7000	1200	15,0	23,3
2	301 bis 307	7	G	Breslau	1897	6520	2820	–	7,5	10,0
3	311 bis 314	4	G	Weimar	1899	6650	2800	–	7,5	12,6
4	321 bis 326	6	Gml	Breslau	1900	11 100	7000	1200	15,0	23,3
5	331 bis 335	5	Gm	Görlitz	1906	7500	3250	–	10,0	14,2
6	351 bis 356	6	Oml	Weimar	1897	11 100	7200	1200	15,0	21,2
7	361 bis 370	10	Oml	Breslau	1900	10670	6600	1200	15,0	23,0
8	371 bis 380	10	Oml	Köln	1905	10670	6600	1200	15,0	23,0
9	381 bis 385	5	Oml	Köln	1906	10670	6600	1200	15,0	23,0
10	401 bis 410	10	O		1897	5600	2200	–	7,5	9,5
11	411 bis 415	5	Ox		1898				5,0	8,9
12	420 bis 429	10	Om	Görlitz	1907	6600	3000	–	10,0	13,1
13	430 bis 435	6	Om	Görlitz	1907	6600	3000	–	10,0	13,1
14	451 bis 458	8	H		1897		2500	–	15,0	5,4
15	461 bis 488	28	OmHm	Breslau	1900	4500	1800	–	10,0	8,0
16	490 bis 499	10	OmHm		1907				10,0	13,1
17	501 bis 508	4 Paar	(Rollböcke)		1897		1000		15,0	
18	509 bis 512	2 Paar	(Rollböcke)		1898		1000		15,0	
19	513 bis 532	10 Paar	(Rollböcke)		1899		1000		15,0	

Schneepflugwagen und ein vierachsiger Gerätewagen. Die meisten Spezialfahrzeuge waren Umbauten aus vorhandenen Güter- oder Gepäckwagen. Ein O-Wagen bekam einen Wasserbehälter zum Transport von Speisewasser für Lokomotiven auf dem Brocken-Bahnhof. Sechs offene Wagen erhielten seitliche Entladeklappen für den Schottertransport. Weiterhin wurde ein Wagen als Unkrautbekämpfungsfahrzeug umgebaut.

Der erste eigene Feuerlöschzug der Harzquerbahn entstand nach 1950. Er besteht aus einem Kesselwagen, dem Gerätewagen für die Feuerlöschpumpe und dem notwendigen Gerät. Ein auf einen Rollwagen gesetzter Loktender einer Normalspurlokomotive dient als Wasservorratsbehälter. Übrigens besitzt auch die Lokeinsatzstelle Gernrode (Selketalbahn) einen Feuerlöschzug, bestehend aus Gerätewagen und Kesselwagen.

Mit dem Einsatz schwererer Lokomotiven mußte auch der Hilfszug der Harzquerbahn entsprechend verstärkt werden. Er besitzt heute zwei vierachsige Gerätewagen sowie einen Mannschaftswagen mit Heizung und Kochgelegenheit.

Zusätzlich zu den mechanischen Aufgleisgeräten wurde ein komplettes hydraulisches Hebezeug für Lokomotiven, ähnlich dem „Deutschlandgerät" der Normalspur, beschafft. Zur Ausrüstung gehört weiterhin ein stärkeres Notstromaggregat einschließlich der Lampen und Scheinwerfer, außerdem ein eigens zum Aufgleisen von beladenen Rollwagen gebautes Gerät.

Außerdem sind im Bestand der Spezial- und Dienstfahrzeuge einige Schlackewagen, die aus offenen Güterwagen hervorgegangen sind. 1970 wurden sie zu Bahnhofswagen.

Mit dem Einsatz der Babelsberger Neubaulokomotiven konnte der Spitzpflug entfallen, da die neuen Loks serienmäßig über montierbare Schneeräumer verfügen. Im Winter 1978/79 war ein meterspuriger Schneepflug der Polnischen Staatsbahn im Einsatz. Er war das Vorbild für den im Bahnbetriebswerk Westerntor aus einem gedeckten Güterwagen gefertigten Eigenbau-Schneepflug, der am 9. November 1979 in Betrieb ging. Ebenfalls eine Eigenentwicklung, gebaut vom Bahnbetriebswerk Blankenburg und vom Oberbauwerk Königsborn, ist die seit dem 29. Januar 1980 eingesetzte Schneeschleuder, die aus einem vierachsigen, gedeckten Güterwagen entstand. Sie ist die einzige ihrer Art bei den Schmalspurbahnen der DDR.

Bild 5.55.
Der Schienenklein-
wagen SKL 3745.
Foto: Heuer

Bild 5.56.
Der alte Schneepflug,
die sogenannte
Kasperbude.
Foto: Rejke

Seit Mai 1981 ist die erste meterspurige Stopf- und Richtmaschine der Deutschen Reichsbahn, die dem Oberbauwerk Königsborn unterstehende UNIMA II-77 M, auf der Harzquerbahn im Einsatz. Sie wird bei Bedarf zur Thüringerwaldbahn Gotha–Waltershausen–Tabarz und zur Überlandbahn Halle–Merseburg umgesetzt. Der Transport zu den verschiedenen Bahnen erfolgt mit einem speziellen Tieflader über die Straße.
Die Omnibusse, Lastkraftwagen und Pkw der Harzquerbahn wurden in Wernigerode in eigener Werkstatt gepflegt und repariert. Untergestellt waren die Fahrzeuge seinerzeit in betriebseigenen Garagen in Nordhausen, in Wernigerode und in Schierke.

Tabelle 5.11. Güterwagenbestand einschließlich vorheriger Ausmusterungen

DR-Nummer ab 1957	ab 1950	NWE-Nummer	Gattung	Hersteller	Baujahr	LüP mm	Achsstand mm	Tragfähigkeit t	Bemerkungen
99-02-01	10405	311	Gw	Weimar	1899	6650	2800	7,5	1)
99-02-02	10406	312	Gw	Weimar	1899	6650	2800	7,5	99-01-80 2)
99-02-03	10411	331	Gw	Görlitz	1906	7500	3200	10,5	26)
99-02-04	10412	332	Gw	Görlitz	1906	7500	3200	10,5	1965+
99-02-05	10413	333	Gw	Görlitz	1906	7500	3200	10,5	99-06-51
99-02-06	10414	334	Gw	Görlitz	1906	7500	3200	10,5	26)
99-02-07	10415	335	Gw	Görlitz	1906	7500	3200	10,5	
99-02-08	10416	336	Gw	Görlitz	1909	7500	3200	10,5	26)
99-02-09	10417	337	Gw	Görlitz	1909	7500	3200	10,5	1)
99-02-10	10418	338	Gw	Görlitz	1909	7500	3200	10,5	1969+
99-02-11	10419	339	Gw	Görlitz	1909	7500	3200	10,5	99-01-76 3)
99-02-12	10420	340	Gw	Görlitz	1909	7500	3200	10,5	26)
99-02-13	10421	341	Gw	Görlitz	1909	7500	3200	10,5	
99-02-14	10422	342	Gw	Görlitz	1909	7500	3200	10,5	1969+
99-02-15	10423	343	Gw	Görlitz	1909	7500	3200	10,5	1965+
99-02-16	10424	344	Gw	Görlitz	1909	7500	3200	10,5	1965+
99-02-17	10425	345	Gw	Görlitz	1909	7500	3200	10,5	1965+
99-02-18	10426	346	Gw	Görlitz	1909	7500	3200	10,5	1977+
99-02-19	10427	347	Gw	Görlitz	1909	7500	3200	10,5	99-01-99 4)
99-02-20	10428	348	Gw	Görlitz	1909	7500	3200	10,5	1966+
99-02-21	10429	349	Gw	Görlitz	1909	7500	3200	10,5	99-01-75 3)
99-02-22	10430	350	Gw	Görlitz	1909	7500	3200	10,5	26)
99-02-23	10431	315	Gw	Görlitz	1912	7500	3200	10,5	1963+
99-02-24	10432	316	Gw	Görlitz	1912	7500	3200	10,5	1979+
99-02-25	10433	317	Gw	Görlitz	1912	7500	3200	10,5	
99-02-26	10444	318	Gw	Görlitz	1912	7500	3200	10,5	26)
99-02-27	10445	319	Gw	Görlitz	1912	7500	3200	10,5	1965+
99-02-28	10446	320	Gw	Görlitz	1912	7500	3200	10,5	26)
99-02-29	10437	328	Gw	Görlitz	1912	7500	3200	10,5	1965+
99-02-30	10438	329	Gw	Görlitz	1912	7500	3200	10,5	1965+
99-02-31	10439	330	Gw	Görlitz	1912	7500	3200	10,5	26) 27)
99-02-82	730022	401	Ow	Görlitz	1907	6600	3000	10,5	11)
	10801	401..	Ow	Hannover	1912	6600	3000	10,5	12)
99-03-01		401..	Ow						13)
99-03-02	10802	402	Ow	Hannover	1912	6600	3000	10,5	14)
99-03-03	10803	403	Ow	Hannover	1912	6600	3000	10,5	hist. Fahrzeug 94
99-03-04	10804	404	Ow	Görlitz	1907	6600	3000	10,5	
99-03-05	10805	405	Ow	Hannover	1912	6600	3000	10,5	1979+
99-03-06	10806	406	Ow	Hannover	1912	6600	3000	10,5	
99-03-07	10807	407	Ow	Hannover	1912	6600	3000	10,5	1955+
99-03-08	10808	408	Ow	Görlitz	1907	6600	3000	10,5	hist. Fahrzeug 94
99-03-09	10809	409	Ow	Görlitz	1907	6600	3000	10,5	14)
99-03-10	10810	410	Ow	Görlitz	1907	6600	3000	10,5	
99-03-11	10811	411	Ow	Hannover	1912	6600	3000	10,5	1965+
99-03-12	10812	412	Ow	Görlitz	1909	6600	3000	10,5	
99-03-13	10813	413	Ow	Hannover	1909	6600	3000	10,5	
99-03-14	10814	414	Ow	Hannover	1909	6600	3000	10,5	
99-03-15	10815	415	Ow	Görlitz	1909	6600	3000	10,5	
99-03-16	10816	416	Ow	Görlitz	1909	6600	3000	10,5	
99-03-17	10817	417	Ow	Hannover	1909	6600	3000	10,5	
99-03-18	10818	418	Ow	Görlitz	1909	6600	3000	10,5	1966+
99-03-19	10821	419	Ow	Görlitz	1909	6600	3000	10,5	
99-03-20	10822	420	Ow	Görlitz	1907	6600	3000	10,5	

noch Tabelle 5.11. Güterwagenbestand einschließlich vorheriger Ausmusterungen

DR-Nummer ab 1957	ab 1950	NWE-Nummer	Gattung	Hersteller	Baujahr	LüP mm	Achsstand mm	Tragfähigkeit t	Bemerkungen
99-03-21	10823	421	Ow	Görlitz	1907	6600	3000	10,5	
99-03-22	10824	422	Ow	Görlitz	1907	6600	3000	10,5	
99-03-23	10825	423	Ow	Görlitz	1907	6600	3000	10,5	
99-03-24	10826	424	Ow	Görlitz	1907	6600	3000	10,5	28)
99-03-25	10827	425	Ow	Görlitz	1907	6600	3000	10,5	
99-03-26	10828	426	Ow	Görlitz	1907	6600	3000	10,5	
99-03-27	10829	427	Ow	Görlitz	1907	6600	3000	10,5	
99-03-28	10830	428	Ow	Görlitz	1907	6600	3000	10,5	
99-03-29	10831	429	Ow	Görlitz	1907	6600	3000	10,5	
99-03-30	10832	454	Ow	Görlitz	1907	6600	3000	10,5	
99-03-31	10833	455	Ow	Görlitz	1907	6600	3000	10,5	
99-03-32	10834	456	Ow	Görlitz	1907	6600	3000	10,5	
99-03-33	10835	457	Ow	Görlitz	1907	6600	3000	10,5	
99-03-34	10836	458	Ow	Görlitz	1907	6600	3000	10,5	
99-03-35	10837	452	Ow	Görlitz	1907	6600	3000	10,5	
99-03-36	10838	453	Ow	Görlitz	1907	6600	3000	10,5	
99-03-61	10841	441	Ow	Görlitz	1907	6600	3000	10,5	
99-03-62	10842	442	Ow	Hannover	1909	6600	3000	10,5	
99-03-63	10843	443	Ow	Hannover	1909	6600	3000	10,5	
99-03-64	10844	444	Ow	Görlitz	1909	6600	3000	10,5	
99-03-65	10845	445	Ow	Hannover	1909	6600	3000	10,5	
99-03-66	10846	446	Ow	Hannover	1912	6600	3000	10,5	28)
99-04-01	101141	804	Hw	Breslau	1900	4500	1800	10,5	1965+
99-04-02	101142	805	Hw	Breslau	1900	4500	1800	10,5	1965+
99-04-03	101143	806	Hw	Breslau	1900	4500	1800	10,5	ab 66 Bm 99-04-80
99-04-04	101144	807	Hw	Breslau	1900	4500	1800	10,5	1965+
99-04-05	101145	808	Hw	Breslau	1900	4500	1800	10,5	1965+
99-04-06	101146	810	Hw	Breslau	1900	4500	1800	10,5	hist. Fahrzeug
99-04-07	101147	811	Hw	Breslau	1900	4500	1800	10,5	ab 66 Bm 99-04-81
99-04-08	101148	812	Hw	Breslau	1900	4500	1800	10,5	bei GHE
99-04-09	101149	813	Hw	Breslau	1900	4500	1800	10,5	1965+
99-04-10	101150	814	Hw	Breslau	1900	4500	1800	10,5	1965+
99-04-11	101151	815	Hw	Breslau	1900	4500	1800	10,5	1965+
99-04-12	101152	816	Hw	Breslau	1900	4500	1800	10,5	1969+
99-04-13	101153	817	Hw	Breslau	1900	4500	1800	10,5	ab 66 Bm 99-04-83
99-04-14	101154	818	Hw	Breslau	1900	4500	1800	10,5	1965+
99-04-15	101155	819	Hw	Breslau	1900	4500	1800	10,5	1965+
99-04-16	101156	820	Hw	Breslau	1900	4500	1800	10,5	1965+
99-04-17	101157	822	Hw	Breslau	1900	4500	1800	10,5	1965+
99-04-18	101158	823	Hw	Breslau	1900	4500	1800	10,5	bei GHE
99-04-19	101159	824	Hw	Breslau	1900	4500	1800	10,5	bei GHE
99-04-20	101160	825	Hw	Breslau	1900	4500	1800	10,5	1965+
99-04-21	101161	803	Hw	Breslau	1900	4500	1800	10,5	1965+
99-04-22	101162	809	Hw	Breslau	1900	4500	1800	10,5	1965+
99-05-01	101321	901	Kw	Görlitz	1909	6600	3000	10,5	ex NWE 439 Ow 1930
99-05-02	101322	902	Kw	Görlitz	1909	6600	3000	10,5	NWE 436/1930
99-05-03	101323	903	Kw	Görlitz	1907	6600	3000	10,5	NWE 435/1930
99-05-04	101324	904	Kw	Görlitz	1909	6600	3000	10,5	NWE 437/1930
99-05-05	101325	905	Kw	Görlitz	1907	6600	3000	10,5	NWE 428/1930
99-05-06	101326	906	Kw	Görlitz	1909	6600	3000	10,5	NWE 416/1930
99-05-07	101327	907	Kw	Hannover	1909	6600	3000	10,5	NWE 450/1930
99-05-08	101328	908	Kw	Hannover	1909	6600	3000	10,5	NWE 445/1930
99-05-09	101329	909	Kw	Hannover	1912	6600	3000	10,5	NWE 404/1930

noch Tabelle 5.11. Güterwagenbestand einschließlich vorheriger Ausmusterungen

DR-Nummer ab 1957	ab 1950	NWE-Nummer	Gattung	Hersteller	Baujahr	LüP mm	Achsstand mm	Tragfähigkeit t	Bemerkungen
99-05-10	101330	910	Kw	Hannover	1912	6600	3000	10,5	NWE 410/1930
99-05-11	101331	911	Kw	Görlitz	1916	6600	3000	10,5	NWE 414/1930
99-05-12	101332	912	Kw	Görlitz	1909	6600	3000	10,5	NWE 417/1930
99-05-13	101333	913	Kw	Görlitz	1916	6600	3000	10,5	NWE 412/1930
99-05-14	101334	914	Kw	Görlitz	1916	6600	3000	10,5	NWE 449/1930
99-05-15	101335	915	Kw	Hannover	1909	6600	3000	10,5	NWE 409/1930
99-02-51	10495	301	GG	Breslau	1900	11100	7000	15,5	5)
99-02-52	10496	302	GG	Breslau	1900	11100	7000	15,5	6)
99-02-53	10497	303	GG	Breslau	1900	11100	7000	15,5	7)
				Lowa					
99-71-21	–	101	GG	Bautzen	1949	11100	6500	21,0	8)
99-71-22	–	102	GG	Bautzen	1949	11100	6500	21,0	9)
99-71-23	–	103	GG	Bautzen	1949	11100	6500	21,0	10)
99-03-81	10981	501	OO	Köln	1905	10670	6600	21,0	1966+
99-03-82	10982	502	OO	Köln	1906	10670	6600	21,0	1966+
99-03-83	10983	503	OO	Breslau	1900	10670	6600	21,0	
99-03-84	10984	504	OO	Köln	1905	10670	6600	21,0	16) 18)
99-03-85	10985	505	OO	Breslau	1900	10670	6600	21,0	
99-03-86	10986	506	OO	Breslau	1900	10670	6600	21,0	histor. Fahrzeug
99-03-87	10987	507	OO	Breslau	1900	10670	6600	21,0	904-162
99-03-88	10988	508	OO	Breslau	1900	10670	6600	21,0	
99-03-89	10989	509	OO	Köln	1906	10670	6600	21,0	904-161
99-03-90	10990	510	OO	Köln	1906	10670	6600	21,0	
99-03-91	10991	511	OO	Köln	1905	10670	6600	21,0	
99-03-92	10992	512	OO	Köln	1905	10670	6600	21,0	
99-03-93	10993	203	OO	Görlitz	1916	12600	7800	25,0	1965+
99-03-95	730037	07	OO	Görlitz	1916	12600	7800	21,0	19)
99-03-71	10971	603	OO	Breslau	1900	10670	6600	16,0	1965+
99-03-72	10972	606	OO	Breslau	1900	10670	6600	16,0	1965+
				Lowa					
99-72-11	–	201	OO	Bautzen	1950	11000	6500	21,0	1965+
99-72-12	–	202	OO	Bautzen	1950	11000	6500	21,0	1965+
99-72-13	–	203	OO	Bautzen	1950	11000	6500	21,0	1965+
99-72-14	–	204	OO	Bautzen	1950	11000	6500	21,0	1965+
99-04-71	101251	251	SS	Görlitz	1916	12600	7800	21,0	
99-06-50	101252	252	SS	Görlitz	1916	12600	7800	21,0	20)
99-04-72	101253	253	SS	Görlitz	1916	12600	7800	21,0	
99-04-73	101254	254	SS	Köln	1905	10670	6600	21,0	histor. Fahrzeug
99-04-51	101231	231	RRm	Görlitz	1916	12600	7800	21,0	
99-04-74	101261	261	SS	Wismar	1942	12730	8350	31,0	
99-04-75	101262	262	SS	Wismar	1942	12730	8350	31,0	21)

1) 1965 an Eisenwerke Mägdesprung 1981+
2) 1965 als Feuerlöschzuggerätewagen
3) seit 1. Juni 1966 als Stoffwagen (Bw Wernigerode), später Umbau zum Schneepflug
4) Umbau im Bw Wernigerode zum Schneepflug (1979)
5) Pwg 4 grün 99-07-04
6) Pwg 4 braun 99-07-01
7) Pwg 4 braun 99-07-03
8) Pwg 4 grün 99-07-02, 1979 Umbau zur Schneeschleuder 99-07-02
9) Pwg 4 grün, 1982 904-159 rot
10) Pwg 4 grün 99-07-06
11) Umbau zum Schneepflug 99-01-82
12) nach Unfall 21.3.1952+
13) 1954 ex Eisenfeld, 1965+
14) 1. Januar 1966 Umbau zum Schlackewagen, ab 1970 Bahnhofswagen in Nordhausen mit den Nrn. 12 und 13
15) 1. Januar 1966 Umbau zum Schlackewagen, ab 1970 Bahnhofswagen Nr. 5 in Wernigerode. Vorher 99-01-88
16) nach Unfall 10. März 1977+
17) 1982 neuer Wagenkasten aus Eisenblech
18) Versuchsdrehgestelle aus Niesky

19) Bremswagen für Rollbockzüge, erst 99-01-54, später 99-01-87 1965+
20) ab 1966 Löschwasserwagen in Gernrode
21) ab 1966 Schotterwagen mit Seitenklappen Nr. 99-01-79
22) ab 1966 Bm-Schienentransportwagen
23) jetzt Güterwagen Selketalbahn
24) jetzt in Umladung Wernigerode
25) Schotterwagen mit seitlichen Klappen
26) Umbau in Gepäckwagen, siehe Tabelle 5.9
27) die Nr. 99-02-31 bekam dann der 905 152 (alt)
28) Blechkasten

Tabelle 5.12. Fremdwagen auf der Harzquerbahn nach 1945

DR-Nummer ab 1957	ab 1950	Bahn-Nummer	Gattung	Hersteller	Baujahr	LüP mm	Achsstand mm	Drehzapfenabstand mm	Drehgestellachsstand mm	Tragfähigkeit	Herkunft	Bemerkungen
99-02-32	10440	152	Gw	Weimar	1899	7250	3000	–	–	7,5	SHE	1)
99-71-01	10401	71	Gw	Görlitz	1897	6900	3000	–	–	7,5	GHE	2)
99-71-02	10402	72	Gw	Breslau	1897	7000	3000	–	–	7,5	GHE	1965+
99-71-03	10403	80	Gw	Görlitz	1903	7500	3500	–	–	10,0	GHE	1965+
99-71-04	10404	82	Gw	Görlitz	1903	7500	3500	–	–	10,0	GHE	1965+
99-71-05	10491	91	GG	Breslau	1905	9700	–	5200	1200	15,5	GHE	15)
99-71-06	10492	93	GG	Breslau	1905	9700	–	5200	1200	15,5	GHE	
99-02-54	10498	364	GG	LHB	1930	11000	–	6500	1400	15,5	Eisfeld	3)
99-02-55	10499	357	GG	Weimar	1930	11000	–	6500	1400	15,5	Eisfeld	1965+
99-02-56	10500	390	GG	Weimar	1930	11000	–	6500	1400	15,5	Eisfeld	1980+
99-03-37	10339	288	Ow	Bremen	1917	6700	3000	–	–	10,0	SHE	1965+
99-03-38	10840		Ow	Breslau	1908	6600	3000	–	–	10,5	GHE	1965+
99-03-39	10847	261	Ow	Weimar	1899	6700	3000	–	–	7,5	SHE	4)
99-03-40	10848	262	Ow	Weimar	1899	6700	3000	–	–	7,5	SHE	5)
99-03-41	10849	-	Ow	Bremen	1918		2400	–	–	7,5	GMWE	6)
99-03-42	10850	-	Ow			6400	2400	–	–		GMWE	7) 77+
99-03-43	10851	477	Ow	Rastatt	1905	7700	3000	–	–	15,0	Eisfeld	65+
99-03-44	10852	463	Ow	Rastatt	1904	7700	3000	–	–	15,0	Eisfeld	65+
99-03-45	10853	264	Ow	O & K	1903	6200	3000	–	–	12,5	SHE	1965+
99-03-46	10622	323	Ow	Köln	1922		2400	–	–		GMWE	1965+
99-03-47	10618	318	Ow	Bremen	1918	6000	2450	–	–	10,0	GMWE	8)
99-03-48	10619	320	Ow	Bremen	1918		2400	–	–		GMWE	9) 1965+
99-72-01	-	130	Ow	Görlitz	1898		4000	–	–	10,0	GHE	1965+
99-72-02	-	274	Ow	O & K	1903	6000	3000	–	–	12,5	SHE	10)
99-72-03	-	265	Ow	O & K	1903	6600	3000	-	-	12,5	SHE	11)
99-03-94		627	OO			11750	–	7000	1400	20,0	Eisfeld	65+
99-04-76	101263	636	SSm			11200	–	6300	1250	21,0	Eisfeld	12)
99-04-77	101264	685	SSm			11200	–	6500	1250	21,0	Eisfeld	12)
99-04-78	101265	683	SSm			11200	–	6500	1250	21,0	Eisfeld	12)
99-04-79	101245	679	SSm		1900	11200	–	6400	1250	21,0	Eisfeld	13)
99-04-80	101246	680	SSm		1900	–	–	6500	1300	21,0	Eisfeld	13) 14)

1) ab 1957 Gw 99 02 32, ab 1. Januar 1966 Stoffwagen 99-01-77 Wernigerode Westerntor
2) ab 1957 Gerätewagen Gernrode 99-01-88, 1963 zum 99-02-33
3) als 99-01-78 im Hilfszug in Wernigerode
4) ab 1957 Schlackewagen in Gernrode 99-01-99, ab 1970 Bahnhofswagen Nr. 1, ab 1983 Nr. 21
5) ab 1957 Schlackewagen 99-01-97 (Westerntor), ab 1970 Bahnhofswagen Nr. 8
6) ab 1959 als Schlackewagen 99-01-95 (Blechkastenaufbau), ab 1970 Bahnhofswagen Nr. 6, 1982 Umbau zum Kohlewagen für Heizlok Westerntor
7) Holzaufbau und Bremsersitz
8) ex 99-62-60 ab 1959 Schlackewagen 99-01-96 (Wernigerode), ab 1970 Bahnhofswagen Nr. 7
9) ex 99-62-83

10) 1970 Schlacke-/Bahnhofswagen Nr. 11 in Nordhausen
11) 1970 Schlacke-/Bahnhofswagen Nr. 9 in Gernrode
12) 1951 von Eisfeld-Schönbrunn
13) 1951/52 von Eisfeld-Schönbrunn
14) 1958 Kastenaufbau, ab 1970 Bahnhofswagen in Gernrode
15) 1985 als 99-71-05 Gerätewagen im Hilfszug Nordhausen

Bild 5.57.
Schneepflug der PKP in Wernigerode.
Foto: Röper

Bild 5.58.
Der im Bahnbetriebswerk Wernigerode aufgebaute Schneepflug, hier noch ohne Beschriftung.
Foto: Heuer

Tabelle 5.13. Spezial- und Bahndienstwagenbestand 1983

DR-Nummer ab 1966	ab 1957 (1950)	Gattung	Bahn	Betriebs-nummer	Bemerkungen
99-01-75	99-02-21	Gw	NWE	349	Gerätewagen der Bm Wernigerode, Umbau am 18.4.1986 in SPS 072
99-01-76	99-02-11	Gw	NWE	339	Stoffwagen Bm Wernigerode
99-01-77	99-02-32	Gw	SHE	152	Stoffwagen Bm Wernigerode
99-01-78	99-02-54	GGw	Eisfeld	357	Hilfszuggerätewagen Wernigerode
99-01-79	99-04-75	SS	NWE	262	Schotterwagen
99-01-80	99-02-02	Gw	NWE	312	Feuerlöschzuggerätewagen
99-01-81		Ow	NWE		Schlackewagen, Bahnhofswagen Nr. 3
99-01-82	(730022)	Ow	NWE	401	Schneepflug (Kasperbude) 1987+
99-01-83	(730025)	Pw	NWE	152	Gerätewagen Bw Wernigerode Westerntor
99-01-84	(730024)	GGw	NWE	304	Hilfszuggerätewagen Wernigerode Westerntor
99-01-85	99-01-57	Pw	NWE	154	ex Heizkesselwagen, Geräteschuppen auf Umladung Wernigerode
99-01-86	(730026)	Ow	NWE		Unkrautbekämpfungswagen
99-01-87	(730027)	OOw	NWE		Bremswagen für Rollbockzüge +
99-01-88	99-03-33	Gw	GHE	71	Gerätewagen, Schuppen in Stiege 1965 verschrottet
99-01-89	99-01-51	Ord	NWE	1001	Zwischenwagen Rollbockzüge
99-01-90	99-01-52	Ord	NWE	1002	Zwischenwagen Dreischienenbetrieb
99-01-91	99-01-53	Ord	NWE	1003	Zwischenwagen Rollbockzüge
99-01-92	99-01-54	Ord	NWE	1011	Zwischenwagen Rollbockzüge
99-01-93	99-01-55	Ord	NWE	1012	Zwischenwagen Rollbockzüge
99-01-94	99-01-56	Ord	NWE	1013	Zwischenwagen Rollbockzüge
99-01-95	(730035)	Ow	GMWE		Schlackewagen Bahnhofswagen Nr. 6
99-01-96	99-62-60	Ow	GMWE	318	Schlackewagen Bahnhofswagen Nr. 7
99-01-97	(730039)	Ow	SHE	262	Schlackewagen Bahnhofswagen Nr. 8
99-01-98		Ow	GHE	502	Kesselwagen für Feuerlöschzug
99-01-99	(730020)	Ow	SHE	261	Schlackewagen Bahnhofswagen Nr. 1, ab 1983 Nr. 21 Gernrode
99-01-87..	99-03-32	Ow	SHE	456	Schlackewagen Bahnhofswagen Nr. 4
99-01-88..	99-03-34	Ow	NWE	458	Schlackewagen Bahnhofswagen Nr. 5
99-72-02		Ow	NWE	274	Schlackewagen Bahnhofswagen Nr. 11
99-72-03		Ow	SHE	265	Schlackewagen Bahnhofswagen Nr. 9
99-04-80		SS/OO	FKB?		Schlackewagen Bahnhofswagen Nr. 2
99-01-99..	99-02-19	Gw	NWE	347	neuer Schneepflug, Eigenbau
99-03-02		Ow	NWE	402	Schlackewagen Bahnhofswagen Nr. 12
99-03-09		Ow	NWE	409	Schlackewagen Bahnhofswagen Nr. 13
99-03-29		Ow	NWE	429	Schlackewagen Bahnhofswagen Nr. 10
99-06-50	99-04-72	SS	NWE	253	Löschwasserwagen Gernrode +
99-06-51	99-02-05	Gw	NWE	333	Gerätewagen Feuerlöschzug Gernrode
909-101		GG	Eisfeld		Hilfszuggerätewagen Wernigerode Westerntor
979 7622-3	Loktender, auf Rollwagen 99-06-71 gesetzt, dient als Wasserwagen für Feuerlöschzug Wernigerode (Wasservorrat 21 m^3)				
99-07-02	LSF 071				Schneeschleuder
99-01-82..	SPO 073				neuer Schneepflug aus Meiningen
99-01-86..	SPO 074				neuer Schneepflug aus Meiningen
99-01-75	SPS 072				Schneepflug Eigenbau 1986 aus 99-02-21
99-01-99..	SPS 071				Schneepflug Eigenbau 1986 aus 99-02-19
99-06-95					Rollwagen mit Tenderoberteil Unkrautvernichtung
99-71-05		GG	GHE	91	Gerätewagen Hilfszug Nordhausen

Bild 5.59. Die neue Schneeschleuder *Foto: Heuer*

Bild 5.60. Schienenkran SVP 74 mit Beiwagen im Mai 1991 in Gernrode. *Foto: Zieglgänsberger*

Tabelle 5.14
Die Schienenkleinwagen der Harzquer- und Selketalbahn

Betriebsnummer	Gattung	Baujahr	Eigenmasse t	Lademasse t	Höchstgeschwindigkeit im Gefälle 1:100/ bis 1:25/ unter 1:25 km/h
3745	KL	1972	5,8	6,0/5,0	50/30/15
3746	KL	1972	5,8	6,0/5,0	50/30/15
3857	KL	1976	5,8	6,0/5,0	50/30/15
3858	KL	1976	5,8	6,0/5,0	50/30/15
3859	KL	1976	5,8	6,0/5,0	50/30/15
3860	KL	1976	5,8	6,0/5,0	50/30/15
4151	KL[1])	1972	3,4	9,0/8,0	
4152	KL[1])	1972	3,4	9,0/8,0	
4313	KL[1])	1976	3,4	9,0/8,0	
4316	KL[1])	1972	3,4	9,0/8,0	
02/12 [2])			3,8		30
SVP 74	Greifer	1900	13,2		30
SVP 75	Greifer	1991	13,2		30
PVK 1000 [3])		1990	10.0		
PVK 1000 [3])		1990	10.0		
KE PP 67 [4])					50

1) SKL-Beiwagen
2) SKL-Schotterwagen
3) Greifer-Beiwagen
4) Gleismeßfahrzeug, ohne eigenen Antrieb

Tabelle 5.16. Diesellokomotiven der Baureihe 998 – Umbaudaten

Nr. Normalspurlok	Baujahr	Umbaudatum	Nr. Schmalspurlok	Fabrik-Nr.
110 863-8	1976	01.11.1988	199 863-2	15381
110 871-1	1976	21.12.1988	199 871-5	15389
110 861-2	1976	01.06.1990	199 861-6	15379
110 872-9	1976	17.01.1990	199 872-3	15390
110 870-3	1976	04.09.1990	199 870-7	15388
110 879-4	1977	19.10.1990	199 879-8	16373
110 891-9	1978	31.10.1990	199 891-3	16385
110 877-8	1978	14.12.1990	199 877-2	16391
110 874-5	1976	21.12.1990	199 871-5	15389
110 892-7	1976	30.11.1990	199 874-9	15392

Tabelle 5.15. Rollbock- und Rollwagenbestand

Lieferzeit	Rollböcke	Rollwagen	Hersteller	Betriebsnummer (NWE bzw. DR)
1897/1899	32		Weimar	501 bis 5321)
1909	16		Görlitz	533 bis 5431)
1916	24		Görlitz	
1922	12			2)
1924	22			701 bis 722
1928	8			723 bis 730
1949	723)			990101 bis 990172
1962		284)	Raw Jena	990601 bis 990628
1963		154)		990629 bis 990643
1998	105)		Vevey	990190 bis 990199
1998	206)		Vevey	990170 bis 990189

1) 1914 davon 24 Stück an Heeresfeldbahn
2) Eigentum der Anschließer
3) von der DR übernommener Restbestand, davon 8 Stück ehem. Eigentum der Anschließer, bis 1965 Ausmusterung von insgesamt 25 Rollböcken
4) mit Vakuumbremse
Ab 1973 Übernahme weiterer, allerdings luftgebremster Rollwagen von stillgelegten Strecken (Spreewald, Eisfeld)
5) Neubeschaffung von der Schweiz, Druckluftbremse
6) Altbrauchbar, aufgearbeitet, Druckluftbremse

Tabelle 5.17. Die Kraftfahrzeuge 1926 bis 1940

NWE-Nr.	Hersteller	Fahrzeugart	Einsatz
1	Daag	kleiner Bus	Stadtlinie Wernigerode
2	Daag	kleiner Bus	Stadtlinie Nordhausen
3	Daag1)	großer Bus	Stadlinie Wernigerode
10	NAG	großer Bus	Stadlinie Nordhausen
11	NAG	großer Bus	Stadtlinie Nordhausen
15	Henschel	großer Bus	Stadtlinie Nordhausen
16	Daag	großer Bus	Rundfahrten Wernigerode
17	Hansa	Aussichtsbus	Rundfahrten Wernigerode
18	Hansa	Aussichtsbus	Rundfahrten Wernigerode
21	MAN	Reisebus	Rundfahrten
22	MAN	Reisebus	Rundfahrten
23	MAN	Reisebus	Rund- u. Touristenfahrten
24	MAN	Reisebus	Rund- u. Touristenfahrten
31	Hansa	Lkw	f. Betriebszwecke
?	MAN	Lkw	f. Betriebszwecke
-	Steyr	offener Pkw	Direktionszwecke
-	Brennabor	Limousine	Direktionszwecke

1) in der Werkstatt der NWE für Linienbetrieb umgebaut

6. Die Südharzeisenbahn

6.1. Die Geschichte der SHE

Bis zum Bahnbau

Neben der schmalspurigen NWE gab es noch einige andere Bahnen, die zur Erschließung des Harzes oder seines Umlandes gebaut worden waren. Dazu gehörten nicht nur die Selketalbahn und die Rübelandbahn (die frühere Halberstadt-Blankenburger Eisenbahn), beide heute noch in Betrieb, sondern ebenso die inzwischen fast vergessene Südharzeisenbahn, auch braunschweigische Harzbahn oder im Dialekt der Einheimischen „Braunläger Bahn" genannt. Der größte Teil der längst abgebauten Strecke lag in Niedersachsen, lediglich eine Zweigstrecke verlief über das Gebiet des Landes Sachsen-Anhalt.
In der zweiten Hälfte des 19. Jahrhunderts, als im Zuge des technischen Fortschritts überall Eisenbahnstrecken gebaut wurden, ging man auch im Harzvorland zuerst an den Bau normalspuriger Strecken. Im Süden begann es: 1869 wurde als Verlängerung der von Halle kommenden Bahn die Strecke Nordhausen–Northeim fertiggestellt. Anfangs trug sie den Namen „Südharzeisenbahn".
1873 fand die Eröffnung der ersten Strecke der HBE von Halberstadt nach Blankenburg statt, die den Harz von der nordöstlichen Seite her erschloß. Und 1886 schließlich wurde der HBE-Abschnitt Blankenburg–Tanne eröffnet, dessen Steilstrecken damals nur im Zahnradbetrieb zu bewältigen waren. Damit ging eine Bahn in Betrieb, die heute – als Rübelandbahn bezeichnet – wegen ihres elektrifizierten Betriebssystems (25 kV bei 50 Hz) eine technische Rarität bei deutschen Bahnen darstellt. An eine Weiterführung dieser Strecke, inzwischen längst als Reibungsbahn betrieben, war jedoch nicht gedacht.
Erst später als diejenigen Interessenten, die sich bereits 1866 für den Bau der schließlich 33 Jahre später in Betrieb gegangenen Strecke Nordhausen–Wernigerode eingesetzt hatten, dachte man auch im Südharz an den Bau einer weiteren schmalspurigen Verbindung. Der Fiskus nämlich, die herzogliche Kreisdirektion Blankenburg, war ebenfalls stark daran interessiert, die verkehrsmäßige Erschließung des braunschweigischen Südharzes mit seiner kleinen Industrie und seinen Kurorten voranzutreiben.
In der Nähe Braunlages, in der bis 1796 eine Eisenhütte existierte, entstanden mehrere Glashütten. Unternehmer in Braunlage und in Wieda (Wiedaer Hütte AG, gegründet 1875) wollten einen Gleisanschluß.
Zum anderen gewann der Tourismus an Bedeutung: Das südlich des 971 m hohen Wurmberges auf einer Hochfläche gelegene Braunlage entwickelte sich zu einem Kurort. Sommerfrischler und Urlauber „eroberten" den Harz. Erreicht werden konnten die Ortschaften im Harz vorerst jedoch nur mit dem Pferdeomnibus.
Die stark geneigten und im Winter vollkommen zugeschneiten Zufahrtswege bereiteten allerdings große Schwierigkeiten. Der seit 1680 befahrbare Weg von Harzburg nach Braunlage wurde zwar 1831 als Chaussee ausgebaut, wies aber immer noch sehr starke Neigungen auf. Ende des 19. Jahrhunderts schließlich erfolgte der Ausbau der „Neuen Harzburger Straße" Harzburg–Königskrug–Braunlage, die endlich eine gleichmäßige Neigung erhielt. In ihrer Bedeutung blieb die Straße vorerst der Hauptreiseweg zur nördlich gelegenen Landeshauptstadt Braunschweig.
In dieser Zeit war Braunlage bereits – nach einem entsprechenden Fußmarsch oder einer teuren Kutschfahrt – über die Eisenbahnstationen Tanne (HBE) sowie St. Andreasberg, Ellrich und Harzburg (alle KPEV) zu erreichen. Ein mögliche Weiterführung der Strecke von Harzburg, also vom Norden her, wäre wegen der Errichtung teurer Kunstbauten und wegen fehlender Industrieanschließer unrentabel gewesen.

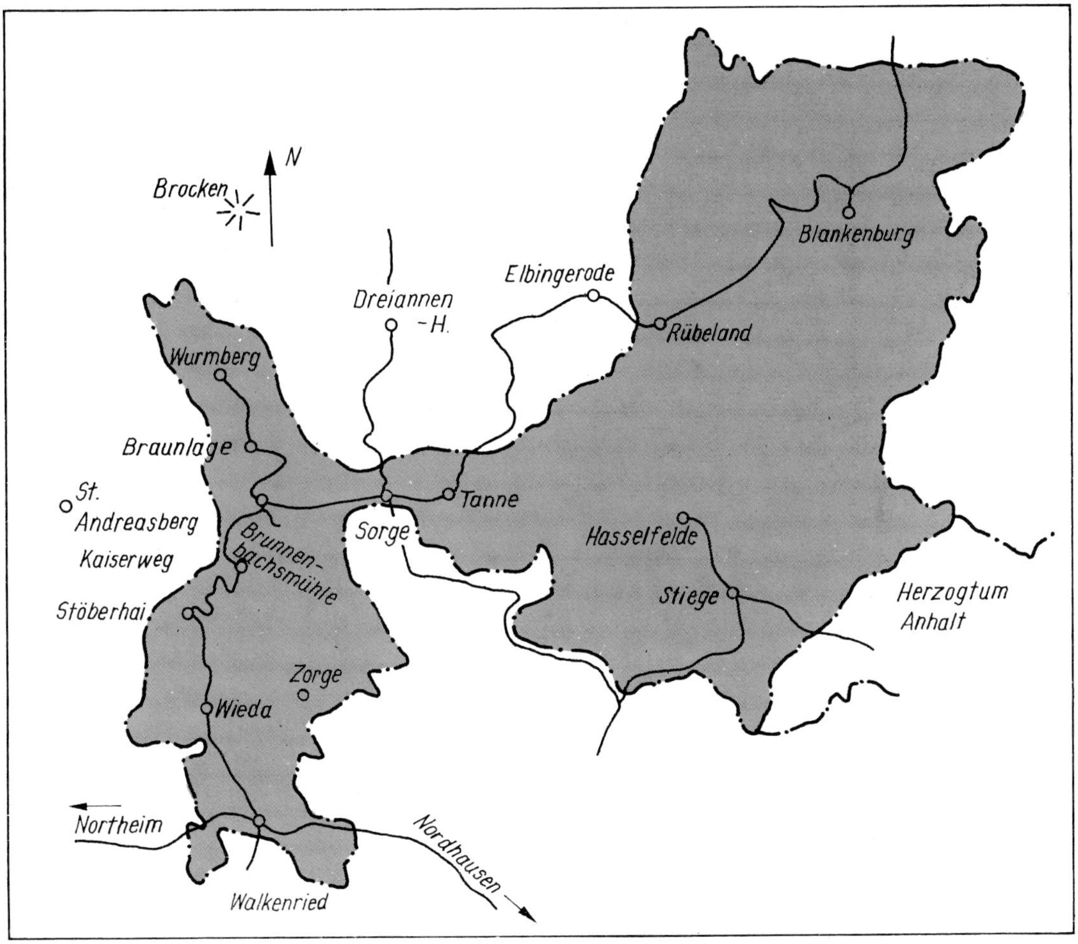

Bild 6.1. Übersichtskarte des braunschweigischen Kreises Blankenburg von 1905.
Quellen: STA Magdeburg KD Blankenburg 3275, S. 3 r

Die ersten Anträge für den Bau einer Bahn vom Süden her stammen aus dem Jahre 1893. Der Gemeindevorsteher Schmidt aus Tanne richtete ein Gesuch an die Kreisdirektion Blankenburg, die HBE darum zu bitten, ihre Strecke über Tanne hinaus über Benneckenstein-Hohegeiß nach Zorge weiterzuführen. Dieser Antrag wurde von den Orten Hohegeiß, Zorge und Walkenried unterstützt. Wegen der zu erwartenden hohen Subventionsgesuche bei 3,4 Millionen Mark Baukosten lehnte die Eisenbahngesellschaft jedoch alle diese Anträge ab.

Vom Eisenbahnbaukomitee zur Bahngesellschaft

1894 gründeten einige Unternehmer aus Walkenried, Wieda und Braunlage ein Eisenbahnbaukomitee, das am 5. Januar 1896 um die Konzession für die Anlage einer Schmalspurbahn Walkenried–Wieda–Braunlage–Tanne und der Seitenstrecke Walkenried–Zorge bat. Erstaunlich schnell gab es dazu eine Entscheidung: Am 11. März 1896 wurde in einem Staatsvertrag zwischen dem Herzogtum Braun-

Bild 6.2.
Das 1974 abgerissene Empfangsgebäude des Bahnhofs Sorge im Jahre 1965. Vom oberen Bahnsteig ist das Gleis schon entfernt.
Foto: Zieglgänsberger

Bild 6.3.
Ehemalige Eisenbahnbrücke über die Warme Bode bei Sorge im Mai 1993. Hier verlief einst die Grenze zwischen DDR und BRD.
Foto: Zieglgänsberger

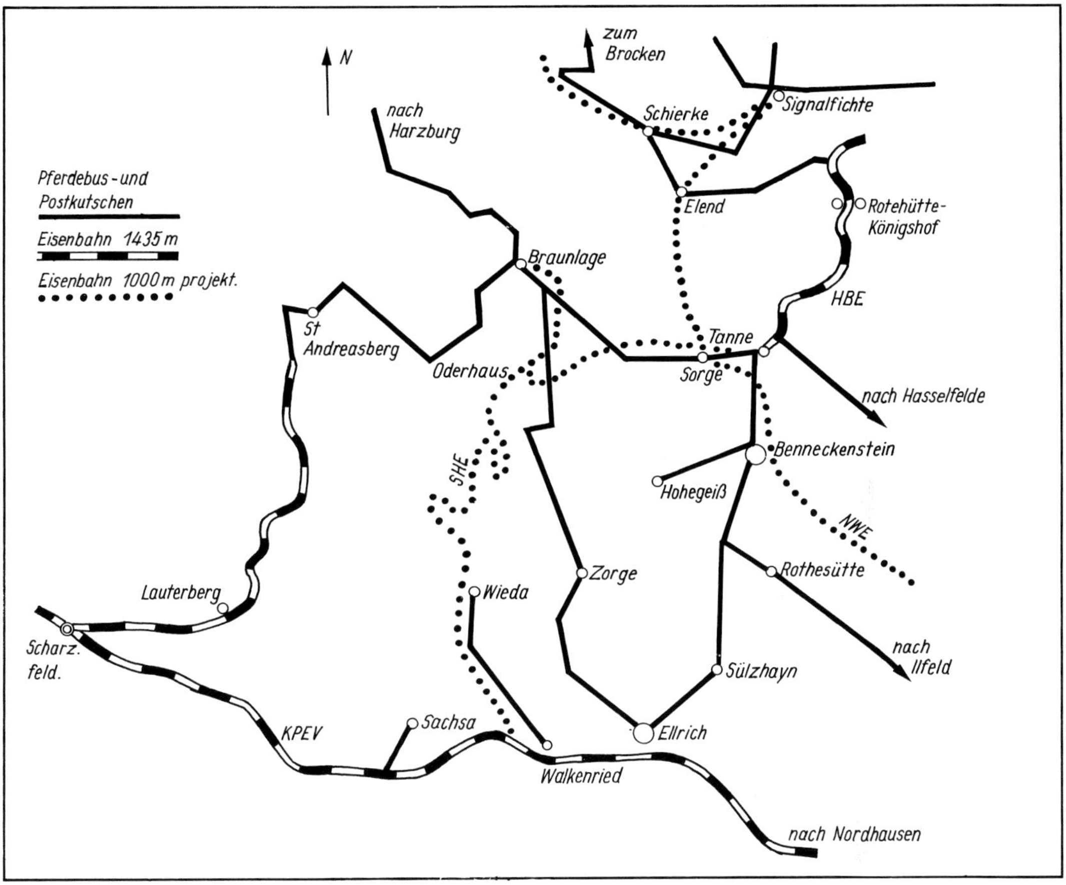

Bild 6.4. Pferdeomnibus- und Postkutschenlinien im Harz. *Quellen: Routenkarte des Harzclubs 1897, Quedlinburg*

schweig und Preußen der Bau einer meterspurigen Schmalspurbahn von Walkenried nach Tanne festgelegt, die an die Harzquerbahn (NWE) anschließen sollte. Für den Fall, daß diese Bahn nicht gebaut werden könne, sollte die HBE nach Benneckenstein zur NWE herangeführt und ein Abzweig vom Bahnhof Elend (NWE) nach Braunlage zugelassen werden. Der Plan einer Normalspurbahn Tanne–Walkenried wurde endgültig verworfen.

Am 21. Mai 1896 beschloß der Braunschweiger Landtag eine staatliche Beihilfe in Höhe von 400000 Mark. Noch im gleichen Jahr begannen die Vorarbeiten: Vom 29. Juli an waren zwölf Geodäten mit den Vermessungsarbeiten beschäftigt. Begonnen wurde von Walkenried her entlang dem Wiedatal in Richtung der Ortschaft Wieda. Während der Absteckarbeiten stellte sich heraus, daß das Projekt offensichtlich noch nicht baureif war. Im Interesse einer besseren Steigungsverteilung im Wiedatal ergab sich nun eine korrigierte Streckenführung mit 1,2 km Mehrlänge. Damit konnte auch der ursprünglich für den oberen Ausgang des Tales vorgesehene Zahnradbetrieb entfallen.

Im Oktober 1896 übertrug die Braunschweigische Landesregierung Projektierung und Bauleitung dem Unternehmer Louis Degen „in Generalentreprise". Der Vertrag verpflichtete Degen zur Gründung einer Bahngesellschaft, der dann die Bahnkonzession erteilt werden sollte.

Weitere Veränderungen standen zur Debatte: Eine

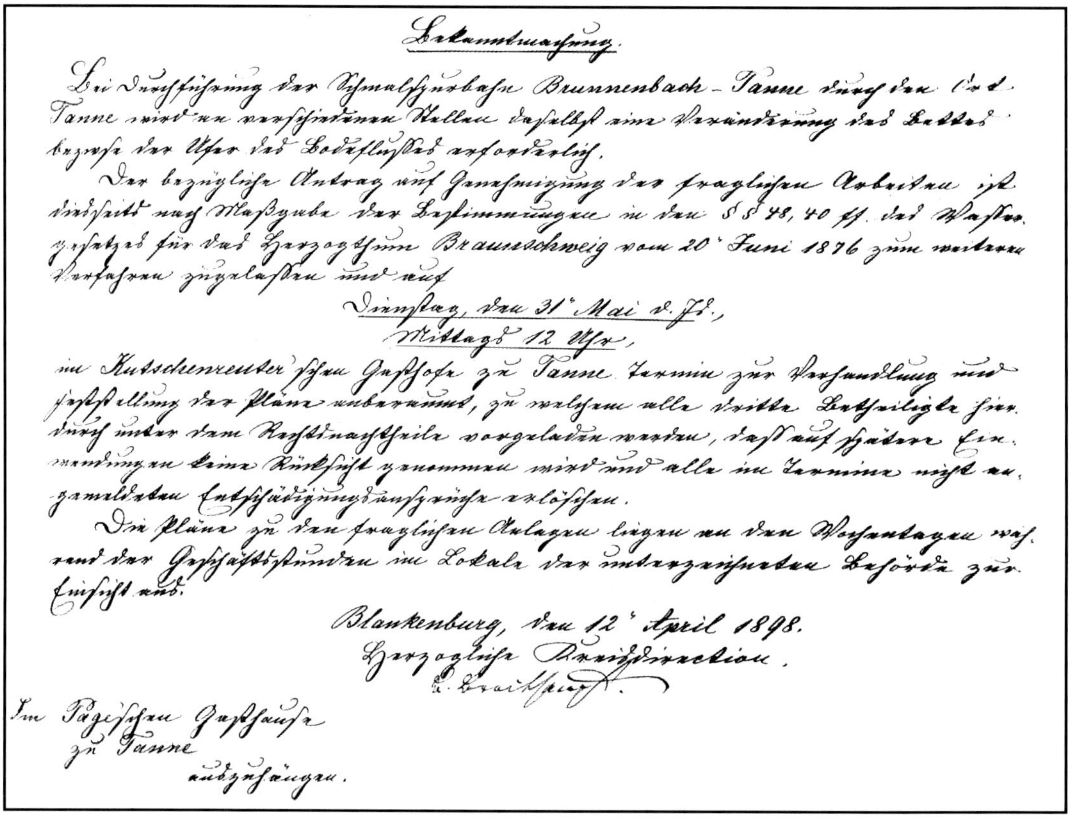

Bekanntmachung.

Die Durchführung der Schmalspurbahn Brunnenbach – Tanne durch den Ort Tanne wird an verschiedenen Stellen daselbst eine Veränderung des Bettes bezw. der Ufer des Bodeflusses erforderlich.

Der bezügliche Antrag auf Genehmigung der fraglichen Arbeiten ist diesseits nach Maßgabe der Bestimmungen in den §§ 38, 40 ff. des Wassergesetzes für das Herzogthum Braunschweig vom 20. Juni 1876 zum weiteren Verfahren zugelassen und auf

Dienstag, den 31. Mai d. Js.,
Mittags 12 Uhr,

im Kutschenreuter'schen Gasthofe zu Tanne Termin zur Verhandlung und Feststellung der Pläne anberaumt, zu welchem alle dritte Betheiligte hierdurch unter dem Rechtsnachtheile vorgeladen werden, daß auf spätere Einwendungen keine Rücksicht genommen wird und alle im Termine nicht angemeldeten Entschädigungsansprüche erlöschen.

Die Pläne zu den fraglichen Anlagen liegen an den Wochentagen während der Geschäftsstunden im Lokale der unterzeichneten Behörde zur Einsicht aus.

Blankenburg, den 12. April 1898.
Herzogliche Kreisdirection.
[illegible]

Im Päge'schen Gasthause zu Tanne auszuhängen.

Bild 6.5. Aushang in Tanne zu Beginn des Bahnbaus 1898. *Quelle: STA Magdeburg KD Blankenburg 3263, S. 29 r*

stärkere Gleiskonstruktion wurde gefordert, und die Abzweigung nach Tanne sollte – wie anfangs vorgesehen – beim Forstort Nullpunkt liegen. Tatsächlich wurde sie jedoch bei der Brunnenbachsmühle angelegt. Größere Streitigkeiten zwischen dem Bahnbauunternehmer und den Anliegern gab es um die geplanten Haltepunkte in Wieda. Obwohl die Wirtschaftlichkeit bezweifelt wurde, setzten sich letztendlich die Interessenvertreter der Gemeinde, der Forstverwaltung und der Zündholzfabrik durch: Alle drei geforderten Haltepunkte wurden gebaut.

Die Gründung der Bahngesellschaft erfolgte am 28. April 1897, die Eintragung ins Handelsregister knapp drei Monate später, am 5. Juli, unter „AG Süd-Harz-Bahngesellschaft Sitz Walkenried". Gründer der Gesellschaft und Aktieninhaber waren: Louis Degen, Charlottenburg; Kreismaurermeister Pfeiffer, Walkenried; Fabrikant Schröder Wieda; Fabrikant Carl Roerig, Wernigerode und Kaufmann Kahn, Braunlage. Direktor wurde Ingenieur G. Halberstadt aus Walkenried. Das Aktienkapital betrug 2,3 Millionen Mark. Aktien für 1,3 Millionen Mark wurden als Vorzugsaktien mit höherer Verzinsung ausgegeben. Der Bahnbau selbst war mit 2,5 Millionen Mark veranschlagt worden. Nachdem am 4. Juni 1897 die landesherrliche Bahnbaukonzession „auf unbestimmte Zeit" erteilt wurde, konnte es beginnen: Ab sofort waren 15 deutsche und 30 italienische Arbeiter auf den Baustellen.

Ein Jahr später, am 18. August 1898, gab es einen Besitzerwechsel. Nach dem plötzlichen Tod des Unternehmers Degen ging die Aktienmehrheit an die „Centralverwaltung für Secundärbahnen Hermann Bachstein, Berlin". Dieses Unternehmen, dem be-

reits einige andere Bahnen gehörten – darunter die ebenfalls meterspurige Weimar-Rastenburger Eisenbahn – war nun für Bau und Betrieb verantwortlich.
Mit dem Bau wurde auf dem südlichen Streckenabschnitt begonnen. Im September 1898 hatte die Firma Liepold & Co., Holzmünden, Oberbau und Brücken des Teilstückes Walkenried–Wieda und den Anschluß in Tanne fertiggestellt.
Zur Jahreswende 1898/99 wurde an der Haltestelle Wurmberg gearbeitet. Hier kam es allerdings zu Unstimmigkeiten zwischen dem Bahnbauunternehmer und der Gemeindeverwaltung Braunlage, die wegen der zukünftigen Streckenführung durch ihren Ort eine Störung des Kurbetriebs befürchtete. Die Trassierung war jedoch gewählt worden, um einen von L. Degen eingerichteten Steinbruch anfahren zu können. Letztendlich konnte sich die Gemeinde nicht durchsetzen und mußte diese Streckenführung akzeptieren.
Immer wieder tauchten neue Ideen zur Trassierung auf: So traten beispielsweise im Januar 1899 Interessenten für eine schmalspurige Verbindung Tanne–Hasselfelde auf den Plan. Diesem Projekt standen allerdings – wegen der Durchschneidung des Waldes – berechtigte Bedenken der Forstverwaltung entgegen, die eine ernsthafte Erwägung dieses Vorschlags verhinderten.

Betriebseröffnung

Anfang Juni 1899 waren die Bauarbeiten soweit fortgeschritten, daß die Eröffnung der Strecke Walkenried–Braunlage für den 1. Juli und die der Weiterführung bis Tanne für den 17. Juli 1899 vorgesehen wurden. Diese Termine konnten jedoch nicht gehalten werden. Die landespolizeiliche Abnahme der Gesamtstrecke begann schließlich am 10. August 1899 in Walkenried und endete einen Tag später in Braunlage. Der Abnahmekommission gehörte u.a. Eisenbahndirektor Glanz von der HBE an. Empfohlen wurden der SHE eine Überprüfung der Lichtraumumgrenzung hinsichtlich der geplanten Beförderung normalspuriger Staatsbahngüterwagen und die Aufstellung von Einfahrsignalen für den Bahnhof Brunnenbachsmühle. Wegen der problematischen Kreuzung der durch Tanne führenden Fernverkehrsstraße wurden dauerhaft gültige Geschwindigkeitsbeschränkungen erlassen: Züge in Richtung Sorge durften nur 5 km/h und Züge zum Endbahnhof Tanne maximal 12 km/h fahren. Am Wegübergang mußte dem Zug anfangs sogar der Zugführer voranlaufen und eine Handglocke bedienen!
Beanstandungen ergaben sich bei der Kontrolle der Spurweite. Die Abweichungen lagen teilweise bei über 25 mm. Sehr günstig fielen dagegen die Belastungsproben der Brücken aus.
Noch im Bau befanden sich die Rollbockgruben – damals als Truckgruben bezeichnet – in Walkenried und Tanne. Und noch nicht angeschlossen waren die Morseapparate für die Einzelstationen. Doch alles in allem bestand kein Grund zur Besorgnis: Für die Haltestelle Sorge waren bereits die Wartehalle und die Übergangstreppe zu den Gleisen der NWE fertiggestellt. Die Mallet-Lokomotiven mit den Jung-Fabriknummern 327 und 329 hatten ihre Betriebszulassung erhalten, neu hinzu kam die 328. Von weiteren Lokomotiven wurde nicht berichtet. Ferner waren 16 Güterwagen der verschiedensten Ausführungen (z. B. zwei- und vierachsige O-Wagen, G-Wagen und Langholzwagen) sowie der Personenwagen 2 zugelassen worden.
Am 15. August 1899 war es dann soweit: Die Strecke Walkenried–Braunlage wurde für den Betrieb eröffnet. Und acht Tage später folgte die Zweigstrecke Brunnenbachsmühle–Tanne. Jeweils einen Tag danach folgte die Aufnahme des Güterverkehrs. Gleichzeitig wurde die Personenpostverbindung zwischen Tanne und Braunlage eingestellt. Den Betriebsdienst auf dem Bahnhof Tanne übernahm übrigens von Anfang an die HBE.
Am 20. Oktober schließlich konnte die Reststrecke Braunlage–Wurmberg abgenommen werden, die vom 1. November an ausschließlich für den Güterverkehr genutzt wurde, während auf den anderen Strekken vor allem gemischte Züge verkehrten. Dort waren täglich durchschnittlich fünf Zugpaare pro Richtung im Einsatz. Im Jahre 1903 wurden insgesamt 5676 gemischte Züge und 204 Güterzüge gezählt.

Die ersten Betriebsjahre

Erst nach der Betriebseröffnung ging man an die Fertigstellung der meisten Hochbauten. Neben dem Erwerb neuer Betriebsmittel – so war bereits 1904 ein Kredit in Höhe von 42 000 Mark für den Ankauf 16 neuer Trichterwagen aufgenommen worden – gab es zahlreiche bauliche und betriebliche Verbesserungen. Auf den Bahnhöfen Brunnenbachsmühle und Wiedaer Hütte stellte man Formsignale auf.
Einen Ersatz für alle abgelehnten Pläne zum Bau einer Nebenlinie Walkenried–Zorge–Hohegeiß bildete die 1907 erbaute normalspurige Kleinbahn Ellrich–Zorge. Auch andere Projekte wurden abgelehnt, darunter die 1911 für den Abschnitt nach

Bild 6.6. Ein SHE-Zug fährt in das Weinglastal ein. *Foto: Sammlung Zieglgänsberger*

Bild 6.7. Während des Baus des Verbindungsgleises im Bahnhof Sorge: Die Gleisbauer stellen sich dem Fotografen. Im Hintergrund eine Jung-Malletlokomotive. *Foto: Sammlung Becker*

Wurmberg geplante Erweiterung des Verkehrsangebots. Um dem konkurrierenden Kraftverkehr besser Paroli bieten zu können, sollte bis zur Anschlußstelle Glashütte „Personenpendelverkehr" eingerichtet werden. Täglich sollten je Richtung 13 Zugpaare III. Klasse verkehren, eine weitere Haltestelle hätte eingerichtet werden müssen. Für die Gepäckbeförderung war ein Spediteur vorgesehen. Doch eine Eingabe, unterschrieben von rund 80 um einen ruhigen Schulbetrieb besorgten Bürgern, verhinderte die Ausführung dieses Planes.
Die Güterverkehrsleistungen stiegen immer weiter an, vor allem, als zwischen 1910 und 1914 in Braunlage zahlreiche Pensionshäuser gebaut wurden. Das Baumaterial beförderte die SHE.
Im Jahre 1912 wurde seitens der Blankenburger Kreisdirektion und der Stadt Wernigerode nochmals vorgeschlagen, zwischen Elend und Braunlage eine 8,2 km lange Bahnverbindung zu schaffen. Kalkulationen der Firma Bachstein ergaben, daß die Baukosten 500000 Mark, die jährlichen Gewinne aber nur 30000 Mark betragen würden. Obwohl das Vorhaben wiederum abgelehnt wurde, griff man es 1924 und 1941 nochmals – erfolglos – auf.
1913 wurde in Sorge eine 230 m lange Gleisverbindung zwischen der SHE und der NWE geschaffen. 150 m davon lagen in der Geraden. Das Verkehrsaufkommen blieb jedoch gering, da nur der Austausch von Kurswagen, nicht aber der von Güterwagen vereinbart wurde. Damit konnten Reisende aus Wernigerode direkt nach Braunlage gelangen. Später, 1928, konnte sogar die Fahrt Braunlage–Brocken ohne Umsteigen absolviert werden.
Der 1912 geschlossene Vertrag zwischen den beiden Bahnen wurde 1925 erneuert. Darin heißt es: Der Zweck bestehe darin, „daß die Verbindung der beiderseitigen Bahnen a) dem Personenverkehr dienen soll, derart, daß bei Anschlußzügen ein direkter Übergang ganzer Personenzüge oder einzelner Personenwagen zwischen Wernigerode und Braunlage und umgekehrt stattfindet und b) dem Wechselgüterverkehr zwischen den Stationen der ersteren und der Gernroder-Harzgeroder Eisenbahn dienstbar gemacht wird" (Erweiterung des Vertrags zwischen Harzquerbahn und Südharzbahn von 1925, STA Magdeburg P 22g 4 S. 150 r).
Im weiteren Vertragstext verpflichteten sich die Bahngesellschaften, etwaige Bestrebungen zum Durchgangsgüterverkehr nach und von anschließenden Normalspurbahnhöfen unter keinen Umständen zu unterstützen. Das schloß auch die Übergabe normalspuriger Güterwagen auf Rollböcken aus. Der Grund dafür war das eifersüchtige Bemühen der Gesellschaften, den Güterverkehr möglichst nur auf ihren eigenen Netzen abzuwickeln. Dadurch entstanden oft beträchtliche Umwege. Weiterhin waren bereits 1912 sehr wichtige Einzelheiten, z. B. das Wassernehmen und Bekohlen der Lokomotiven sowie die Pflege der bahneigenen Eigentumsmarkierungstafeln, geklärt worden. Und für den Kreuzungsbahnhof Sorge wurde – selbstverständlich – eine besondere Dienstanweisung erarbeitet, die den Zug- und Rangierdienst regelte.
Auch während und nach Beendigung des ersten Weltkrieges erfolgten weitere Verbesserungen an den Bahnanlagen der SHE. Aber wegen der immer ernster werdenden Konkurrenz des Kraftverkehrs mußten auch für den Güterverkehr neue Lösungen gefunden werden. Die normalspurigen Güterwagen sollten nunmehr ohne teure Umladearbeiten zum Endabnehmer gelangen. Als erstes wurden 1925 für den Rollbockverkehr leistungsfähigere Henschel-

Dienstanweisung

für den

Zug- und Rangierdienst auf Bahnhof Sorge

der

Nordhausen-Wernigeroder Eisenbahn

und

Südharz-Eisenbahn.

Gültig ab 1. Januar 1929.

Gustav Bröschen & Sohn, Wernigerode

Bild 6.8. Die gemeinsame Dienstanweisung.
Foto: Sammlung Becker

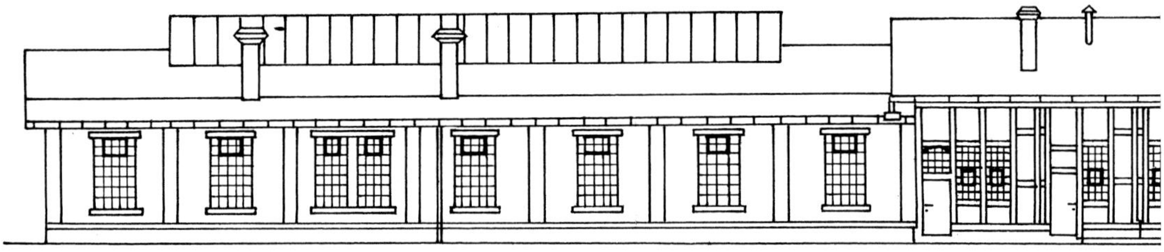

Endgültiger Entwurf! Gültig ab 1. Juni 1923.

Fahrplan der Südharz-Eisenbahn.

(Ohne Gewähr für die Anschlüsse fremder Bahnen).

Braunlage–Walkenried. / **Walkenried–Braunlage.**

Km	12	2	4	6	8		Zug-Nr. II.–III. Klasse. Zug-Nr.		11	1	3	5	7
0,0	7^{40}	10^{00}	12^{20}	2^{50}	6^{20}	ab	**Braunlage (2)**	an	8^{06}	12^{00}	1^{50}	5^{30}	7^{52}
	7^{49}	10^{10}	12^{30}	2^{59}	6^{29}	an	Brunnenbachsmühle	ab	7^{56}	11^{50}	1^{40}	5^{20}	7^{42}
3,97	7^{54}	10^{15}	12^{35}	3^{05}	6^{34}	ab		an	7^{50}	11^{44}	1^{37}	5^{16}	7^{37}
8,24	×8^{04}	×10^{26}	×12^{45}	×3^{15}	×6^{44}	ab	Kaiserweg	ab	×7^{40}	×11^{33}	×1^{27}	×5^{05}	×7^{27}
13,80	8^{26}	10^{48}	1^{05}	3^{37}	7^{05}	"	Stöberhai	ab	×7^{20}	11^{12}	1^{06}	×4^{44}	7^{06}
	8^{37}	10^{58}	1^{15}	3^{48}	7^{15}	an	Wiedaer Hütte	"	7^{10}	11^{00}	12^{52}	4^{33}	6^{52}
17,38	8^{44}	11^{01}	1^{16}	3^{57}	7^{18}	ab		an	7^{05}	10^{55}	12^{49}	4^{26}	6^{49}
19,07	8^{58}	11^{11}	1^{26}	4^{13}	7^{29}	"	Wieda	ab	6^{55}	10^{45}	12^{39}	4^{15}	6^{40}
20,67	×9^{03}	×11^{15}	×1^{30}	×4^{18}	×7^{33}	"	Zündholzfabrik	"	×6^{48}	×10^{38}	×12^{30}	×4^{08}	×6^{33}
24,25	9^{12}	11^{23}	1^{38}	4^{28}	7^{41}	an	**Walkenried**	ab	6^{40}	10^{30}	12^{20}	4^{00}	6^{25}

Anschlüsse der Preuß. Staatsbahn																						
	9^{45}	9^{41}	11^{35}	—	1^{52}	8^{15}	6^{07}	5^{00}	7^{51}	8^{32}	ab	Walkenried	an	6^{31}	5^{28}	10^{02}	9^{44}	—	11^{34}	8^{14}	1^{46}	4^{59}	6^{06}
	11^{18}	—	12^{32}	—	3^{15}	—	7^{36}	—	8^{48}	—	an	Northeim	ab	4^{53}	—	8^{57}	—	—	—	1^{28}	—	3^{38}	—
	—	10^{25}	—	—	—	8^{54}	—	5^{29}	—	9^{18}	"	Nordhausen	"	—	4^{50}	—	9^{05}	—	11^{10}	—	1^{05}	—	5^{25}

Braunlage–Sorge–(Wernigerode) Tanne · **Durchlaufende Wagen II.–III. Kl.** zwischen Braunlage–Wernigerode und umgekehrt. · **Tanne (Wernigerode)–Sorge–Braunlage.**

Km	17	17a	12/31	19	21		Zug-Nr. II.–III. Klasse. Zug-Nr.		11/30	18	20	22
0,0	5^{50}	6^{55}	7^{40}	11^{05}	5^{10}	ab	**Braunlage (1)**	an	8^{06}	10^{48}	3^{12}	7^{11}
	6^{00}	7^{05}	7^{49}	11^{14}	5^{19}	an	Brunnenbachsmühle	ab	7^{56}	10^{37}	3^{02}	7^{01}
3,97	6^{02}	7^{07}	7^{52}	11^{19}	5^{26}	ab		an	7^{45}	10^{36}	2^{59}	6^{58}
9,08	6^{13}	7^{18}	8^{03}	11^{30}	5^{37}	an	**Sorge**	ab	7^{34}	10^{25}	2^{48}	6^{47}
Anschlüsse d. Nordhausen-Wernigerod. E.	—	7^{25}	8^{08}	11^{38}	5^{30}	ab	Sorge	an	—	10^{20}	2^{47}	6^{42}
	—	7^{58}	8^{34}	12^{05}	6^{19}	"	Elend	ab	—	9^{58}	2^{30}	6^{25}
	—	8^{11}	8^{46}	12^{17}	6^{32}	an	Drei Annen-Hohne	"	—	9^{40}	2^{01}	6^{02}
	—	—	9^{55}	2^{21}	—	ab	Schierke (Züge verkehren nur bis 15. 10.)	ab	—	—	12^{01}	5^{44}
	—	—	[illegible]	3^{02}	—	an	Brocken	"	—	—	11^{18}	5^{00}
	—	9^{12}	9^{46}	1^{15}	7^{30}	an	Wernigerode	ab	—	8^{25}	W 12^{30}	4^{52}
9,08	6^{15}	7^{27}	8^{10}	11^{40}	5^{45}	ab	**Sorge**	an	7^{33}	10^{10}	2^{38}	6^{40}
12,28	6^{25}	7^{37}	8^{20}	11^{50}	5^{55}	an	**Tanne**	ab	7^{23}	10^{00}	2^{28}	6^{30}
Anschlüsse d. Halberst. Blankenbg. Eisenbahn	6^{35}		—	12^{00}	6^{10}	ab	Tanne	an	—	Sonntags 9^{50} / Werktags 9^{45}	—	4^{30}
	9^{22}		—	3^{02}	8^{12}	an	Blankenburg (Harz)	ab	—	8^{02} / 7^{05}	—	1^{25}
	10^{45}		—	4^{10}	8^{57}	"	Halberstadt	ab	—	[illegible] / —	—	11^{10}

Zug 17: Verkehrt vom 1. 6. – 16. 9. — Zug 17a: Verkehrt ab 17. 9. — Zug 12/31: Verkehrt vom 1. 6. – 16. 9. — Zug 11/30: Verkehrt vom 1. 6. – 16. 9.

Bemerkungen: Auf den Haltepunkten Kaiserweg u. Zündholzfabrik findet der Fahrkartenverkauf am Packwagen des Zuges statt. — Gepäck wird auf diesen Haltepunkten nicht abgefertigt. × Bedeutet: Zug hält nur nach Bedarf.

Die Ausgabestellen der Kursbücher werden ersucht, auch die Angabe über die durchlaufenden Wagen zwischen Braunlage und Wernigerode aufzunehmen. Ebenso ausser den Abfahrts- auch die Ankunftszeiten in Sorge, damit der Anschluss dortselbst an die Nordhausen-Wernigeroder Eisenbahn zweifellos ersichtlich ist.

Bild 6.10. Aushangfahrplan Sommer 1923. *Quelle: STA Magdeburg KD Blankenburg 3251, S. 287 r*

Heißdampflokomotiven angeschafft. Für diese neuen Lokomotiven wurde noch im gleichen Jahr der vorhandene Lokschuppen in Braunlage spürbar erweitert.

Betriebsstörungen

Im Jahre 1925 ereigneten sich auch einige Unfälle. Am 14. August kollidierte ein Bus der Braun-

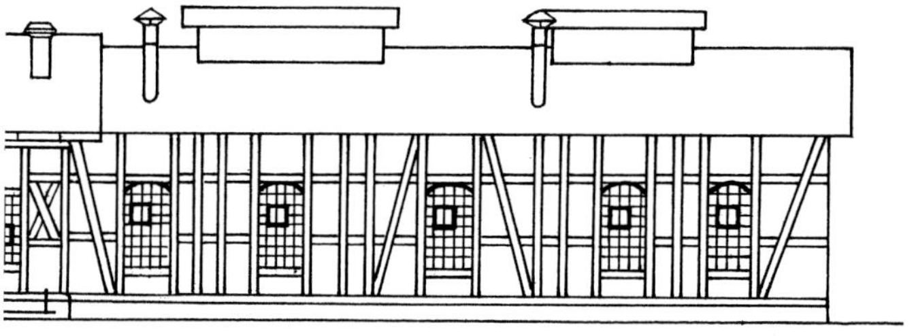

Bild 6.9.
Entwurfszeichnung des Lokschuppens von Braunlage nach der Erweiterung, 1925.
Quelle: STA Magdeburg KD Blankenburg 3261, S. 28 r

Bild 6.11. Der Unfall am 14. August 1925 an der Bodebrücke in Braunlage.
Quelle: STA Magdeburg KD Blankenburg 3258, S. 8 r

schweigischen Verkehrsgesellschaft in der Elbingeröder Straße in Braunlage – nahe der Bodebrücke – mit dem Güterzug, der das Anschlußgleis zum Wurmberg befuhr. Obwohl der Bus und einige Wagen in die Bode stürzten, war kein Personenschaden zu beklagen! Nur knapp zwei Monate später, am 1. Oktober 1925, entgleiste eine der neuen Lokomotiven bei einer Probefahrt.

Ende des Jahres schließlich kam es im Oberharz zu folgenschweren Überschwemmungen infolge eines Temperatursturzes und damit verbundener starker Regenfälle. Allein die Stadt Quedlinburg erlitt Schäden in Millionenhöhe. Auch die Warme Bode zwischen Sorge und Tanne trat über die Ufer und hatte die Gleise im Ortsbereich Tanne an mehreren Stellen so überflutet, daß der Zugverkehr für einige Zeit unterbrochen werden mußte. Das war sonst nur bei starken Schneefällen notwendig geworden! Auch die Gleisanlagen der HBE waren an vielen Stellen in Mitleidenschaft gezogen.

Ein weiterer Unfall, allerdings mit beträchtlichem Schaden, ereignete sich am 12. Juli 1928 an der Straße Walkenried–Bad Sachsa. Ein Personenzug erfaßte einen Bus, der dabei vollkommen zerstört wurde. Die Bilanz: drei Tote und zwölf Schwerverletzte. Die Strecke mußte gesperrt und ein Umgehungsgleis verlegt werden. Es hatte sich leider wieder erwiesen, daß die Beschilderung der Bahnübergänge unzureichend war. Die etwa 40 cm x 30 cm großen Warntafeln mit der Aufschrift „Halt! Wenn das Läutewerk der Lokomotive ertönt oder die Annäherung eines Zuges anderweitig erkennbar wird", waren meist stark verrostet und für Kraftfahrer kaum wahrnehmbar.

Nachdem sich die Presse eingeschaltet hatte, mußte sogar der damalige Reichsverkehrsminister, von Guérard, Stellung nehmen. Prinzipiell seien die Übergänge der SHE entsprechend den gültigen Vorschriften gekennzeichnet, meinte er. Es sei ohnehin vorgesehen, im ganzen Deutschen Reich die unzureichenden Warntafeln durch die international schon üblichen Warnkreuze zu ersetzen. Zusätzlich sollten an gefährdeten Stellen weiß-rote dreieckige Warntafeln aufgestellt werden. Leider noch nicht befriedigend verlaufen seien Versuche mit neuartigen Warnlichtsignalen (Blinklichtern), deren Einführung aber bis 1930 vorgesehen sei. Ein paar Jahre später, 1933, begnügten sich die staatlichen Stellen damit, der SHE die Aufstellung der inzwischen bewährten Warnlichtanlagen zu „empfehlen".

Die Polemik gegen die Südharzbahn gewann an Schärfe, als noch im Jahre 1928 zwei weitere Ereignisse Schlagzeilen machten: Die „Nordhäuser Zeitung" berichtete am 26. Juli von einem Polizeimeister aus Ellrich, der im letzten Moment einen Zusammenstoß auf einem Wegübergang verhindern konnte. Und am 9. September entgleiste nahe dem Haltepunkt Kaiserweg der zweite Wagen eines Personenzugs nach Braunlage, ohne daß jedoch Personen zu Schaden kamen. Überdies machte sich drei Tage später der letzte Wagen eines Zuges, der ebenfalls nach Braunlage fuhr, selbständig.

Die SHE wurde nun mit dem wenig rühmlichen Namen „Unglücksbahn" bedacht. Bemängelt wurde u. a., daß sich in den Wagen nicht die sonst üblichen Notbremsgriffe befänden. Statt dessen begnügte man sich mit kleinen Hebeln auf den Plattformen, die allerdings nicht einmal gekennzeichnet waren. Der Zustand des Oberbaus sei so schlecht, hieß es, daß man z. B. auf dem Haltepunkt Kaiserweg mit dem Finger oder dem Spazierstock zentimetertiefe Löcher in die morschen Schwellen bohren könne.

Nach einigen Jahren ohne aufsehenerregende Betriebsstörungen kam die Bahn wieder ins Gerede: Am 17. Juni 1933 stürzten am westlichen Ortsausgang von Tanne zwei normalspurige Güterwagen auf Rollböcken samt ihrem Verbindungswagen die 4 m hohe Böschung hinab in die Bode. Personen-

Bild 6.12.
Überflutete Gleise der SHE in Tanne während des Hochwassers der Bode, 29. Dezember 1925.
Foto: Sammlung Kreutz

wagen innerhalb des gemischten Zuges kamen glücklicherweise nicht zu Schaden, da die Kupplungen des Verbindungswagens rissen. 1938 und 1944 ereigneten sich ähnliche Unfälle: Wieder entgleisten einige Rollböcke, diesmal bei Walkenried und am Haltepunkt Kaiserweg.

Betrieb und Projekte bis 1945

1927, im Zuge eines zwischenzeitlichen wirtschaftlichen Aufschwungs, fand sich ein Berliner Bankkonsortium, das das Projekt einer normalspurigen elektrischen Bahn von Bad Harzburg durch das Okertal nach den Orten Altenau, Schierke und Braunlage finanzieren wollte. Elend, Braunlage und Schierke sollten überdies per Flugzeug erreichbar sein! Alle diese, zugegeben reichlich optimistischen Vorstellungen fielen der sich anschließenden Weltwirtschaftskrise zum Opfer.
Gewinnbringend war der Personenverkehr auf der SHE offensichtlich nie gewesen. Das galt vor allem für den Abschnitt Tanne–Sorge–Brunnenbachsmühle, wo der Personenverkehr fast nur lokalen Charakter hatte, da das Gros der Touristen vom Süden her über Nordhausen/Walkenried und vom Norden her über Wernigerode/Bad Harzburg anreiste. Dennoch kam es immer wieder zu neuen, großartigen Projekten.
Ende der 20er Jahre, als der Steintransport Wurmberg–Tanne noch voll in Aktion war, erwog man den dreischienigen Ausbau dieser Strecke, um die Umladung in Tanne zu umgehen. Die schlechte wirtschaftliche Lage dieser Zeit ließ jedoch solche Vorhaben nicht zu. Als aber in den 30er Jahren die Zahl der Erholungssuchenden und Ausflügler ständig zunahm, wurde 1940 der Entwurf einer elektrischen Schnellbahn von Magdeburg bis Braunlage, in Verbindung mit der erwähnten Nord-Südverbindung über den Harz hinweg, vorgelegt (s. Bild 3.35, S. 90).
Den normalspurigen Ausbau der Strecke Tanne–Braunlage sollte die Halberstadt-Blankenburger Eisenbahngesellschaft übernehmen, der deswegen »vorsichtige« Verhandlungen mit der SHE wegen des Kaufs der auszubauenden Strecke empfohlen wurde. Die HBE war grundsätzlich bereit, diese Strecke zu übernehmen. Der Krieg und seine Folgen verhinderten dies jedoch.
Einen Aufschwung erlebte der im wesentlichen normal verlaufende Verkehr auf der SHE, als 1930 die Zeit der Dieseltriebwagen begann, die die Dampflokomotiven überflüssig werden ließen. Mitte April 1945 erreichten dann US-amerikanische Truppen

Bild 6.13. So sah es in den „guten Zeiten" der Bahn aus: Geruhsame Zugfahrt an der Warmen Bode in Tanne.
Foto: Sammlung Röper

den Oberharz. Bevor die zurückweichende faschistische Wehrmacht die Brücken in der Umgebung Sorges sprengte und damit den Betrieb der SHE und der NWE zum Erliegen brachte, kam es noch zu einigen wenigen Zugfahrten. Am 16. April 1945 soll die letzte Fahrt eines Personenzuges von Tanne nach Braunlage stattgefunden haben.

Die letzten Betriebsjahre der Südharzeisenbahn

1946 wurden die zerstörten Brücken bei Sorge repariert. Während die Harzquerbahn den Betrieb wieder aufnehmen konnte, lagen die Dinge bei der SHE anders. Wegen der Grenzziehung nach Kriegsende mitten durch den Harz war an eine Betriebsaufnahme zwischen Sorge in Sachsen-Anhalt und Brunnenbachsmühle in Niedersachsen nicht mehr zu denken. 1947 kam es, in Absprache mit den sowjetischen und britischen Militärbehörden, nur noch einmal zu einer Zugfahrt: Eine Mallet-Lokomotive der NWE brachte in Tanne verbliebene Rollböcke und Güterwagen der SHE nach Braunlage und führte von dort einige NWE-Wagen zurück. Die an die Tanner Hütte vermieteten O-Wagen, der G-Wagen 152 sowie ein Reisezugwagen der SHE verblieben auf dem Netz der Harzquerbahn.
Zur Aufnahme des Personenverkehrs auf der Reststrecke Sorge–Tanne kam es nicht mehr. Güterverkehr fand nur noch bis 1958 statt: Über das Verbindungsgleis in Sorge bediente die Harzquerbahn den Anschluß Tanner Hütte und den Anschlußbahnhof Tanne. Bereits 1954 abgebaut wurde der Abschnitt Tanner Hütte–Tanne.

Als man im Zuge der Vorbereitung des Rollwagenverkehrs daran ging, auf der Harzquerbahn Profilfreiheit gemäß der Lichtraumumgrenzungslinie der DR zu schaffen, mußte die eiserne Überführung der

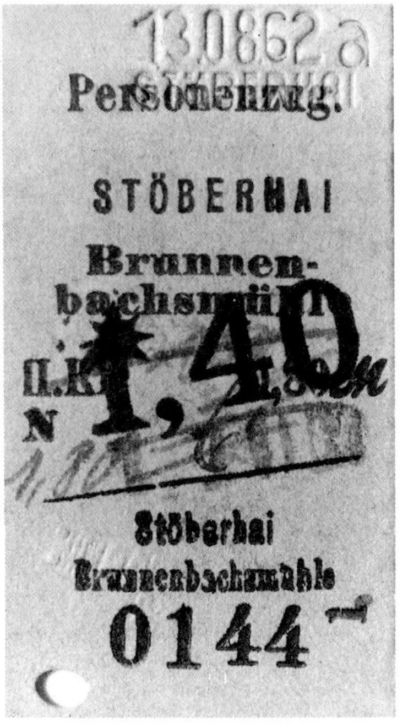

Bild 6.14. Fahrkarte vom 13. August 1962. *Foto: Sammlung Röper*

Einsatzort	Anzahl der Beschäftigten				
	1903/1904	1924	1928	1933	1938
Verwaltung	1			6	
Bahnhof Abfertigung	12			17	
Bahnunterhaltung	16			16	
Zugbegleitung	2			5	
Betriebsmaschinentechnik	6			7	
Werkstatt	1			7	
Summe	38[1])	76	95	58	66

[1]) genaue Aufschlüsselung gem. STA Magdeburg Kd Blankenburg 3250 545v, 46r:
1 Bahnverwalter (zugleich Stationsvorsteher), 1 komiss. Stationsvorsteher, 1 Haltestellenaufseher, 2 Stationsassistenten, 2 Weichensteller, 1 Bahnmeister, 1 Güterbodenvorarbeiter, 1 Fahrkartenverkäuferin, 4 Bahnwärter, 2 Zugführer, 1 Betriebswerkmeister, 1 Lokomotivführer, 2 geprüfte Heizer, 3 Hilfsheizer, 15 Stations- und Streckenarbeiter

Tabelle 6.1. Aus der Beschäftigtenstatistik der SHE

SHE über die NWE abgerissen werden. Das vorhandene Lichtraumprofil hätte nicht mehr ausgereicht. Damit endete der Verkehr auf der ehemaligen Südharzbahn in der DDR. Noch verbliebenes rollendes Material ging an die Harzquer- und Selketalbahn. Das früher gemeinschaftlich genutzte Empfangsgebäude des Bahnhofs Sorge wurde, vom Holzschwamm befallen, 1974 abgerissen. Die Harzquerbahn erhielt ein neues Gebäude in der Ortslage Sorge.

Der Verkehr der bestehengebliebenen Südharz-Eisenbahngesellschaft in der britischen Besatzungszone war bereits 1945 wieder aufgenommen worden. Die Zahl der Fahrgäste stieg – verglichen mit der Vorkriegszeit – auf das Drei- bis Vierfache an. Angeboten wurden immer noch zwei Wagenklassen. Dennoch: Schon 1945 richtete die SHE mit einem Behelfsomnibus ihre erste eigene Kraftverkehrslinie in Richtung Goslar ein.

Der Güterverkehr ging auf ein Drittel der früheren

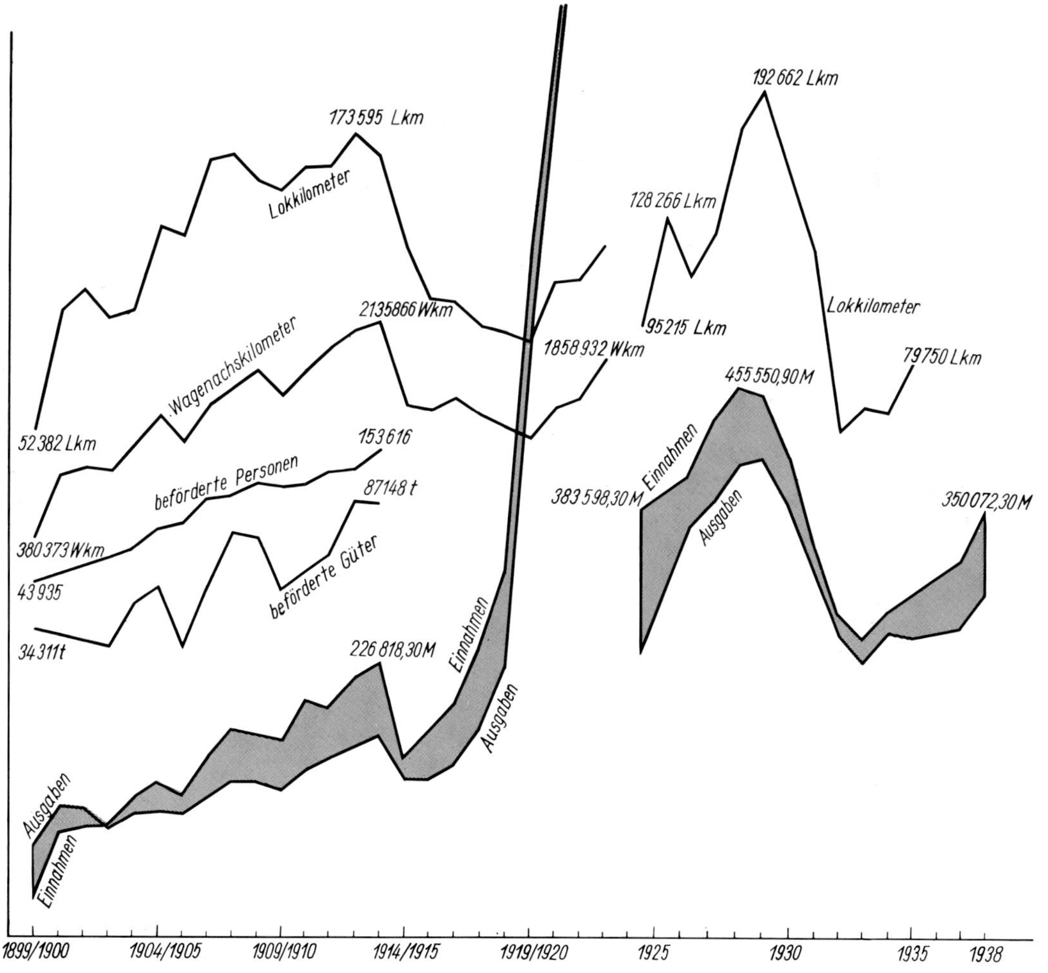

Bild 6.15. Betriebsergebnisse der SHE.

Mengen zurück. 1958 wurde er zwischen Braunlage und Wurmberg vollkommen eingestellt. Die SHE versuchte nun, mit Omnibussen einen rationelleren Personenverkehr zu gestalten. So verkehrten 1954 zusätzlich zu den zwei Triebwagenzügen weiterhin drei bahneigene Omnibusse. Obwohl 1960 ein moderner Dieseltriebwagen beschafft wurde, sank das Beförderungsaufkommen nun auf durchschnittlich den halben Wert der Vorkriegszeit. Die Betriebseinstellung war nicht mehr zu umgehen.
Am 28. September 1962 fuhr der letzte Personenzug nach Braunlage, bestehend aus dem neuen Triebwagen T 14 und dem Wagen Nr. 2. Ein Jahr später, am 1. August 1963, wurde die SHE endgültig stillgelegt. Der allerletzte Güterzug fuhr am 3. August 1963, danach erfolgte der Abbau der Bahnanlagen.
Die Hochbauten der SHE sind gut erhalten. Das Empfangsgebäude Braunlage gehört den Verkehrsbetrieben Bachstein GmbH, steht aber seit einiger Zeit zum Verkauf. In Brunnenbachsmühle hat sich ein Jugendheim etabliert und in Stöberhai eine Gaststätte. Das Empfangsgebäude Walkenried trägt noch das Stationsschild und ist mit einer neuen Fassade versehen worden.

6.2. Die Anlagen der Südharzeisenbahn

Der Bestand

Die Gesamtlänge der durchgehenden Hauptgleise der eingleisig verlegten 1000-mm-Spur-Bahn betrug 36,08 km. Hinzu kamen 1,53 km Nebengleise in Normalspur, 5,29 km schmalspurige Bahnhofs- und Anschlußgleise sowie acht Privatanschlüsse von 1,15 km Länge. Infolge des Gebirgscharakters der Bahn lagen nur 13% der Strecke in der Horizontalen. Reichlich die Hälfte der Gleislänge, genau 57,2%, wies keine Bögen auf. Die Strecke entsprach den Bestimmungen der „Bahnordnung für die Nebenbahnen Deutschlands“ vom 5. Juli 1892.
Von den insgesamt 61 Weichen waren sechs in Normalspur ausgeführt. Sechs schmalspurige Weichen lagen auf der freien Strecke. Die Anschlußgleise wurden über zehn 1000-mm-Spur-Weichen bedient.
Die SHE verfügte über elf Bahnhöfe bzw. Haltepunkte/Haltestellen. Zu den Anlagen zählten weiterhin 97 niveaugleiche Wegübergänge, 43 Durchlässe unter Wegübergängen und 126 unter dem Bahnkörper. Von letzteren waren elf offen, acht mit Eisenkonstruktionen versehen und zwölf gewölbt.
Der Oberbau war durchgängig gleich: 115 mm hohe, breitbasige Stahlschienen mit einer Masse von 24,39 kg/m lagen auf Eichenholzschwellen, die ihrerseits auf einem 3,30 m breiten, geschotterten Planum verlegt waren. Auf 12 m Länge verteilten sich 13 Querschwellen. Die maximale Achsfahrmasse betrug 12 t.

Tabelle 6.2. Ausgewählte Zahlenangaben zu den Beförderungsleistungen nach 1914

Jahr	Beförderte Personen	Beförderte Güter
1924/25	118097	48093
1928	121223	43277
1933	85304	37469
1935	106981	50288
1938	129441	66255
1947	402932	39466
1960	50546	14470

Tabelle 6.3. Höhenlage und Kilometrierung der SHE-Betriebsstellen

Betriebsstelle	Kilometrierung	Höhe ü. NN m	Klassifizierung (nach GB03/04)
Walkenried	0,00	275	Bahnhof
Zündholzfabrik	3,38	312	Haltepunkt
Wieda	5,18	339	Haltestelle
Wiedaerhütte	6,87	365	Haltestelle
Stöberhai	10,45	463	Haltestelle
Kaiserweg	16,01	592	Haltestelle
Brunnenbachsmühle	20,28	531	Bahnhof
Braunlage	24,25	548	Bahnhof
Wurmberg	27,57	618	Bahnhof
Brunnenbachsmühle	0,00	531	Bahnhof
Sorge (oberer Bf)	5,11	486	Haltepunkt Bahnhof ab 1913
Tanne	8,42	460	Bahnhof

Tabelle 6.4. Extreme Neigungen und Halbmesser bei der SHE

Strecke	Gesamtlänge km	Max. Neigung	Min. Halbmesser m
Walkenried–Braunlage	24,16	1:25	60
Brunnenbachsmühle–Tanne	8,18	1:37	70
Verbindungsgleis Sorge	0,23	1:28	200
Braunlage–Wurmberg	3,51	1:25	78

Tabelle 6.5. Anschlußgleise der SHE

Zündholzfabrik Schröder, Wieda[1]
Schachtelfabrik Fuchs, Braunlage
Glashütte Röhrig, Braunlage
Granitwerk G. N. Wurmberg
Schotterwerk Walkenried[1]
Schotterwerk Gesch. Baderstein, Brunnenbachsmühle[1]
Wiedaerhütte Wieda
Tanner Hütte, Tanne
Verladestelle bei km 5,85 der Strecke Sorge–Tanne

[1] aus den Bahnhofsanlagen abzweigend

Tabelle 6.6. Streckenbauwerke der SHE

Gewölbte Chausseeunterführung, 6,9 m lichte Weite, in Sorge
Überführung über die Harzquerbahn mit eisernem Oberbau, 5,05 m lichte Weite
Brücke mit eisernem Überbau, 14,74 m lichte Weite, in Wieda
Brücke mit eisernem Überbau, 13,25 m lichte Weite
Brücke mit eisernem Überbau, 11,25 m lichte Weite, für Anschlußgleise Wiedaerhütte
Brücke mit eisernem Überbau, 8,00 m lichte Weite
Brücke mit eisernem Überbau, 7,00 m lichte Weite
Gewölbte Brücke über die Bode, 10,7 m lichte Weite
Gewölbte Brücke, 8,00 m lichte Weite, für Anschlußgleis Glashütte

1925, im Zuge einer kompletten Oberbauerneuerung aufgrund des Einsatzes schwererer Mallet-Lokomotiven, wurden 18000 Schwellen neu eingebaut und stärkere Schienen verlegt.

Streckenbeschreibung um 1900

• Walkenried–Braunlage

Der SHE-Bahnhof in Walkenried lag unweit des Bahnhofs der KPEV. Beide waren durch zwei Weichenstraßen miteinander verbunden. Das zweigeschossige Empfangsgebäude enthielt Dienst- und Warteräume, einen Postraum sowie eine Wohnung für Eisenbahner und Übernachtungsräume für das Zugpersonal. Daneben befanden sich der einständige Lokschuppen – der 1905 erweitert wurde – sowie die dazugehörige Wasserversorgung. Für die Güterumladung zwischen Schmalspur- und Normalspurwagen diente ein 5-t-Portalkran. Weiterhin existierte hier eine Truckgrube für den Rollbockverkehr. Die Gleisanlagen bestanden aus drei normalspurigen Nebengleisen (970 m) und aus vier schmalspurigen Bahnhofsgleisen von 1049 m Länge. Später zweigte man aus den Bahnhofsanlagen heraus ein Anschlußgleis zum nahen Schotterwerk ab. Hier sollten vor allem die bei Sorge gebrochenen Steine weiterverarbeitet werden.

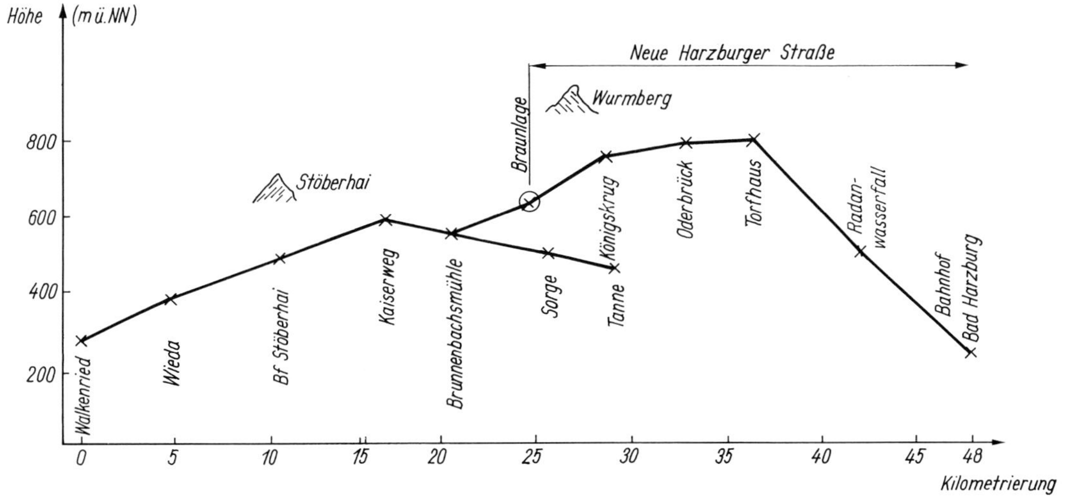

Bild 6.16. Höhenprofil Walkenried–Bad Harzburg. *Zeichnung: Zieglgänsberger*

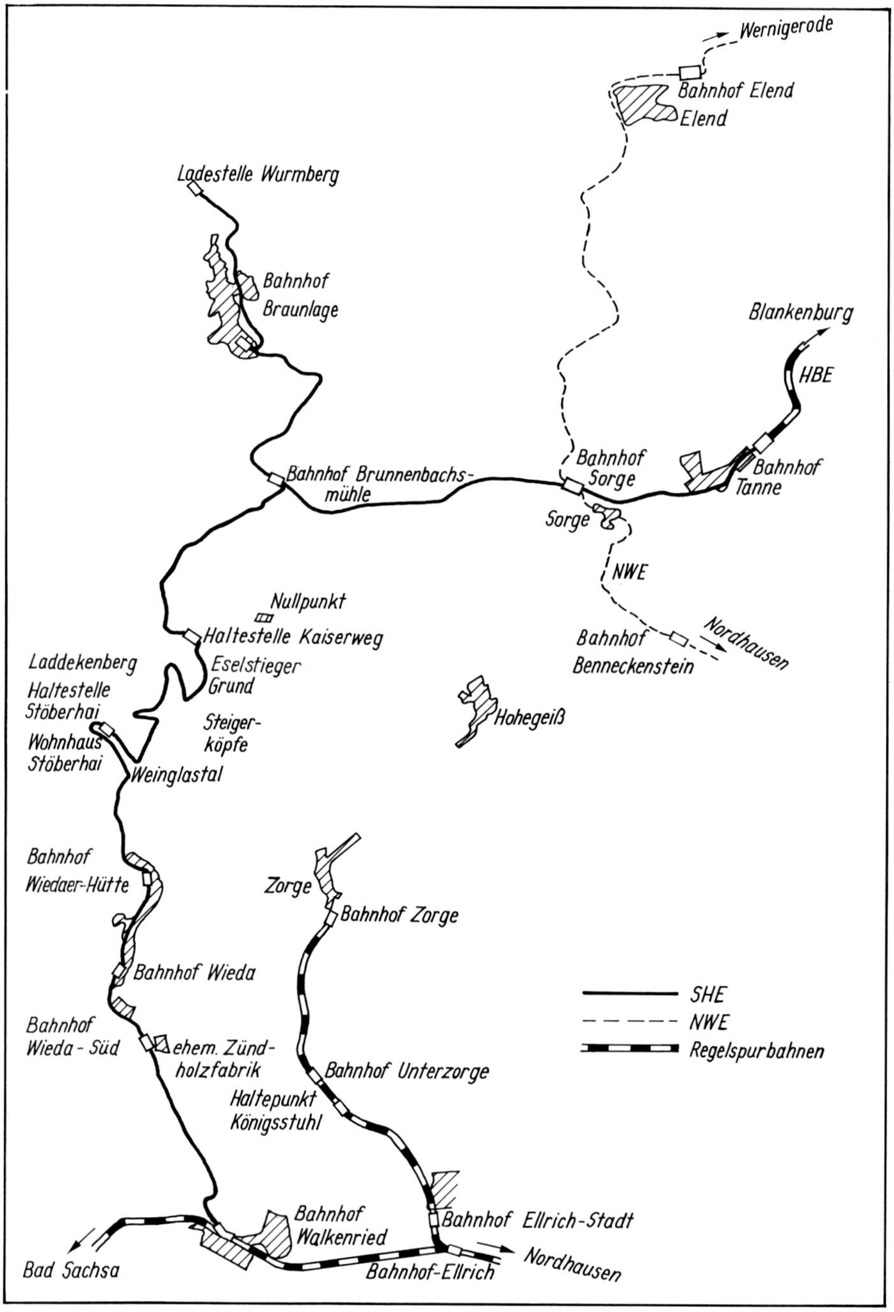

Bild 6.17. Streckenführung der SHE um 1925. *Quelle: Stolles Wanderkärtchen aus dem Blauen Harzführer von 1925*

Bild 6.18.
Empfangsgebäude des SEH-Bahnhofs in Walkenried mit Triebwagen T 14 im Jahre 1962.
Foto: Spühr

Das Ausfahrgleis nach Braunlage führte, bevor es Richtung Norden ging, ein Stück entlang der KPEV-Strecke nach Northeim. Waren dann die nahe gelegenen Teiche passiert, wurde die Fernverkehrsstraße nach Bad Sachsa überquert. Danach verlief das Gleis entlang dem linken Waldrand des Wiedatales, neben der Fernverkehrsstraße Richtung Norden. Nach Überquerung der Wieda erreichte man den Haltepunkt Zündholzfabrik, der 1937 in „Wieda Süd" umbenannt wurde. Straße und Bahn waren hier nur durch eine kleine, offene Wartehalle voneinander getrennt. Kurz vor dem Bahnsteig zweigte das Anschlußgleis zur Zündholzfabrik (später zu einer Papiersackfabrik geworden) ab und überquerte im spitzen Winkel die Straße. Nachdem nochmals der Fluß zu überqueren war, wurde der Ort Wieda durchfahren. An mehreren Stellen im Ortsbereich waren Stützmauern zum Fluß hin errichtet worden. Gerade hier hatte die Abnahmekommission Bedenken wegen des Lichtraumprofils gehabt. 7 min Fahrzeit entfernt vom Haltepunkt Zündholzfabrik lag die Station Wieda mit ihrem kleinen, eingeschossigen Empfangsgebäude. Dieses enthielt Dienstraum, Warteraum, Güterschuppen und Wohnung des Bahnwärters, Überhol- und Abstellgleise maßen insgesamt 260 m.

Zwischen dieser Station und der folgenden Haltestelle Wiedaer Hütte (für die 1937 erfolglos der Name »Wieda Nord« beantragt wurde) lagen knapp 2 km Gleis, immer noch in Ortslage. Wiedaer Hütte verfügte über zwei kurze Stumpfgleise und ein Überholgleis mit einer Gesamtlänge von 230 m. Das Empfangsgebäude ähnelte dem der Haltestelle Wieda. Aber die Kulisse war eine andere: Die Berge sind hier deutlich höher als am Eingang des Wiedatals. Kurz hinter der Haltestelle zweigte das Anschlußgleis zur Hütte ab.

Nun begann der steilste und wohl auch schönste Streckenabschnitt der Südharzbahn. Zunächst verlief das Gleis entlang dem Hang der Langenecke. Dann war das Weinglastal, ein Nebental, erreicht, das in weitem Bogen ausgefahren wurde, wobei gleichzeitig ein Höhengewinn erzielt werden konnte. Die Bogenhalbmesser betrugen hier teilweise nur 60 m.

In diesem Bogen lag die Haltestelle Stöberhai, die ihren Namen nach dem nahe gelegenen 719 m hohen Berg erhielt. Das 1900 errichtete Empfangsgebäude in Fachwerkausführung brannte am 8. Januar 1907 ab und wurde später durch ein zweigeschossiges Empfangsgebäude ersetzt. Im Hinblick auf die stärker werdenden Touristenströme erhielt es später eine Bahnhofswirtschaft und zwei Warteräume. Die Gleise lagen hier im Bahnhof in einem Bogen mit nur 100 m Halbmesser. Anfangs genügte das durchgehende Streckengleis, später gesellte sich dem ein Überholgleis hinzu.

Nach Verlassen der Haltestelle und des Nebentales führte die Strecke wieder durch das Wiedatal. Längere Steigungen bis maximal 1 : 30 lagen vor der

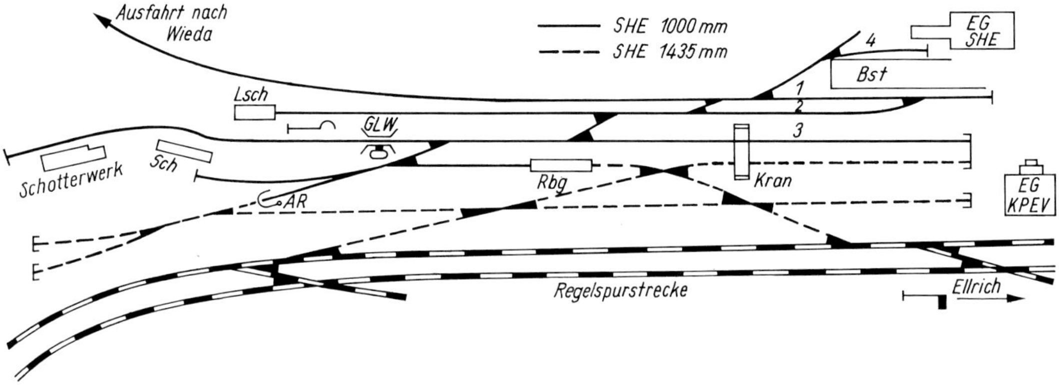

Bild 6.19. Gleisplan des Bahnhofs Walkenried um 1900. Die Gleisanlagen der Normalspurbahn sind vereinfacht dargestellt. *Zeichnung: Sammlung Schwarzbach*

Bild 6.20. Haltepunkt Zündholzfabrik Wieda Süd mit dem Triebwagen T02 im Jahre 1962. *Foto: Spühr*

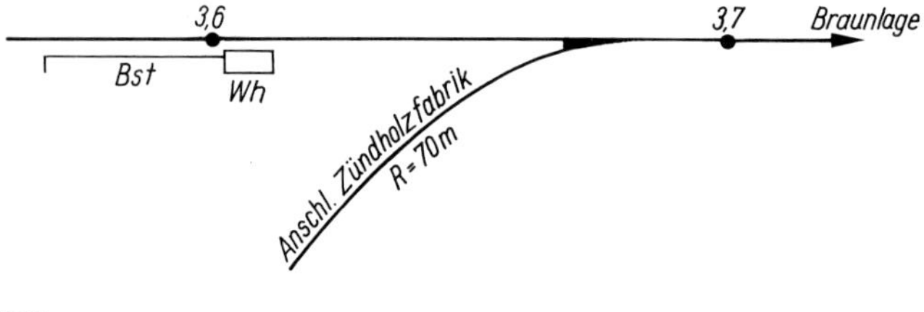

Bild 6.21.
Gleisplan des Haltepunkts Zündholzfabrik im Jahre 1899.
Quelle: STA Magdeburg KD Blankenburg 3265, S. 98 r

Hochfläche, die bei der Haltestelle Kaiserweg erreicht wurde. Das 1900 errichtete Fachwerkgebäude der Haltestelle, die sich nahe der Braunlager Fernverkehrsstraße befand, hatte einen kleinen Dienstraum und eine offene Wartehalle. Eine Weiche führte zu einem 132 m langen Nebengleis, an dem eine Holzverladerampe von 39 m Länge angeordnet war. Unweit der Haltestelle lag die Forstgemarkung Nullpunkt (850 m ü. NN). Im ersten Bauprojekt war dort die Abzweigung nach Tanne vorgesehen gewesen. Der Ursprung des Namens Kaiserweg ist umstritten: Möglicherweise wurde der Weg gleichen Namens von Kaiser Heinrich IV. benutzt, als er aus der von den Sachsen belagerten Harzburg floh. Fest steht jedoch, daß die Reste des geschlagenen preußischen Heeres nach der Schlacht von Jena und Auerstädt (1806) auf der Flucht vor den Franzosen diesen Weg benutzten.

Nach Verlassen der Haltestelle Kaiserweg traf man auf den mit 607,5 m ü. NN höchsten Punkt der Südharzbahn.

Der Abzweigebahnhof Brunnenbachsmühle wurde erreicht, nachdem Waldstücke und Wiesen des Braunlager Forsts durchfahren waren. Das zweigeschossige Empfangsgebäude, das einen Dienstraum mit Wartesaal und eine Küche enthielt, brannte vermutlich kurz nach 1900 ab. Dann wurde ein ähnliches Gebäude neu errichtet. Eine erst 1913 ausgebaute, geschlossene und heizbare Veranda erweiterte die Warteräume. Das Obergeschoß enthielt zwei Wohnungen. Weiterhin zum Bahnhofskomplex gehörten verschiedene Nebengebäude. 1917 wurde ein Stückgutschuppen aufgestellt. 340 m Nebengleise konnten bis zu drei Züge gleichzeitig aufnehmen. Zur Holzverladung diente eine 60 m lange Seitenrampe. Später baute man aus den Bahnhofsanlagen heraus einen Anschluß zum Steinbruch der Geschwister Baderstein.

Richtung Norden verlief die Bahnstrecke im Bogen der Fernverkehrsstraße nach Braunlage, kreuzte diese und führte dann ansteigend am Brandhai entlang.

Nach der Überquerung der Straße nach Hohegeiß war der größte Bahnhof der SHE, der Bahnhof Braunlage, erreicht. Hier mußten die meisten Züge gebildet und das Gros der Wagen abgestellt werden. Das Empfangsgebäude war entsprechend großzügig angelegt und wurde 1912, nach drei Jahren

Bild 6.22. Ein Güterzug auf der Fahrt durch Wieda nahe der Gaststätte Harzklause, August 1960. *Foto: Spühr*

Bild 6.23. Bei Kilometer 6,0 in Wieda: ein Güterzug, 1960. Links die erwähnte Stützmauer. *Foto: Spühr*

Bild 6.24. Haltestelle Wieda mit Triebwagen T 02 im Jahre 1960. *Foto: Spühr*

Bild 6.25.
Gleisplan der Haltestelle Wieda um 1901.
Quelle: Zeichnung Zieglgänsberger nach Fotografie

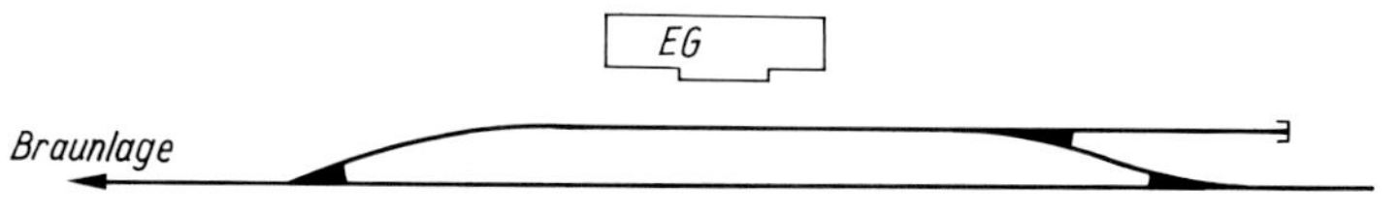

Bild 6.26.
Gleisplan des Bahnhofs Wiedaer Hütte um 1901.
Quelle: STA Magdeburg KD Blankenburg 3269, S. 138 r

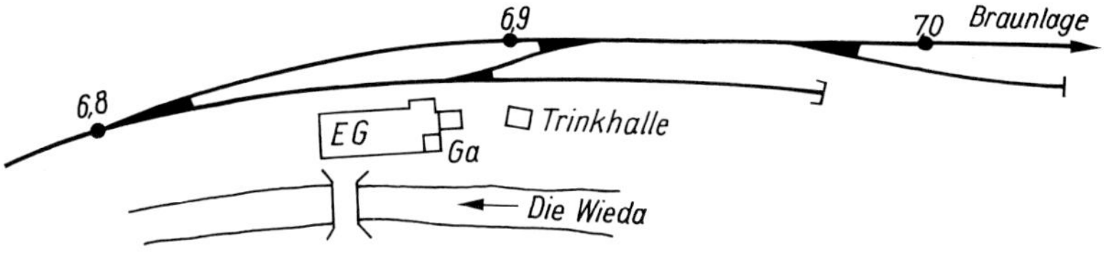

Bild 6.27. Ein Zug im Weinglastal. *Foto: Sammlung Zieglgänsberger*

Reparaturarbeiten, nochmals erweitert: Der rechte Teil wurde aufgestockt. Im Erdgeschoß befanden sich zwei Diensträume, ein Gepäckraum sowie zwei Warteräume II. und III. Klasse einschließlich einer Bahnhofswirtschaft. Im ersten Stock gab es zwei Wohnungen für Eisenbahner. Und in einem Anbau war der Güterschuppen untergebracht. Weiterhin befanden sich ein vierständiger Lokschuppen, ein dazugehöriger Anbau mit Werkstatt und andere Nebengebäude auf dem Bahnhofsgelände. Speziell für den Güterverkehr waren eine 40 m lange Seitenrampe, eine Desinfektionsanlage für Viehwagen sowie eine 25-t-Gleiswaage angelegt. Die Gesamtlänge aller Nebengleise betrug 997 m.

In einem Halbkreis mit 80 m Halbmesser schwenkte dann ein Gleis um die Bahnhofsanlagen herum, um

Bild 6.28. Gemischter Zug vor der Einfahrt in den Bahnhof Stöberhai. *Foto: Sammlung H. Schmidt*

Bild 6.29. Dampflokromantik im Bahnhof Stöberhai, 8. August 1960. *Foto Spühr*

Bild 6.30.
Das erste, später abgebrannte Empfangsgebäude Stöberhai und das 1907 errichtete neue Gebäude.
Quelle: STA Magdeburg Nr. 3265, 14 br, 295 r

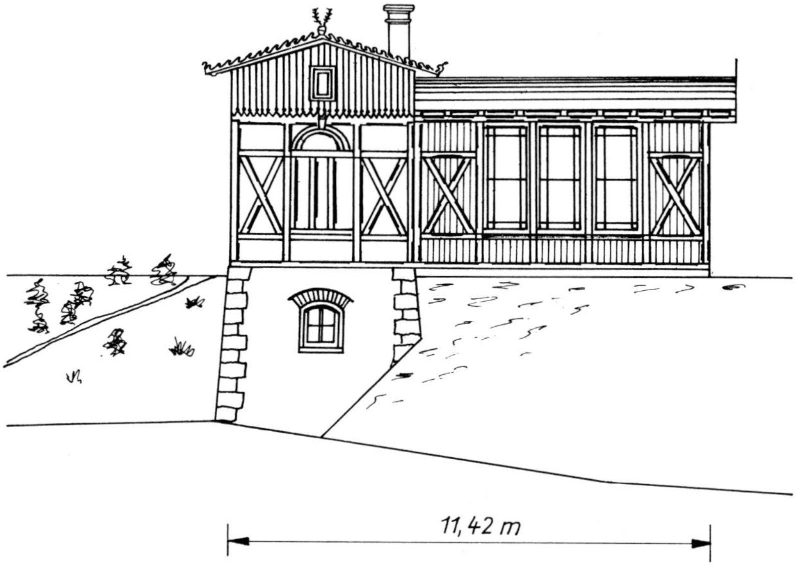

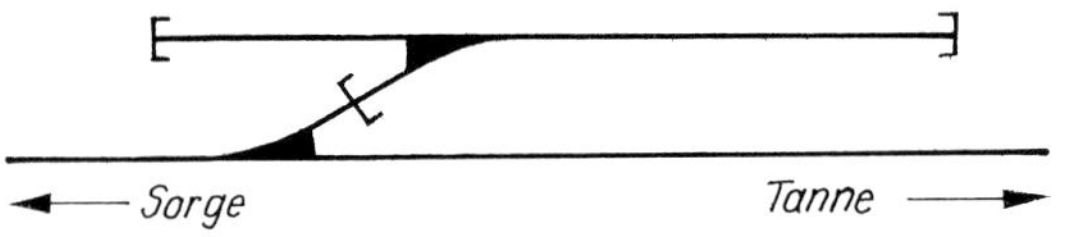

Bild 6.31. Gleisplan der Verladestelle Sorge von 1904. *Quelle: STA Magdeburg KD Blankenburg 3269*

Bild 6.32. Reger Zugverkehr: Begegnung eines Güterzugs mit dem Triebwagen T 02 am Haltepunkt Kaiserweg. *Foto: Spühr*

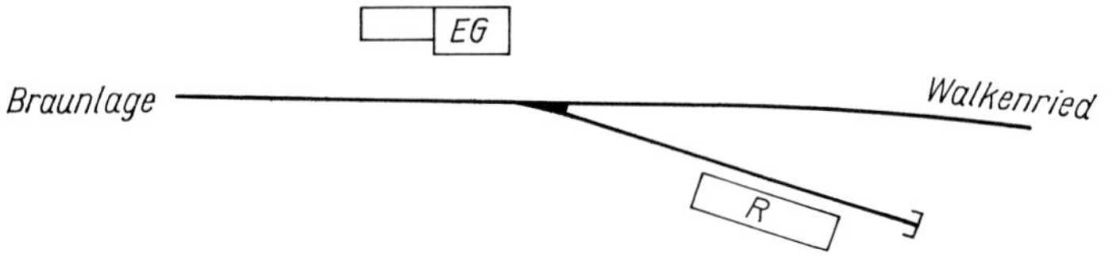

Bild 6.33. Gleisplan des Haltepunkts Kaiserweg, Zustand 1907. *Quelle: Zeichnung Zieglgänsberger nach Fotografie*

durch den östlichen Teil des Ortes Braunlage Richtung Norden zum 3,3 km entfernten Bahnhof Wurmberg zu führen, der nur dem Güterverkehr diente. Zur Verladung von Steinen besaß er zunächst eine Seitenladerampe von 195 m Länge und 543 m Nebengleise. 1920 wurden der Bahnhof ausgebaut und die Gleisanlagen vergrößert. Dazu kam eine Seilschwebebahn vom Steinbruch zur Verladestelle. Die Abfuhr der Steine erfolgte meist über Sorge nach Tanne zur HBE.

- Brunnenbachsmühle–Tanne

Die SHE-Zweigstelle nach Tanne begann im Bahnhof Brunnenbachsmühle. Nach der Ausfahrt in Richtung Süden, ging es in sanfter Neigung am Brunnenbach vorbei durch das Tal der Warmen Bode bis nach Sorge. Noch vor Sorge, am Kilometer 3,1, wurde im Jahre 1917 eine „Streckenarbeiterbude" aufgestellt, ein Hinweis auf weitere, notwendige Unterhaltungsarbeiten.

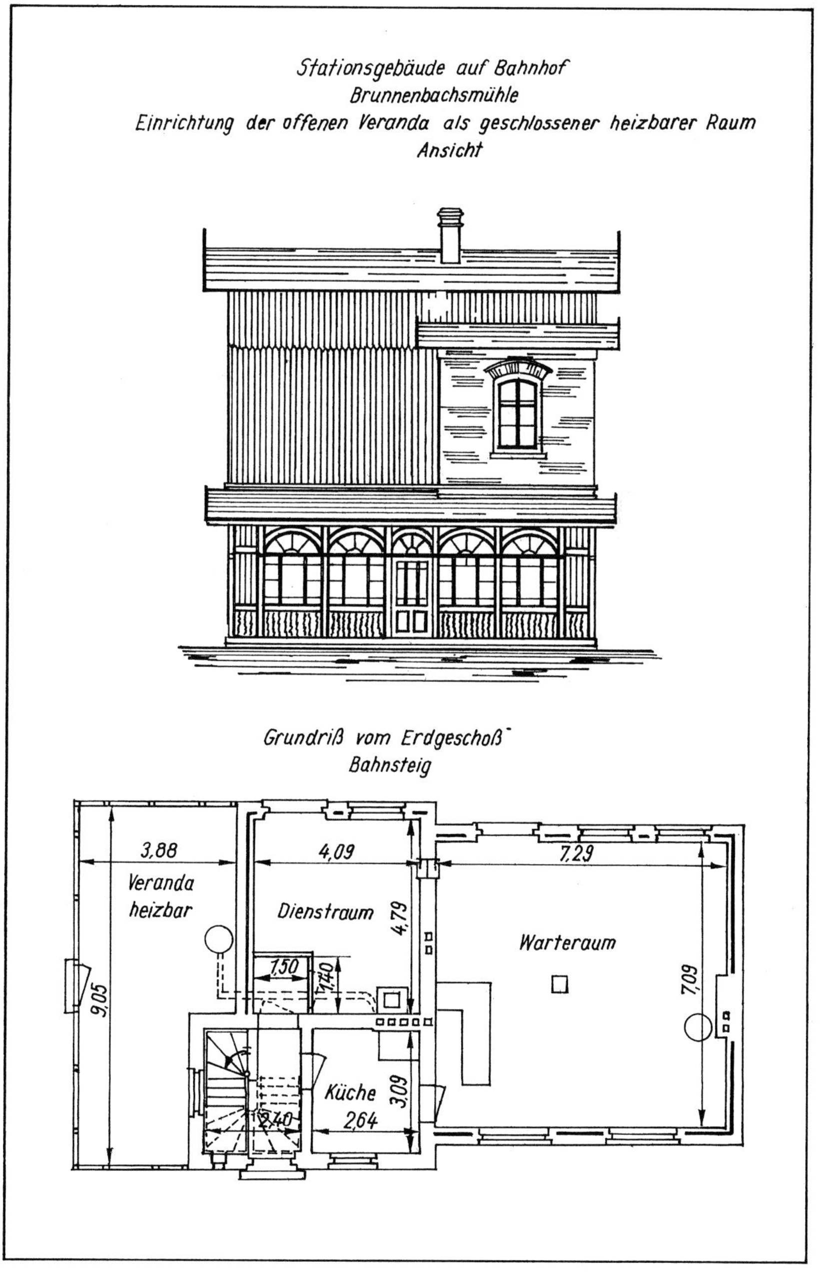

Bild 6.34. Zeichnung des Veranda-Anbaus zum Empfangsgebäude, 1913.

Quelle: STA Magdeburg KD Blankenburg 3269, S. 122 r

Bild 6.35.
Das Empfangsgebäude des Bahnhofs Brunnenbachsmühle.
Quelle: STA Magdeburg KD Blankenburg 3269, S. 99 r

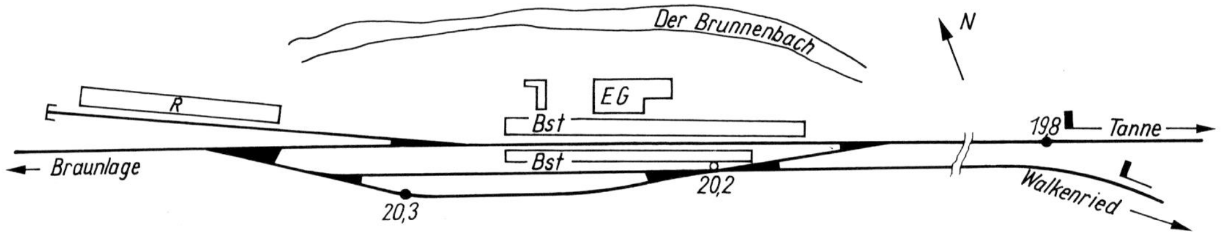

Bild 6.36. Gleisplan des Bahnhofs Brunnenbachsmühle, Zustand 1916.
Quelle: STA Magdeburg KD Blankenburg 3269, S. 99 r

Auf einer Brücke – fast im rechten Winkel – kreuzte die SHE die Gleise der NWE in Sorge. Der Höhenunterschied zwischen beiden Bahnen betrug 7 m. Eine zweite Brücke überspannte die unmittelbar in der Nähe liegende Straße von Sorge nach Elend. Das zweigeschossige Empfangsgebäude in Sorge – für beide Bahnen – war relativ groß. Zusätzlich besaß die SHE eine kleine Wartehalle und eine Böschungstreppe zum „unteren Bahnhof". 1911 wurde hier ein Gepäckaufzug eingerichtet.

Leicht talabwärts führte die Strecke weiter in Richtung Tanne. Beim Kilometer 5,85 wurde 1904 ein Ladegleis eingerichtet, das zum Abtransport der Steine aus einem neuerrichteten Steinbruch beim Forstort Lindewarte dienen sollte. Fünf Jahre später mußte der Steinbruch allerdings, nach Protesten aus Sorge, stillgelegt werden. Kurz vor dem Ortseingang in Tanne hatte das Gleis wieder das Straßenniveau erreicht und wechselte auf die Seite zur Warmen Bode hinüber. Am Kilometer 7,3 befand sich der Gleisanschluß der Tanner Hütte, eines Eisengußbetriebs, der zum größten Bahnkunden auf diesem Streckenteil wurde.

Die Anlagen des Bahnhofs der SHE in Tanne, Walkenrieder Bahnhof genannt und über 8 km vom Bahnhof Brunnenbachsmühle entfernt, lagen parallel neben den normalspurigen des HBE-Bahnhofs – des Blankenburger Bahnhofs – am unteren Ortsende. Bevor er erreicht wurde, mußte jedoch die Hauptstraße des Ortes gekreuzt werden. Am Bahnsteig waren lediglich eine offene Wartehalle und ein „Retiradengebäude" (Abort) aufgestellt worden. Im Bereich der Umladung befanden sich 558 m normalspurige und 698 m schmalspurige Abstell- und Übergabegleise. Erst eine, später zwei Truckgruben dienten zum Aufbocken der Normalspurwagen.

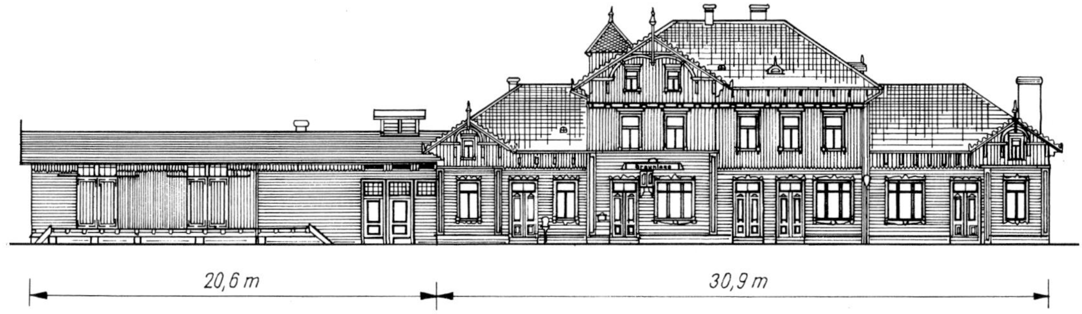

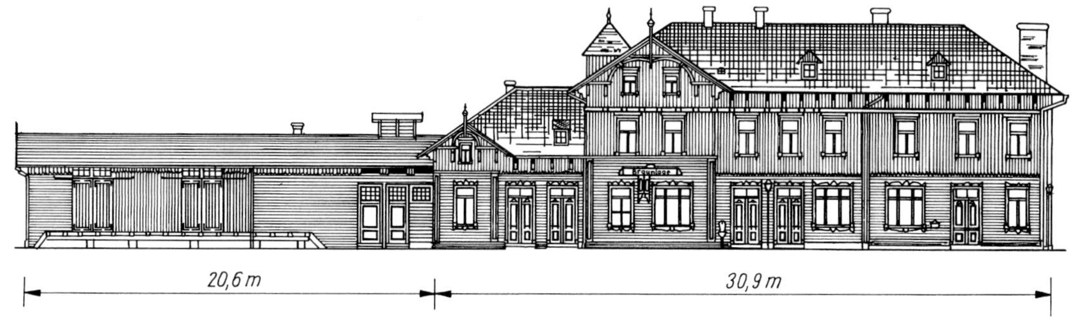

Bild 6.37. und 6.38. Empfangsgebäude des Bahnhofs Braunlage, Bahnsteigseite: vor und nach der Erweiterung 1912.
Quelle: STA Magdeburg KD Blankenburg 3335, S. 6 r

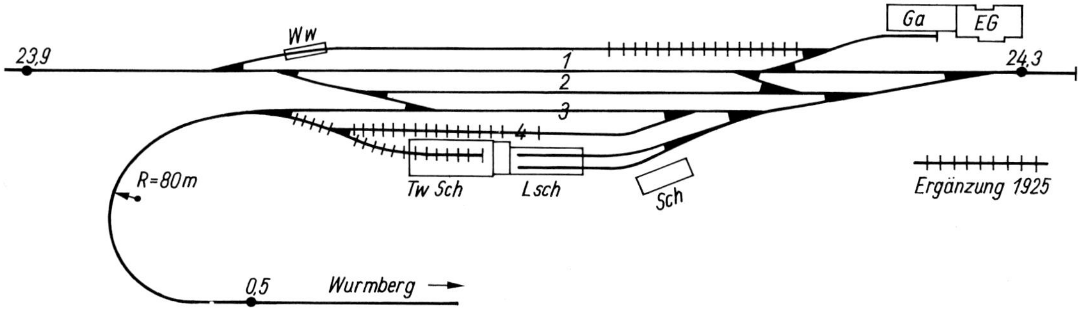

Bild 6.39. Gleisplan des Bahnhofs Braunlage mit späteren Erweiterungen, Zustand von 1925.
Quelle: STA Magdeburg KD Blankenburg 3314, S. 235 r

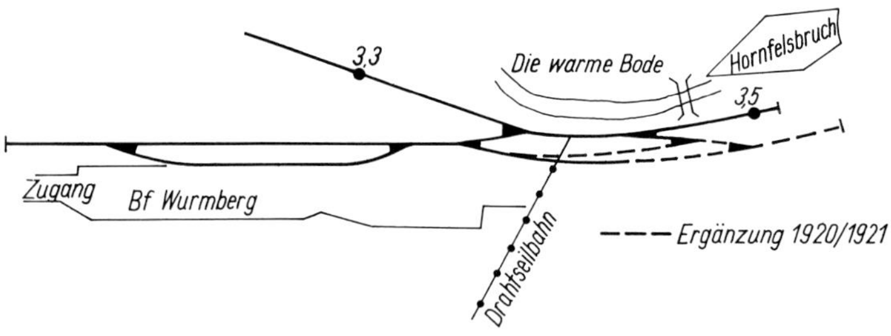

Bild 6.40.
Gleisplan des Güterbahnhofs Wurmberg mit späteren Erweiterungen: Zustand 1899 bis 1921
Quelle: STA Magdeburg KD Blankenburg 3314, S. 6 r

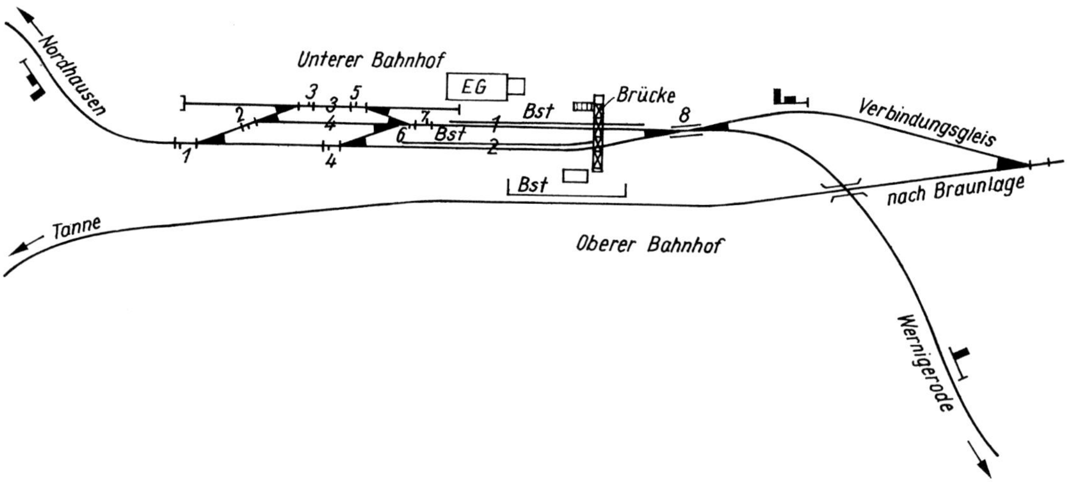

Bild 6.41. Gleisplan des Bahnhofs Sorge um 1925. *Quelle: Besondere Dienstanweisung NWE*

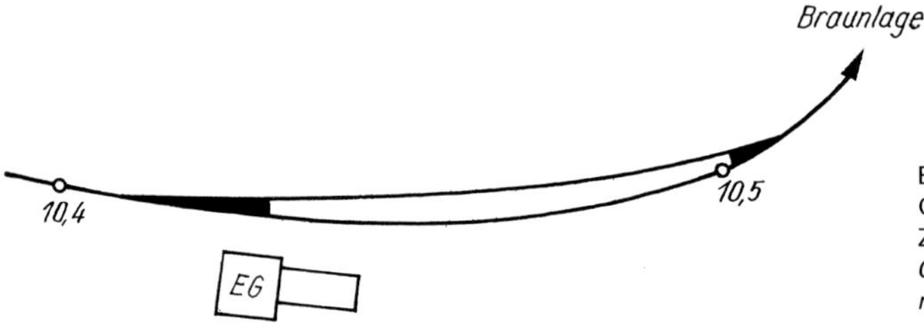

Bild 6.42.
Gleisplan des Bahnhofs Stöberhai, Zustand 1907.
Quelle: Zeichnung Zieglgänsberger nach Fotografie

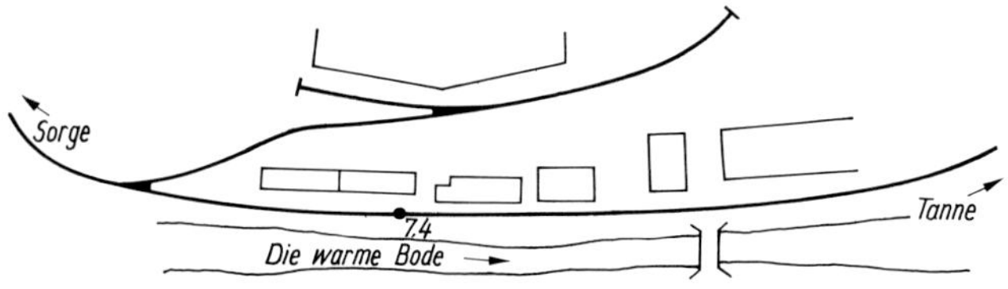

Bild 6.43.
Gleisplan der Anschlußstelle Tanner Hütte, Zustand 1912.
Quelle: STA Magdeburg KD Blankenburg 3269

Bild 6.44. Der Bahnhof Tanne um 1914. *Foto: Sammlung Steinke*

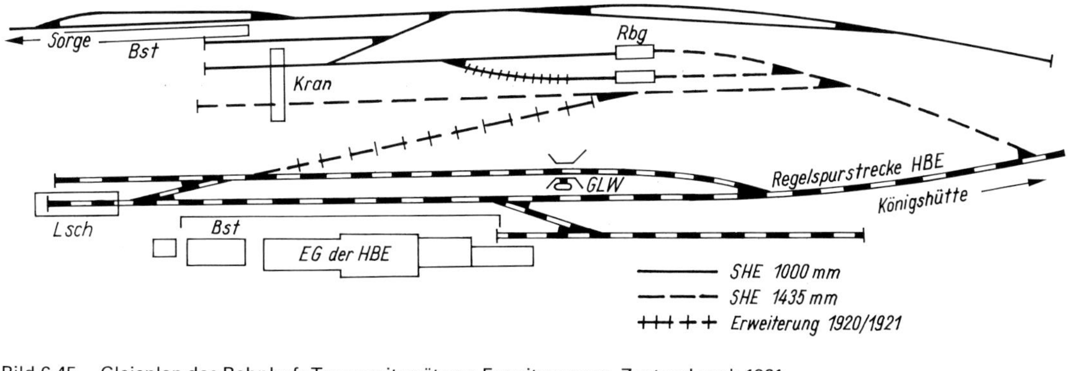

Bild 6.45. Gleisplan des Bahnhofs Tanne mit späteren Erweiterungen, Zustand nach 1921.
Quelle: STA Magdeburg KD Blankenburg 3269, S. 84 r

6.3. Die Fahrzeuge der Südharzbahn

Dampflokomotiven

Die an die SHE und die NWE gelieferten Lokomotiven zeigten in Bauart und Abmessungen große Ähnlichkeit, so daß in bestimmten Fällen auf detailliertere Erklärungen verzichtet werden kann. 1898, rechtzeitig vor der Betriebseröffnung der SHE, lieferte die Firma Jung drei Mallet-Lokomotiven für den Streckendienst. Sie erhielten die Namen „Wurmberg", „Stöberhai" und „Achtermann" – alles Bezeichnungen von Bergen nahe der Strecke. Ausschlaggebend für den Kauf dieser Maschinen waren sicher auch die ersten guten Betriebserfahrungen mit Lokomotiven gleichen Systems, die auf der Harzquerbahn gemacht wurden. Wahrscheinlich 1907 kam eine vierte Maschine, die „Braunlage", hinzu. Erstmals erwähnt wurde sie im Jahre 1909. Sie war augenscheinlich gebraucht gekauft worden.
Vermutlich um Lokomotiven der Baufirma, die Streckenbau- und -unterhaltung übernommen hatte, handelte es sich bei den beiden zweiachsigen Lokomotiven „Berlin" und „Karl" von Krauss, die nach 1901 in den Bestandslisten als Rangierloks auftauchten. 1912/13 waren die Maschinen, die übrigens keine SHE-Nummer erhalten hatten, aus den Fahrzeuglisten verschwunden.
Die Numerierung der Lokomotiven hatte 1913 begonnen. Die vier zuerst erworbenen Maschinen erhielten die Betriebsnummern 51 („Wurmberg"), 52 („Stöberhai"), 53 („Achtermann") und 54 („Braunlage"). Die Namensschilder wurden an den Lokomotiven belassen, heute ein Kuriosum! Die Lokomotive 55, nachfolgend als 55.I bezeichnet und erst kurz vorher von der Ruhr-Lippe-Kleinbahn gekauft, mußte 1914 für 60329,70 Mark an die Heeresfeldbahnen abgegeben werden. Als Ersatz konnte jedoch schon 1916 von der Firma Jung eine neue Mallet-Lokomotive erworben werden, die wiederum die Nummer 55 erhielt (hier 55II) und letztendlich – mit modernerem Aussehen und dem Kohlekasten an der Führerhausrückwand – eine Verbesserung darstellte. Die Südharzbahn verfügte damit über fünf fast gleichartige Lokomotiven des Mallet-Systems.
Nach dem ersten Weltkrieg stand bei allen drei Harz-

Tabelle 6.7. Die Dampflokomotiven der SHE

	Betriebsnummer				
	51 bis 53	54	55.II	55.I	56 und 57
Bauart	B'-Bn4vt	B'-Bn4vt	B'-Bn4vt	B'-Bn4vt	B-B1h4
Hersteller	Jung	Jung	Jung	Hohenzollern	Henschel
Baujahr	1898	1901	1916	1904	1925
Fabriknummer	327/328/329	534	2389	1792	20573/20574
Einsatzzeit	1899–1934[1]) 1899–1928[2]) 1899–1936[3])	1907–1925[4])	1916–1926[5])	1913-1914[6])	1925–1930 1925–1930
Zul. Geschwindigkeit km/h	30	30	30	20	30
Zylinderdurchmesser mm	285/425	285/425	285/425	280/420	330/520
Kolbenhub mm	500	500	500	420	500
Kuppelraddurchmesser mm	1000	1000	1000	900	1000
Laufraddurchmesser mm					690
Kesseldruck MPa (kp/cm^2)	1,2 (12)	1,2 (12)	1,2 (12)	1,25 (12,5)	1,4 (14)
Rostfläche m^2	1,2	1,2	1,2	1,3	1,8
Heizfläche ges. m^2	64,8	64,8	64,8	67,9	76,7
Gesamtachsstand mm	4600	4600	4600	5000	7000
Länge über Puffer mm	8875	8875	8875		11090
Leermasse t	28	28	28		43
Betriebsmasse t	36	36	36		53
Wasserkasteninhalt m^3	5,0	5,0	5,0	3,8	5,0
Brennstoffvorrat t	1,5	1,5	1,5	1,0	2,0

[1]) 1934 an WRE, 1938 verschrottet
[2]) 1928 an WRE, 1936 verschrottet
[3]) 1936 an WRE, 1945 an UdSSR
[4]) 1925 an WRE, 1945 an UdSSR
[5]) 1926 an WRE, 1945 an UdSSR
[6]) 1913 gebraucht als RLE Nr. 14 gekauft, 1914 an Heeresfeldbahn
[7]) Umbau B'-B1h4 auf Luttermöller-Antrieb 1930

Bild 6.46. Die „Achtermann", später als Nummer 53 bezeichnet, und einige Herren vom Betriebspersonal, vermutlich vor dem ersten Weltkrieg, im Bahnhof Brunnenbachsmühle. *Foto: Sammlung Museum Osterwieck*

56 und 57	61	„Berlin"	„Karl"
E h2	E h2	B n2	B n2
Henschel[7]	O & K	Krauss	Krauss
[7]	1928		
1930–1961[7]	11 506		
1930–1963[7]	1928–1962	1898–1912	1898–1912
40	40		
500			
500			
1000			
1,4 (14)	1,4 (14)		
1,8			
76,7			
4600			
10 300			
43	43		
53	53	12	14,5
5,0	5,0		
2,0	2,0		

bahnen die Beschaffung neuer Fahrzeuge obenan. Leistungsfähigere Maschinen waren gefragt. Dennoch war es eine Fehlentscheidung, als 1924 bei der Firma Henschel wiederum zwei Mallet-Lokomotiven – schwerer als diejenigen, die sich bisher im Harz gut bewährt hatten – bestellt wurden. Die schwereren Lokomotiven liefen zwar ruhiger, wiesen aber eine schlechte Kurvenläufigkeit und unbefriedigende Zugleistungen auf. Überdies schleuderten sie, und die Laufachsen neigten zu Entgleisungen. Der gesamte Oberbau mußte wegen der höheren Beanspruchungen verstärkt werden.

Nun endlich – 1926 – entschloß man sich für eine Lokomotive mit Luttermöller-Antrieb von Orenstein & Koppel, eine Maschine mit fünf angetriebenen Achsen, bei der die erste und die letzte Achse schwenkbar durch Zahnräder mit der danebenliegenden Achse verbunden waren. Die drei mittleren Achsen waren mit der üblichen Treibstange gekuppelt. Dadurch wurden eine ausgezeichnete Kurvenläufigkeit und gute Zugleistungen erzielt. Diese Lokomotive mit der Betriebsnummer 61 überzeugte so, daß Henschel mit dem Umbau der zwei nicht befriedigenden Lokomotiven auf den Luttermöller-Antrieb beauftragt wurde. Dazu mußte die Lizenz der Firma Orenstein & Koppel erworben werden.

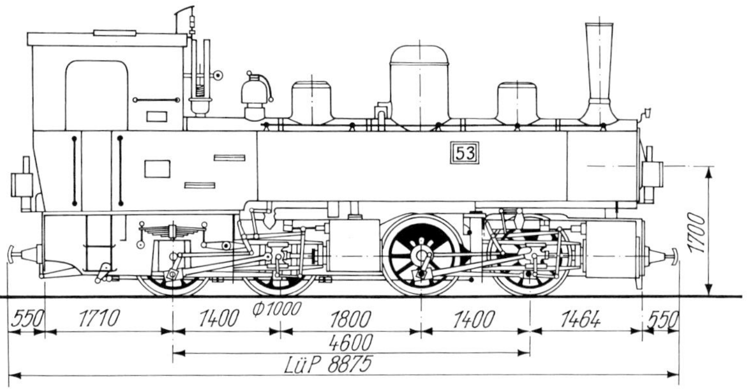

Mit dem Einsatz von Triebwagen konnten die beiden letzten Mallet-Lokomotiven an die WRE abgegeben werden. Die verbliebenen Dampflokomotiven wurden überwiegend im Güterverkehr eingesetzt. Als mit den Triebwagen sogar Rollbockzüge befördert werden konnten, ließ die Ausmusterung der letzten Dampfloks nicht mehr lange auf sich warten. Die letzte betriebsfähige Maschine war die Lok 57.

Bild 6.48. Ein Zug, geführt von der SHE-Lokomotive 54, hier allerdings der WRE. *Foto: Sammlung Scholz*

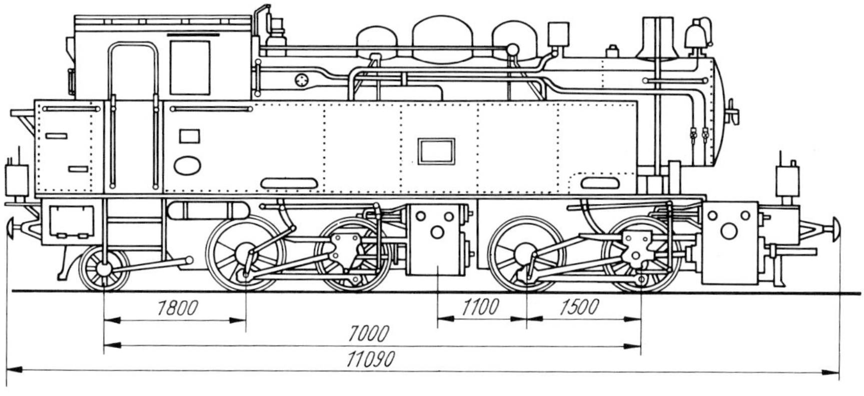

Bild 6.49.
Mallet-Lokomotive 56 vor dem Umbau
Zeichnung: Zieglgänsberger

Bild 6.50.
Werkfoto der Lokomotive 61.
Foto: Sammlung Röper

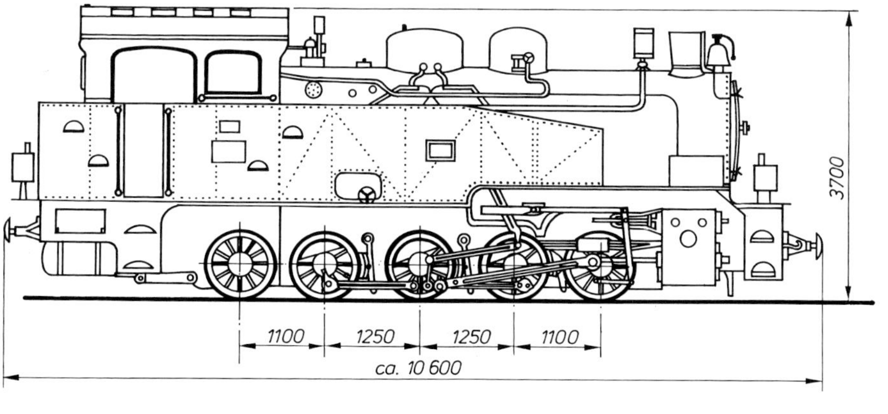

Bild 6.51.
Die Lokomotive 61.
Zeichnung: Zieglgänsberger

Bild 6.52. Lokomotive 57 im Bahnhof Wiedaer Hütte, 25. August 1960. *Foto: Spühr*

Bild 6.53. Der Triebwagen T 02.
Zeichnung: Zieglgänsberger

Triebwagen

Die große Zeit der Dieseltriebwagen war zwischen 1932 und 1935, als diese Fahrzeuge 60000 bis 70000 Wagenachskilometer pro Jahr zurücklegten.
Begonnen hatte es mit einem ungemein erfolgreichen Eigenbau. Obwohl für den Dieseltriebwagenverkehr auf Gebirgsstrecken nur wenig Erfahrungen vorlagen, entschloß man sich zum Neubau eines vierachsigen Triebwagens. Damit beauftragt wurde das Bahnbetriebswerk Braunlage. Die Firma Bachstein hatte vorher bereits gute Resultate mit einem zum Triebwagen T 01 umgebauten Normalspurwagen gemacht, der sich bei der Osterwieck-Wasserlebener Eisenbahn bewährte.
Als Antrieb des SHE-Triebwagens diente ein U-Boot-Aggregat. Der Wagen erhielt die Betriebsnummer T02 und fuhr normalerweise gekuppelt mit einem Reisezugwagen. Bei Bedarf kam noch ein zweiachsiger Güterwagen für den Gepäck- und Stückguttransport hinzu. Der Triebwagenzug trug zunächst eine elfenbein-weinrote Lackierung, war während des Krieges dunkelgrün und danach dunkelrot gestrichen. Dachbehälter und Kühler änderten im Lauf der Jahre ihren Platz am Wagen. Der T02 war noch beim Abbau der Strecke im Einsatz und wurde erst 1963 verschrottet.
1935 erwarb die Firma Bachstein drei gebrauchte Triebwagen der Köln-Bonner Eisenbahn. Dort wurde seinerzeit gerade die Meter- auf die Normalspur umgestellt. Einer dieser Wagen kam zur SHE und erhielt hier die Bezeichnung T 07. 1939/40 wurden die Benzolmotoren – in der Weimarer Zentralwerkstatt – durch zwei neue MAN-Dieselmotoren ersetzt. Dabei verschwanden auch die Dachlüfter. Nachdem der T 07 einige Jahre bei der WRE im Einsatz war, kam er 1942 wieder nach Braunlage. Bis Kriegsende mußte er dann nochmals als „Aushilfe" zur WRE.
Ende der 50er Jahre ist er in der Werkstatt Braunlage völlig umgebaut worden und hat ein moderneres Aussehen – z.B. abgerundete und abgeschrägte Stirnwände – erhalten. Selbst der Anbau von Normalspurkupplungen war vorgesehen, um den Triebwagen vor Rollbockzügen einsetzen zu können. Noch während des Umbaus wurde die Bahn stillgelegt und der Wagen daraufhin halbfertig verschrottet.
Der dritte Triebwagen der SHE war der modernste. Am 11. August 1960 von MAN geliefert und T14 genannt, übernahm er zusammen mit dem T02 fast den gesamten Verkehr der letzten Betriebsjahre. Der T14 hatte zwei Dieselmotoren und konnte als Schlepptriebwagen auch vor Rollbockzügen eingesetzt werden. Nach dem Streckenabbau wurde der Wagen an die Härtsfeldbahn Aalen–Dillingen verkauft und kam 1975 nach Stillegung auch dieser Bahn als T37 zur württembergischen Eisenbahn-Gesellschaft Amstetten–Laichingen.

Der Wagenpark

Reisezugwagen, kombinierte Wagen

Bis zur Betriebsaufnahme auf der SHE waren von der Waggonfabrik Weimar drei BC-Wagen – damals als

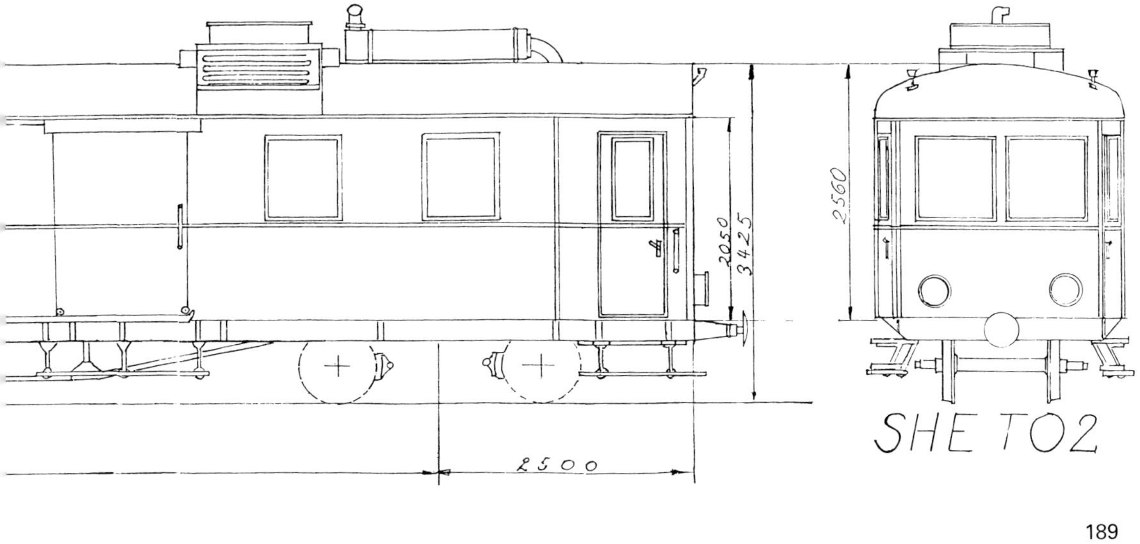

Bild 6.54. Der Triebwagen T 14 mit einem Rollbockzug zwischen Kaiserweg und Brunnenbachsmühle. *Foto: Spühr*

Tabelle 6.8.
Die Triebwagen der SHE

	Bezeichnung		
	T 02	T 07	T 14
Hersteller	Eigenbau Bw Braunlage	DWK	MAN
Baujahr	1931	1926/1927	1960
Achsfolge		1A A1	B B
Antrieb	elektr. Fahrmotoren	2 Benzolmotoren[1])	2 Dieselmotoren
Leistung kW (PS)	190 (250)	91,2 (120)[1])	160 (210)
Höchstgeschwindigkeit km/h		40	40
Masse t	28	33,6[1])	23
Platzangebot		2 Abteile 3. Klasse	70 Sitze

[1]) nach dem Umbau: 2 Dieselmotoren mit 135 kW (180 PS) Leistung

Bild 6.55. Der Triebwagen T 07 am 24. August 1962, halbfertig vor dem Bahnbetriebswerk Braunlage. *Foto: Spühr*

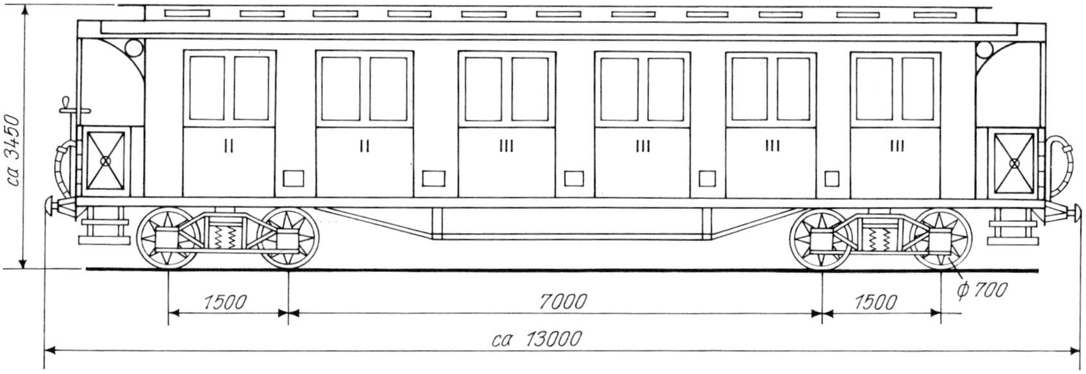

Bild 6.56. Wagen 1 und 2 vor dem Umbau. *Zeichnung: Zieglgänsberger nach Fotografie*

Durchgangswagen bezeichnet – geliefert worden. Sie hatten an den Stirnseiten je eine Plattform, die für sechs Stehplätze zugelassen war. Dann folgten zwei kombinierte Reisezug-Post-Gepäckwagen. Alle diese Wagen hatten vier Achsen, Dächer mit Oberlicht und zweiteilige Fenster. Die anschließend gekauften zwei III.-Klasse-Wagen aus Hannover (C-Wagen) waren ohne Oberlichtaufbau.

1935 zählte man zehn Reisezugwagen bei der SHE, eine recht große Anzahl, die wahrscheinlich auf den

Bild 6.57. Kombinierter Gepäck-Post-Reisezugwagen 51. *Foto: Sammlung Röper*

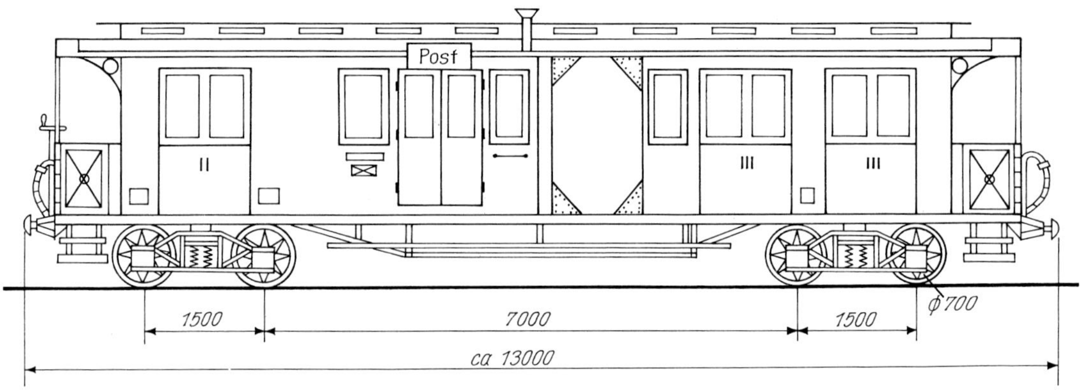

Bild 6.58. Kombinierter Pack-Post-Gepäckwagen. *Zeichnung: Zieglgänsberger nach Fotografie*

Einsatz von Sonderzügen zurückzuführen war. Dazu wurden vermutlich auch Wagen bei der Köln-Bonner Eisenbahn gekauft. Fast alle noch verbliebenen Reisezugwagen wurden bis zum Ende der 50er Jahre in eigener Werkstatt völlig modernisiert. Der Wagen 10 blieb im alten Zustand. Bei Kriegsende lief er als Kurswagen auf der Strecke Braunlage–Wernigerode. Er war es, der 1945 bei der Harzquerbahn verblieb. Heute befindet er sich im Oldtimerzug.

Zusätzlich zu den kombinierten Wagen wurden auch Güterwagen zum Gepäck- und Stückgutverkehr sowie als Beiwagen für Dieseltriebwagen eingesetzt.

Bild 6.59. Der Wagen 1 nach dem Umbau, 1960 in Braunlage. *Foto: Spühr*

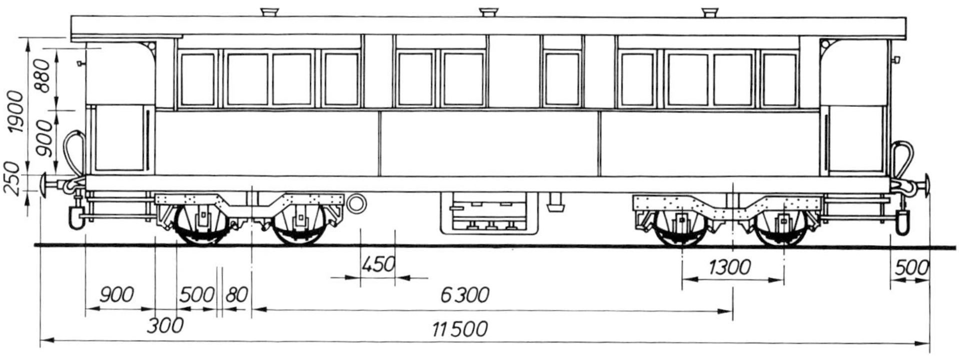

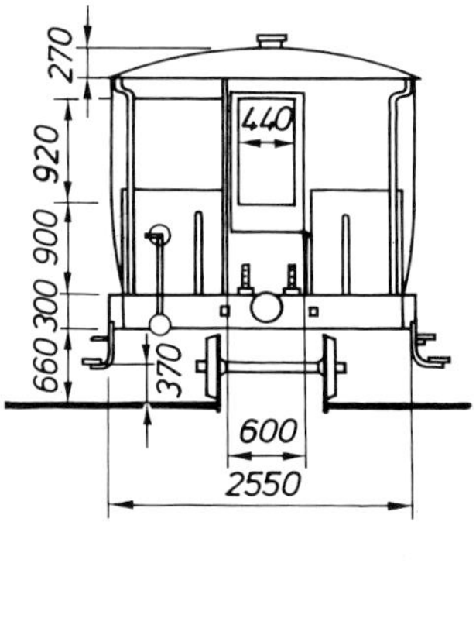

Bild 6.60.
Der Reisezugwagen 10.
Zeichnung: Zieglgänsberger

Güterwagen, Spezialwagen

Den größten Teil des Fahrzeugsparks bildeten von Anfang an die Güterwagen. Zur Erstausstattung gehörten zwei- und vierachsige offene und gedeckte Wagen. Von den zunächst beschafften G-Wagen existiert nur noch ein einziger: Der ehemalige Wagen 152 dient heute in Wernigerode als Stoffwagen für die Werkstatt. Sechs der 13 bereits im Jahre 1899 beschafften O-Wagen wurden übrigens ohne Bremse geliefert. Eine größere Anschaffung waren 1903 die

Tabelle 6.9. Die Reisezugwagen der SHE

Betriebsnummer	Gattung	Hersteller	Baujahr	Drehzapfenabstand mm	Drehgestellachsstand mm	Eigenmasse t	Platzangebot II. Kl.	III. Kl.
1	BC4i	Weimar	1899[1])	7000	1500	12,3	16	32
2	BC4i	Weimar	1899[2])	7000	1500	12,3	16	32
3	BC4i	Weimar	1899	7000	1500	12,3	16	32
4	BC4i	Wismar	1909				16	32
5	BC4i	Wismar	1909				16	32
10[3])	C4i	Hannover	1899	6300	1300	10,8		48
11	C4i	Hannover	1900[4])	6300	1300	10,8		48
12	C4i	Weimar	1900[5])					

[1]) Umbau 1930
[2]) Umbau 1927
[3]) nach 1945 zur NWE als Nr. 64, dann Nr. 10164, dann 900458, dann 909103
[4]) Umbau 1928
[5]) Umbau 1926, 1960 noch vorhanden

Tabelle 6.10. Gepäck-Post-Wagen und kombinierte Wagen der SHE

Betriebsnummer	Gattung	Hersteller	Baujahr	Ladefläche m^2 Post	Gepäck
51	BC Pw Post	Weimar	1899[1])		
52[2])	Pwg Post	Wendland	1900	4,37	5,47
53	BC Pw Post	Weimar	1899[3])		
15	C Post 4i	Köln	1898	11,6	9,06[4])
156[5])	Pw Post i	Ammendorf	1907	3,00	5,3

[1]) Umbau 1929 [2]) später Gw 155 [3]) Umbau 1928 [4]) plus 8 Sitze [5]) später Gw

Bild 6.61. Der Güterwagen 157 am 6. August 1960. *Foto: Spühr*

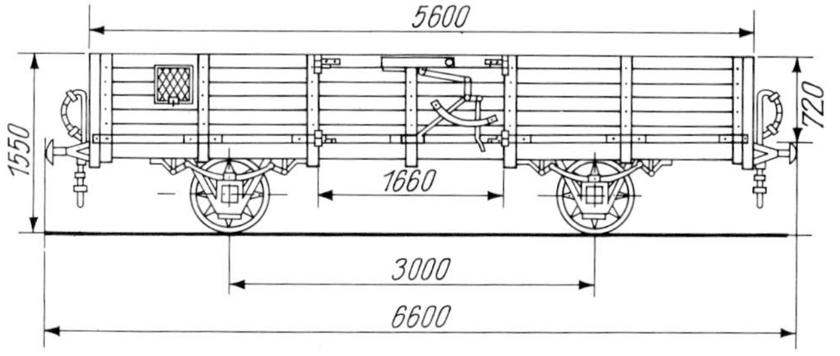

Bild 6.62.
Der Wagen 261.
Zeichnung: Zieglgänsberger

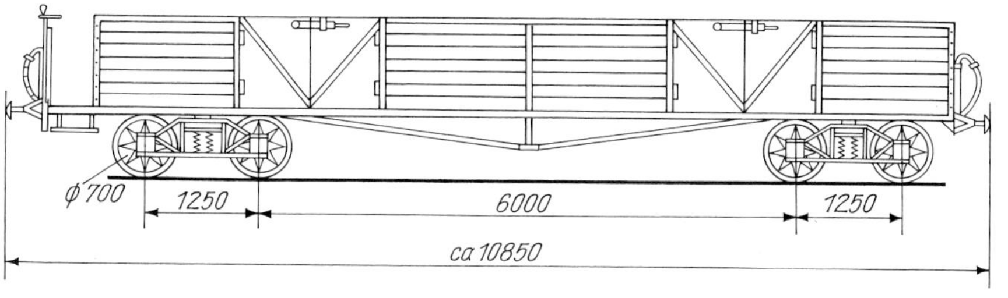

Bild 6.63.
Der OOw 307.
Zeichnung: Zieglgänsberger

Bild 6.64. Der Schotterwagen 268. *Foto: Sammlung Malsch*

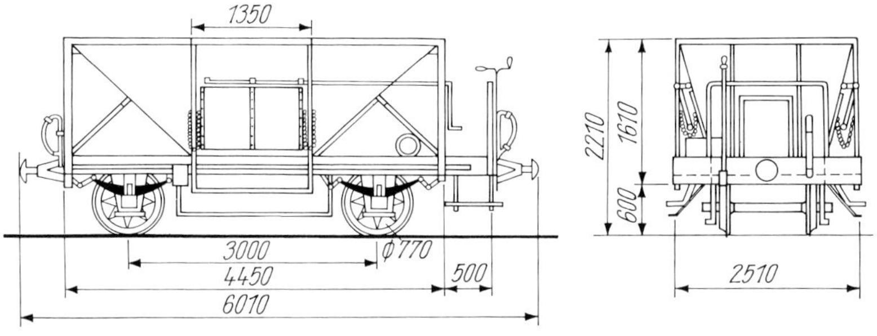

Bild 6.65. Schotterwagen (Trichterwagen). *Zeichnung: Zieglgängsberger*

Bild 6.66. Holzwagen 206 im August 1960. *Foto: Spühr*

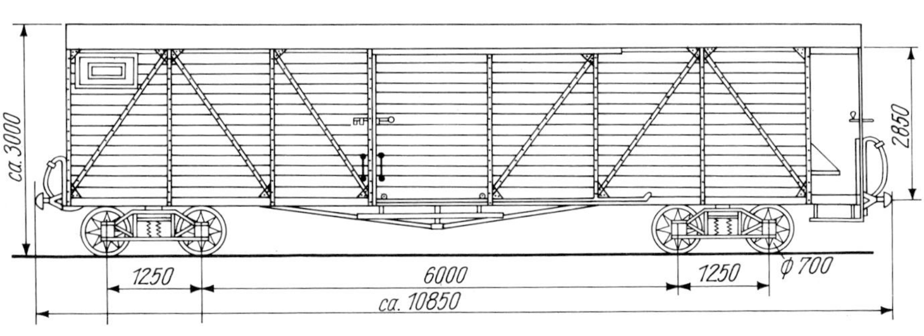

Bild 6.67. Der GGw 101. *Zeichnung: Zieglgänsberger*

Bild 6.68. Werkfoto des GGw 101. *Foto: Sammlung Nickel*

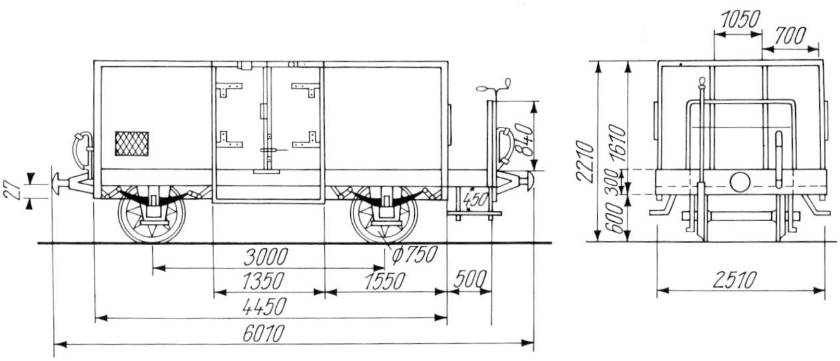

Bild 6.69.
Der Wagen 265.
Zeichnung: Zieglgänsberger

16 Trichterwagen, auch als Steintransportwagen bezeichnet. Sie besaßen seitliche Entladeklappen und wurden für die Steinbrüche bei Sorge, Brunnenbachsmühle und Wurmberg genutzt. Später, nach dem Abflauen des Schottergeschäfts, wurden sie in offene Hochbordwagen umgebaut. Sie erhielten Holz- bzw. Eisenblechwagenkästen und dienten vor allem dem Transport von Sägespänen. Einer dieser Wagen wurde zum Schneepflug (in Braunlage) und einer zum Unkrautbekämpfungsfahrzeug umgebaut. Für die vier Drehschemelwagen, die ebenfalls 1899 beschafft worden waren, kaufte man später hölzerne

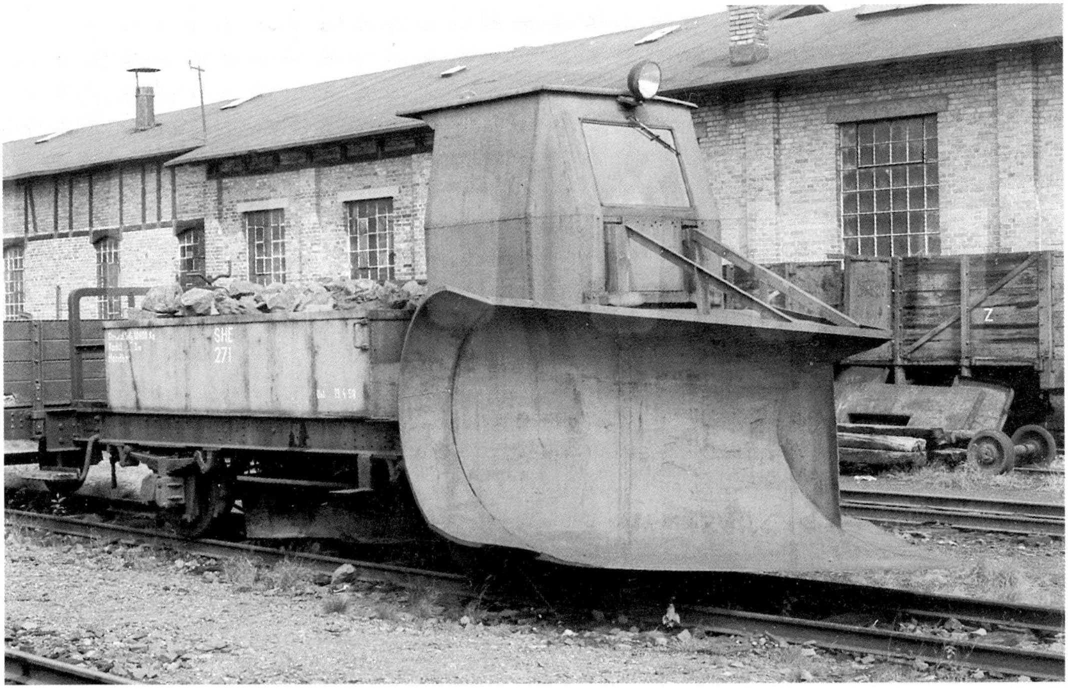

Bild 6.70. Der SHE-Schneepflug im Sommer 1960. *Foto: Spühr*

Bild 6.71. Unkrautbekämpfungswagen der SHE im Jahre 1960. *Foto: Spühr*

Bild 6.72. Der Zwischenwagen Or 403 im Jahre 1960. *Foto: Spühr*

Bild 6.73. Die Aufschriften sind kaum noch zu entziffern: Der O-Wagen 99-03-45, der früher zur SHE gehörte. *Foto: Kieper*

Bild 6.74. Der offene Güterwagen 282, 1960. *Foto: Spühr*

Bild 6.75. Der offene Güterwagen 289, 1960. *Foto: Spühr*

Tabelle 6.11. Die Güterwagen der SHE

Betriebs-nummer	Gattung	Hersteller	Baujahr	Achs-stand mm	Dreh-zapfen-abstand mm	Dreh-gestell-achsstand mm	Trag-fähigkeit t	Lade-fläche m²
101	GGw	Weimar	1899		6000	1250	10,0	21,8
102	GGw	Weimar	1899		6000	1250	10,0	21,8
103	GGw				6500	1500		21,7
104	GGw				6500	1500		21,7
151	Gw	Weimar	1899	3000			7,5	12,7
152[1])	Gw	Weimar	1899	3000			7,5	12,7
153	Gw	Weimar	1899	3000			7,5[2])	12,7
154	Gw	Wendland	1900	3000			7,5	
155	Gw[3])	Wendland	1900	3000			7,5	
156	Gw[4])	Lindner	1907	3000			7,5	12,6
157	Gw	Lindner	1907	3000			7,5	12,7
201	Hw	Weimar	1899	1400			5,0	
202	Hw	Weimar	1899	1400			5,0	
203	Hw	Weimar	1899	1400			5,0	
204	Hw	Weimar	1899	1400			5,0	
205	Hw	franz. Fa.	1911					
206	Hw	franz. Fa.	1911					
207	Hw	franz. Fa.	1911					
208	Hw	franz. Fa.	1911					
251	Ow	Weimar	1899	3000			8,0	
252	Ow	Weimar	1899	3000			8,0	
253	Ow	Weimar	1899	3000			8,0	
254	Ow	Weimar	1899	3000			8,0	
255	Ow	Weimar	1899	3000			8,0	
256	Ow	Weimar	1899	3000			8,0	
257	Ow	Weimar	1899	3000			8,0	
258	Ow	Weimar	1899	3000			8,0[6])	
259	Ow	Weimar	1899	3000			8,0[6])	
260	Ow	Weimar	1899	3000			8,0[6])	
261[5])	Ow	Weimar	1899	3000			8,0[6])	
262[7])	Ow	Weimar	1899	3000			8,0[6])	
263	Ow	Weimar	1899	3000			8,0[6])	
264[8])	Kt/Ow	O & K	1903	3000			12,5	9,5
265[9])	Kt/Ow	O & K	1903	3000			12,5	9,5
266	Kt/Ow	O & K	1903	3000			12,5	9,5
267	Kt/Ow	O & K	1903	3000			12,5	9,5
268	Kt/Ow	O & K	1903	3000			12,5	9,5
269	Kt/Ow	O & K	1903	3000			12,5	9,5
270	Kt/Ow	O & K	1903	3000			12,5	9,5
271	Kt/Ow	O & K	1903	3000			12,5	9,5
272	Kt/Ow	O & K	1903	3000			12,5	9,5
273	Kt/Ow	O & K	1903	3000			12,5	9,5
274[11])	Kt/Ow	O & K	1903	3000			12,5	9,5
275	Kt/Ow	O & K	1903	3000			12,5	9,5
276	Kt/Ow	O & K	1903	3000			12,5	9,5
277	Kt/Ow	O & K	1903	3000			12,5	9,5
278	Kt/Ow	O & K	1903	3000			12,5	9,5
279	Kt/Ow	O & K	1903	3000			12,5	9,5
280	Ow	Weimar	1926					
281	Ow	Weimar	1926					
282	Ow	Weimar	1926					
283	Ow	Weimar	1926					
284	Ow	Weimar	1926					

noch Tabelle 6.11.

Betriebs-nummer	Gattung	Hersteller	Baujahr	Achs-stand mm	Dreh-zapfen-abstand mm	Dreh-gestell-achsstand mm	Trag-fähigkeit t	Lade-fläche m^2
285	Ow	Herbrand	1918					
286	Ow	Herbrand	1918					
287	Ow	Bremen	1917	2700			10,0	
288[12])	Ow	Bremen	1917	2700			10,0	
289	Ow	Wismar	1917					
290	Ow	Krauss						
291	Ow	Krauss						
292	Ow	Krauss						
293	Ow	Krauss						
294	Ow	Krauss						
301	OO	Weimar	1899		6000	1250	10,0	
302	OO	Weimar	1899		6000	1250	10,0	
303	OO	Weimar	1899		6000	1250	10,0	
304	OO	Weimar	1899		6000	1250	10,0	
305	OO	Weimar	1899		6000	1250	10,0	
306	OO	Weimar	1899		6000	1250	10,0	
307	OO	Weimar	1899		6000	1250	10,0	
308	OO							
309	OO							
310	OO							
350	OO							
351	OO							
401	Or[13])	Bothmann	1929	3000			2,3	8,7
402	Or[13])	Bothmann	1929	3000			2,3	8,7
403	Or[13])	Bothmann	1929	3000			2,3	8,7

[1]) ab 1945 DR-Nr. 99-02-32, ab Stoffwagen 99-01-77
[2]) ohne Bremserbühne
[3]) wahrscheinlich ex Pwg 52
[4]) ex Pwg, danach Gw
[5]) ab 1945 DR-Nr. 99-01-99, ab 1970 Schlackewagen in Gernrode (Bahnhofswagen 21)
[6]) ohne Bremse
[7]) ab 1945 DR-Nr. 99-01-97, ab 1970 Schlackewagen im Bf Westerntor
[8]) ab 1945 DR-Nr. 99-03-45 Blechhochbord, 1965 +
[9]) ab 1945 DR-Nr. 99-72-03 Blechhochbord, ab 1970 Schlackewagen in Nordhausen
[10]) Umbau in Schneepflug
[11]) ab 1945 DR-Nr. 99-72-02 Holzhochbord, ab 1970 in Nordhausen
[12]) ab 1945 DR-Nr. 99-03-37, 1965 +
[13]) Zwischenwagen für Rollbockverkehr

Wagen 301 bis 351 1914 zur Heeresfeldbahn, 401 bis 403 1963 an Steinhuder-Meer-Bahn

Wagenkästen, um sie auch als O-Wagen verwenden zu können. Dann gab es nur noch kleinere Zugänge, teilweise als Gelegenheitskäufe oder als Umsetzung von der WRE. 1914 mußten die zwölf vierachsigen O-Wagen an die Heeresfeldbahnen abgegeben werden, die etwa 1920 durch Zweiachser ersetzt werden konnten, wahrscheinlich aus Restbeständen der ehemaligen Heeresfeldbahnen.
Die Zahl der Rollböcke, die bei der SHE Bremseinrichtungen besaßen, stieg von zehn bis auf 35 im Jahre 1935. 1929 beschaffte die SHE drei Zwischenwagen, die den Rollbockverkehr wesentlich erleichterten. Fünf O-Wagen kamen 1944 zur Tanner Hütte und verblieben zusammen mit einigen anderen Wagen auf dem Netz der ehemaligen NWE/GHE. 1965 wurden einige dieser Wagen zu Schlackewagen umgebaut bzw. ausgemustert. Nach der Stillegung der SHE in der Bundesrepublik Deutschland gingen die Zwischenwagen und einige Rollböcke zur Steinhuder-Meer-Bahn.

7. Nachwort

Nach der Privatisierung stand das neugegründete Unternehmen »Harzer Schmalspurbahnen« (HSB) vor der Tatsache, daß die Züge Verluste einfuhren (bis auf die Brockenbahn) und damit Subventionen benötigte. Es mußte gleichzeitig in Anlagen und Fahrzeuge investiert werden, außerdem standen wichtige Rationalisierungen ins Haus. Letzteres war leider ohne Personalabbau nicht zu realisieren. So sind bei der Harzquerbahn nur noch die Bahnhöfe Wernigerode, Wernigerode Westerntor, Drei Annen Hohne sowie Nordhausen und auf der Selketalbahn die Bahnhöfe Gernrode und Alexisbad mit HSB-Personal besetzt. Neu ist die Einrichtung von Agenturen, wie auf dem Bahnhof Brocken. Durch die Ausrüstung mit Rückfallweichen ist der Fahrbetrieb auf den unbesetzten Bahnhöfen gewährleistet, allerdings leidet die Pflege der Empfangsgebäude. Durch Verpachtung der Gebäude will man einem Verfall entgegenwirken.

Bei Touristen und Eisenbahnfreunden sind die dampfbetriebenen Züge sehr beliebt und bilden eine wahre Attraktion. Diese Züge sind jedoch sehr personalintensiv, Lokführer, Heizer und Zugschaffner bilden das Minimum an Besetzung. Zur Zeit sind noch 88 Personenwagen in Betrieb, wovon 14 Wagen, die erst in den letzten Jahren gebaut wurden, mit Rollenlagern ausgestattet sind. Das hat den besonderen Vorteil, daß im Gebiet des Nationalparks Brocken kaum Ölverschmutzungen als Umweltbelastung auftreten können. Auch die älteren Fahrzeuge werden mit Rollenlagern bestückt. Für Lokomotiven wird biologisch abbaubares Öl verwandt.

Für einen weniger kostenintensiven Fahrbetrieb bot sich - besonders in verkehrsschwachen Zeiten - der Einsatz von Triebwagen an. Der Verkehr auf der Brockenbahn wird aber soweit wie möglich mit Dampflokomotiven abgewickelt, obwohl die 1E1 Maschinen nach drei bis vier Jahrzehnten Betriebszeit erhöhten Reparaturbedarf haben. Nachdem der ex NWE T3 wieder aufgearbeitet war, machten sich die Alterungsschäden verschiedenfach bemerkbar. Also mußten baldigst Triebwagen beschafft werden. 1995 konnten von der Langeooger Inselbahn drei altbrauchbare, vierachsige Triebwagen gekauft werden. Nach Aufarbeitung und Anpassung an die Betriebsbedingungen der HSB (z. B. Türen) begann am 02. Juni 1996 nach Jahrzehnten wieder der planmäßige Triebwagenverkehr auf der Selketalbahn und anderen Strecken der HSB (außer Brockenbahn). Auf der Südstrecke Nordhausen–Ilfeld verkehrt ein Neubautriebwagen, der im Werk Wittenberge (ex Raw) hergestellt worden war. Das war der erste Neubautriebwagen seit Beschaffung des NWE T3. Zu seiner Finanzierung leistete der Freistaat Thüringen einen Beitrag. Schließlicxh wurden am 04. Februar 1998 im Werk Halberstadt der DB AG vier Dieseltriebwagen für den Einsatz ab 1999 bestellt. An der Finanzierung beteiligen sich auch das Land Sachsen-Anhalt und wiederum der Freistaat Thüringen, in dessen Bereich der ÖPNV mit vier neuen Haltepunkten eingerichtet wurde.

Entlastung brachte der Triebwagenverkehr bereits beim ökonomischen Sorgenkind, der Selketalbahn. Zeitweilig war sogar über eine Stillegung der Strecke gesprochen worden. Die Stadt Quedlinburg beabsichtigte, sich aus der kommunalen Betreibergesellschaft zurück zu ziehen, während andere Interessenten den Anschluß der Stadt Quedlinburg an das Schmalspurnetz (Quedlinburg–Gernrode - 9 km) propagierten. 1991 gründete sich der Freundeskreis der Selketalbahn e. V., der sich die Erhaltung der Bahn, des Dampfbetriebes, der Pflege von historischen Fahrzeugen und die Steigerung der Fahrgastzahlen sowie die Organisation von Großveranstaltungen, wie Oster- und Nikolausfahrten, zum Ziel gesetzt hat. Für die Strecken waren Unterhaltungsarbeiten dringend erforderlich. Zunächst sicherte man die wichtigsten Straßenübergänge mit automatischen Halb-

schrankenanlagen. Eigene Gleisbaurotten gibt es nicht mehr, die Gleisbauarbeiten werden an Fremdfirmen vergeben.
Der restliche Güterverkehr wurde bisher mit Rollwagen betrieben, auf welche die regelspurigen Schotterwagen, die zur Zeit fast ausschließlich das Frachtgut bilden, aufgesetzt sind. Da die Rollwagen – 1963 beschafft – bereits eine Eigenmasse von acht Tonnen besitzen, wurde diese Transporttechnologie unwirtschaftlich. Hier bieten moderne, luftgebremste Rollböcke des schweizerischen Systems Vevey Abhilfe. Nach erfolgreicher Erprobung von Rollböcken der Eisenbahngesellschaft Biere-Apples-Morges (BAM), Schweiz, Ende 1996 wurden zehn neue und zwanzig aufgearbeitete Rollböcke bestellt, die im Juli 1998 in Wernigerode eintrafen. Mit diesen Rollböcken ist auch der Transport von vierachsigen Schotterwagen möglich, was den Wünschen der Transportkunden weitestgehend entgegen kommt. Auch der Transport über den Harz hinweg ist mit diesen Rollböcken durchführbar, was mit der alten Grundausstattung der Bahn aus den Jahren 1897/99 nicht möglich war. Um den Einsatz von Zwischenwagen zu ersparen, wurden zwei Lokomotiven der Baureihe 199^8 mit Regelpuffern und Kupplungen für die aufgebockten Wagen ausgestattet.
Zum Aufbocken der Wagen wurde 1998 in Nordhausen eine neue Rollbockgrube angelegt.
Von den etwa 225 Güterwagen und 20 Spezialwagen der NWE und GHE (Stand 1935) sind zur Zeit nur noch zwei Wagen in Betrieb., einige werden im Rahmen von ABM-Maßnahmen aufgearbeitet (z.B. der Kesselwagen ex GHE 502, die H-Wagen ex NWE 810 und 824 uns SS-Wagen ex NWE 254).Desweiteren besitzt die Bahn noch 15 regelspurige Flachwagen zum Transport von schmalspurigen Lokomotiven und Wagen auf Regelspur. Die Wagen haben in der Regel abklappbare Puffer, damit das Verladen an Aufrollrampen einfacher verläuft.
Für die Lokomotiven der Baureihe 199^8 werden für den Verkehr auf regelspurigen Strecken die schmalspurigen Drehgestelle gegen regelspurige ausgetauscht.
Zwei schwerwiegende Ereignisse trafen die Bahn im Jahre 1994. Am 13. April 1994 führte die Selke extremes Hochwasser, durch dessen Verwüstungen der Bahnbetrieb bis zum 11. Mai 1994 unterbrochen war. Bei Straßberg (km 23) waren 8 Meter Bahndamm weggespühlt und die neue Selkebrücke beschädigt worden, in Silberhütte stand das Wasser 1,5 m über Schienenoberkante. In Alexisbad waren 600 m Gleis unterspühlt und die Stützmauer zur Selke teilweise beschädigt. Bund und Länder übernahmen größtenteils die Reparaturkosten.
Ein auf menschliches Versagen zurückzuführendes Unglück ereignete sich am 21. August 1994. Ein zu Tal fahrender Zug aus Drei Annen Hohne mit der Lokomotive 99 7222, der in der Ausweichstelle Drängetal auf einen bergwärts fahrenden Zug mit der Diesellok 199 892 hätte warten müssen, war weiter gefahren und stieß mit diesem zusammen. Es gab 38 Verletzte, davon 6 schwer. Die stark beschädigten Fahrzeuge konnten repariert werden. Das Unglück geschah im übrigen fast an der gleichen Stelle, an der 1927 ein Zug in die Tiefe stürzte.
1998 konnte erstmalig nach dem Zweiten Weltkrieg ein Walpurgiszug den Brockenbahnhof anfahren und damit eine alte Tradition wieder beleben. Im Sinne der Traditionspflege sind auch die Gründung des Vereins Eisenbahnmuseum Benneckenstein und die Rundreise der Mallet-Lok 99 5902 auf einem Tieflader durch norddeutsche Städte – u.a. auch durch das Brandenburger Tor in Berlin – als Werbung für die 100 Jahrfeier der Bahn zu verstehen.

8. Abkürzungen

Ab	Abort
Anschl	Anschluß/Anschlußgleis
AR	Aufrollrampe
Bm	Bahnmeisterei
Bst	Bahnsteig
Bw	Bahnbetriebswerk
DB	Deutsche Bundesbahn
DB AG	Deutsche Bahn AG
DR	Deutsche Reichsbahn
DV	Dienstvorschrift
EG	Empfangsgebäude
Ga	Güterabfertigung
GmP	Güterzug mit Personenbeförderung
Gs	Gleissperre
Gsch	Güterschuppen
Ha	Außenliegende Heusinger-Steuerung
Hp	Haltepunkt
HSB	Harzer Schmalspurbahnen GmbH
IG HSB	Interessengemeinschaft Harzer Schmalspurbahnen e.V.
Lsch	Lokomotivschuppen
Lstr	Ladestraße
LüP	Länger über Puffer
Malowa	Mansfelder Lok- und Wagenwerkstatt GmbH
Mod.-Wagen	Modernisierungswagen
R	Rampe
Rbg	Rollbockgrube
Sch	Schuppen
Stw	Stellwerk
T	Tankstelle
TwSch	Triebwagenschuppen
Wh	Wohnhaus
Wst	Werkstatt
Ww	Wagenwäsche
+	Ausmusterung/Verschrottung

Gattungen

A	Reiszugwagen 1. Kl.
ABC	Reisezugwagen 1./2./3. Kl.
B	Reisezugwagen 2. Kl.
BC	Reisezugwagen 2./3. Kl.
C	Reisezugwagen 3. Kl.
G	zwei- od. dreiachs. gedeckter Güterwagen
GP	Gepäckwagen
GG	vierachs. gedeckter Güterwagen
H	zweiachsiger Schemelwagen
K	Kübelwagen
Kt	Trichterwagen (Selbstentladewagen)
O	zweiachsiger offener Güterwagen
OO	vierachsiger offener Güterwagen
PP	Gepäck- und Postwagen
Pw	Gepäckwagen
RR	vierachsiger Rungenwagen
SS	vierachsiger Sommerwagen

Hersteller

AEG	Allgemeine Deutsche Elektrizitäts-gesellschaft
Ammendorf	Waggonfabrik Ammendorf bei Halle (Saale)
B & B	Brown, Boveri & Co., Mannheim
BMAG	Berliner Maschinenbau AG
Borsig	A. Borsig Lokomotivbau, Berlin-Tegel
Bothmann	Bothmann & Glück, Waggonfabrik Gotha
Brennabor	Brennabor-Weke, Brandenburg a. H.
Breslau	Linke-Hofmann-Werke, Breslau (heute Wroclaw/Polen)
Babelsberg	Lokomotivfabrik Babelsberg (1945 bis 1949)
Bremen	Waggonfabrik Bremen
Daag	Deutsche Last-Automobilfabrik AG, Ratingen-Düsseldorf
DWK	Deutsche Werke Kiel
Esslingen	Maschinenfabrik Esslingen
Görlitz	Aktiengesellschaft für die Fabrikation von Eisenbahnmaterial zu Görlitz

Güstrow	Mecklenburgische Waggonfabrik Güstrow
Gotha	Gothaer Waggonfabrik AG, vorm. Bothmann & Glück
Hannover	Hannoversche Waggonfabrik AG, Linden Hannover
Hansa	Hansa-Lloyd
Henschel	Henschel & Sohn, Kassel
Hohen-zollern	Hohenzollern AG, Düsseldorf-Grafenberg
Jung	Lokomotivfabrik Arnold Jung, Jungenthal bei Kirchen/Sieg
Karlsruhe	Maschinenbau-Gesellschaft Karlsruhe
Köln	Waggonfabrik AG, vorm. Herbrandt & Cie, Köln
Krupp	Friedrich Krupp AG, Essen
LEW	VEB Lokomotivbau Elektrotechnische Werke »Hans Beimler«, Hennigsdorf
LHB	Linke-Hofmann-Busch, Breslau (1928 bis 1930)
Lindner	Waggonfabrik Gottfried Lindner, Ammendorf
LKM	VEB Lokomotivbau »Karl Marx«, Babelsberg (ab 1949)
M.A.N./ MAN	Maschinenfabrik Augsburg-Nürnberg AG
NAG	Neue Automobil-Gesellschaft mbH, Berlin
Niesky	Christoph & Unmack, Niesky
O & K	Orenstein & Koppel, Drewitz bei Potsdam
Rastatt	Waggonfabrik Rastatt AG
S & C	Schneider & Cie., Werk Creusot
Schwartz-kopff	Berliner Maschinenbau AG, vorm. Schwartzkopff, Wildau bei Berlin
Steyr	Steyr-Werke, Wien
VES-M Halle	Versuchs- und Entwicklungsstelle für die Maschinenwirtschaft der DR
Weimar	Waggonfabrik Weimar bzw. Aktiengesellschaft für Eisenbahn- und Militärbedarf Weimar
Wendland	Waggonfabrik Wendland
Wismar	Triebwagen- und Waggonfabrik AG, Wismar

Bahnen und Bahnverwaltungen

BHE	Buxtehude-Harsefelder Eisenbahn
Eisfeld	Schmalspurbahn Eisfeld-Schönbrunn
FKB	Franzburger Kreisbahnen
GHE	Gernrode-Harzgerode Eisenbahn
GMWE	Gera-Meuselwitz-Wuitzer Eisenbahn
HBE	Halberstadt-Blankenburger Eisenbahngesellschaft
HHE	Hildburgbausen-Heldburger Eisenbahn
KLS	Kleinbahn Lüneburg-Soltau
KPEV	Königlich-Preußische Eisenbahnverwaltung
LBE	Lübeck-Büchener Eisenbahn
NWE	Nordhausen-Wernigeroder Eisenbahn
NKB	Nassauische Kleinbahn
OHE	Osthannoversche Eisenbahnen
RLE	Ruhr-Lippe-Kleinbahnen
SHE	Südharz-Eisenbahngesellschaft
Spree	Spreewaldbahn AG
Spremberg	Spremberger Stadtbahn
WEM	Waldeisenbahn Muskau
WRE	Weimar-Rastenburger Eisenbahn, ab 1923 Weimar-Großrudestädter Eisenbahn

9. Literatur und Quellen

Blankenburger Kreisblatt. – Blankenburg, 15. September 1928

Bornemann, M.: Die Südharzeisenbahn. – Clausthal-Zellerfeld, 1981

Bornemann, M./Dorner, H.: 75 Jahre Harzquerbahn und Brockenbahn. – Clausthal-Zellerfeld, 1975

Bütow, E.: Nord-Süd-Hauptbahn Harzburg–Braunlage–Nordhausen. – Braunschweig, 1913

Braunschweigische Landeszeitung. – Braunschweig, 29. Juli 1928

Der Harz, Monatszeitschrift des Harzclubs. – Quedlinburg, 1896 bis 1932

Der Modelleisenbahner. – Berlin (1981) 6 und (1983) 6

Die Brockenpost, Sonderheft zum 50jährigen Betriebsjubiläum der Harzquerbahn. – Wernigerode, 1949

Die deutschen elektrischen Straßenbahnen, Secundair-, Klein- und Pferdebahnen. – Leipzig 1900/01

Die Verkehrstechnik. – Berlin (1930) 36

Dörschel, W.: Über den Einfluß der Oberflächengestaltung auf die Linienführung der Eisenbahnstrecke Wernigerode–Brocken. – In: Geographische Berichte Nr. 22 – Berlin 7 (1962) 1

Geschäftsberichte der NWE. – Wernigerode, Kreis und Stadtarchiv

Hellrung: Die Cöthen-Göttinger Eisenbahn. – Nordhausen, 1847

Hoppe, G.: Die Eisenbahnen des Nordharzes und seines Vorgebietes (Dissertation). – Leipzig

Kieper, K./Preuß, R./Rehbein, E.: Schmalspurbahn-Archiv. – Berlin, 1980

Metzelin, E.: Entwicklung der Lokomotive. – München-Berlin, 1937

Nordhäuser Zeitung. – Nordhausen, 26. August 1928

Pohl-Strohmenger, E.: Handbuch der öffentlichen Verkehrsmittel. – Berlin, 1935

Schmiedecke, G.: Die Südharzbahn. – In: Hamburger Blätter. – Hamburg (1961) 3/4

Schweiger-Lerchenfeld, A. v.: Vom rollenden Flügelrad. – Wien und Leipzig, 1894

Weisbrod, M./Petznick, W.: Dampflok-Archiv Band 4. – Berlin, 1981

Wernigeröder Tageblatt. – Wernigerode, 1870 bis 1905

Mit Auskünften und Mitteilungen halfen:

Archiv des Ministeriums für Verkehrswesen der DDR, Berlin
Archiv der Rbd Magdeburg
Kreisarchiv Nordhausen
Kreisarchiv Wernigerode
Kreismuseum Wernigerode
Staatsarchiv Magdeburg, Kreisdirektion Blankenburg (Signaturnummern 3170, 3218, 3250, 3251, 3253, 3258, 3259, 3261, 3262, 3263, 3265, 3266, 3269, 3277, 3314, 3335, 3337, 3338)

sowie ehemalige Eisenbahner der NWE und andere Eisenbahnfreunde, insbesondere die Herren Walter Kirchner (Wernigerode), Rudolf Gallas (Wernigerode), Hans Willig (Wernigerode), Ernst Schrader (Wernigerode), Fritz Schröder (Wernigerode), Willi Wegener (Wernigerode) und Michael Schulze (Berlin).